U0241119

高等数学（高职版）

GAODENG SHUXUE（GAOZHIBAN）

主　　编：吴邦昆

副 主 编：唐绍霞　张友梅　黄静涛

参编人员：（按姓氏笔画排序）

吴邦昆　张友梅　贺加来

唐绍霞　高　文　黄静涛

龚光俊　窦红平

北京师范大学出版集团
BEIJING NORMAL UNIVERSITY PUBLISHING GROUP

安徽大学出版社

内容提要

本书是根据高职高专院校教育的实际情况和对人才培养的目标要求,以及高职高专学生在校学习过程中对数学工具的需要编写而成的。贯彻以"必需"、"够用"、"适用"为原则,内容上力求做到突出重点,删繁就简;在知识体系结构调整上进行了大胆的尝试,不迷恋习惯思维,着重突出对学生的自学能力、数学知识的运用能力以及数学建模能力的训练、培养和提高;同时顾及学生可持续发展需要,比如继续升学、参加"专升本"考试等。主要内容有:函数、极限、连续,导数与微分,导数的应用,不定积分、定积分及其应用,多元函数微分学,二重积分,常微分方程,无穷级数,行列式与矩阵,线性方程组,随机事件与概率,随机变量及其数字特征。

本书可作为高职高专院校各专业的高等数学教材,也可作为成人高校、继续教育学院、民办高校、各类技术人员学习高等数学和参加"专升本"考试人员高等数学课程的学习用书。

图书在版编目(CIP)数据

高等数学:高职版/吴邦昆主编. —合肥:安徽大学出版社,2017.8(2023.1 重印)
高职高专规划教材
ISBN 978 - 7 - 5664 - 1421 - 2

Ⅰ.①高… Ⅱ.①吴… Ⅲ.①高等数学—高等职业教育—教材 Ⅳ.①O13

中国版本图书馆 CIP 数据核字(2017)第 145270 号

高等数学(高职版)

吴邦昆 **主编**

出版发行 北京师范大学出版集团
安 徽 大 学 出 版 社
(安徽省合肥市肥西路 3 号 邮编 230039)
www.bnupg.com
www.ahupress.com.cn

印　刷:安徽省人民印刷有限公司
经　销:全国新华书店
开　本:710 mm×1010 mm　1/16
印　张:18.75
字　数:420 千字
版　次:2017 年 8 月第 1 版
印　次:2023 年 1 月第 6 次印刷
定　价:48.00 元
ISBN 978 - 7 - 5664 - 1421 - 2

策划编辑:刘中飞 张明举　　　　　　　装帧设计:李　军
责任编辑:张明举　　　　　　　　　　　美术编辑:李　军
责任印制:赵明炎

前　言

　　教材建设是高职院校高等数学课程教育教学改革的重要组成部分,拥有一套既能满足高职院校不同专业的特色要求,又能兼顾学生可持续发展需要的高等数学教材是我们不懈的追求.为此,通过学习教育部最新制定的《高职高专教育高等数学课程教学基本要求》,并参考《全国各类成人高等学校专科起点本科班招生复习考试大纲(非师范类)》,我们组织了一批学术水平高、教学经验丰富、实践能力强的教师编写了这套面向"十三五"期间高专高职院校适用的高等数学教材.

　　高职教育经过多年发展,教材建设取得了一定的成绩,确实涌现了一批《高等数学》好教材,但这些教材在内容上仍存在"多"、"全"、"难"、"理论强,应用少"等不足,对现行高职师生适用性不强.所以如何让教材真正符合现行高职学生口味与要求,使学生感到易学,教师觉得好教,是当前教材建设的当务之急.本教材在知识体系结构调整上进行了大胆的尝试,不迷恋习惯思维;在内容选择上努力贯彻以"必需"、"够用"、"适用"为原则,突出重点,删繁就简,注重学生能力的培养;同时顾及学生可持续发展需要,比如继续升学、参加"专升本"考试等.具体有以下几方面特点:

　　1.降低教材难度,在公式、定理的解释方面一律淡化理论证明和推导,比如解释两个重要极限就采用表格化说明,这样通俗易懂.在例题、习题选取方面,做到由浅入深,循序渐进,更符合高职学生实际水平.

　　2.突出实际应用,内容上多联系专业和生活实际,如例题中选择了大量有关物理、工程、经济方面应用,体现了高等数学的学习价值,增强了学生学习兴趣.

　　3.各部分内容既相互联系、独立成章,又可灵活组合成课程模块.如一元微积分内容适合各专业,其他章节可根据需要重新组合,供不同专业群结合课时组织教学.

　　4.内容全、范围广,涵盖专升本《高等数学》考试大纲全部知识点.因此本书不仅可作为高职高专院校、成人高校、继续教育学院和民办高校的高等数学教材,也可作为各类"专升本"考试人员高等数学课程的学习用书.

　　本教材是 2015 年安徽省重大教学改革研究项目"校企合作背景下以技能为导向的课程体系建设与研究"(项目编号:2015ZDJY194)研究成果之一,由合肥职业技术学院数学教研室部分骨干教师在原有的《省级精品资源共享课程》基础上编写而成的.全书共分 13 章,参加编写的人员有:窦红平(指导,组织,协调),吴邦昆(统稿,审稿,定稿,第 1 章函数 极限 连续),唐绍霞(第 2 章导数与微分,第 3 章导数的应用),贺加来(第 10 章行列式与矩阵,第 11 章线性方程组),黄静涛(第 12 章随机事件与概率,第 13 章随机变量及其数字特征),高文(第 8 章常微分方程,第 9 章无穷级数),张友梅(第 4 章不定积分,第 5 章定积分及其应用),龚光俊(第 6 章多元函数微分学,第 7 章二重积分).

　　本书在编写和出版过程中得到了合肥职业技术学院领导、教务处和各系部的大力支持和帮助,我们表示衷心感谢.由于编者水平有限,书中不当之处敬请使用本书的师生与读者批评指正,以便修订时改进.

吴邦昆

2017 年 4 月 6 日

目　录

第1章 函数 极限 连续

高等数学研究的对象是函数,极限概念是微积分学的理论基础,连续是函数的一个重要性态.本章将学习一些函数知识,并在此基础上介绍函数极限的概念、求极限的方法、函数的连续性.

§1.1 函　　数

1.1.1 函数的定义及表示法

定义 1.1.1 设 x 和 y 是两个变量,若当变量 x 在非空数集 D 内任取一数值时,变量 y 按照某一法则 f 总有一个确定的数值和它对应,则称变量 y 是变量 x 的函数,记作 $y=f(x)$,数集 D 称为这个函数的定义域,x 叫自变量,y 叫因变量.

当 x 取数值 $x_0 \in D$ 时,与 x_0 对应的 y 的数值称为函数 $y=f(x)$ 在点 x_0 处的函数值,记作 $f(x_0)$,当 x 取遍 D 的各个数值时,对应的函数值全体组成的数集 $M=\{y \mid y=f(x), x \in D\}$ 称为函数的值域.

函数的表示法通常有三种:公式法、表格法和图形法.

(1)以数学式子表示函数的方法叫公式法,如 $y=x^2$, $y=\cos x$,公式法的优点是便于理论推导和计算.

(2)以表格形式表示函数的方法叫表格法,它是将自变量的值与对应的函数值列为表格,如三角函数表、对数表等,表格法的优点是所求的函数值容易查得.

(3)以图形表示函数的方法叫图形法或图像法,这种方法在工程技术上应用很普遍,其优点是直观形象,可看到函数的变化趋势.

1.1.2 分段函数

在实际应用中经常会遇到一类函数,在定义域的不同区间用不同的式子来表示,这类函数称为分段函数.例如,

(1)绝对值函数:$y=|x|=\begin{cases} x, & x \in [0, +\infty), \\ -x, & x \in (-\infty, 0). \end{cases}$

(2)符号函数:$y=\operatorname{sgn} x=\begin{cases} -1, & x \in (-\infty, 0), \\ 0, & x=0, \\ 1, & x \in (0, +\infty). \end{cases}$

对于分段函数要能够正确求其定义域及自变量为 x_0 时对应的函数值.下面举例说明:

例1 求分段函数 $f(x)=\begin{cases} x-1, & x\in(-\infty,0), \\ 0, & x=0, \\ x^2+1, & x\in(0,+\infty) \end{cases}$ 的定义域及 $f(1)$,

$f(2),f(-1),f(-2)$.

解：分段函数 $f(x)$ 的定义域为 $(-\infty,+\infty)$，

$$f(1)=2, \quad f(2)=5, \quad f(-1)=-2, \quad f(-2)=-3.$$

1.1.3　反函数

定义1.1.2 设 $y=f(x)$ 是 x 的函数,其值域为 M,如果对于 M 中的每一个 y 值,都有一个确定的且满足 $y=f(x)$ 的 x 值与之对应,则得到一个定义在 M 上的以 y 为自变量,x 为因变量的新函数,称其为 $y=f(x)$ 的反函数,记作 $x=f^{-1}(y)$,并称 $y=f(x)$ 为原函数.

显然,由定义可知,单调函数一定有反函数,习惯上,总是用 x 表示自变量,用 y 表示函数,因此常将 $x=f^{-1}(y)$ 改写为 $y=f^{-1}(x)$

例2 求 $y=2^{x-1}$ 的反函数.

解：由 $y=2^{x-1}$ 解得 $x=1+\log_2 y$,然后交换 x 和 y,得 $y=1+\log_2 x$,即 $y=1+\log_2 x$ 是 $y=2^{x-1}$ 的反函数.

1.1.4　复合函数

定义1.1.3 设函数 $y=f(u),u=\varphi(x)$,且 $u=\varphi(x)$ 的函数值的全部或部分在 $f(u)$ 的定义域内,此时称 y 通过中间变量 u 与 x 构成的函数 $y=f[\varphi(x)]$,是由 $y=f(u)$ 和 $u=\varphi(x)$ 复合而成的函数,简称为复合函数. 其中 x 是自变量,u 是中间变量.

复合函数还可以由两个以上的函数复合而成,如 $y=\sqrt{u}$,$u=\tan v$,$v=\dfrac{x}{2}$,则 $y=\sqrt{\tan\dfrac{x}{2}}$ 是经过两个中间变量复合而成的复合函数.

例3 指出下列函数是怎样复合的:

(1) $y=\sin 2x$,　(2) $y=\ln\tan 2x$,　(3) $y=e^{\sqrt{1+x^2}}$.

解：(1) $y=\sin 2x$ 是由基本初等函数 $y=\sin u,u=2x$ 复合而成的.

(2) $y=\ln\tan 2x$ 是由基本初等函数 $y=\ln u,u=\tan v$ 和函数 $v=2x$ 复合而成的(其中 $v=2x$ 是常数 2 与 x 的乘积).

(3) $y=e^{\sqrt{1+x^2}}$ 是由基本初等函数 $y=e^u,u=\sqrt{v}$ 和函数 $v=1+x^2$ 复合而成的(其中 $v=1+x^2$ 是常数 1 与 x^2 的和).

1.1.5　初等函数

1. 基本初等函数

下列六种函数:常数函数、幂函数、指数函数、对数函数、三角函数和反三角函数统称为基本初等函数.

(1) 常数函数:$y=c$,$x\in(-\infty,+\infty)$,(其中 c 是已知常数).

(2) 幂函数: $y = x^a$ (α 为任意实数).

(3) 指数函数: $y = a^x$, $x \in (-\infty, +\infty)$, $(a > 0$ 且 $a \neq 1)$.

(4) 对数函数: $y = \log_a x$, $x \in (0, +\infty)$, $(a > 0$ 且 $a \neq 1)$.

(5) 三角函数:

正弦函数 $y = \sin x$, $x \in (-\infty, +\infty)$.

余弦函数 $y = \cos x$, $x \in (-\infty, +\infty)$.

正切函数 $y = \tan x$, $x \neq k\pi + \dfrac{\pi}{2}$, $k \in \mathbb{Z}$.

余切函数 $y = \cot x$, $x \neq k\pi$, $k \in \mathbb{Z}$.

正割函数 $y = \sec x = \dfrac{1}{\cos x}$, (不做详细讨论).

余割函数 $y = \csc x = \dfrac{1}{\sin x}$, (不做详细讨论).

(6) 反三角函数:

反正弦函数 $y = \arcsin x$, $x \in [-1, 1]$.

反余弦函数 $y = \arccos x$, $x \in [-1, 1]$.

反正切函数 $y = \arctan x$, $x \in (-\infty, +\infty)$.

反余切函数 $y = \operatorname{arccot} x$, $x \in (-\infty, +\infty)$.

它们的图像和性质在中学数学里已经学过,在此不再一一赘述.

2. 初等函数

由基本初等函数经过有限次四则运算和有限次复合运算构成的,并且可以用一个解析式表示的函数,叫初等函数.

在初等函数的表达式中,常常既有函数的四则运算又有函数的复合运算,如

$$y = \frac{\sqrt{3}\,x + \sin x}{x^2 \cos x - 2^x}, \quad y = 1 + \arctan\sqrt{\frac{1 + \sin x}{2}}$$

都是初等函数.

而 $y = 1 - x - x^2 + \cdots$ 不是初等函数,因为不是有限次运算,

$y = \begin{cases} x^2, & x < 0, \\ x, & x \geqslant 0 \end{cases}$ 也不是初等函数,因为不能用一个解析式表示.

1.1.6　函数的几种特性

1. 函数的单调性

如果函数 $y = f(x)$ 在区间 D 内有定义,且对于区间 D 内的任意两点 x_1 和 x_2,当 $x_1 \leqslant x_2$ 时,都有 $f(x_1) \leqslant f(x_2)$,那么称函数 $y = f(x)$ 在区间 D 内是单调递增函数;如果对区间 D 内的任意两点 x_1 和 x_2,当 $x_1 < x_2$ 时,都有 $f(x_1) \geqslant f(x_2)$,那么称函数 $y = f(x)$ 在区间 D 内是单调递减函数.

单调递增函数与单调递减函数统称为单调函数.

从几何直观上看,单调递增(递减)的函数其图形是自左向右上升(下

降)的.如图 1.1-1 和图 1.1-2.

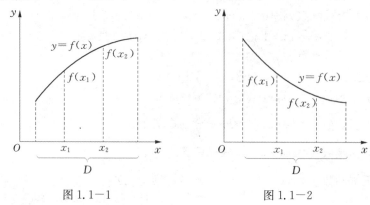

图 1.1-1　　　　　　　　图 1.1-2

2. 函数的奇偶性

设函数 $y=f(x)$ 的定义域是 D,且 D 关于原点对称.如果对任意的 $x\in D$,都有

(1) $f(-x)=f(x)$,则称 $f(x)$ 为偶函数;

(2) $f(-x)=-f(x)$,则称 $f(x)$ 为奇函数.

几何上,对于偶函数,由于 x 和 $-x$ 处的函数值相等,所以偶函数的图像关于 y 轴对称(如图 1.1-3);对于奇函数,由于 x 和 $-x$ 处的函数值仅相差一个符号,所以奇函数的图像关于原点对称(如图 1.1-4).

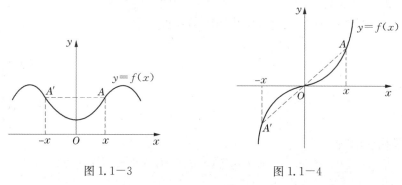

图 1.1-3　　　　　　　　图 1.1-4

如函数 $y=3x^3$ 是奇函数,函数 $y=2+x^2$ 是偶函数,函数 $y=x^3+2x^2$ 是非奇非偶函数.

3. 函数的周期性

设函数 $y=f(x)$ 的定义域是 D,如果存在正数 T,对任意的 $x\in D$,都有 $f(x+T)=f(x)$,则称 $f(x)$ 为周期函数,T 称为 $f(x)$ 的周期.通常周期函数的周期是指其最小正周期.

如 $\sin x$、$\cos x$ 都是以 2π 为周期的周期函数,$\tan x$ 是以 π 为周期的周期函数.

4. 函数的有界性

设函数 $y=f(x)$ 的定义域是 D,如果存在正数 M,对任意的 $x\in D$,都

有 $|f(x)| \leqslant M$,则称 $f(x)$ 在 D 上是有界函数,否则称 $f(x)$ 在 D 上是无界的.

从几何直观上看,有界函数 $y=f(x)$ 在 D 内的图像夹在 $y=M$ 和 $y=-M$ 两条平行直线之间. 如图 1.1−5.

如 $y=\sin x$ 在 $(-\infty,+\infty)$ 内有界.

$y=\dfrac{1}{x}$ 在 $(0,1)$ 内无界,在 $(1,2)$ 内有界.

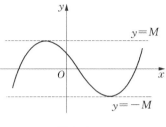

图 1.1−5

习题 1.1

1. 判断题:

(1) $y=x$ 与 $y=\sqrt{x^2}$ 是同一个函数; ( )

(2) $y=\sin^2 x$ 是基本初等函数; ( )

(3) $f(x)=x+2$ 与 $g(x)=\dfrac{x^2-4}{x-2}$ 是同一个函数; ( )

(4) $y=\begin{cases} x, & x \geqslant 0, \\ -x, & x < 0 \end{cases}$ 是基本初等函数; ( )

(5) $f(x)=3x^2-2x^3$ 是奇函数. ( )

2. 填空题:

(1) 设 $f(x)=\begin{cases} x, & x \in (-\infty,0), \\ 2x+1, & x \in (0,1), \\ \ln x, & x \in [1,3], \end{cases}$ 则 $f(x)$ 的定义域为_____;

(2) 设 $f(x)=\mathrm{e}$,则 $f(x+2)-f(x+1)=$_____;

(3) 设 $f(x)=4x-3$,则 $f[f(x)+2]=$_____;

(4) 函数 $f(x)=\dfrac{1}{x}-\sqrt{1-x^2}$ 的定义域为_____;

(5) 函数 $f(x)=\sin x \cos x$ 的周期 $T=$_____.

3. 求下列函数的定义域:

(1) $f(x)=\sqrt{\dfrac{3-x}{x+3}}$;

(2) $f(x)=\lg \dfrac{1}{1-x}+\sqrt{x+2}$;

(3) $f(x)=\sqrt{2+x}+\ln(1-x)$;

(4) $f(x)=\arccos \dfrac{3x-1}{2}$.

4.设函数 $f(x)=\begin{cases} \dfrac{1}{x}, & x<0, \\ 1-x^2, & 0<x\leqslant 1, \\ -1, & 1<x\leqslant 4. \end{cases}$

(1)画出函数 $f(x)$ 的图形；

(2)求出函数 $f(x)$ 的定义域；

(3)求 $f(-2),f(12),f(1),f[f(2)]$.

5.判断下列函数的奇偶性：

(1) $f(x)=3x^2-2x$；

(2) $f(x)=x(x+2)(x-2)$；

(3) $f(x)=\dfrac{1-x^2}{1+x^2}$；

(4) $f(x)=\dfrac{\mathrm{e}^x-\mathrm{e}^{-x}}{2}$.

6.讨论函数 $f(x)=\dfrac{2x}{1+x}\ (x\geqslant 0)$ 的单调性和有界性.

7.求出下列函数的反函数及其定义域：

(1) $y=\dfrac{1-x}{1+x}$；

(2) $y=2^x+1$.

8.指出下列函数是怎样复合的：

(1) $f(x)=\sqrt{\ln\sqrt{x}}$；

(2) $f(x)=3^{(4x+1)^2}$；

(3) $f(x)=\sin \mathrm{e}^{2x}$；

(4) $f(x)=\cos^3\dfrac{x}{2}$.

§1.2 极 限

极限的概念是研究变量在某一过程中的变化趋势时引出的,它是微积分学最重要的概念之一,微积分学中其他几个重要的概念,如连续、导数、定积分,都是用极限表述的.

1.2.1 数列 $x_n=f(n)$ 极限

按自然数编号,依次排列起来的一列数 $x_1,x_2,x_3,\cdots,x_n,\cdots$,叫数列,记作 $\{x_n\}$,从函数的观点看,数列 $\{x_n\}$ 可以看成是自变量为正整数 n 的函数,记作 $x_n=f(n),n\in \mathbb{Z}^+$.当自变量 n 按从小到大的顺序取值 $1,2,3$ 等一切正整数时,对应的函数值按顺序排成数列: $f(1),f(2),f(3),\cdots,f(n)$, $\cdots$,其中 $f(n)$ 称为数列的第 n 项或一般项或通项.

以下是一些数列的例子：

(1) $\left\{\dfrac{1}{n}\right\}$: $1,\dfrac{1}{2},\dfrac{1}{3},\dfrac{1}{4},\cdots,\dfrac{1}{n},\cdots$；

(2) $\left\{\dfrac{n+1}{n}\right\}$: $2,\dfrac{3}{2},\dfrac{4}{3},\dfrac{5}{4},\cdots,\dfrac{n+1}{n},\cdots$；

(3) $\{2n\}$: $2,4,6,\cdots,2n,\cdots$.

观察上面的数列,随着 n 无限增大时(记作 $n \to +\infty$),各项的变化趋势.

数列(1)中,各项逐渐减小,无限接近 0;

数列(2)中,各项逐渐减小,无限接近 1;

数列(3)中,各项逐渐增大,且无限增大.

由以上几例的观察可以看到,数列 $\{x_n\}$ 的一般项 x_n 的变化趋势有两类情形:一类是无限接近于某个确定的常数(如(1)(2)数列),一类是不接近于任何确定的常数(如(3)数列).

定义 1.2.1 设数列 $\{x_n\}$,如果当 n 无限增大时,x_n 无限接近于一个确定的常数 A,则称数 A 是数列 x_n 当 n 趋于无穷大时的极限,也称数列 x_n 收敛于 A,记作:$\lim\limits_{n \to \infty} x_n = A$ 或 $x_n \to A(n \to \infty)$,如果数列没有极限,就称数列 x_n 是发散的.

例如:$\lim\limits_{n \to \infty} \dfrac{1}{n} = 0$,$\lim\limits_{n \to \infty} \dfrac{n+1}{n} = 1$,而 $\lim\limits_{n \to \infty} 2n$ 不存在.

数列极限的几何解释:将数 A 和数列各项 $x_1, x_2, x_3, \cdots$ 在数轴上的对应点标出来,容易看出,若 A 是数列 x_n 的极限,则当 n 无限增大时,点 x_n 与点 A 的距离 $|x_n - A|$ 无限变小,即只要 n 充分大,$|x_n - A|$ 可以任意小.在数轴上的 A 点的附近聚集了数列 x_n 的无穷多个点,而且离 A 点越近越密集.

通过观察,在 $n \to \infty$ 时,容易得出以下结论:

$$\lim\limits_{n \to \infty} \frac{1}{n^a} = 0 \ \ (\alpha > 0), \quad \lim\limits_{n \to \infty} q^n = 0 \ \ (|q| < 1), \quad \lim\limits_{n \to \infty} C = C \ \ (C \text{ 为常数}).$$

1.2.2 函数 $y = f(x)$ 的极限

下面分别就自变量 x 两类的变化过程(趋于无穷大和趋于有限值)讨论函数的极限.

1. x 趋于无穷大时的函数 $f(x)$ 极限

用 $x \to \infty$ 表示自变量 x 的绝对值无限增大,它包括 $x \to +\infty$ 和 $x \to -\infty$.其中 $x \to +\infty$ 表示 $x > 0$ 且无限增大,$x \to -\infty$ 表示 $x < 0$ 且绝对值无限增大.

(1) $x \to +\infty$ 时函数 $f(x)$ 极限.

定义 1.2.2 如果当 $x > 0$ 且无限增大时,函数 $f(x)$ 无限趋近于常数 A,则称当 $x \to +\infty$ 时,函数 $f(x)$ 的极限为 A,记作:

$$\lim\limits_{x \to +\infty} f(x) = A \quad \text{或} \quad f(x) \to A \quad (x \to +\infty)$$

例如:$\lim\limits_{x \to +\infty} \dfrac{1}{x} = 0$,$\lim\limits_{x \to +\infty} \left(\dfrac{1}{2}\right)^x = 0$.

(2) $x \to -\infty$ 时函数 $f(x)$ 极限.

定义 1.2.3 如果当 $x < 0$ 且 x 的绝对值无限增大时,函数 $f(x)$ 无限趋近于常数 A,则称当 $x \to -\infty$ 时,函数 $f(x)$ 的极限为 A,记作:

$$\lim_{x\to-\infty}f(x)=A \quad 或 \quad f(x)\to A \quad (x\to-\infty).$$

例如：$\lim\limits_{x\to-\infty}2^x=0$.

(3) $x\to\infty$ 时函数 $f(x)$ 极限.

定义 1.2.4 如果 x 的绝对值无限增大时(包括 $x\to+\infty$ 和 $x\to-\infty$)，函数 $f(x)$ 无限趋近于常数 A，则称当 $x\to\infty$ 时,函数 $f(x)$ 的极限为 A，记作：

$$\lim_{x\to\infty}f(x)=A \quad 或 \quad f(x)\to A \quad (x\to\infty).$$

例如：$f(x)=1+\dfrac{1}{x}$，当 $x\to+\infty$ 和 $x\to-\infty$ 时 $f(x)=1+\dfrac{1}{x}$ 的值都无限趋于 1,这时称当 $x\to\infty$ 时,$f(x)$ 极限为 1.

由此定义可知：$\lim\limits_{x\to\infty}\left(1+\dfrac{1}{x}\right)=1$ 或 $1+\dfrac{1}{x}\to1 \quad (x\to\infty)$.

定理 1.2.1 $\lim\limits_{x\to\infty}f(x)=A$ 的充分必要条件是 $\lim\limits_{x\to+\infty}f(x)=\lim\limits_{x\to-\infty}f(x)=A$.

例 1 讨论 $x\to\infty$ 时,函数 $y=\arctan x$ 的极限.

解：如图 1.2-1, $\lim\limits_{x\to-\infty}\arctan x=-\dfrac{\pi}{2}$, $\lim\limits_{x\to+\infty}\arctan x=\dfrac{\pi}{2}$, $\lim\limits_{x\to-\infty}\arctan x\neq\lim\limits_{x\to+\infty}\arctan x$,所以 $\lim\limits_{x\to\infty}\arctan x$ 的极限不存在.

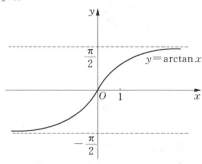

图 1.2-1

例 2 当 $x\to\infty$ 时,讨论函数 $y=\begin{cases}2^x, & x\in(-\infty,0),\\ \dfrac{1}{x+1}, & x\in[0,+\infty)\end{cases}$ 的极限.

解：因为 $\lim\limits_{x\to-\infty}f(x)=\lim\limits_{x\to-\infty}2^x=0$, $\lim\limits_{x\to+\infty}f(x)=\lim\limits_{x\to+\infty}\dfrac{1}{x+1}=0$,

所以 $\lim\limits_{x\to\infty}f(x)=0$.

2. x 趋于有限值 x_0 时的函数 $f(x)$ 极限

用 $x\to x_0$ 表示 x 从 x_0 的左、右两侧同时无限趋近于 x_0(包括 $x\to x_0^-$ 和 $x\to x_0^+$),用 $x\to x_0^-$ 表示 x 从 x_0 的左侧趋近于 x_0,用 $x\to x_0^+$ 表示 x 从 x_0 的右侧趋近于 x_0.但这几种情况下都有 $x\neq x_0$.这说明函数 $f(x)$ 在点 x_0

处极限与函数 $f(x)$ 在点 x_0 处是否有定义没有关系.

（1）$x \to x_0^+$（$x \to x_0^-$）时函数 $f(x)$ 的右（左）极限.

定义 1.2.5 如果 $x \to x_0^+$（$x \to x_0^-$）时，对应的函数值 $f(x)$ 无限趋近于常数 A，则称常数 A 为函数 $f(x)$ 在点 x_0 处的右（左）极限，记作：

$$\lim_{x \to x_0^+} f(x) = A \quad (\lim_{x \to x_0^-} f(x) = A)$$

$$\text{或} \quad f(x_0 + 0) = A \quad (f(x_0 - 0) = A).$$

例 3 设 $f(x) = \begin{cases} x+1, & x \in (0, +\infty), \\ 3, & x=0, \\ x-1, & x \in (-\infty, 0), \end{cases}$ 求 $\lim\limits_{x \to 0^+} f(x), \lim\limits_{x \to 0^-} f(x)$.

解： $\lim\limits_{x \to 0^+} f(x) = \lim\limits_{x \to 0^+}(x+1) = 1, \quad \lim\limits_{x \to 0^-} f(x) = \lim\limits_{x \to 0^-}(x-1) = -1.$

（2）$x \to x_0$ 时函数 $f(x)$ 极限.

定义 1.2.6 当 $x \to x_0$（即 x 从 x_0 的左、右两侧同时无限趋近于 x_0，但不等于 x_0）时，对应的函数值 $f(x)$ 无限趋近于常数 A，则称当 $x \to x_0$ 时函数 $f(x)$ 的极限为 A，记作：

$$\lim_{x \to x_0} f(x) = A \quad \text{或} \quad f(x) \to A(x \to x_0).$$

例如：$\lim\limits_{x \to 2}(3x+5) = 11.$

定理 1.2.2 $\lim\limits_{x \to x_0} f(x) = A$ 的充分必要条件是：$\lim\limits_{x \to x_0^+} f(x) = \lim\limits_{x \to x_0^-} f(x) = A.$

例 4 讨论函数 $f(x) = \begin{cases} x-1, & x<0, \\ 0, & x=0, \\ x+1, & x>0 \end{cases}$

当 $x \to 0$ 时的极限.

解： 如图 1.2-2，

$$\lim_{x \to 0^-} f(x) = \lim_{x \to 0^-}(x-1) = -1,$$
$$\lim_{x \to 0^+} f(x) = \lim_{x \to 0^+}(x+1) = 1.$$

由于 $\lim\limits_{x \to 0^-} f(x) \neq \lim\limits_{x \to 0^+} f(x)$，所以 $\lim\limits_{x \to 0} f(x)$ 不存在.

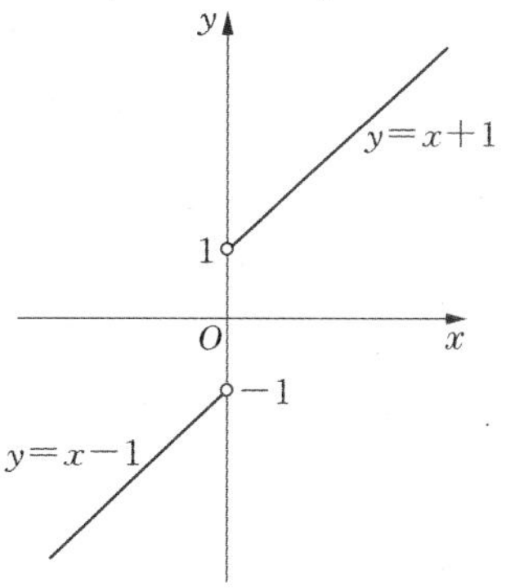

例 5 讨论函数 $f(x) = |x|$，当 $x \to 0$ 时的极限.

解： 如图 1.2-3，

$$\lim_{x \to 0^-} f(x) = \lim_{x \to 0^-}(-x) = 0,$$
$$\lim_{x \to 0^+} f(x) = \lim_{x \to 0^+} x = 0.$$

由于 $\lim\limits_{x \to 0^-} f(x) = \lim\limits_{x \to 0^+} f(x) = 0,$

所以 $\lim\limits_{x \to 0} f(x) = \lim\limits_{x \to 0}|x| = 0.$

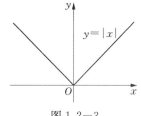

图 1.2-2

图 1.2-3

定理 1.2.3（极限的唯一性） 如果一个函数 $f(x)$ 的极限存在，则此函数的极限值是唯一的.

习题 1.2

1.选择题:

(1) $\lim\limits_{n\to\infty}\dfrac{\sqrt{n^2}}{n+1}=($);

    A. 不存在   B. 1   C. 0   D. -1

(2) 函数 $f(x)$ 在点 x_0 处有定义,是 $x\to x_0$ 时 $f(x)$ 有极限的( );

    A. 必要条件   B. 充分条件   C. 充要条件   D. 无关条件

(3) $f(x_0+0)$ 与 $f(x_0-0)$ 都存在是函数 $f(x)$ 在 $x=x_0$ 处有极限的( );

    A. 必要条件   B. 充分条件   C. 充要条件   D. 无关条件

(4) 设 $f(x)=\begin{cases}3x+2, & x\in(-\infty,0], \\ x^2-2, & x\in(0,+\infty),\end{cases}$ 则 $\lim\limits_{x\to0^+}f(x)=($);

    A. 2   B. -2 C. -1 D. 0

(5) 下列极限不正确的有( ).

    A. $\lim\limits_{x\to0}5^{\frac{1}{x}}=\infty$ B. $\lim\limits_{x\to0^-}5^{\frac{1}{x}}=0$

    C. $\lim\limits_{x\to0^+}5^{\frac{1}{x}}=+\infty$ D. $\lim\limits_{x\to\infty}5^{\frac{1}{x}}=1$

2.作出下列数列在数轴上的点,观察下列数列在 $n\to\infty$ 时的变化趋势,有极限的指出其极限值:

(1) $x_n=\dfrac{1}{2n+1}$;   (2) $x_n=\dfrac{n-5}{n}$;

(3) $x_n=\dfrac{2^n-(-1)^n}{2^n}$;   (4) $x_n=(-1)^n n$.

3.根据图像讨论下列各函数的极限:

(1) $\lim\limits_{x\to2}x^2$;   (2) $\lim\limits_{x\to+\infty}2^x$;

(3) $\lim\limits_{x\to-\infty}\sin x$;   (4) $\lim\limits_{x\to\infty}\dfrac{1}{x+1}$.

4.设 $f(x)=\begin{cases}\cos x, & x>0, \\ 1+x, & x<0,\end{cases}$ 求 $\lim\limits_{x\to0}f(x)$.

5.设函数 $f(x)=\begin{cases}x, & x\in(-\infty,3), \\ 2x+1, & x\in[3,+\infty),\end{cases}$ 作出 $f(x)$ 的图像,并讨论当 $x\to3$ 时,$f(x)$ 的左右极限及 $\lim\limits_{x\to3}f(x)$ 存在性.

6.设 $f(x)=\begin{cases}x^2+3x-1, & x\in(-\infty,1], \\ x, & x\in(1,2), \\ x-1, & x\in[2,+\infty),\end{cases}$ 求 $\lim\limits_{x\to0}f(x)$,$\lim\limits_{x\to1}f(x)$,$\lim\limits_{x\to2}f(x)$.

§1.3 极限的运算法则 两个重要极限

1.3.1 极限的四则运算法则

为了简便起见,"$\lim f(x)$"没有注明自变量 x 的变化过程,都规定在同一变化过程中,即都是 $x \to x_0$ 或 $x \to \infty$ 或其他情形.

定理 1.3.1 设 $\lim f(x) = A$ 与 $\lim g(x) = B$,则有

(1) $\lim[f(x) \pm g(x)] = \lim f(x) \pm \lim g(x) = A \pm B$;

(2) $\lim[f(x) \cdot g(x)] = \lim f(x) \cdot \lim g(x) = AB$;

(3) $\lim \dfrac{f(x)}{g(x)} = \dfrac{\lim f(x)}{\lim g(x)} = \dfrac{A}{B}$ $(\lim g(x) = B \neq 0)$.

推论 (1) $\lim[Cf(x)] = C\lim f(x) = CA$ $(C$ 为常数$)$;

　　　(2) $\lim[f(x)]^n = [\lim f(x)]^n = A^n$.

使用这些法则解题时应注意以下几点:

(1) 借助函数图像,可得结论: $\lim\limits_{x \to x_0} C = C$,$\lim\limits_{x \to x_0} x = x_0$;

(2) 法则 1 和 2 可推广到有限个函数的情况;

(3) 参与运算的函数的极限都存在,否则不能直接使用法则.

例 1 求 $\lim\limits_{x \to -1}(2x^2 - x + 2)$.

解:
$$
\begin{aligned}
\lim_{x \to -1}(2x^2 - x + 2) &= \lim_{x \to -1} 2x^2 - \lim_{x \to -1} x + \lim_{x \to -1} 2 \\
&= 2(\lim_{x \to -1} x)^2 - \lim_{x \to -1} x + 2 \\
&= 2(-1)^2 - (-1) + 2 \\
&= 5.
\end{aligned}
$$

由此得:对整式函数
$$
p(x) = a_0 x^n + a_1 x^{n-1} + a_2 x^{n-2} + \cdots + a_{n-1} x + a_n,
$$
则
$$
\lim_{x \to x_0}(a_0 x^n + a_1 x^{n-1} + \cdots + a_{n-1} x + a_n)
$$
$$
= a_0 x_0^n + a_1 x_0^{n-1} + a_2 x_0^{n-2} + \cdots + a_{n-1} x_0 + a_n,
$$
即 $\lim\limits_{x \to x_0} p(x) = p(x_0)$.

例 2 求 $\lim\limits_{x \to 0} \dfrac{x^2 + 3x + 1}{x + 2}$.

解:先求分子分母极限,如果分母不等于零则可以使用商的极限运算法则,因为 $\lim\limits_{x \to 0}(x + 2) = 0 + 2 = 2 \neq 0$,所以有

$$
\lim_{x \to 0} \frac{x^2 + 3x + 1}{x + 2} = \frac{\lim\limits_{x \to 0}(x^2 + 3x + 1)}{\lim\limits_{x \to 0}(x + 2)} = \frac{0^2 + 3 \times 0 + 1}{0 + 2} = \frac{1}{2}.
$$

一般地,有理分式(分子、分母都是多项式)当分母极限不为零时,有

$$
\lim_{x \to x_0} \frac{p(x)}{q(x)} = \frac{p(x_0)}{q(x_0)} \quad (q(x_0) \neq 0).
$$

例3 求 $\lim\limits_{x \to 1} \dfrac{2x-1}{x^2-3x+2}$.

解:分母的极限 $\lim\limits_{x \to 1}(x^2-3x+2)=1^2-3\times1+2=0$,分子极限不为零,考虑函数倒数的极限:

$$\lim_{x \to 1}\frac{x^2-3x+2}{2x-1}=\frac{0}{2\times1-1}=0,$$

所以 $\lim\limits_{x \to 1}\dfrac{2x-1}{x^2-3x+2}=\infty$.(实际上是极限不存在,只是借"$\infty$"表示)

例4 求 $\lim\limits_{x \to 2}\dfrac{x^2-4}{x^2-3x+2}$.

解:当 $x \to 2$ 时,分子、分母的极限都是零,其公因子 $x-2\neq0$,故可约去公因子后再求极限,即:

$$\lim_{x \to 2}\frac{x^2-4}{x^2-3x+2}=\lim_{x \to 2}\frac{(x-2)(x+2)}{(x-2)(x-1)}=\lim_{x \to 2}\frac{x+2}{x-1}=\frac{4}{1}=4.$$

注意,不能写成:

$$\lim_{x \to 2}\frac{x^2-4}{x^2-3x+2}=\frac{\lim\limits_{x \to 2}(x^2-4)}{\lim\limits_{x \to 2}(x^2-3x+2)}.$$

例5 求 $\lim\limits_{x \to \infty}\dfrac{2x^3-x+3}{5x^3+7x+2}$.

解:当 $x \to \infty$ 时,分子、分母都没有极限,是 $\dfrac{\infty}{\infty}$ 型,分子、分母的最高次数都是3,同除以最高次幂 x^3 得:

$$\lim_{x \to \infty}\frac{2x^3-x+3}{5x^3+7x+2}=\lim_{x \to \infty}\frac{2-\dfrac{1}{x^2}+\dfrac{3}{x^3}}{5+\dfrac{7}{x^2}+\dfrac{2}{x^3}}=\frac{\lim\limits_{x \to \infty}\left(2-\dfrac{1}{x^2}+\dfrac{3}{x^3}\right)}{\lim\limits_{x \to \infty}\left(5+\dfrac{7}{x^2}+\dfrac{2}{x^3}\right)}=\frac{2}{5}.$$

例6 求 $\lim\limits_{x \to \infty}\dfrac{5x^2-2x-1}{7x^3+6x+1}$.

解:分子、分母同除以最高次幂 x^3 得:

$$\lim_{x \to \infty}\frac{5x^2-2x-1}{7x^3+6x+1}=\lim_{x \to \infty}\frac{\dfrac{5}{x}-\dfrac{2}{x^2}-\dfrac{1}{x^3}}{7+\dfrac{6}{x^2}+\dfrac{1}{x^3}}=\frac{0}{7}=0.$$

例7 求 $\lim\limits_{x \to \infty}\dfrac{5x^3-2x-1}{7x^2+6x+1}$.

解:分子、分母同除以最高次幂 x^3 得:

$$\lim_{x \to \infty}\frac{5x^3-2x-1}{7x^2+6x+1}=\lim_{x \to \infty}\frac{5-\dfrac{2}{x^2}-\dfrac{1}{x^3}}{\dfrac{7}{x}+\dfrac{6}{x^2}+\dfrac{1}{x^3}}=\infty.$$

观察上面三例可以得出,当 $x \to \infty$ 时,有理分式极限有以下结论:

$$\lim_{x \to \infty}\frac{a_0 x^n + a_1 x^{n-1} + \cdots + a_n}{b_0 x^m + b_1 x^{m-1} + \cdots + b_m} = \begin{cases} 0, & n < m, \\ \dfrac{a_0}{b_0}, & n = m, \\ \infty, & n > m, \end{cases} \quad (a_0 \neq 0, b_0 \neq 0).$$

对于数列极限也有上述相同的结论.

有些函数的极限不能直接运用运算法则求出,要先化简后再求.

例 8 求 $\lim\limits_{x \to 1}\dfrac{\sqrt{3x+1}-2}{x-1}$.

解:当 $x \to 1$ 时,是 $\dfrac{0}{0}$ 型,但分子或分母中含有根式,则分子或分母需要有理化.

$$\lim_{x \to 1}\frac{\sqrt{3x+1}-2}{x-1} = \lim_{x \to 1}\frac{(\sqrt{3x+1}-2)(\sqrt{3x+1}+2)}{(x-1)(\sqrt{3x+1}+2)}$$
$$= \lim_{x \to 1}\frac{3(x-1)}{(x-1)(\sqrt{3x+1}+2)} = \lim_{x \to 1}\frac{3}{\sqrt{3x+1}+2} = \frac{3}{4}.$$

还有一些函数需要经过变形后才能进一步求极限.

例 9 求 $\lim\limits_{x \to 1}\left(\dfrac{x}{x-1} - \dfrac{1}{x^2-x}\right)$.

解:当 $x \to 1$ 时,$\dfrac{x}{x-1}$、$\dfrac{1}{x^2-x}$ 都没有极限,是 $\infty - \infty$ 型,可先通分化简,再求极限.

$$\lim_{x \to 1}\left(\frac{x}{x-1} - \frac{1}{x^2-x}\right) = \lim_{x \to 1}\frac{x^2-1}{(x-1)x} = \lim_{x \to 1}\frac{(x-1)(x+1)}{(x-1)x} = \lim_{x \to 1}\frac{x+1}{x} = 2.$$

例 10 求 $\lim\limits_{n \to \infty}\dfrac{1+2+\cdots+(n-1)}{n^2}$.

解:需要先求和化简,再求极限

$$\lim_{n \to \infty}\frac{1+2+\cdots+(n-1)}{n^2} = \lim_{n \to \infty}\frac{[1+(n-1)](n-1)}{2n^2} = \lim_{n \to \infty}\frac{n-1}{2n} = \frac{1}{2}.$$

注意当 $n \to \infty$,不能直接应用法则,这时

$$\lim_{n \to \infty}\frac{1+2+\cdots+(n-1)}{n^2} \neq \lim_{n \to \infty}\frac{1}{n^2} + \lim_{n \to \infty}\frac{2}{n^2} + \cdots + \lim_{n \to \infty}\frac{n-1}{n^2}.$$

1.3.2 复合函数的极限法则

定理 1.3.2 如果复合函数 $f[\varphi(x)]$ 满足条件:

(1) $\lim\limits_{x \to x_0}\varphi(x) = a$;

(2) 当 $x \neq x_0$ 时,$u = \varphi(x)$,且 $\lim\limits_{u \to a}f(u) = A$.

则 $\lim\limits_{x \to x_0}f[\varphi(x)] = \lim\limits_{u \to a}f(u) = A$.

若 $f(u)$ 是基本初等函数,a 又是 $f(u)$ 定义域内的点,则上述定理也可表示为

$$\lim_{x \to x_0}f[\varphi(x)] = f(a), \quad \text{即} \quad \lim_{x \to x_0}f[\varphi(x)] = f[\lim_{x \to x_0}\varphi(x)].$$

例 11　求 $\lim\limits_{x\to0}\sqrt{1+x^2}$.

解：$\sqrt{1+x^2}$ 可以看成是由 $y=f(u)=\sqrt{u}$，$u=\varphi(x)=1+x^2$ 复合而成的，当 $x\to0$ 时，$u\to1$，所以

$$\lim\limits_{x\to0}\sqrt{1+x^2}=\lim\limits_{u\to1}\sqrt{u}=1.$$

又因 $u\to1$，这个 1 是 $y=f(u)=\sqrt{u}$ 定义域内的点，所以

$$\lim\limits_{x\to0}\sqrt{1+x^2}=\sqrt{\lim\limits_{x\to0}(1+x^2)}=1.$$

说明：在定理中把 $\lim\limits_{x\to x_0}\varphi(x)=a$ 换成 $\lim\limits_{x\to x_0}\varphi(x)=\infty$ 或 $\lim\limits_{x\to\infty}\varphi(x)=\infty$，而把 $\lim\limits_{u\to a}f(u)=A$ 换成 $\lim\limits_{u\to\infty}f(u)=A$，可得类似定理.

1.3.3　两个重要极限

两个重要极限为：

$$\lim\limits_{x\to0}\frac{\sin x}{x}=1,\quad \lim\limits_{x\to\infty}\left(1+\frac{1}{x}\right)^x=e\quad(\text{或}\lim\limits_{u\to0}(1+u)^{\frac{1}{u}}=e)$$

(1) $\lim\limits_{x\to0}\dfrac{\sin x}{x}=1$.

观察下表，当 $x\to0$ 时，$\dfrac{\sin x}{x}$ 的变化趋势.

x(弧度)	±1.00	±0.100	±0.010	±0.001	$\cdots\to0$
$\dfrac{\sin x}{x}$	0.8417098	0.99833417	0.99998334	0.9999984	$\cdots\to1$

可以看到，当 $x\to0$ 时，$\dfrac{\sin x}{x}\to1$，即

$$\lim\limits_{x\to0}\frac{\sin x}{x}=1.$$

① 分析得：当 $x\to0$ 时，$\sin x$ 与 x 都趋向 0，所以该极限是 $\dfrac{0}{0}$ 型的极限.

② 式中的 x 可以是一个表达式"□"，该极限结构为 $\lim\limits_{\square\to0}\dfrac{\sin\square}{\square}=1$.

例 12　求 $\lim\limits_{x\to0}\dfrac{\sin2x}{4x}$.

解：$\lim\limits_{x\to0}\dfrac{\sin2x}{4x}=\lim\limits_{u\to0}\dfrac{\sin u}{2\cdot u}=\dfrac{1}{2}\lim\limits_{u\to0}\dfrac{\sin u}{u}=\dfrac{1}{2}\times1=\dfrac{1}{2}$.

不写中间变量时，可按以下格式写：

$$\lim\limits_{x\to0}\frac{\sin2x}{4x}=\lim\limits_{x\to0}\frac{\sin2x}{2\times2x}=\frac{1}{2}\lim\limits_{2x\to0}\frac{\sin2x}{2x}=\frac{1}{2}\times1=\frac{1}{2}.$$

例 13　求 $\lim\limits_{x\to0}\dfrac{\tan2x}{\sin x}$.

解：$\lim\limits_{x\to0}\dfrac{\tan2x}{\sin x}=\lim\limits_{x\to0}\left(\dfrac{2\sin2x}{2x\cos2x}\cdot\dfrac{x}{\sin x}\right)$

$$=2\lim_{2x\to0}\frac{\sin2x}{2x}\cdot\lim_{x\to0}\frac{x}{\sin x}\cdot\lim_{x\to0}\frac{1}{\cos2x}=2.$$

例 14　求 $\lim\limits_{x\to3}\dfrac{\sin(x-3)}{x^2-7x+12}$.

解：$\lim\limits_{x\to3}\dfrac{\sin(x-3)}{x^2-7x+12}=\lim\limits_{x\to3}\left(\dfrac{\sin(x-3)}{(x-3)}\cdot\dfrac{1}{x-4}\right)$

$$=\lim_{x-3\to0}\frac{\sin(x-3)}{x-3}\cdot\lim_{x\to3}\frac{1}{x-4}=-1.$$

例 15　求 $\lim\limits_{x\to0}\dfrac{1-\cos x}{x^2}$.

解：$\lim\limits_{x\to0}\dfrac{1-\cos x}{x^2}=\lim\limits_{x\to0}\dfrac{2\sin^2\dfrac{x}{2}}{x^2}=\lim\limits_{x\to0}\dfrac{1}{2}\left(\dfrac{\sin\dfrac{x}{2}}{\dfrac{x}{2}}\right)^2$

$$=\frac{1}{2}\left(\lim_{\frac{x}{2}\to0}\frac{\sin\dfrac{x}{2}}{\dfrac{x}{2}}\right)^2=\frac{1}{2}\cdot1=\frac{1}{2}.$$

(2) $\lim\limits_{x\to\infty}\left(1+\dfrac{1}{x}\right)^x=\mathrm{e}$（或 $\lim\limits_{u\to0}(1+u)^{\frac{1}{u}}=\mathrm{e}$）.

观察下表,当 $x\to+\infty$ 时, $\left(1+\dfrac{1}{x}\right)^x$ 的变化趋势.

x	$\cdots10$	100	1000	10000	100000	1000000	$\cdots\to+\infty$
$\left(1+\dfrac{1}{x}\right)^x$	$\cdots2.59374$	2.70481	2.71692	2.71815	2.71827	2.71828	$\cdots\to\mathrm{e}$

观察下表,当 $x\to-\infty$ 时, $\left(1+\dfrac{1}{x}\right)^x$ 的变化趋势.

x	$\cdots-10$	-100	-1000	-10000	-100000	-1000000	$\cdots\to-\infty$
$\left(1+\dfrac{1}{x}\right)^x$	$\cdots2.86797$	2.73200	2.71964	2.71842	2.71830	2.71828	$\cdots\to\mathrm{e}$

可以看出,当 $x\to+\infty$ 或 $x\to-\infty$ 时, $\left(1+\dfrac{1}{x}\right)^x\to\mathrm{e}$,其中 e 是一个无理数,其值为 2.718281828459045…,所以有

$$\lim_{x\to\infty}\left(1+\frac{1}{x}\right)^x=\mathrm{e}.$$

令 $u=\dfrac{1}{x}$,则当 $x\to\infty$ 时,$u\to0$,于是得

$$\lim_{u\to0}(1+u)^{\frac{1}{u}}=\mathrm{e}.$$

它们的结构特点是:

$$\lim_{\square\to\infty}\left(1+\frac{1}{\square}\right)^{\square}=\mathrm{e}\quad\text{或}\quad\lim_{\square\to0}(1+\square)^{\frac{1}{\square}}=\mathrm{e}.$$

例 16　求 $\lim\limits_{x\to\infty}\left(1+\dfrac{2}{x}\right)^{x}$.

解: 令 $\dfrac{2}{x}=u$, 当 $x\to\infty$ 时, $u\to0$, 于是

$$\lim_{x\to\infty}\left(1+\frac{2}{x}\right)^{x}=\lim_{u\to0}(1+u)^{\frac{2}{u}}=\lim_{u\to0}\left[(1+u)^{\frac{1}{u}}\right]^{2}=\left[\lim_{u\to0}(1+u)^{\frac{1}{u}}\right]^{2}=\mathrm{e}^{2}.$$

不写中间变量时,可按以下格式写:

$$\lim_{x\to\infty}\left(1+\frac{2}{x}\right)^{x}=\lim_{x\to\infty}\left[\left(1+\frac{1}{\frac{x}{2}}\right)^{\frac{x}{2}}\right]^{2}=\left[\lim_{\frac{x}{2}\to\infty}\left(1+\frac{1}{\frac{x}{2}}\right)^{\frac{x}{2}}\right]^{2}=\mathrm{e}^{2}.$$

例 17　求 $\lim\limits_{x\to\infty}\left(1-\dfrac{1}{x}\right)^{x-5}$.

解:
$$\lim_{x\to\infty}\left(1-\frac{1}{x}\right)^{x-5}=\lim_{x\to\infty}\left(1+\frac{1}{-x}\right)^{(-x)\times(-1)-5}$$
$$=\lim_{-x\to\infty}\left[\left(1+\frac{1}{-x}\right)^{(-x)}\right]^{-1}\cdot\lim_{-x\to\infty}\left(1+\frac{1}{-x}\right)^{-5}$$
$$=\mathrm{e}^{-1}\cdot1^{-5}=\mathrm{e}^{-1}.$$

一般地,有下面结论:

$$\lim_{x\to\infty}\left(1+\frac{a}{x}\right)^{bx+c}=\mathrm{e}^{ab}.$$

例 18　求 $\lim\limits_{x\to0}(1+3x)^{\frac{1}{x}}$.

解: $\lim\limits_{x\to0}(1+3x)^{\frac{1}{x}}=\lim\limits_{x\to0}\left[(1+3x)^{\frac{1}{3x}}\right]^{3}=\lim\limits_{3x\to0}\left[(1+3x)^{\frac{1}{3x}}\right]^{3}=\mathrm{e}^{3}.$

例 19　求 $\lim\limits_{x\to\infty}\left(\dfrac{x+3}{x+1}\right)^{x}$.

解: $\lim\limits_{x\to\infty}\left(\dfrac{x+3}{x+1}\right)^{x}=\lim\limits_{x\to\infty}\left[\dfrac{1+\dfrac{3}{x}}{1+\dfrac{1}{x}}\right]^{x}=\lim\limits_{x\to\infty}\dfrac{\left(1+\dfrac{3}{x}\right)^{x}}{\left(1+\dfrac{1}{x}\right)^{x}}=\dfrac{\lim\limits_{\frac{x}{3}\to\infty}\left[\left(1+\dfrac{3}{x}\right)^{\frac{x}{3}}\right]^{3}}{\lim\limits_{x\to\infty}\left(1+\dfrac{1}{x}\right)^{x}}$

$$=\frac{\mathrm{e}^{3}}{\mathrm{e}}=\mathrm{e}^{2}.$$

习题 1.3

1. 判断下列运算是否正确:

(1) $\lim\limits_{x\to\infty}(x^{2}-2x)=\lim\limits_{x\to\infty}x^{2}-2\lim\limits_{x\to\infty}x=\infty-\infty=0$; 　　　　　　　(　　)

(2) $\lim\limits_{x\to1}\dfrac{x}{1-x}=\dfrac{\lim\limits_{x\to1}x}{\lim\limits_{x\to1}(1-x)}=\dfrac{1}{0}=\infty$; 　　　　　　　(　　)

(3) $\lim\limits_{n\to\infty}\left(\dfrac{1}{n}+\dfrac{1}{n+1}+\cdots+\dfrac{1}{n+n}\right)=\lim\limits_{n\to\infty}\dfrac{1}{n}+\lim\limits_{n\to\infty}\dfrac{1}{n+1}+\cdots+\lim\limits_{n\to\infty}\dfrac{1}{n+n}$;

　　　　　　　　　　　　　　　　　　　　　　　　　　(　　)

(4) $\lim\limits_{x\to 0}x\sin\dfrac{1}{x}=\lim\limits_{x\to 0}x\cdot\lim\limits_{x\to 0}\dfrac{1}{x}=0\cdot\lim\limits_{x\to 0}\dfrac{1}{x}=0$; （   ）

(5) 若 $f(x)>0$，且 $\lim\limits_{x\to x_0}f(x)=A$，则必有 $A>0$. （   ）

2. 求下列极限:

(1) $\lim\limits_{x\to -1}\dfrac{x^2+2x-2}{x^2+1}$;

(2) $\lim\limits_{x\to 2}\dfrac{x^2-4}{x-2}$;

(3) $\lim\limits_{x\to 2}\dfrac{x^2-2}{x^2+1}$;

(4) $\lim\limits_{x\to 3}\dfrac{x-3}{x+3}$;

(5) $\lim\limits_{x\to\infty}\dfrac{x^2-1}{2x^2-x}$;

(6) $\lim\limits_{x\to\infty}\left(1+\dfrac{1}{x}\right)\left(2-\dfrac{1}{x^2}\right)$;

(7) $\lim\limits_{x\to\infty}\left(\dfrac{2x}{3-x}-\dfrac{2}{3x}\right)$;

(8) $\lim\limits_{n\to\infty}\left(1+\dfrac{1}{2}+\dfrac{1}{4}+\cdots+\dfrac{1}{2^n}\right)$;

(9) $\lim\limits_{n\to\infty}\dfrac{1+2+\cdots+n}{(n+3)(n+4)}$.

3. 已知 $\lim\limits_{n\to\infty}\dfrac{an^2+bn-5}{3n-2}=2$，求 a,b.

4. 求下列极限:

(1) $\lim\limits_{x\to 0}\dfrac{\sin ax}{x}$ $(a\neq 0)$;

(2) $\lim\limits_{x\to 0}\dfrac{x}{\tan 2x}$;

(3) $\lim\limits_{x\to 0}\dfrac{\sin 2x}{\tan 3x}$;

(4) $\lim\limits_{x\to 1}\dfrac{(x-1)^2}{\sin(x-1)}$;

(5) $\lim\limits_{x\to\infty}x\tan\dfrac{1}{x}$;

(6) $\lim\limits_{x\to\pi}\dfrac{\sin x}{\pi-x}$;

(7) $\lim\limits_{x\to 0}\left(1-\dfrac{1}{x}\right)^x$;

(8) $\lim\limits_{x\to\infty}\left(\dfrac{1+x}{x}\right)^{2x}$;

(9) $\lim\limits_{x\to\infty}\left(1+\dfrac{2}{x}\right)^{x+2}$;

(10) $\lim\limits_{x\to\infty}\left(\dfrac{3x+4}{3x-1}\right)^x$;

(11) $\lim\limits_{x\to 0}\left(1+\dfrac{x}{2}\right)^{2-\frac{1}{x}}$;

(12) $\lim\limits_{x\to 2}\left[1+(x-2)\right]^{\frac{3}{x-2}}$.

§1.4　无穷小量与无穷大量

1.4.1　无穷小量

定义 1.4.1　在某个变化过程中,极限为零的变量称为无穷小量,简称为无穷小.

例如,因为 $\lim\limits_{x\to 0}\sin x=0,\lim\limits_{x\to 0}x^2=0,\lim\limits_{x\to 0}\tan x=0,\lim\limits_{x\to 2^+}\sqrt{x-2}=0$,所以当 $x\to 0$ 时,$\sin x,x^2,\tan x$ 都是无穷小;当 $x\to 2^+$ 时,$\sqrt{x-2}$ 是无穷小;同样的当 $x\to\infty$ 时,$\dfrac{1}{x-2}$ 是无穷小;当 $n\to\infty$ 时,$\dfrac{1}{n}$ 是无穷小.

在理解无穷小概念时,应注意以下两点:

(1) 无穷小是以零为极限的变量,表达的是量的变化状态,而不是量的大小.不能把一个很小的数误认为是无穷小,只有数"0"是唯一可以作为无穷小的常数.

(2) 某个变量是否是无穷小量与自变量的变化过程有关.在某个变化过程中是无穷小量,在其他过程中则不一定是无穷小量.例如,当 $x \to \infty$ 时,$\dfrac{1}{x}$ 是无穷小,而当 $x \to 1$ 时,$\dfrac{1}{x}$ 就不是无穷小.

1.4.2 无穷小的性质

性质 1   有限个无穷小的代数和仍是无穷小.

性质 2   有限个无穷小的乘积仍是无穷小.

性质 3   有界函数与无穷小的乘积仍是无穷小.

推论   常数与无穷小的乘积仍是无穷小.

极限与无穷小的关系:

定理 1.4.1 $\lim f(x) = A$ 的充要条件是 $f(x) = A + \alpha(x)$,其中 $\alpha(x)$ 是自变量 x 在同一变化过程中的无穷小.

事实上,如果 $\lim f(x) = A$,那么在自变量 x 的同一变化过程中,$|f(x) - A|$ 可以任意小,也就是 $\lim(f(x) - A) = 0$,记 $\alpha(x) = f(x) - A$,则 $\alpha(x)$ 是无穷小,且有 $f(x) = A + \alpha(x)$.

反之,$f(x) = A + \alpha(x)$,$\lim \alpha(x) = 0$,则 $f(x) - A$ 在自变量 x 的同一变化过程中,可以任意小,故有 $\lim f(x) = A$.

例 1   当 $x \to 0$ 时,判断下列哪些是无穷小量.

(1) $\sin 3x + 2\tan x$;   (2) $\dfrac{1}{2^{10000}}$.

解:根据性质 1 知(1)是无穷小量.(2)是一个非零的常数,虽然很小,但也不是无穷小量.

例 2   求极限 $\lim\limits_{x \to 0} x \sin \dfrac{1}{x}$.

解:当 $x \to 0$ 时,x 是无穷小,因为 $\left| \sin \dfrac{1}{x} \right| \leqslant 1$,根据性质 3,乘积 $x \sin \dfrac{1}{x}$ 是无穷小,即 $\lim\limits_{x \to 0} x \sin \dfrac{1}{x} = 0$.

1.4.3 无穷小的比较

在同一变化过程中有许多无穷小量,例如,当 $x \to 0$ 时,x^2,$\sin x$,$\tan x$,$1 - \cos x$ 等都是无穷小量,但它们趋近于零的速度却不相同,为了区别这些无穷小量趋近于零的速度的快慢,引入无穷小量之间的比较.

定义 1.4.2   设 α, β 是同一变化过程中的两个无穷小,且 $\beta \neq 0$.

(1) 若 $\lim \dfrac{\alpha}{\beta} = 0$,则称 α 是比 β 高阶的无穷小,记作 $\alpha = o(\beta)$;

(2) 若 $\lim \dfrac{\alpha}{\beta} = \infty$,则称 α 是比 β 低阶的无穷小;

(3) 若 $\lim\dfrac{\alpha}{\beta}=c\ (c\neq0)$，则称 α 与 β 是同阶的无穷小. 特别地，

$\lim\dfrac{\alpha}{\beta}=1$，则称 α 与 β 是等价无穷小，记作 $\alpha\sim\beta$.

例如：因为 $\lim\limits_{x\to0}\dfrac{x^3}{x}=0$，所以当 $x\to0$ 时，x^3 是比 x 高阶的无穷小；$\lim\limits_{x\to0}\dfrac{3x}{x}=3$，

$\lim\limits_{x\to0}\dfrac{\sin x}{\tan x}=1$，所以在 $x\to0$ 时，$3x$ 与 x 是同阶无穷小，$\sin x$ 与 $\tan x$ 是等价无穷小.

例 3 比较下列无穷小：

(1) 当 $x\to1$ 时，$(1-2x+x^2)$ 与 $1-x$；

(2) 当 $x\to0$ 时，e^x-1 与 x.

解：(1) 因为

$$\lim_{x\to1}\frac{1-2x+x^2}{1-x}=\lim_{x\to1}(1-x)=0,$$

所以当 $x\to1$ 时，$(1-2x+x^2)$ 是比 $1-x$ 高阶的无穷小；

(2) 令 $u=\mathrm{e}^x-1$，则 $x=\ln(1+u)$，当 $x\to0$ 时，$u\to0$，

$$\lim_{x\to0}\frac{\mathrm{e}^x-1}{x}=\lim_{u\to0}\frac{u}{\ln(1+u)}=\lim_{u\to0}\frac{1}{\ln(1+u)^{\frac{1}{u}}}=\frac{1}{\ln \mathrm{e}}=1,$$

所以当 $x\to0$ 时，$\mathrm{e}^x-1\sim x$.

下面是当 $x\to0$ 时常用的几个等价无穷小：

$\sin x\sim x$，$\tan x\sim x$，$\arcsin x\sim x$，$\arctan x\sim x$，$\ln(1+x)\sim x$，

$\mathrm{e}^x-1\sim x$，$1-\cos x\sim\dfrac{1}{2}x^2$，$(1+x)^\alpha\sim\alpha x$.

等价无穷小在求两个无穷小之比的极限时，有重要作用，对此有如下定理：

定理 1.4.2 设 $\alpha\sim\alpha'$，$\beta\sim\beta'$，且 $\lim\dfrac{\alpha'}{\beta'}$ 存在，则 $\lim\dfrac{\alpha}{\beta}=\lim\dfrac{\alpha'}{\beta'}$.

证明：$\lim\dfrac{\alpha'}{\beta'}=\lim\left(\dfrac{\alpha'}{\alpha}\cdot\dfrac{\alpha}{\beta}\cdot\dfrac{\beta}{\beta'}\right)=\lim\dfrac{\alpha'}{\alpha}\lim\dfrac{\alpha}{\beta}\lim\dfrac{\beta}{\beta'}=\lim\dfrac{\alpha}{\beta}$.

例 4 求 $\lim\limits_{x\to0}\dfrac{\sin 4x}{\tan 3x}$.

解：因为 $x\to0$ 时，$\sin 4x\sim4x$，$\tan 3x\sim3x$，所以

$$\lim_{x\to0}\frac{\sin 4x}{\tan 3x}=\lim_{x\to0}\frac{4x}{3x}=\frac{4}{3}.$$

例 5 求 $\lim\limits_{x\to0}\dfrac{\ln(1+\sin x)}{\sin 2x}$.

解：因为当 $x\to0$ 时，$\sin x\to0$，此时有 $\ln(1+\sin x)\sim\sin x$，$\sin 2x\sim2x$，所以

$$\lim_{x\to0}\frac{\ln(1+\sin x)}{\sin 2x}=\lim_{x\to0}\frac{\sin x}{2x}=\lim_{x\to0}\frac{x}{2x}=\frac{1}{2}.$$

例 6 求 $\lim\limits_{x\to 0}\dfrac{\sin x}{x^3+3x}$.

解：因为当 $x\to 0$ 时，$\sin x \sim x$，所以有

$$\lim_{x\to 0}\frac{\sin x}{x^3+3x}=\lim_{x\to 0}\frac{x}{x^3+3x}=\lim_{x\to 0}\frac{1}{x^2+3}=\frac{1}{3}.$$

1.4.4 无穷大量

定义 1.4.3 若在自变量 x 的某个变化过程中，$|f(x)|$ 无限增大，则称在该变化过程中 $f(x)$ 为无穷大量，简称无穷大.

例如，当 $x\to 0$ 时，$\dfrac{1}{x^2}$，$\dfrac{1}{\sin x}$，$\dfrac{1}{\tan x}$ 都是无穷大；当 $x\to\infty$ 时，x^2 是无穷大.

注意以下几点：

(1) 若 $f(x)$ 为无穷大量，由极限定义知它的极限并不存在，但习惯上仍采用极限符号记作：$\lim f(x)=\infty$. 例如：$\lim\limits_{x\to 0}\dfrac{1}{x^2}=\infty$；

(2) 无穷大量不是一个很大的数，因此任意的常数，不论它的绝对值多么的大，都不是无穷大量；

(3) 某个变量是否是无穷大量与自变量的变化过程有关；

(4) 无穷小量与无穷大量之间关系：

在自变量的同一变化过程中，如果 $f(x)$ 为无穷大，则 $\dfrac{1}{f(x)}$ 为无穷小；反之，如果 $f(x)$ 为无穷小，且 $f(x)\neq 0$，则 $\dfrac{1}{f(x)}$ 为无穷大. 例如：当 $x\to 0$ 时，x^3 是无穷小，$\dfrac{1}{x^3}$ 是无穷大.

习题 1.4

1. 指出下列各题中的函数，哪些是无穷大？哪些是无穷小？

(1) $\dfrac{1}{2}x+\dfrac{1}{3}x^3$ $(x\to 0)$；

(2) $x^2+\sin 3x$ $(x\to 0)$；

(3) 2^x-1 $(x\to 0)$；

(4) $\dfrac{x+1}{x^2-9}$ $(x\to 3)$；

(5) $\dfrac{3}{\sqrt{x}}$ $(x\to 0^+)$；

(6) $e^{\frac{1}{x}}-1$ $(x\to\infty)$.

2. 函数 $f(x)=\dfrac{1}{(x-1)^2}$ 在什么条件下是无穷大，在什么条件下是无穷小？

3. 填空题：

(1) 当 $x\to -1$ 时，$x+1$ 是 $(x+1)^2$ 的_____无穷小；

(2) 当 $x\to 0$ 时，$\sin x$ 是 x^2+2x 的_____无穷小；

(3)当 $x \to 0$ 时,$\tan 2x$ 与 $\sin 5x$ 的_____无穷小;

(4)当 $x \to 0$ 时,$1 - \cos x$ 与 $x \sin x$ 的_____无穷小.

4.求下列函数的极限:

(1) $\lim\limits_{x \to \infty}\left(x \sin \dfrac{1}{x} + \dfrac{1}{x^2} \cos x\right)$;

(2) $\lim\limits_{x \to \infty} \dfrac{1}{x} \sin x$;

(3) $\lim\limits_{x \to 0} \dfrac{\tan mx}{\sin nx}$ $(n \neq 0)$;

(4) $\lim\limits_{x \to 0} \dfrac{\tan x - \sin x}{x^3}$;

(5) $\lim\limits_{x \to 0} \dfrac{1 - \cos x}{x \sin x}$;

(6) $\lim\limits_{x \to 0} \dfrac{\ln(1 + \sin x)}{\sin 2x}$;

(7) $\lim\limits_{x \to 0} \dfrac{\ln(1 + x)}{\sin 2x}$;

(8) $\lim\limits_{x \to 0} \dfrac{\ln(1 + 2x^2)}{1 - \cos x}$.

§1.5　函数的连续性

1.5.1 函数的连续性

1. 邻域概念

以 x_0 为中心,δ $(\delta > 0)$ 为半径的开区间 $(x_0 - \delta, x_0 + \delta)$ 称为点 x_0 的 δ 邻域,记作 $U(x_0, \delta)$,或简记为 $U(x_0)$,即 $U(x_0, \delta) = \{x \mid |x - x_0| < \delta\}$. 如图 1.5—1.

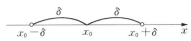

图 1.5—1

在 x_0 的 δ 邻域内去掉 x_0 点,称为 x_0 的去心邻域(空心邻域),记作 $\mathring{U}(x_0, \delta)$,或简记为 $\mathring{U}(x_0)$. 即 $\mathring{U}(x_0) = \{x \mid 0 < |x - x_0| < \delta\}$,如图 1.5—2.

图 1.5—2

2. 增量

自变量从 x_0 处变化到 x 处的改变量或增量,记为 $\Delta x = x - x_0$,称为自变量 x 在 x_0 处的增量. 对应的函数值从 $f(x_0)$ 处变化到 $f(x)$ 处的改变量或增量,记为 $\Delta y = f(x) - f(x_0)$ 或 $\Delta y = f(x_0 + \Delta x) - f(x_0)$ 称为函数 $y = f(x)$ 在 x_0 处的增量. Δx 与 Δy 都可正可负.

3. 函数连续性

从图形上看,一个函数如果连续,其图像必是连续而不间断的曲线.下面用极限概念来给出函数连续性的定义.

定义 1.5.1　设函数 $y=f(x)$ 在 x_0 的某个邻域内有定义,自变量 x 在 x_0 处的增量 Δx 时,相应的函数增量为 $\Delta y=f(x_0+\Delta x)-f(x_0)$,若当 $\Delta x \to 0$ 时,极限 $\lim\limits_{\Delta x \to 0}\Delta y=0$,则称函数 $y=f(x)$ 在点 x_0 连续.

例 1　用定义证明 $y=f(x)=x^2-3$ 在给定点 x_0 处连续.

证明: $\Delta y=f(x_0+\Delta x)-f(x_0)=[(x_0+\Delta x)^2-3]-(x_0^2-3)$
$$=2x_0\Delta x+(\Delta x)^2,$$
$$\lim_{\Delta x \to 0}\Delta y=\lim_{\Delta x \to 0}[2x_0\Delta x+(\Delta x)^2]=0,$$

所以 $y=f(x)=x^2-3$ 在给定点 x_0 处连续.

事实上,设 $x=x_0+\Delta x$,则 $\Delta y=f(x_0+\Delta x)-f(x_0)=f(x)-f(x_0)$,且 $\Delta x \to 0$,就是 $x \to x_0$,所以 $f(x)=f(x_0)+\Delta y$,所以 $\lim\limits_{\Delta x \to 0}\Delta y=0$ 等价于 $\lim\limits_{x \to x_0}f(x)=f(x_0)$.

定义 1.5.2　设函数 $y=f(x)$ 在 x_0 的某个邻域内有定义,且 $\lim\limits_{x \to x_0}f(x)=f(x_0)$,则称函数 $y=f(x)$ 在 x_0 处连续,或称 x_0 为函数 $y=f(x)$ 的连续点.

这表明,如果函数 $y=f(x)$ 在 x_0 点连续必须满足的条件:

(1) $f(x)$ 的点 x_0 有定义;

(2) $\lim\limits_{x \to x_0}f(x)$ 极限存在;

(3) $\lim\limits_{x \to x_0}f(x)=f(x_0)$.

例 2　讨论函数 $f(x)=\begin{cases} x\sin\dfrac{1}{x}, & x \neq 0, \\ 0, & x=0 \end{cases}$ 在 $x=0$ 处的连续性.

证明: 因为 $\lim\limits_{x \to 0}f(x)=\lim\limits_{x \to 0}x\sin\dfrac{1}{x}=0=f(0)$,所以,$f(x)$ 在 $x=0$ 处连续.

若 $\lim\limits_{x \to x_0^-}f(x)=f(x_0)$,则称 $y=f(x)$ 在 x_0 处左连续,若 $\lim\limits_{x \to x_0^+}f(x)=f(x_0)$,则称 $y=f(x)$ 在 x_0 处右连续,所以若函数 $y=f(x)$ 在 x_0 的某个邻域内有定义,则函数在 x_0 点连续的充要条件是函数在该点左、右连续,即
$$\lim_{x \to x_0^-}f(x)=f(x_0)=\lim_{x \to x_0^+}f(x).$$

例 3　讨论函数 $f(x)=\begin{cases} 2x+1, & x \leqslant 0, \\ \cos x, & x>0 \end{cases}$ 在 $x=0$ 处的连续性.

证明: 因为 $\lim\limits_{x \to 0^+}f(x)=\lim\limits_{x \to 0}\cos x=1$,$\lim\limits_{x \to 0^-}f(x)=\lim\limits_{x \to 0}(2x+1)=1$ 且 $f(0)=1$,即 $f(x)$ 在 $x=0$ 处左、右都连续,所以 $f(x)$ 在 $x=0$ 处连续.

若函数 $y=f(x)$ 在开区间 (a,b) 内每一点都连续,称函数 $f(x)$ 在开区间 (a,b) 内连续.如果函数在开区间 (a,b) 内每一点都连续,且在左端点 a 右连续,在右端点 b 左连续,那么称函数 $f(x)$ 在闭区间 $[a,b]$ 上连续.

1.5.2 函数的间断点及其分类

1. 函数的间断点

定义 1.5.3 设函数 $y=f(x)$ 在点 x_0 的某空心邻域内有定义,如果 $f(x)$ 有下列三种情况之一:

(1) 在 $x=x_0$ 处没有定义;

(2) 在 $x=x_0$ 处有定义,但 $\lim\limits_{x\to x_0}f(x)$ 不存在;

(3) 在 $x=x_0$ 处有定义且 $\lim\limits_{x\to x_0}f(x)$ 存在,但 $\lim\limits_{x\to x_0}f(x)\neq f(x_0)$.

则称函数 $f(x)$ 在点 x_0 处不连续,点 x_0 称为函数 $f(x)$ 的不连续点或间断点.

2. 间断点的分类

函数的间断点按其单侧极限是否存在,分为第一类间断点与第二类间断点:设 x_0 是函数 $f(x)$ 的间断点,如果单侧极限 $\lim\limits_{x\to x_0^-}f(x)$ 和 $\lim\limits_{x\to x_0^+}f(x)$ 都存在,则称 x_0 为第一类间断点;如果单侧极限 $\lim\limits_{x\to x_0^-}f(x)$ 和 $\lim\limits_{x\to x_0^+}f(x)$ 中至少有一个不存在,则称 x_0 为第二类间断点.

(1) 若 $f(x)$ 在点 x_0 的某邻域内有定义,$\lim\limits_{x\to x_0}f(x)$ 存在,但不等于 $f(x)$ 在 x_0 处的函数值时,称 x_0 为 $f(x)$ 的可去间断点;

(2) 当 $\lim\limits_{x\to x_0^-}f(x)$ 与 $\lim\limits_{x\to x_0^+}f(x)$ 均存在,但不相等时,称 x_0 为 $f(x)$ 的跳跃间断点;

(3) 若 $\lim\limits_{x\to x_0^-}f(x)=\infty$ 或 $\lim\limits_{x\to x_0^+}f(x)=\infty$,则称 x_0 为 $f(x)$ 的无穷间断点,无穷间断点属第二类间断点.

例 4 证明 $x=0$ 为函数 $f(x)=\dfrac{-x}{|x|}$ 的第一类间断点.

证明:因为该函数在 $x=0$ 处无定义,故 $x=0$ 是间断点,又因为

$$\lim_{x\to 0^-}\frac{-x}{|x|}=\lim_{x\to 0^-}\frac{-x}{-x}=1,$$

$$\lim_{x\to 0^+}\frac{-x}{|x|}=\lim_{x\to 0^+}\frac{-x}{x}=-1.$$

所以 $x=0$ 为该函数的第一类间断点.该函数图形在 $x=0$ 处产生跳跃现象,因而这类左、右极限存在而不相等的间断点为跳跃间断点.

例 5 证明 $x=0$ 为函数 $f(x)=\begin{cases}\dfrac{\sin x}{x}, & x\neq 0 \\ 0, & x=0\end{cases}$ 的第一类间断点.

证明:因为 $\lim\limits_{x\to 0}f(x)=\lim\limits_{x\to 0}\dfrac{\sin x}{x}=1$,故在 $x=0$ 处的左、右极限 $\lim\limits_{x\to 0^-}f(x)$ 和 $\lim\limits_{x\to 0^+}f(x)$ 都存在,又因为 $\lim\limits_{x\to 0}f(x)\neq f(0)=0$,所以 $x=0$ 是该函数第一类间断点.这类左、右极限相等的间断点为可去间断点.

如果在 $x=0$ 处重新定义 $f(0)=1$,如函数 $f_1(x)=\begin{cases}\dfrac{\sin x}{x}, & x\neq 0,\\ 1, & x=0,\end{cases}$

则函数 $f_1(x)$ 在 $x=0$ 处连续.

例 6　判断函数 $f(x)=\dfrac{1}{x+1}$ 在

$x=-1$ 处的连续性.

解: 因为 $\lim\limits_{x\to -1}f(x)=\lim\limits_{x\to -1}\dfrac{1}{x+1}=\infty$,

$f(x)$ 极限不存在,所以 $x=-1$ 为该函数
的第二类间断点(如图 1.5-3).这类左、
右极限中至少有一个为无穷大的间断点,
又称为无穷间断点.

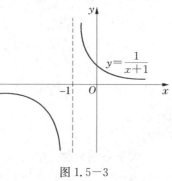

图 1.5-3

1.5.3　初等函数的连续性

1. 连续函数的四则运算

定理 1.5.1　若函数 $f(x)$ 与 $g(x)$ 在 x_0 处连续,则 $f(x)+g(x)$,
$f(x)-g(x),f(x)\cdot g(x),\dfrac{f(x)}{g(x)}$ (当 $g(x)\neq 0$ 时)在 x_0 处也连续.

例如:因为 $\sin x$ 与 $\cos x$ 都在 $(-\infty,+\infty)$ 上连续,所以由以上定理得
$\tan x=\dfrac{\sin x}{\cos x}$ 与 $\cot x=\dfrac{\cos x}{\sin x}$ 在各自定义域内连续.

2. 复合函数的连续性

定理 1.5.2　若函数 $y=f(u)$ 在 $u=u_0$ 处连续,函数 $u=\varphi(x)$ 在 $x=x_0$
处连续,且 $u_0=\varphi(x_0)$,则复合函数 $y=f[\varphi(x)]$ 在 $x=x_0$ 处连续.

根据此定理和函数连续性定义可得:
$$\lim\limits_{x\to x_0}f[\varphi(x)]=f[\varphi(x_0)]=f[\lim\limits_{x\to x_0}\varphi(x)].$$

这表明连续函数的极限符号和函数符号可以交换次序,这给求极限带
来很大方便.

例 7　求 $\lim\limits_{x\to 1}\sin\left(\pi x-\dfrac{\pi}{2}\right)$ 极限.

解: $y=\sin\left(\pi x-\dfrac{\pi}{2}\right)$ 是由 $y=\sin u$ 与 $u=\pi x-\dfrac{\pi}{2}$ 复合的.

$u=\pi x-\dfrac{\pi}{2}$ 在点 $x=1$ 处连续且当 $x=1$ 时 $u=\pi\times 1-\dfrac{\pi}{2}=\dfrac{\pi}{2}$,$y=\sin u$

在 $u=\dfrac{\pi}{2}$ 处连续,由上定理得 $\lim\limits_{x\to 1}\sin\left(\pi x-\dfrac{\pi}{2}\right)=\sin\left(\pi\times 1-\dfrac{\pi}{2}\right)=\sin\dfrac{\pi}{2}$
$=1$.

例 8　求 $\lim\limits_{x\to 0}\dfrac{\log_a(1+x)}{x}$.

解: $\lim\limits_{x\to 0}\dfrac{\log_a(1+x)}{x}=\lim\limits_{x\to 0}\log_a(1+x)^{\frac{1}{x}}=\log_a\lim\limits_{x\to 0}(1+x)^{\frac{1}{x}}=\log_a e$

$$=\frac{1}{\ln a}.$$

可以证明:基本初等函数在其定义域内都是连续函数,再根据前面两个定理可得重要结论.

定理 1.5.3　一切初等函数在其定义域内都是连续的.

因此,求初等函数在其定义域内某点的极限时,只需求出在该点的函数值即可;求初等函数的连续区间,只需求函数的定义域即可.

1.5.4　闭区间上连续函数的性质

下面介绍闭区间上连续函数的两个重要性质.

定理 1.5.4(最值定理)　若函数 $f(x)$ 在闭区间 $[a,b]$ 上连续,则它在这个区间上一定有最大值和最小值.

该定理的几何意义如图 1.5—4 所示,$f(x)$ 在 $x=x_2$ 处取得最小值 m,在 $x=x_1$ 和 $x=b$ 处取得最大值 M.

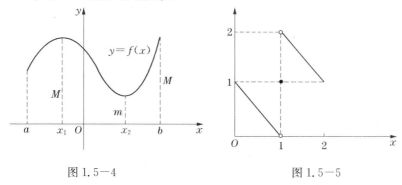

图 1.5—4　　　　　　　　　　　图 1.5—5

应当注意,如果函数在开区间内连续或函数在闭区间上有间断点,则函数在该区间上不一定会取得最大值或最小值.例如,函数 $y=x$ 在开区间 $(1,2)$ 内是连续的,但在开区间 $(1,2)$ 内既无最大值也无最小值.又例如函数

$$y=f(x)=\begin{cases}-x+1, & 0\leqslant x<1,\\ 1, & x=1,\\ -x+3, & 1<x\leqslant 2\end{cases}$$

在闭区间 $[0,2]$ 上有间断点 $x=1$,此函数 $f(x)$ 在闭区间 $[0,2]$ 上既无最大值也无最小值,如图 1.5—5 所示.

定理 1.5.5(介值定理)　若函数 $f(x)$ 闭区间 $[a,b]$ 上连续,最大值和最小值分别为 M 和 m,则对介于 M 和 m 之间的任一实数 C,至少存在一点 $\xi\in(a,b)$,使得 $f(\xi)=C$.

推论(零点定理)　若函数 $f(x)$ 在闭区间 $[a,b]$ 上连续,且 $f(a)$ 与 $f(b)$ 异号,则至少存在一点 $\xi\in(a,b)$,使得 $f(\xi)=0$.

例 9　证明方程 $x^5-5x-1=0$ 在 $(1,2)$ 内至少有一个实根.

证明:设 $f(x)=x^5-5x-1$,由于它在闭区间 $[1,2]$ 上连续且

$$f(1)=1^5-5\times1-1=-5<0, \quad f(2)=2^5-5\times2-1=21>0,$$

所以有 $f(1)\cdot f(2)<0$,根据零点定理,在 $(1,2)$ 内至少存在一点 ξ,使得 $f(\xi)=0$,即方程 $x^5-5x-1=0$ 在 $(1,2)$ 内至少有一个实根.

习题 1.5

1.判断下列函数在指定点处是否连续.

(1) $f(x)=\dfrac{1}{x}$ 在 $x=0$ 处;

(2) $f(x)=\begin{cases} 1, & x\geq0, \\ -1, & x<0, \end{cases}$ 在 $x=0$ 处;

(3) $f(x)=\begin{cases} x+1, & x\in(-\infty,0), \\ 0, & x=0, \\ x^2+1, & x\in(0,+\infty), \end{cases}$ 在 $x=0$ 处;

(4) $f(x)=\begin{cases} x+1, & x\in(-\infty,0), \\ x^2, & x\in[0,1], \\ 1, & x\in(1,+\infty), \end{cases}$ 在 $x=0$ 和 $x=1$ 处.

2.求函数 $y=\begin{cases} 1, & x<1, \\ 3x-1, & 1\leq x<2, \\ x^2+1, & x\geq2, \end{cases}$ 的连续区间.

3.求下列函数的间断点并指出其间断点的类型.

(1) $y=\dfrac{1}{(x+1)^2}$;   (2) $y=\dfrac{x^2-1}{x^2-3x+2}$;

(3) $y=\begin{cases} x-3, & x\in(-\infty,0], \\ x, & x\in(0,+\infty); \end{cases}$ (4) $y=\begin{cases} \dfrac{\sin x}{2x}, & x\neq0, \\ 1, & x=0. \end{cases}$

4.下列函数中,a 取什么值时函数连续?

(1) $f(x)=\begin{cases} x^2-16x-4, & x\neq4, \\ a, & x=4; \end{cases}$ (2) $f(x)=\begin{cases} e^x, & x<0, \\ a+x, & x\geq0. \end{cases}$

5.利用函数连续性求下列函数极限:

(1) $\lim\limits_{x\to0}(x^2-x+1)$;   (2) $\lim\limits_{x\to1}\dfrac{x^3-x^2-1}{x^2-2x+4}$;

(3) $\lim\limits_{x\to1}\sqrt{\dfrac{\sin(x-1)}{x-1}}$;   (4) $\lim\limits_{x\to\infty}e^{\frac{1}{x}\arctan x}$.

6.证明方程 $x^5-3x=1$ 在区间 $(1,2)$ 内有实根.

自测题 1

一、选择题：

1. 设 $f(x)=x^2, g(x)=e^x$，则 $f[g(x)]=($ $)$；

    A. e^{x^2} B. e^{2x} C. x^{x^2} D. e^x

2. $f(x)=\sin\dfrac{1}{x}$ 是定义域内的($ $)；

    A. 有界函数   B. 单调函数   C. 周期函数   D. 偶函数

3. 函数 $f(x)$ 的定义域是 $[0,1]$，则 $f(x+1)$ 的定义域是($ $)；

    A. $[0,2]$ B. $[0,1]$ C. $(-1,0)$ D. $[-1,0]$

4. 函数 $y=\cos^2 x$ 的周期是($ $)；

    A. $\dfrac{\pi}{2}$ B. π C. 2π D. 4π

5. 复合函数 $y=5^{2\tan(-x)}$ 是由下面那组函数复合而成的($ $)；

    A. $y=u^2, u=5^{\tan v}, v=-x$ B. $y=5^u, u=\tan v, v=-x$

    C. $y=u^2, u=5^{-\tan v}, v=-x$ D. $y=5^u, u=2v, v=\tan w, w=-x$

6. 下列函数在 $x\to 0$ 与 x 不等价的无穷小是($ $)；

    A. $2x$ B. $\sin x$ C. e^x-1 D. $\ln(1+x)$

7. 极限 $\lim\limits_{x\to 1}\dfrac{\sin(x^2-1)}{x-1}=($ $)$；

    A. 1 B. 0 C. 2 D. $\dfrac{1}{2}$

8. 下面不正确的是($ $)；

    A. $\lim\limits_{x\to -\infty}\left(1+\dfrac{1}{x}\right)^x=e$ B. $\lim\limits_{x\to 0}(1-x)^{\frac{-1}{x}}=e$

    C. $\lim\limits_{x\to\infty}\left(1+\dfrac{1}{ax}\right)^{ax+1}=e$ D. $\lim\limits_{x\to\infty}\left(1+\dfrac{1}{ax}\right)^x=e$（其中 $a\neq 1$）

9. 设 $\alpha=1-\cos x, \beta=2x^2$，则当 $x\to 0$ 时，($ $)；

    A. α 与 β 是等价无穷小   B. α 与 β 是同阶无穷小

    C. α 是较 β 高阶的无穷小   D. α 是较 β 低阶的无穷小

10. 当 $x\to 0$ 时，$x-\sin x$ 是 x^2 的($ $)；

    A. 高阶的无穷小   B. 低阶的无穷小

    C. 等价的无穷小   D. 同阶的无穷小

11. 当 $x\to ($ $)$ 时，$y=\dfrac{x^2-1}{x(x-1)}$ 为无穷大量；

    A. 1 B. 0 C. $+\infty$ D. $-\infty$

12. $f(x)=\begin{cases} \dfrac{1}{x}\sin 3x, & x\neq 0, \\ a, & x=0, \end{cases}$ 若使 $f(x)$ 在 $(-\infty, +\infty)$ 内连续，则

$a = ($ $).$

A. 0   B. 1   C. 3   D. $\dfrac{1}{3}$

二、填空题:

1. 由 $y = \sqrt{2+x} + \dfrac{1}{\lg(1+x)}$ 的定义域_____;

2. $\lim\limits_{x\to\infty}\left(\dfrac{x+a}{x-a}\right)^x = 4$,则 $a =$ _____;

3. 设函数 $f(x) = x^2$,则 $\lim\limits_{x\to a}\dfrac{f(x)-f(a)}{x-a} =$ _____;

4. $f(x) = \begin{cases} x+a, & x\in(-\infty,0], \\ \ln(x+e), & x\in(0,+\infty), \end{cases}$ $\lim\limits_{x\to0}f(x)$存在,则 $a =$ _____;

5. 设 $x\to\infty$ 时,$f(x)$ 与 $\dfrac{1}{x}$ 是等价无穷小,则 $\lim\limits_{x\to\infty}2xf(x) =$ _____;

6. 方程 $x^4 + 2x^2 - x - 2 = 0$ 在$(0,2)$之间至少有_____个实根.

三、求极限:

1. $\lim\limits_{x\to+\infty}\left(\sqrt{4x^2-2x+1} - 2x\right)$;

2. $\lim\limits_{x\to1}\left(\dfrac{1}{x-1} + \dfrac{1}{x^2-3x+2}\right)$;

3. $\lim\limits_{x\to\infty}\left(\dfrac{x}{x-1}\right)^{2x}$;

4. $\lim\limits_{x\to\infty}\dfrac{1-\cos2x+\tan^2x}{x\sin x}$.

四、讨论函数 $y = \dfrac{x-2}{x^2-x-2}$ 的连续性,若有间断点,指出其间断点的类型.

五、证明方程 $\ln(x+1) = 3$ 至少有一个正根.

第2章 导数与微分

微积分学包括微分学和积分学,微分学包括导数与微分,是微积分的重要组成部分,其中导数是反映变化率的问题,即反映函数相对于自变量的变化快慢程度的.微分反映的是当自变量有微小变化时,函数大约有多少变化.

§2.1 导数的概念

导数的概念起源于力学中的速度问题和几何学中的切线问题,下面就从这两个问题说起.

2.1.1 引例

1. 变速直线运动的瞬时速度

设质点作变速直线运动,其经过的路程 s 与时间 t 的函数关系为 $s=s(t)$,求该物体在 t_0 时刻的瞬时速度 $v(t_0)$.

设该物体从 t_0 到 $t_0+\Delta t$ 时间段经过的路程 Δs,即 $\Delta s=s(t_0+\Delta t)-s(t_0)$,则质点在这段时间内的平均速度为

$$\bar{v}=\frac{\Delta s}{\Delta t}=\frac{s(t_0+\Delta t)-s(t_0)}{\Delta t}.$$

设 $\Delta t \to 0$ 时,$\dfrac{\Delta s}{\Delta t}$ 的极限存在,则极限值称为质点在 t_0 时刻的瞬时速度,即

$$v(t_0)=\lim_{\Delta t \to 0}\frac{\Delta s}{\Delta t}=\lim_{\Delta t \to 0}\frac{s(t_0+\Delta t)-s(t_0)}{\Delta t}.$$

2. 曲线的切线斜率

下面,用极限的思想来求曲线的切线斜率.设已知曲线 $C:y=f(x)$,M 是曲线上的一个定点,在曲线 C 上另取一点 $N(x,y)$,作割线 MN,如图 2.1-1.则割线 MN 的斜率是

$$k_{MN}=\tan\varphi=\frac{\Delta y}{\Delta x}=\frac{f(x)-f(x_0)}{x-x_0}.$$

当动点 N 沿着曲线 C 趋向于 M 点时(即 $\Delta x \to 0$ 时),割线 MN 的极限位置就是曲线 C 在点 M 的切线 MT.

设切线 MT 的斜率为 k,则

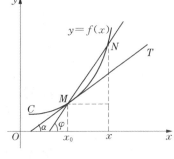

图 2.1-1

$$k=\tan\alpha=\lim_{\Delta x\to 0}\frac{f(x)-f(x_0)}{x-x_0}=\lim_{\Delta x\to 0}\frac{f(x_0+\Delta x)-f(x_0)}{\Delta x},$$

其中 $\alpha\left(\alpha\neq\frac{\pi}{2}\right)$ 是切线 MT 的倾斜角.

2.1.2 导数的定义

上面的两个例子,虽然解决的问题不一样,但是解决问题的思路和方法是相同的. 将这解决问题的方法归纳到数学,就得出导数的概念.

定义 2.1.1 设函数 $y=f(x)$ 在点 x_0 的某个邻域内有定义,当自变量 x 在 x_0 处有改变量 Δx 时,相应的函数有改变量 $\Delta y=f(x_0+\Delta x)-f(x_0)$. 当 $\Delta x\to 0$ 时,若 $\frac{\Delta y}{\Delta x}$ 的极限存在,则称函数 $f(x)$ 在 x_0 处可导,这个极限值称为函数 $f(x)$ 在点 x_0 处的导数,记为 $y'|_{x=x_0}$, $f'(x_0)$, $\dfrac{\mathrm{d}y}{\mathrm{d}x}\bigg|_{x=x_0}$ 或 $\dfrac{\mathrm{d}f(x)}{\mathrm{d}x}\bigg|_{x=x_0}$. 即

$$y'|_{x=x_0}=\lim_{\Delta x\to 0}\frac{\Delta y}{\Delta x}=\lim_{\Delta x\to 0}\frac{f(x_0+\Delta x)-f(x_0)}{\Delta x}. \tag{1}$$

如果极限(1)不存在,则称函数 $y=f(x)$ 在点 x_0 处不可导.

上面两个实例实质上就是求函数的导数,即

$$V(t_0)=s'(t_0),\quad k=f'(x_0).$$

导数的公式也可用其他形式:

$$f'(x_0)=\lim_{x\to x_0}\frac{f(x)-f(x_0)}{x-x_0}\quad (x=x_0+\Delta x)$$

或

$$f'(x_0)=\lim_{h\to 0}\frac{f(x_0+h)-f(x_0)}{h}\quad (\Delta x=h).$$

例1 求 $f(x)=x^2+1$ 在点 $x=2$ 处的导数 $f'(2)$.

解：$f'(2)=\lim_{\Delta x\to 0}\dfrac{f(2+\Delta x)-f(2)}{\Delta x}$

$$=\lim_{\Delta x\to 0}\frac{[(2+\Delta x)^2+1]-(2^2+1)}{\Delta x}$$

$$=\lim_{\Delta x\to 0}\frac{4\Delta x+(\Delta x)^2}{\Delta x}$$

$$=\lim_{\Delta x\to 0}(4+\Delta x)=4,$$

于是 $f'(2)=4$.

定义 2.1.2 如果函数 $y=f(x)$ 在区间 (a,b) 内的每一点都可导,则称函数 $y=f(x)$ 在区间 (a,b) 内可导.

如果函数 $y=f(x)$ 在区间 (a,b) 内可导,说明对在 (a,b) 内的任意一点都有唯一的一个导数与它对应,即

$$f'(x)=\lim_{\Delta x\to 0}\frac{f(x+\Delta x)-f(x)}{\Delta x}.$$

根据函数的定义可知, $f'(x)$ 是关于 x 的函数,而 $f'(x)$ 表示的是 x 的

导数,所以 $f'(x)$ 称作 $f(x)$ 在 (a,b) 内的导函数,简称导数,记作

$$y',\ f'(x),\ \frac{\mathrm{d}y}{\mathrm{d}x}\ 或\ \frac{\mathrm{d}f(x)}{\mathrm{d}x}.$$

求导数 $f'(x)$ 的方法实际上是把公式 (1) 中的 x_0 换为 x 即可.

显然,$f'(x_0)$ 是 $f'(x)$ 在 $x=x_0$ 处的函数值,即 $f'(x_0)=f'(x)|_{x=x_0}$.

根据导数的定义,总结求导数的步骤如下:

(1) 求函数的改变量　$\Delta y=f(x+\Delta x)-f(x)$;

(2) 计算比值　$\dfrac{\Delta y}{\Delta x}=\dfrac{f(x+\Delta x)-f(x)}{\Delta x}$;

(3) 求极限　$f'(x)=\lim\limits_{\Delta x\to 0}\dfrac{f(x+\Delta x)-f(x)}{\Delta x}$.

例 2　求常数函数 $f(x)=C$ (C 为常数) 的导数.

解：$\Delta y=f(x+\Delta x)-f(x)=C-C=0$,

$$\frac{\Delta y}{\Delta x}=\frac{0}{\Delta x}=0,$$

$$f'(x)=\lim_{\Delta x\to 0}\frac{\Delta y}{\Delta x}=\lim_{\Delta x\to 0}0=0,$$

所以,常数的导数等于 0,即 $(C)'=0$.

例 3　求函数 $f(x)=x^n$　($n\in\mathbb{Z}^+$) 的导数.

解：$\Delta y=f(x+\Delta x)-f(x)=(x+\Delta x)^n-x^n$

$\qquad =C_n^0 x^n+C_n^1 x^{n-1}\Delta x+C_n^2 x^{n-2}(\Delta x)^2+\cdots+C_n^n(\Delta x)^n-x^n$

$\qquad =C_n^1 x^{n-1}\Delta x+C_n^2 x^{n-2}(\Delta x)^2+\cdots+(\Delta x)^n,$

$$\frac{\Delta y}{\Delta x}=C_n^1 x^{n-1}+C_n^2 x^{n-2}\Delta x+\cdots+(\Delta x)^n,$$

$$y'=\lim_{\Delta x\to 0}\frac{\Delta y}{\Delta x}=C_n^1 x^{n-2}=nx^{n-1},$$

即　$(x^n)'=nx^{n-1}.$

公式可推广,即

$$(x^\alpha)'=\alpha x^{\alpha-1},\quad (\alpha\ 为任意常数).$$

例如：$\left(\dfrac{1}{x^2}\right)'=(x^{-2})'=(-2)x^{-3}=-\dfrac{2}{x^3},$

$$(\sqrt[3]{x})'=(x^{\frac{1}{3}})'=\frac{1}{3}x^{-\frac{2}{3}},\quad (x^\pi)'=\pi x^{\pi-1}.$$

例 4　求正弦函数 $f(x)=\sin x$ 的导数.

解：$\Delta y=f(x+\Delta x)-f(x)$

$$=\sin(x+\Delta x)-\sin x=2\cos\left(x+\frac{\Delta x}{2}\right)\sin\frac{\Delta x}{2},$$

$$\frac{\Delta y}{\Delta x}=\frac{2\cos\left(x+\dfrac{\Delta x}{2}\right)\sin\dfrac{\Delta x}{2}}{\Delta x}=\cos\left(x+\frac{\Delta x}{2}\right)\cdot\frac{\sin\dfrac{\Delta x}{2}}{\dfrac{\Delta x}{2}},$$

$$\lim_{\Delta x \to 0} \frac{\Delta y}{\Delta x} = \lim_{\Delta x \to 0} \cos\left(x + \frac{\Delta x}{2}\right) \cdot \lim_{\Delta x \to 0} \frac{\sin\frac{\Delta x}{2}}{\frac{\Delta x}{2}} = \cos x,$$

所以　$(\sin x)' = \cos x$.

同理可得,$(\cos x)' = -\sin x$.

例 5　求 $f(x) = a^x$ $(a > 0, a \neq 1)$ 的导数.

解：$\Delta y = a^{x + \Delta x} - a^x$,

$$\frac{\Delta y}{\Delta x} = \frac{a^{x + \Delta x} - a^x}{\Delta x} = a^x \frac{a^{\Delta x} - 1}{\Delta x},$$

由于 $\displaystyle\lim_{\Delta x \to 0} \frac{a^{\Delta x} - 1}{\Delta x} = \lim_{\Delta x \to 0} \frac{e^{\Delta x \ln a} - 1}{\Delta x} = \lim_{\Delta x \to 0} \frac{\Delta x \ln a}{\Delta x} = \ln a$,则

$$\lim_{\Delta x \to 0} \frac{\Delta y}{\Delta x} = \lim_{\Delta x \to 0} a^x \frac{a^{\Delta x} - 1}{\Delta x} = a^x \ln a,$$

所以　$(a^x)' = a^x \ln a$.

特别地,$(e^x)' = e^x$.

类似地可推导,$(\log_a x)' = \dfrac{1}{x \ln a}$,

特别地,$(\ln x)' = \dfrac{1}{x}$.

定义 2.1.3　(1) 设 $y = f(x)$ 在 x_0 的某一左邻域有定义,当自变量 x 在 x_0 左边有改变量 Δx $(\Delta x < 0)$ 时,相应地函数有改变量 $\Delta y = f(x_0 + \Delta x) - f(x_0)$. 当 $\Delta x \to 0^-$ 时,若 $\dfrac{\Delta y}{\Delta x}$ 的极限存在,则称这极限为函数 $f(x)$ 在 x_0 处的左导数,记为 $f'_-(x_0)$,

$$f'_-(x_0) = \lim_{\Delta x \to 0^-} \frac{f(x_0 + \Delta x) - f(x_0)}{\Delta x}.$$

(2) 设 $y = f(x)$ 在 x_0 的某一右邻域有定义,当自变量 x 在 x_0 右边有改变量 Δx $(\Delta x > 0)$ 时,相应地函数有改变量 $\Delta y = f(x_0 + \Delta x) - f(x_0)$. 当 $\Delta x \to 0^+$ 时,若 $\dfrac{\Delta y}{\Delta x}$ 的极限存在,则称这极限为函数 $f(x)$ 在 x_0 处的右导数,记为 $f'_+(x_0)$,

$$f'_+(x_0) = \lim_{\Delta x \to 0^+} \frac{f(x_0 + \Delta x) - f(x_0)}{\Delta x}.$$

根据极限的知识可得,函数 $f(x)$ 在 x_0 处可导的充要条件是左导数、右导数存在且相等,即

$$\lim_{\Delta x \to 0} \frac{f(x_0 + \Delta x) - f(x_0)}{\Delta x}$$

$$\Leftrightarrow \lim_{\Delta x \to 0^-} \frac{f(x_0 + \Delta x) - f(x_0)}{\Delta x} = \lim_{\Delta x \to 0^+} \frac{f(x_0 + \Delta x) - f(x_0)}{\Delta x}.$$

例 6　讨论函数 $f(x) = |x|$ 在 $x = 0$ 处的导数.

解：因为 $f(x)=|x|=\begin{cases} x, & x \geqslant 0, \\ -x, & x < 0, \end{cases}$

左导数 $f'_-(x_0)=\lim\limits_{\Delta x \to 0^-}\dfrac{f(x_0+\Delta x)-f(x_0)}{\Delta x}=\lim\limits_{\Delta x \to 0^-}\dfrac{f(0+\Delta x)-f(x_0)}{\Delta x}$

$\qquad\qquad =\lim\limits_{\Delta x \to 0^-}\dfrac{-\Delta x-0}{\Delta x}=-1,$

右导数 $f'_+(x_0)=\lim\limits_{\Delta x \to 0^+}\dfrac{f(x_0+\Delta x)-f(x_0)}{\Delta x}=\lim\limits_{\Delta x \to 0^+}\dfrac{f(0+\Delta x)-f(x_0)}{\Delta x}$

$\qquad\qquad =\lim\limits_{\Delta x \to 0^+}\dfrac{\Delta x-0}{\Delta x}=1.$

$f'_-(x_0)\neq f'_+(x_0),$

所以 $f(x)=|x|$ 在 $x=0$ 处不可导.

定义 2.1.4 如果函数 $f(x)$ 在开区间 (a,b) 内可导，且 $f'_+(a)$ 和 $f'_-(b)$ 都存在，则称 $f(x)$ 在闭区间 $[a,b]$ 上可导.

2.1.3 导数的几何意义

由引例知道：

函数 $y=f(x)$ 在 x 处的导数 $f'(x)$ 表示曲线在 $(x,f(x))$ 处的切线斜率，这就是导数的几何意义.

如果导数 $f'(x_0)$ 存在，曲线 $y=f(x)$ 在点 $M(x_0,f(x_0))$ 处的切线斜率 $k=f'(x_0)$.

由直线的点斜式方程，得曲线在点 $M(x_0,f(x_0))$ 处的切线方程为：

$$y-f(x_0)=f'(x_0)(x-x_0),$$

法线方程为：

$$y-f(x_0)=-\frac{1}{f'(x_0)}(x-x_0) \quad (f'(x_0)\neq 0).$$

如果 $f'(x_0)=0$，则点 $M(x_0,f(x_0))$ 处的切线方程为 $y=y_0$，法线方程为 $x=x_0$.

如果导数 $f'(x_0)$ 为无穷大，表示曲线 $y=f(x)$ 在点 $M(x_0,f(x_0))$ 具有垂直于 x 轴的切线 $x=x_0$.

例 7 求幂函数 $y=x^2$ 在点 $(2,4)$ 处的切线方程和法线方程.

解：因为 $y'=2x$，所以由导数的几何意义知，$y=x^2$ 在点 $(2,4)$ 处的切线斜率为

$$y'|_{x=2}=4,$$

故切线方程为

$$y-4=4(x-2), \quad 即 \quad 4x-y-4=0.$$

法线方程为

$$y-4=-\frac{1}{4}(x-2), \quad 即 \quad x+4y-18=0.$$

2.1.4 函数的可导性与连续性的关系

定理 2.1.1 如果函数 $y=f(x)$ 在点 x 处可导，那么函数在该点处

连续.

反之,函数在某点连续,但不一定在该点可导.

例如,在例 6 中已经证明 $f(x)=|x|$ 在 $x=0$ 处不可导,但 $f(x)=|x|$ 在 $x=0$ 处连续.

例 8 讨论函数 $f(x)=\sqrt[3]{x^2}$ 在 $x=0$ 处的连续性和可导性.

解：因为 $f(x)=\sqrt[3]{x^2}$ 的定义域为 $(-\infty,+\infty)$,即 $f(x)$ 在 $x=0$ 的一个邻域内有定义,

$$\lim_{x\to 0}f(x)=\lim_{x\to 0}\sqrt[3]{x^2}=0.$$

而 $f(0)=0=\lim_{x\to 0}f(x)$,所以 $f(x)$ 在 $x=0$ 处连续.

又

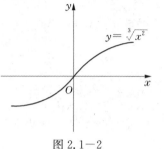

图 2.1-2

$$\lim_{\Delta x\to 0}\frac{f(0+\Delta x)-f(0)}{\Delta x}=\lim_{\Delta x\to 0}\frac{\sqrt[3]{\Delta x^2}-0}{\Delta x}=+\infty,$$

所以 $f(x)$ 在 $x=0$ 处导数不存在.

所以它的图像在该点($x=0$)处有垂直于 x 轴的切线 $x=0$.

注：在讨论连续性和可导性的同时,可先讨论可导性,这样可以简化讨论过程(因为可导一定连续).

习题 2.1

1.填空题：

(1) 设函数 $f(x)$ 在点 x_0 处可导,则 $\lim_{h\to 0}\dfrac{f(x_0-h)-f(x_0)}{h}=$ _____;

(2) 设 $f(x)=\begin{cases}\sin x, & x\leqslant 0,\\ \sqrt{1+x}-\sqrt{1-x}, & 0<x\leqslant 1,\end{cases}$ 则 $f'(0)=$ _____;

(3) 抛物线 $y=x^2+1$ 在点 _____ 处的切线斜率都等于 $\dfrac{3}{2}$.

2.讨论下列函数在指定点处的连续性和可导性：

(1) $f(x)=\begin{cases}\sin x, & x\leqslant 0,\\ x^2, & x>0,\end{cases}$ 在 $x=0$ 处；

(2) $f(x)=\begin{cases}x+2, & 0\leqslant x<1,\\ 3x, & x\geqslant 1,\end{cases}$ 在 $x=1$ 处.

3.求下列函数的导数：

(1) $y=x^4$;　　　　　　(2) $y=\sqrt[3]{x^2}$;

(3) $y=x^{1.5}$;　　　　　(4) $y=x^{-\frac{1}{3}}$;

(5) $y = x^{-5}$；　　　　　　　　(6) $y = x^{\frac{1}{2}} x^{\frac{1}{3}}$；

(7) $y = 3^x$；　　　　　　　　　(8) $y = \left(\dfrac{1}{5}\right)^x$.

4. 设 $f(x) = \cos x$，求 $f'\left(\dfrac{\pi}{6}\right)$ 和 $f'\left(\dfrac{\pi}{3}\right)$.

5. 求曲线 $y = \sin x$ 上点 $\left(\dfrac{\pi}{6}, \dfrac{1}{2}\right)$ 处的切线方程和法线方程.

§2.2　求导法则和基本求导公式

上节介绍导数的概念，现实中用导数的定义求导比较麻烦，本节将介绍求导法则和一些基本初等函数的求导公式；利用它就能方便地求出常见的初等函数的导数.

2.2.1　函数和、差、积、商的求导法则

定义 2.2.1　设函数 $u = u(x), v = v(x)$ 在 x 处可导，则

(1) $u(x) \pm v(x)$ 在 x 处可导，且 $[u(x) \pm v(x)]' = u'(x) \pm v'(x)$；

(2) $u(x) v(x)$ 在 x 处可导，且 $[u(x) v(x)]' = u'(x) v(x) + u(x) v'(x)$；

(3) $u(x) \pm v(x)$ 在 x 处可导，且 $\left[\dfrac{u(x)}{v(x)}\right]' = \dfrac{u'(x) v(x) - u(x) v'(x)}{v^2(x)}$

　　　$(v(x) \neq 0)$.

推论　法则 1，2 可推广到有限个函数的情形，即

(1) $(u_1 \pm u_2 \pm \cdots \pm u_n)' = u_1' \pm u_2' \pm \cdots \pm u_n'$，　$(n \in \mathbb{Z}^+)$；

(2) $(u_1 u_2 \cdots u_n)' = u_1' u_2 \cdots u_n + u_1 u_2' \cdots u_n + \cdots + u_1 u_2 \cdots u_n'$.

特别地，

(1) $(Cv)' = Cv'$，　（C 为常数）；

(2) $\left(\dfrac{1}{v}\right)' = -\dfrac{v'}{v^2}$　$(v \neq 0)$.

例 1　设 $y = 3x^4 + 7x^2 - 10$，求 y'.

解：$y' = (3x^4 + 7x^2 - 10)' = (3x^4)' + (7x^2)' - (10)' = 3(x^4)' + 7(x^2)'$
　　　$= 3 \times 4x^3 + 7 \times 2x = 12x^3 + 14x$.

例 2　设 $f(x) = \mathrm{e}^x + 5\sin x + \cos \dfrac{\pi}{2}$，求 $f'\left(\dfrac{\pi}{3}\right)$.

解：$f'(x) = \left(\mathrm{e}^x + 5\sin x + \cos \dfrac{\pi}{2}\right)' = (\mathrm{e}^x)' + (5\sin x)' + \left(\cos \dfrac{\pi}{2}\right)'$
　　　$= \mathrm{e}^x + 5\cos x$，

所以　$f'\left(\dfrac{\pi}{3}\right) = \mathrm{e}^{\frac{\pi}{3}} + 5\cos \dfrac{\pi}{3} = \mathrm{e}^{\frac{\pi}{3}} + \dfrac{5}{2}$.

例 3　设 $y = 3\mathrm{e}^x \cos x$，求 y'.

解：$y' = (3\mathrm{e}^x \cos x)' = (3\mathrm{e}^x)' \cos x + 3\mathrm{e}^x (\cos x)'$

$$=3e^x\cos x-3e^x\sin x=3e^x(\cos x-\sin x).$$

例 4 设 $y=x^2(\sin x+3\ln x+2)$，求 y'.

解：$y'=(x^2)'(\sin x+3\ln x+2)+x^2(\sin x+3\ln x+2)'$

$$=2x(\sin x+3\ln x+2)+x^2\left(\cos x+\frac{3}{x}\right)$$

$$=2x\sin x+6x\ln x+4x+x^2\cos x+3x$$

$$=2x\sin x+6x\ln x+x^2\cos x+7x.$$

例 5 设 $y=\tan x$，求 y'.

解：$y'=(\tan x)'=\left(\dfrac{\sin x}{\cos x}\right)'=\dfrac{(\sin x)'\cos x-\sin x(\cos x)'}{\cos^2 x}$

$$=\frac{\cos^2 x+\sin^2 x}{\cos^2 x}=\frac{1}{\cos^2 x}=\sec^2 x,$$

即 $(\tan x)'=\sec^2 x.$

类似地，可得 $(\cot x)'=-\csc^2 x.$

例 6 设 $y=\sec x$，求 y'.

解：$y'=(\sec x)'=\left(\dfrac{1}{\cos x}\right)'=-\dfrac{(\cos x)'}{\cos^2 x}$

$$=\frac{\sin x}{\cos^2 x}=\sec x\tan x,$$

即 $(\sec x)'=\sec x\tan x.$

类似地，可得 $(\csc x)'=-\csc x\cdot\cot x.$

例 7 设 $y=\dfrac{x\cos x}{1+\cot x}$，求 y'.

解：$y'=\left(\dfrac{x\cos x}{1+\cot x}\right)'=\dfrac{(x\cos x)'(1+\cot x)-(x\cos x)(1+\cot x)'}{(1+\cot x)^2}$

$$=\frac{(\cos x-x\sin x)(1+\cot x)+x\cos x\csc^2 x}{(1+\cot x)^2}.$$

2.2.2　复合函数求导法则

利用和、差、积、商的求导法则解决了一些简单函数的求导问题，但在实际中常遇到如 $\sin(2x+1)$，$\sqrt{\ln x}$，e^{x^2+1} 等复合函数的求导，上面的法则解决不了这类问题，现介绍复合函数的求导法则.

定理 2.2.1 如果函数 $u=\varphi(x)$ 在 x 处可导，而 $y=f(u)$ 在点 $u=\varphi(x)$ 处可导，那么复合函数 $y=f(\varphi(x))$ 在点 x 处可导，并且其导数为

$$\frac{\mathrm{d}y}{\mathrm{d}x}=f'(u)\cdot\varphi'(x)=f'(\varphi(x))\cdot\varphi'(x),$$

即 $$\frac{\mathrm{d}y}{\mathrm{d}x}=\frac{\mathrm{d}y}{\mathrm{d}u}\cdot\frac{\mathrm{d}u}{\mathrm{d}x}=y'_u\cdot u'_x.$$

此法则为复合函数的求导法则.

复合函数的求导法则又称链式法则，这个法则可推广到多个中间变量情形.

例 8　设 $y=\sin(3x+2)$，求 y'.

解：$y=\sin(3x+2)$ 是由 $y=\sin u$ 与 $u=3x+2$ 复合而成，所以

$$y'=(\sin u)'(3x+2)'=\cos u\times3=3\cos(3x+2).$$

例 9　设 $y=(3x+1)^{15}$，求 y'.

解：$y=(3x+1)^{15}$ 是由 $y=u^{15}$ 与 $u=3x+1$ 复合而成，所以

$$y'=(u^{15})'(3x+1)'=15u^{14}\times3=45(3x+1)^{14}.$$

例 10　设 $y=e^{x^3}$，求 y'.

解：$y=e^{x^3}$ 是由 $y=e^u$ 与 $u=x^3$ 复合而成，所以

$$y'=(e^u)'(x^3)'=e^u\times3x^2=3x^2e^{x^3}.$$

由上例可知，应用复合函数求导法则关键是要能够把所给函数分解好，熟悉链式法则后，中间变量可省略不写，直接写出函数对中间变量求导的结果，关键是每一步对哪个变量求导要清楚.

例 11　设 $y=\ln\sin x$，求 y'.

解：$y'=(\ln\sin x)'=\dfrac{1}{\sin x}\cdot(\sin x)'=\dfrac{\cos x}{\sin x}=\cot x.$

例 12　设 $y=\sin^2(2x+1)$，求 y'.

解：$y'=2\sin(2x+1)\big[\sin(2x+1)\big]'$

$\qquad=2\sin(2x+1)\cos(2x+1)(2x+1)'$

$\qquad=4\sin(2x+1)\cos(2x+1)=2\sin(4x+2).$

例 13　设 $y=e^{x^2}+\cos(3x^2+2)$，求 y'.

解：$y'=e^{x^2}(x^2)'-\sin(3x^2+2)(3x^2)'$

$\qquad=2xe^{x^2}-6x\sin(3x^2+2).$

例 14　设 $y=e^{\frac{1}{x}}\sin^2 x$，求 y'.

解：$y'=(e^{\frac{1}{x}})'\sin^2 x+e^{\frac{1}{x}}(\sin^2 x)'$

$\qquad=(e^{\frac{1}{x}})\left(\dfrac{1}{x}\right)'\sin^2 x+e^{\frac{1}{x}}(2\sin x)(\sin x)'$

$\qquad=-\dfrac{1}{x^2}e^{\frac{1}{x}}\sin^2 x+2e^{\frac{1}{x}}\sin x\cos x$

$\qquad=e^{\frac{1}{x}}\left(\sin 2x-\dfrac{\sin^2 x}{x^2}\right).$

例 15　设 $y=\ln\arcsin x$，求 y'.

解：$y'=\dfrac{1}{\arcsin x}(\arcsin x)'$

$\qquad=\dfrac{1}{\arcsin x}\cdot\dfrac{1}{\sqrt{1-x^2}}=\dfrac{1}{\sqrt{1-x^2}\arcsin x}.$

2.2.3　基本导数公式和求导法则

1. 基本初等函数的导数公式

(1) $(C)'=0$；　　　　　　　　　　(2) $(x^\mu)'=\mu x^{\mu-1}$；

(3) $(\sin x)' = \cos x$;   (4) $(\cos x)' = -\sin x$;

(5) $(\tan x)' = \sec^2 x$;   (6) $(\cot x)' = -\csc^2 x$;

(7) $(\sec x)' = \sec x \tan x$;   (8) $(\csc x)' = -\csc x \cot x$;

(9) $(a^x)' = a^x \ln a$;   (10) $(e^x)' = e^x$;

(11) $(\log_a x)' = \dfrac{1}{x \ln a}$;   (12) $(\ln x)' = \dfrac{1}{x}$ $(x \neq 0)$;

(13) $(\arcsin x)' = \dfrac{1}{\sqrt{1-x^2}}$;   (14) $(\arccos x)' = -\dfrac{1}{\sqrt{1-x^2}}$;

(15) $(\arctan x)' = \dfrac{1}{1+x^2}$;   (16) $(\operatorname{arccot} x)' = -\dfrac{1}{1+x^2}$.

2. 函数四则运算的求导法则

设 $u = u(x)$, $v = v(x)$ 都是 x 的可导函数, 则

(1) $(u \pm v)' = u' \pm v'$;

(2) $(uv)' = u'v + uv'$, $(Cu)' = Cu'$ (C 为常数);

(3) $\left(\dfrac{u}{v}\right)' = \dfrac{u'v - uv'}{v^2}$ $(v \neq 0)$.

3. 复合函数的求导法则(链式法则)

设 $y = f(u)$, $u = \varphi(x)$ 都是可导函数, 则复合函数 $y = f[\varphi(x)]$ 的导数为

$$\frac{\mathrm{d}y}{\mathrm{d}x} = \frac{\mathrm{d}y}{\mathrm{d}u} \cdot \frac{\mathrm{d}u}{\mathrm{d}x}, \quad \text{或} \quad y' = f'(u)\varphi'(x).$$

习题 2.2

1. 填空题:

(1) 设 $y = \dfrac{1+x}{1-x}$, 则 $y' = $ _____;

(2) 设曲线 $y = x^2 + x + \dfrac{1}{x\sqrt{x}}$, 则 $f'(1) = $ _____;

(3) 设 $f(x) = a_0 x^n + a_1 x^{n-1} + \cdots + a_{n-1} x + a_n$, 则 $[f(0)]' = $ _____;

(4) 设曲线 $y = \dfrac{1}{1+x} + x$ 在点 M 处的切线平行于 x 轴, 则点 M 的坐标为

_____;

(5) 设 $y = f(-2x)$, 则 $y' = $ _____;

(6) 设 $f(x) = \ln\sin x$, 则 $f'(x) = $ _____.

2. 求下列各函数的导数:

(1) $y = 4x^2 + \dfrac{1}{x} + 5$;   (2) $y = x(\sqrt{x} - 1)$;

(3) $y=\dfrac{x^5+\sqrt{x}+1}{x^3}$；　　　　　　　(4) $y=x^2\cos x$；

(5) $y=a^x\mathrm{e}^x$；　　　　　　　　　　(6) $y=\dfrac{\sin x}{x^2}$；

(7) $y=x\cos x+2\csc x$；　　　　(8) $y=\dfrac{1+\tan x}{1-\tan x}$.

3. 求下列各函数在给定点处的导数值：

(1) $f(x)=\dfrac{1}{3}x^3+x+5$，求 $f'(0)$，$f'(1)$；

(2) $f(x)=x\sin x+\cos x$，求 $f'\left(\dfrac{\pi}{2}\right)$；

(3) $f(x)=\dfrac{2-x}{2+x}$，求 $f'(1)$；

(4) $f(x)=\dfrac{3}{5-x}+x$，求 $f'(1)$，$f'(2)$.

4. 求下列函数导数：

(1) $y=(2x+1)^5$；　　　　　　　(2) $y=\sin(5x+3)$；

(3) $y=\mathrm{e}^{-3x^2}$；　　　　　　　　(4) $y=\ln(x^2+1)$；

(5) $y=\sqrt{a^2-x^2}$；　　　　　　(6) $y=\ln\sin\dfrac{x}{2}$；

(7) $y=\arcsin(2x+3)$；　　　　(8) $y=\ln(x^2+x+1)$；

(9) $y=\cos^2(3x+5)$；　　　　(10) $y=\ln\sin\sqrt{x^2+1}$；

(11) $y=\mathrm{e}^{-\frac{x}{2}}\cos 3x$；　　　　(12) $y=x(\sin\ln x-\cos\ln x)$；

(13) $y=\sqrt{x}\ln(1+x)-2\sqrt{x}+2\arctan\sqrt{x}$.

§2.3　隐函数求导

前面学习的函数一般表现形式为 $y=f(x)$，如 $y=x^2\mathrm{e}^x$，$y=\ln(3x+1)$ 等. 但在现实中，常会遇到另一类函数，变量 y 与 x 的关系是由一个含有 x,y 的方程 $F(x,y)=0$ 所确定的，如 $x^2+y^2=5^2$，$x+\sin y+xy=0$，$\mathrm{e}^{x-y}+\sin y=0$ 等. 称由方程 $F(x,y)=0$ 所确定的 y 与 x 之间的函数关系叫隐函数；为区别起见，以前的函数叫显函数.

隐函数有的能化成显函数，但有的隐函数不能化为显函数。所以有必要介绍隐函数的求导.

隐函数求导法则：利用复合函数的求导法则，对方程所确定的隐函数求导.

注：y 是函数，x 是自变量，求导是对自变量 x 求导.

例 1 求由方程 $x+y+\mathrm{e}^y=0$ 所确定的隐函数的导数.

解：两端同时对 x 求导，得

$$(x)' + (y)' + (e^y)' = 0,$$
$$1 + 1 \times y'_x + e^y y'_x = 0,$$

解得 $y'_x = -\dfrac{1}{1+e^y}$.

例 2 求由方程 $x^2 + y^2 + \sin xy = 0$ 所确定的隐函数的导数.

解：两端同时对 x 求导,得

$$2x + 2yy'_x + \cos xy(y + xy'_x) = 0,$$

解得 $y'_x = -\dfrac{2x + y\cos xy}{2y + x\cos xy}$.

例 3 求椭圆方程 $\dfrac{x^2}{4} + \dfrac{y^2}{9} = 1$ 在点 $\left(1, \dfrac{3\sqrt{3}}{2}\right)$ 处的切线方程.

解：两边对 x 求导,得

$$\frac{x}{2} + \frac{2}{9}yy'_x = 0,$$

解得 $y' = -\dfrac{9x}{4y}$,

所以点 $\left(1, \dfrac{3\sqrt{3}}{2}\right)$ 处切线的斜率 $k = y'\Big|_{\substack{x=1 \\ y=\frac{3\sqrt{3}}{2}}} = -\dfrac{\sqrt{3}}{2}$,

由点斜式方程,得切线方程为

$$y - \frac{3\sqrt{3}}{2} = -\frac{\sqrt{3}}{2}(x-1).$$

归纳隐函数求导步骤：

(1) 两边对 x 同时求导,把 y 看成是 x 的函数,用复合函数求导法则求;

(2) 从所得式子中解出 y' 即可.

形如 $y = f(x)^{g(x)}$ 的函数,称为幂指函数,这种函数既不能用指数函数求导公式,也不能用幂函数的求导公式,所以先两边取对数将之化为隐函数,再用隐函数求导法则来求. 故这种方法称为"对数求导法".

例 4 设 $y = x^x (x > 0)$,求 y'.

解：(1) 两边取对数 $\ln y = x\ln x$,

(2) 两边对 x 求导

$$\frac{1}{y}y'_x = 1 \times \ln x + x \cdot \frac{1}{x},$$

解得

$$y'_x = y(\ln x + 1), \quad 即 \quad y'_x = x^x(\ln x + 1).$$

也可用下面方法求得：

$$y = x^x = e^{\ln x^x} = e^{x\ln x},$$

求导

$$y' = e^{x\ln x}(x\ln x)' = e^{x\ln x}\left(\ln x + 1 \times \frac{1}{x}\right) = x^x(\ln x + 1).$$

注:利用"对数求导法"也可解其他一些复杂式子的导数.

例 5 设 $y = \dfrac{\sqrt[3]{3x+1}\,(2x+1)^2}{(5x+1)^3}$,求 y'.

解:两边取对数

$$\ln y = \ln \frac{\sqrt[3]{3x+1}\,(2x+1)^2}{(5x+1)^3}$$

$$= \frac{1}{3}\ln(3x+1) + 2\ln(2x+1) - 3\ln(5x+1),$$

两边对 x 求导得

$$\frac{1}{y}\cdot y'_x = \frac{1}{3}\times\frac{3}{3x+1} + 2\times\frac{2}{2x+1} - 3\times\frac{5}{5x+1},$$

$$y'_x = y\left(\frac{1}{3x+1} + \frac{4}{2x+1} - \frac{15}{5x+1}\right),$$

即 $\quad y'_x = \dfrac{\sqrt[3]{3x+1}\,(2x+1)^2}{(5x+1)^3}\left(\dfrac{1}{3x+1} + \dfrac{4}{2x+1} - \dfrac{15}{5x+1}\right).$

例 6 证明 $(\arcsin x)' = \dfrac{1}{\sqrt{1-x^2}}$.

解:设 $y = \arcsin x$,则 $x = \sin y$,两边对 x 求导得

$$(x)' = (\sin y), \quad 1 = \cos y\cdot y,$$

所以 $\quad y' = \dfrac{1}{\cos y}.$

又 $\cos y = \sqrt{1-\sin^2 y} = \sqrt{1-x^2}\ \left(-\dfrac{\pi}{2} < y < \dfrac{\pi}{2}\right)$,代入上式得

$$\frac{\mathrm{d}y}{\mathrm{d}x} = \frac{1}{\sqrt{1-x^2}},$$

即 $\quad (\arcsin x)' = \dfrac{1}{\sqrt{1-x^2}}.$

类似可证:

$$(\arccos x)' = -\frac{1}{\sqrt{1-x^2}},$$

$$(\arctan x)' = \frac{1}{1+x^2},$$

$$(\operatorname{arccot} x)' = -\frac{1}{1+x^2}.$$

习题 2.3

1.求由方程所确定的隐函数 y 对 x 的导数.

(1) $x^2 + 3xy + y^2 = 3$;   (2) $x\cos y + y^2 = 0$;

(3) $ye^x + \ln y + y = 0$;　　　　(4) $\ln \sqrt{x^2 + y^2} = \arctan \dfrac{y}{x}$;

(5) $xe^y + x + y = 0$;　　　　(6) $3\sqrt{x} + \sqrt{y} + y = a$ $(a > 0,$ 是常数$)$.

2. 求由方程所确定的隐函数 y 在指定点的导数.

(1) $e^y - y\sin x = e$, 在点 $(0, 1)$;

(2) $x^2 + 2xy - y^2 = 2x$, 在点 $(2, 4)$;

(3) $\cos xy + x = 2$, 在点 $\left(2, \dfrac{\pi}{4}\right)$.

3. 用对数求导法求函数导数.

(1) $y = x^x$　$(x > 0)$;　　　　(2) $y = (\sin x)^{\tan x}$;

(3) $y = \dfrac{\sqrt{2x+1}(x+1)^2}{(x+2)^3}$;　　(4) $y = \sqrt[3]{\dfrac{x(x+1)}{(x+2)(x+3)}}$.

4. 求曲线 $\dfrac{x^2}{8} - \dfrac{y^2}{4} = 1$ 在点 $(4, 2)$ 处的切线方程和法线方程.

§2.4　高阶导数

先看一个例子:

已知函数 $y = 3x^5 + 7x + \sin x$, 求 y'.

解: $y' = 15x^4 + 7 + \cos x$.

因为 y' 是一个关于 x 的函数, 且这个函数仍然可导, 所以可以再求导, 即

$$(15x^4 + 7 + \cos x)' = 60x^3 - \sin x.$$

总结: 如果函数 $y' = f'(x)$ 仍是 x 的可导函数, 那么称 $f'(x)$ 的导数为 $f(x)$ 的二阶导数, 记为 y'', $f''(x)$, $\dfrac{\mathrm{d}^2 y}{\mathrm{d}x^2}$ 或 $\dfrac{\mathrm{d}^2 f}{\mathrm{d}x^2}$.

相应地, $f'(x)$ 称为一阶导数.

类似地, 如果 y'' 可导, 那么函数 $y = f(x)$ 的二阶导数 $y'' = f''(x)$ 的导数称为 $y = f(x)$ 的三阶导数. 记作 y''', $f'''(x)$, $\dfrac{\mathrm{d}^3 y}{\mathrm{d}x^3}$ 或 $\dfrac{\mathrm{d}^3 f}{\mathrm{d}x^3}$.

$f(x)$ 三阶导数的导数称为四阶导数, $\cdots$

$f(x)$ 的 $(n-1)$ 阶导数的导数称为 n 阶导数.

规定: 当 $n \geqslant 1$ 时的 n 阶导数记为 $y^{(n)}$, $f^{(n)}$, $\dfrac{\mathrm{d}^n y}{\mathrm{d}x^n}$ 或 $\dfrac{\mathrm{d}^n f}{\mathrm{d}x^n}$.

定义 2.4.1　二阶及二阶以上的导数叫作高阶导数.

注: 求高阶导数就是多次地求导数, 所以仍用前面学过的求导方法求高阶导数.

例 1　已知 $y = 3x^5 + 6x^2 + \sin \dfrac{\pi}{2}$, 求 y''.

解: $y' = 15x^4 + 12x$,

$$y'' = 60x^3 + 12.$$

例 2　已知 $y = e^x + x\ln x$，求 y''.

解：$y' = e^x + \ln x + x \cdot \dfrac{1}{x} = e^x + \ln x + 1$，

$$y'' = e^x + \frac{1}{x}.$$

例 3　已知 $y = \ln\sin x + x$，求 y''.

解：$y' = \dfrac{1}{\sin x}(\sin x)' + 1 = \dfrac{\cos x}{\sin x} + 1 = \cot x + 1$，

$$y'' = -\csc^2 x.$$

例 4　已知 $y = \sin x$，求 $y^{(n)}$.

解：$y' = \cos x = \sin\left(x + \dfrac{\pi}{2}\right)$，

$$y'' = -\sin x = \sin\left(x + 2 \cdot \frac{\pi}{2}\right),$$

$$y''' = -\cos x = \sin\left(x + 3 \cdot \frac{\pi}{2}\right),$$

$$y^{(4)} = \sin x = \sin\left(x + 4 \cdot \frac{\pi}{2}\right).$$

以此类推，可以得到

$$y^{(n)} = \sin\left(x + n \cdot \frac{\pi}{2}\right) \quad (n = 1, 2, \cdots).$$

例 5　已知 $y = x^n + e^x$，求 $y^{(n)}$.

解：$y' = nx^{n-1} + e^x$，

$$y'' = n(n-1)x^{n-2} + e^x,$$

$$y''' = n(n-1)(n-2)x^{n-3} + e^x.$$

以此类推，可得

$$y^{(n)} = n! + e^x.$$

例 6　已知 $y = e^x\sin x$ 满足关系式 $y'' - 2y' + 2y = 0$.

证明：因为

$$y' = e^x\sin x + e^x\cos x = e^x(\sin x + \cos x),$$

$$y'' = e^x\sin x + e^x\cos x + e^x\cos x - e^x\sin x = 2e^x\cos x,$$

所以

$$y'' - 2y' + 2y = 2e^x\cos x - 2e^x(\sin x + \cos x) + 2e^x\sin x = 0,$$

故 $y = e^x\sin x$ 满足关系式 $y'' - 2y' + 2y = 0$.

例 7　已知 $x^2 + y^2 + e^y = 0$，求 y''.

解：两边对 x 求导，

$$2x + 2y \cdot y'_x + e^y y'_x = 0.$$

解得

$$y'_x = -\frac{2x}{2y + e^y}. \tag{1}$$

对(1)两边再求导

$$y''_x = -\frac{2(2y+e^y)-2x(2y'_x+e^y y'_x)}{(2y+e^y)^2}. \tag{2}$$

将 $y'_x = -\dfrac{2x}{2y+e^y}$ 代入(2),得

$$y'' = -\frac{2(2y+e^y)^2+4x^2(2+e^y)}{(2y+e^y)^3}.$$

习题 2.4

1.填空题:

　(1) 设 $y=x^3+2x^2+1$,则 $y''|_{x=1}=$ _____;

　(2) 设 $y=\ln x$,则 $y''=$ _____;

　(3) 设 $y=\ln\cos x$,则 $y''=$ _____;

　(4) 已知 $x^2+y^2=1$,则 $y''=$ _____.

2.求下列函数的二阶导数:

　(1) $y=x^3+2e^x+3$;　　　　　(2) $y=e^{2x+3}+\sin x$;

　(3) $y=\sqrt{x^2+1}$;　　　　　(4) $y=\sin^2 x+3x^3$;

　(5) $y=x^2\ln x$;　　　　　　(6) $y=xe^{x^2}$.

3.求下列函数在指定点的二阶导数:

　(1) $f(x)=x^3+2x^2+5$,在 $x=2$ 处;

　(2) $f(x)=e^{2x}+\sin x$, 在 $x=0$ 处;

　(3) $f(x)=\dfrac{1-x}{1+x}$,在 $x=1$ 处.

§2.5　函数的微分

2.5.1　微分的概念

先看一个具体问题:

　　一块正方形的金属薄片受温度变化的影响,其边长从 x_0 变化到 $x_0+\Delta x$ (如图 2.5−1),问该薄片的面积改变了多少?

　　若用 S 表示薄片的面积,x_0 表示边长,则 $S=x_0^2$,于是金属有热胀冷缩的特点,在温度变化时边长就会改边,面积也即改变.设边长改变量为 Δx,相应地面积改变量 ΔS,则

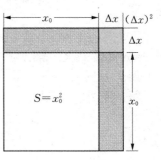

图 2.5−1

$$\Delta S = (x_0 + \Delta x)^2 - x_0^2 = 2x_0 \Delta x + (\Delta x)^2. \tag{1}$$

ΔS 由两部分组成:第一部分 $2x_0 \Delta x$,第二部分是 $(\Delta x)^2$. 如图,第一部分所占的比例大,第二部分所占的比例很小,且当 $\Delta x \to 0$ 时,第二部分是 Δx 的高阶无穷小,所以在精确度要求不高的情况下,可用 $2x_0 \Delta x$ 近似地表示 ΔS,即

$$\Delta S \approx 2x_0 \Delta x. \tag{2}$$

且 $|\Delta x|$ 越小,其近似程度越高.

(1)式 $\Delta S = 2x_0 \Delta x + (\Delta x)^2$ 中第一部分中 Δx 的系数是 $2x_0$,就是函数 $S = x^2$ 在点 x_0 的导数 $S'(x_0)$,所以 $\Delta S \approx S'(x_0) \Delta x$.

又 $S'(x_0) \Delta x$ 是 Δx 的线性函数,所以称 $S'(x_0) \Delta x$ 是 ΔS 的线性主要部分(简称线性主部).

由此抽象出微分的定义:

定义 2.5.1 设函数 $y = f(x)$ 在点 x_0 处可导,则称 $f'(x_0) \cdot \Delta x$ 为函数 $y = f(x)$ 在点 x_0 的微分;记为 $\mathrm{d}y|_{x=x_0}$ 或 $\mathrm{d}f(x)|_{x=x_0}$,即

$$\mathrm{d}y|_{x=x_0} = \mathrm{d}f(x)|_{x=x_0} = f'(x_0) \cdot \Delta x.$$

此时称函数 $y = f(x)$ 在点 x_0 可微. 也可称 $\mathrm{d}y|_{x=x_0}$ 是函数 $y = f(x)$ 在 x_0 处的微分.

如果函数 $y = f(x)$ 在区间 (a, b) 内每一点可微,说明对 (a, b) 内任一点 x 都有唯一的一个微分值与它对应,即函数的微分是关于 x 的函数,称为微分函数,记作 $\mathrm{d}y, \mathrm{d}f(x)$,即

$$\mathrm{d}y = \mathrm{d}f(x) = f'(x) \cdot \Delta x.$$

特别地,自变量 x 的微分 $\mathrm{d}x = x' \Delta x = \Delta x$,即 $\mathrm{d}x = \Delta x$. 所以上式可写出

$$\mathrm{d}y = f'(x) \cdot \mathrm{d}x,$$

两边同除以 $\mathrm{d}x$ 得

$$f'(x) = \frac{\mathrm{d}y}{\mathrm{d}x}.$$

注:(1) $\mathrm{d}x = \Delta x$, (2) $\mathrm{d}y \neq \Delta y$.

因为 $y = f(x)$ 的导数等于函数的微分 $\mathrm{d}y$ 与自变量的微分 $\mathrm{d}x$ 的商,所以导数又称微商.

例 1 求函数 $y = x^2 + 1$ 在点 $x = 1, \Delta x = 0.02$ 时的微分 $\mathrm{d}y$ 和增量 Δy.

解:$\mathrm{d}y = (x^2 + 1)' \mathrm{d}x = 2x \mathrm{d}x$. 当 $x = 1, \Delta x = 0.02$ 时,

$$\mathrm{d}y \Big|_{\substack{x=1 \\ \Delta x=0.02}} = 2 \times 1 \times 0.02 = 0.04,$$

$$\Delta y = [(x + \Delta x)^2 + 1] - (x^2 + 1) = 2x \cdot \Delta x + \Delta x^2$$
$$= 2 \times 1 \times 0.02 + (0.02)^2 = 0.0404.$$

可以看出,当 $|\Delta x|$ 很小时,$\mathrm{d}y$ 与 Δy 相差很小.

例 2 求下列函数的微分:

(1) $y = (3x^2 + 1)^3$;   (2) $y = \mathrm{e}^{2x+1} \sin x$.

解:(1) $\mathrm{d}y = [(3x + 1)^3]' \mathrm{d}x = 3 \cdot (3x + 1)^2 \cdot 3 \mathrm{d}x = 9(3x + 1)^2 \mathrm{d}x$;

(2) $dy = (e^{2x+1}\sin x)'dx = (2e^{2x+1}\sin x + e^{2x+1}\cos x)dx$
　　$= e^{2x+1}(2\sin x + \cos x)dx$.

2.5.2　微分的几何意义

如图 2.5-2 所示，$A(x, y)$ 是曲线 $y = f(x)$ 上的一点，当自变量 x 有微小增量 Δx 时，得曲线上另外一点 $B(x + \Delta x, y + \Delta y)$，$AD$ 是曲线在点 A 处的切线，$k_{AD} = f'(x)$.

由图可知

　　　$AC = \Delta x$，　$CB = \Delta y$，
　　　$CD = f'(x)\Delta x = dy$.

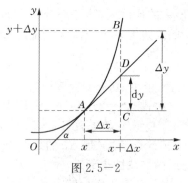

图 2.5-2

由此可得，Δy 表示的是曲线 $y = f(x)$ 上点的纵坐标的增量，dy 表示的是切线上点的纵坐标相应增量. 这就是微分的几何意义.

2.5.3　微分的基本公式和法则

1. 微分的基本公式

微分的基本公式	导数公式
$d(C) = 0$	$(C)' = 0$
$d(a^x) = a^x \ln a\, dx$	$(a^x)' = a^x \ln a$
$d(x^\mu) = \mu \cdot x^{\mu-1} dx$	$(x^\mu)' = \mu \cdot x^{\mu-1}$
$d(\log_a x) = \dfrac{1}{x \cdot \ln a} dx$	$(\log_a x)' = \dfrac{1}{x \cdot \ln a}$
$d(\sin x) = \cos x\, dx$	$(\sin x)' = \cos x$
$d(\cos x) = -\sin x\, dx$	$(\cos x)' = -\sin x$
$d(\tan x) = \sec^2 x\, dx$	$(\tan x)' = \sec^2 x$
$d(\cot x) = -\csc^2 x\, dx$	$(\cot x)' = -\csc^2 x$
$d(\sec x) = \sec x \cdot \tan x\, dx$	$(\sec x)' = \sec x \cdot \tan x$
$d(\csc x = -\csc x \cdot \cot x\, dx$	$(\csc x)' = -\csc x \cdot \cot x$
$d(\arcsin x) = \dfrac{1}{\sqrt{1-x^2}} dx$	$(\arcsin x)' = \dfrac{1}{\sqrt{1-x^2}}$
$d(\arccos x) = -\dfrac{1}{\sqrt{1-x^2}} dx$	$(\arccos x)' = -\dfrac{1}{\sqrt{1-x^2}}$
$d(\arctan x) = \dfrac{1}{1+x^2} dx$	$(\arccos x)' = \dfrac{1}{1+x^2}$
$d(\text{arccot}\, x) = -\dfrac{1}{1+x^2} dx$	$(\arccos x)' = -\dfrac{1}{1+x^2}$

2. 微分的四则运算法则（表中 $u=u(x)$，$v=v(x)$）

函数和、差、积、商的微分法则	函数和、差、积、商的求导法则
$d(u \pm v) = du \pm dv$	$(u \pm v)' = u' \pm v'$
$d(u \cdot v) = v \cdot du + u \cdot dv$	$(u \cdot v)' = u' \cdot v + u \cdot v'$
$d\left(\dfrac{u}{v}\right) = \dfrac{v \cdot du - u \cdot dv}{v^2}$　$(v \neq 0)$	$\left(\dfrac{u}{v}\right)' = \dfrac{u' \cdot v - u \cdot v'}{v^2}$　$(v \neq 0)$

3. 复合函数的微分法则

设复合函数 $y=f[\varphi(x)]$ 是由 $y=f(u)$ 和 $u=\varphi(x)$ 复合而成的

$$\frac{dy}{dx} = f'[\varphi(x)]\varphi'(x),$$

即复合函数的微分为

$$dy = f'[\varphi(x)]\varphi'(x)dx,$$

因为 $du = \varphi'(x)dx$，所以 $dy = f'(u)du$.

可见，无论 u 是自变量还是另一变量的可微函数，微分形式 $dy=f'(u)du$ 保持不变，这一性质称为一阶微分形式不变性.

例 3　用两种方法求下列函数的微分：

(1) $y = e^x \sin x$；　(2) $y = \cos^3(3x+1)$；　(3) $y = \sin^2 x + \ln(2x+1)$.

解法 1：根据微分的定义

(1) $dy = (e^x \sin x)'dx = (e^x \sin x + e^x \cos x)dx = e^x(\sin x + \cos x)dx$；

(2) $dy = [\cos^3(3x+1)]'dx = 3\cos^2(3x+1)[-\sin(3x+1)] \cdot 3dx$
$\qquad = -9\cos^2(3x+1)\sin(3x+1)dx$；

(3) $dy = [\sin^2 x + \ln(2x+1)]'dx = \left(2\sin x \cos x + \dfrac{2}{2x+1}\right)dx$

$\qquad = \left(\sin 2x + \dfrac{2}{2x+1}\right)dx.$

解法 2：根据微分的基本公式和一阶微分形式不变性

(1) $dy = \sin x \, d(e^x) + e^x d(\sin x) = e^x \sin x \, dx + e^x \cos x \, dx$
$\qquad = e^x(\sin x + \cos x)dx$；

(2) $dy = 3\cos^2(3x+1)d(\cos 3x+1)$
$\qquad = 3\cos^2(3x+1)[-\sin(3x+1)]d(3x+1)$
$\qquad = -9\cos^2(3x+1)\sin(3x+1)dx$；

(3) $dy = d(\sin^2 x) + d[\ln(2x+1)] = 2\sin x \, d(\sin x) + \dfrac{1}{2x+1}d(2x+1)$

$\qquad = 2\sin x \cos x \, dx + \dfrac{2}{2x+1}dx = \left(\sin 2x + \dfrac{2}{2x+1}\right)dx.$

2.5.4　微分在近似计算中的应用

由前面可得，当函数 $y=f(x)$ 在点 x_0 处的导数 $f'(x_0) \neq 0$，且 $|\Delta x|$ 很小时，有

$$\Delta y = f(x_0 + \Delta x) - f(x_0) \approx dy = f'(x_0) \cdot \Delta x. \tag{1}$$

上式又可写成

$$f(x_0+\Delta x)\approx f(x_0)+f'(x_0)\cdot\Delta x. \tag{2}$$

(1)式用来计算函数改变量的近似值;

(2)式用来计算函数值的近似值.

注:$|\Delta x|$越小,近似程度越好.

例4 一个球体,它的半径由 20cm 增加到 20.01cm,求球体体积增加多少?

解:设球的体积为 V,半径为 r,球的体积的增加量为 ΔV.

由已知 $r=20$cm,$\Delta r=0.01$cm,因为 $|\Delta r|$ 比较小,所以用微分 $dV\Big|_{\substack{r=20\\ \Delta r=0.01}}$ 来近似代替 ΔV.而

$$dV=\left(\frac{4}{3}\pi r^3\right)'\Delta r=4\pi r^2\Delta r,$$

所以

$$\Delta V\approx dV\Big|_{\substack{r=20\\ \Delta r=0.01}}=4\pi\times 20^2\times 0.01=16\pi\ (\text{cm}^3).$$

例5 计算 $\sin 30°30'$ 的近似值.

解:设函数 $f(x)=\sin x$,则 $\sin 30°30'$ 表示的就是函数 $f(x)=\sin x$ 在 $x=30°30'$ 的函数值.

因为

$$30°30'=30°+30'=\frac{\pi}{6}+\frac{\pi}{360},$$

取 $x_0=\frac{\pi}{6}$,$\Delta x=\frac{\pi}{360}$,且 $f'(x)=\cos x$,

所以

$$\sin 30°30'=\sin\left(\frac{\pi}{6}+\frac{\pi}{360}\right)=\sin\frac{\pi}{6}+\cos\frac{\pi}{6}\cdot\frac{\pi}{360}\approx 0.4942.$$

例6 计算 $e^{-0.01}$ 的近似值.

解:设 $f(x)=e^x$,取 $x_0=0$,$\Delta x=-0.01$,$f'(x)=e^x$,则

$$e^{-0.01}=e^{0+(-0.01)}\approx f(0)+f'(0)\Delta x=e^0+e^0\times(0.01)=0.99.$$

在公式(2)中,令 $x_0=0$,$\Delta x=x$,得公式

$$f(x)\approx f(0)+f'(0)x. \tag{3}$$

当 $|x|$ 很小时,可用公式(3)求 $f(x)$ 在 $x=0$ 附近的函数近似值.

下面给出常用的几个近似公式:

(1) $\sqrt[n]{1+x}\approx 1+\dfrac{x}{n}$;   (2) $e^x\approx 1+x$;

(3) $\ln(1+x)\approx x$;   (4) $\sin x\approx x$;

(5) $\tan x\approx x$;   (6) $\arcsin x\approx x$.

例7 计算 $\sqrt[3]{1.003}$ 的近似值.

解:利用公式 $\sqrt[n]{1+x}\approx 1+\dfrac{x}{n}$,得

$$\sqrt[3]{1.003}=\sqrt[3]{1+0.003}\approx 1+\frac{0.003}{3}=1.001.$$

习题 2.5

1. 填空题：

(1) 函数 $f(x)$ 在点 x_0 处可微,则当 $|\Delta x|$ 很小时,$f(x_0+\Delta x)\approx$_____;

(2) 设 x 为自变量,当 $x=1,\Delta x=0.1$ 时,$\mathrm{d}(x^3)=$_____;

(3) $\mathrm{d}(\sin 3x)=$_____;

(4) $\mathrm{e}^{0.02}$ 的近似值等于_____;

(5) $\mathrm{d}($_____$)=\sin\omega t\mathrm{d}t$;

(6) $\mathrm{d}($_____$)=\dfrac{1}{\sqrt{x}}\mathrm{d}x$.

2. 求下列函数的微分：

(1) $y=\dfrac{1}{x}+x+3$;   (2) $y=x^2\ln x$;

(3) $y=\dfrac{x}{\sqrt{x^2+1}}$;   (4) $y=\ln\sin x$;

(5) $y=[\ln(1-x)]^2$;   (6) $y=\mathrm{e}^{-x}\cos(2-x)$;

(7) $y=3^{\ln\sin x}$;   (8) $y=\cos^2(2x+1)+1$;

(9) $y^2+\ln y=x^4$;   (10) $\sin(xy)+y+x^2=0$.

3. 已知 $y=x^3-x$ 在 $x=2$ 时,计算当 Δx 分别等于 $0.1,0.01$ 时的 Δy 和 $\mathrm{d}y$.

4. 半径为 $10\mathrm{cm}$ 的金属圆盘,加热后半径增加了 $0.05\mathrm{cm}$,问面积增加了多少?

5. 利用微分求近似值：

(1) $\mathrm{e}^{1.001}$;   (2) $\cos 29°$;

(3) $\sqrt[4]{1.004}$;   (4) $\lg 11$.

自测题 2

一、填空题：

1. 设函数在 x_0 处可导,则极限 $\lim\limits_{\Delta x\to 0}\dfrac{f(x_0+2\Delta x)-f(x_0)}{\Delta x}=$_____;

2. 已知 $f(x)=3x^2+2x+1$,则 $f'(1)=$_____;

3. 设函数 $f(x)=x(x-1)(x-2)(x-3)$,则 $f'(x)=$_____;

4. 设 $y=\arctan\dfrac{1}{x}$,则 $y'=$_____;

5. 设 $\mathrm{e}^y-y\sin x=\mathrm{e}$,则 $y'\Big|_{\substack{x=0\\y=1}}=$_____;

6. $e^{0.001} \approx$ _____.

二、选择题：

1. 函数在点 x_0 处连续是在该点可导的(　　);

　　A. 充分条件　　B. 必要条件　　C. 充要条件　　D. 无关条件

2. 函数 $f(x) = |x-1|$ 在点 $x=1$ 处的导数为(　　);

　　A. 1　　　　　B. 0　　　　　C. -1　　　　D. 不存在

3. 设 $f(x) = \arctan e^x$，则 $f'(x)$ 是(　　);

　　A. $\dfrac{e^x}{1+e^{2x}}$　　B. $\dfrac{1}{1+e^{2x}}$　　C. $\dfrac{1}{\sqrt{1+e^{2x}}}$　　D. $\dfrac{e^x}{\sqrt{1-e^x}}$

4. 设 $y = \ln x$，则 y'' 等于(　　);

　　A. $\dfrac{1}{x}$　　　B. $-\dfrac{1}{x^2}$　　C. $\dfrac{1}{x^2}$　　D. $-\dfrac{2}{x}$

5. 设 $f(x) = 3^{\sin x}$，则 $f'(x) = ($　　$)$;

　　A. $3^{\sin x}\ln 3$　　B. $3^{\sin x}\ln 3\cos x$　　C. $3^{\sin x}\cos x$　　D. $3^{\sin x - 1}\sin x$

6. 设 $y = \dfrac{1-x}{1+x}$，则 $y'' = ($　　$)$;

　　A. $2 \cdot \dfrac{(-1)2!}{(x+1)^3}$　　B. $\dfrac{(-1)^2 2!}{(x+1)^3}$　　C. $\dfrac{2\times 2!}{(x+1)^3}$　　D. $2 \cdot \dfrac{(-1)^3 2!}{(x+1)^3}$

7. 设 $y = f(-x^2)$，则 $dy = ($　　$)$;

　　A. $-2x f'(-x^2)dx$　　　　　B. $x f'(-x^2)dx$

　　C. $2f'(-x^2)dx$　　　　　　D. $2x f'(-x^2)dx$

8. 将半径为 R 的球体加热，如果球半径增加 ΔR，则球体积的增量 $\Delta V \approx ($　　$)$.

　　A. $\dfrac{4}{3}\pi R^3$　　B. $4\pi R^2 \Delta R$　　C. $4\pi R^2$　　D. $4\pi R \Delta R$

三、求下列函数的导数：

1. $f(x) = x^2 + 5\cos 3x + \dfrac{\pi}{2}$;

2. $f(x) = \ln\cos(2x-3)$;

3. $f(x) = 2e^{\sqrt{x}}(\sqrt{x}-1)$.

四、求下列函数的微分 dy：

1. $y = 3x^2 - \cos x + 1$;

2. $y = \sin^2(x+1)$;

3. $y = (x^2+1)e^{-2x}$;

4. $y = xe^y$.

五、计算 $\ln 1.001$ 的近似值.

六、求曲线 $y = \sqrt{x} + 1$ 在 $(4,3)$ 点的切线方程和法线方程.

七、水管壁的截面是一个圆环，设它的内径为 10cm，壁厚为 0.05cm，利用微分计算这个圆环面积的近似值.

第 3 章　导数的应用

§3.1　微分中值定理

上一章讨论的是函数的导数概念.这一章将讨论利用导数来研究函数的性质.

3.1.1　罗尔(Rolle)中值定理

定理 3.1.1(罗尔定理)　若函数 $f(x)$ 满足:

(1) 在闭区间 $[a,b]$ 上连续;

(2) 在开区间 (a,b) 内可导;

(3) 在区间 $[a,b]$ 的端点处函数值相等,即 $f(a)=f(b)$,

则在 (a,b) 内至少存在一点 $\xi(a<\xi<b)$,使得 $f'(\xi)=0$.

定理的几何意义:

函数 $y=f(x)$ 在区间 $[a,b]$ 所表示

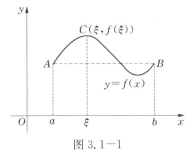

图 3.1—1

的一段连续的曲线弧 $\overset{\frown}{AB}$ 上,至少存在一点 $C(\xi,f(\xi))$,在该点处曲线的切线平行于弦 AB(如图 3.1—1).

例 1　验证函数 $f(x)=x^3-2x^2+x-1$ 在区间 $[0,1]$ 上满足罗尔定理的条件,并求出定理结论中的 ξ 值.

解:函数 $f(x)=x^3-2x^2+x-1$ 在 $[0,1]$ 上连续,在 $(0,1)$ 内可导,且

$$f'(x)=3x^2-4x+1.$$

因为 $f(0)=-1,f(1)=-1$,即 $f(0)=f(1)$,所以 $f(x)$ 在 $[0,1]$ 上满足罗尔定理的条件.

令 $f'(x)=3x^2-4x+1=0$,得

$$x_1=\frac{1}{3},\quad x_2=1,$$

所以在 $(0,1)$ 内,使得 $f'(\xi)=0$ 的 $\xi=\frac{1}{3}$.

例 2　不求函数 $f(x)=(x+1)x(x-1)$ 的导数,说明方程 $f'(x)=0$ 有几个实根,并指出它们所在的区间.

解:显然,$f(x)$ 在 $[-1,0]$,$[0,1]$ 上都满足罗尔定理,所以至少有 $\xi_1\in(-1,0),\xi_2\in(0,1)$ 使 $f'(\xi_1)=0,f'(\xi_2)=0$,即方程 $f'(x)=0$ 至少有两个实根.又因为 $f'(x)=0$ 是一个一元二次方程,最多有两个实根,所以方程 $f'(x)=0$ 有两个实根,且分别在区间 $(-1,0)$ 和 $(0,1)$ 内.

注:罗尔定理中的三个条件,缺一不可,否则定理将不成立.

3.1.2　拉格朗日中值定理

定理 3.1.2(拉格朗日中值定理)　若函数 $f(x)$ 满足:

(1) 在闭区间 $[a,b]$ 上连续;

(2) 在开区间 (a,b) 内可导,

则在 (a,b) 内至少存在一点 $\xi(a<\xi<b)$,使得

$$f'(\xi)=\frac{f(b)-f(a)}{b-a},$$

也可写成

$$f(b)-f(a)=f'(\xi)(b-a).$$

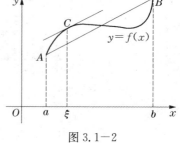

图 3.1-2

定理的几何意义:

函数 $y=f(x)$ 在区间 $[a,b]$ 所表示的一段连续的曲线弧 $\overset{\frown}{AB}$ 上,至少存在一点 $C(\xi,f(\xi))$,使曲线在点 C 处的切线平行于弦 AB.

注:拉格朗日中值定理是罗尔定理的推广,罗尔定理是拉格朗日中值定理的特殊情况(即 $f(a)=f(b)$).

推论 3.1.1　若函数 $f(x)$ 在区间 I 上的导数恒等于零,即 $f'(x)\equiv0$,则 $f(x)$ 恒为常量.

推论 3.1.2　若两个函数 $f(x)$ 与 $g(x)$ 的导数在区间 I 内相等,即 $f'(x)=g'(x)$ $(x\in I)$,则 $f(x)$ 与 $g(x)$ 在 I 内只相差一个常数,即 $f(x)-g(x)=C$ $(x\in I)$.

例3　验证函数 $f(x)=\sqrt{x}-1$ 在 $[1,4]$ 上满足拉格朗日中值定理的条件,并求出 ξ 的值.

解: $f(x)=\sqrt{x}-1$ 在 $[1,4]$ 上连续,在 $(1,4)$ 内可导,所以 $f(x)=\sqrt{x}-1$ 满足拉格朗日中值定理的条件.

因为 $f'(x)=\frac{1}{2}x^{-\frac{1}{2}}=\frac{1}{2\sqrt{x}}$,

$$\frac{f(4)-f(1)}{4-1}=\frac{1-0}{4-1}=\frac{1}{3},$$

令 $\frac{f(4)-f(1)}{4-1}=f'(x)$,即 $\frac{1}{2\sqrt{x}}=\frac{1}{3}$. 解得

$$x=\frac{9}{4}\in(1,4),$$

故所求的 $\xi=\frac{9}{4}$.

例4　证明:当 $x>0$ 时, $\ln(1+x)>\frac{x}{1+x}$.

证明:设 $f(x)=\ln(1+x)-\frac{x}{1+x}$,显然 $f(x)$ 在 $[0,1]$ 上满足拉格朗日中值定理的条件,而

$$f'(x)=\frac{1}{1+x}-\frac{1+x-x}{(1+x)^2}=\frac{1+x-1}{(1+x)^2}=\frac{x}{(1+x)^2},$$

所以在$[0,x]$上至少存在一点使得

$$f(x)-f(0)=f'(\xi)(x-0),\quad \xi\in(0,x),$$

即

$$\ln(1+x)-\frac{x}{1+x}=\frac{\xi}{(1+\xi)^2}\cdot x.$$

因为 $x>0,\xi\in(0,x)$，所以$\dfrac{\xi x}{(1+\xi)^2}>0$，即

$$\ln(1+x)>\frac{x}{1+x}.$$

习题 3.1

1.验证罗尔定理对函数 $f(x)=\ln x$ 在区间$[1,e]$上的正确性.

2.验证函数 $f(x)=x^2\sqrt{5-x}$ 在区间$[0,5]$上满足罗尔定理的条件,并求出定理结论中的 ξ.

3.验证函数 $f(x)=x^3+x+1$ 在区间$[0,1]$上满足拉格朗日中值定理的条件,并求出定理结论中的 ξ.

4.不用求出函数 $f(x)=x(x-1)(x-2)(x-3)$ 的导数,说明方程 $f'(x)=0$ 有几个实根,并指出实根所在的区间.

5.证明:当 $x>1$ 时,$e^x>ex$.

6.证明:$\arcsin x+\arccos x=\dfrac{\pi}{2}$ $\quad(-1\leqslant x\leqslant 1)$.

§3.2 洛必达(L'Hospital)法则

在求函数的极限时,经常会遇到求两个都是无穷小或都是无穷大比值的极限问题. 就是前面说的"$\dfrac{0}{0}$"和"$\dfrac{\infty}{\infty}$"不定型,它的极限的结果可能存在也可能不存在.下面介绍两个定理,可以比较方便地求此类函数极限.

3.2.1 "$\dfrac{0}{0}$"型不定式

定理 3.2.1(洛必达法则Ⅰ) 设函数 $f(x),g(x)$满足

(1) $\lim\limits_{x\to a}f(x)=0$, $\lim\limits_{x\to a}g(x)=0$;

(2) 在点 a 的某去心邻域内,$f'(x)$与 $g'(x)$存在且 $g'(x)\neq 0$;

(3) $\lim\limits_{x\to a}\dfrac{f'(x)}{g'(x)}$存在或为无穷大,

则极限$\lim\limits_{x \to a}\dfrac{f(x)}{g(x)}$存在或为无穷大,且

$$\lim_{x \to a}\frac{f(x)}{g(x)}=\lim_{x \to a}\frac{f'(x)}{g'(x)}.$$

注:(1) 定理对于$x \to \infty, x \to a^{+}, x \to a^{-}, x \to +\infty, x \to -\infty$时的"$\dfrac{0}{0}$"型依然适用.

(2) 在满足条件的前提下,洛必达法则可以重复多次使用.

例1 求$\lim\limits_{x \to 0}\dfrac{\ln(1+x)}{x}$.

解:$\lim\limits_{x \to 0}\dfrac{\ln(1+x)}{x}=\lim\limits_{x \to 0}\dfrac{\frac{1}{1+x}}{1}=\lim\limits_{x \to 0}\dfrac{1}{1+x}=1.$

例2 求$\lim\limits_{x \to 0}\dfrac{x-\sin x}{x^{3}}$.

解:$\lim\limits_{x \to 0}\dfrac{x-\sin x}{x^{3}}=\lim\limits_{x \to 0}\dfrac{1-\cos x}{3x^{2}}=\lim\limits_{x \to 0}\dfrac{\sin x}{6x}=\dfrac{1}{6}.$

例3 求$\lim\limits_{x \to 1}\dfrac{x^{2}-3x+2}{x^{2}-1}$.

解:$\lim\limits_{x \to 1}\dfrac{x^{2}-3x+2}{x^{2}-1}=\lim\limits_{x \to 1}\dfrac{2x-3}{2x}=\lim\limits_{x \to 1}\dfrac{2}{2}=1.$

例4 求$\lim\limits_{x \to +\infty}\dfrac{\frac{\pi}{2}-\arctan x}{\frac{1}{x}}$.

解:$\lim\limits_{x \to +\infty}\dfrac{\frac{\pi}{2}-\arctan x}{\frac{1}{x}}=\lim\limits_{x \to +\infty}\dfrac{-\frac{1}{1+x^{2}}}{-\frac{1}{x^{2}}}=\lim\limits_{x \to +\infty}\dfrac{x^{2}}{1+x^{2}}=1.$

3.2.2 "$\dfrac{\infty}{\infty}$"型不定式

定理3.2.2(洛必达法则Ⅱ) 设函数$f(x), g(x)$满足

(1) $\lim\limits_{x \to a}f(x)=\infty$,$\lim\limits_{x \to a}g(x)=\infty$;

(2) 在点a的某去心邻域内,$f'(x)$与$g'(x)$存在且$g'(x) \neq 0$;

(3) $\lim\limits_{x \to a}\dfrac{f'(x)}{g'(x)}$存在或为无穷大,

则极限$\lim\limits_{x \to a}\dfrac{f(x)}{g(x)}$存在或为无穷大,且

$$\lim_{x \to a}\frac{f(x)}{g(x)}=\lim_{x \to a}\frac{f'(x)}{g'(x)}.$$

注:(1) 定理对于$x \to \infty, x \to a^{+}, x \to a^{-}, x \to +\infty, x \to -\infty$时的"$\dfrac{\infty}{\infty}$"型依然适用.

（2）在满足条件的前提下,洛必达法则可以重复多次使用.

例 5　求 $\lim\limits_{x \to +\infty} \dfrac{2x^2+3x+5}{-7x^2-x+1}$.

解：$\lim\limits_{x \to +\infty} \dfrac{2x^2+3x+5}{-7x^2-x+1} = \lim\limits_{x \to +\infty} \dfrac{4x+3}{-14x-1} = \lim\limits_{x \to +\infty} \dfrac{4}{-14} = -\dfrac{2}{7}$.

例 6　求 $\lim\limits_{x \to 0^+} \dfrac{\ln\sin x}{\ln x}$.

解：$\lim\limits_{x \to 0^+} \dfrac{\ln\sin x}{\ln x} = \lim\limits_{x \to 0^+} \dfrac{\dfrac{\cos x}{\sin x}}{\dfrac{1}{x}} = \lim\limits_{x \to 0^+} \dfrac{x}{\sin x} \cdot \cos x = 1$.

3.2.3　其他类型的不定式

不定型除了 "$\dfrac{0}{0}$" 型和 "$\dfrac{\infty}{\infty}$" 型之外,还有 "$0 \cdot \infty$","$\infty - \infty$","0^0""1^∞",

"∞^0" 等类型.这些不定式可通过化简变形成 "$\dfrac{0}{0}$","$\dfrac{\infty}{\infty}$" 型,然后再用洛必达法则求.

例 7　求 $\lim\limits_{x \to 0} \left(\dfrac{1}{x} - \dfrac{1}{e^x-1} \right)$.

解：这是 "$\infty - \infty$" 型未定式,先化简

$$\lim\limits_{x \to 0} \left(\dfrac{1}{x} - \dfrac{1}{e^x-1} \right) = \lim\limits_{x \to 0} \dfrac{e^x-1-x}{x(e^x-1)},$$

再应用洛必达法则得

$$\lim\limits_{x \to 0} \dfrac{e^x-1}{e^x-1+xe^x} = \lim\limits_{x \to 0} \dfrac{e^x}{2e^x+xe^x} = \dfrac{1}{2}.$$

例 8　求 $\lim\limits_{x \to +\infty} xe^{-x}$.

解：这是 "$0 \cdot \infty$" 型,先变形,再应用洛必达法则得

$$\lim\limits_{x \to +\infty} xe^{-x} = \lim\limits_{x \to +\infty} \dfrac{x}{e^x} = \lim\limits_{x \to +\infty} \dfrac{1}{e^x} = 0.$$

例 9　求 $\lim\limits_{x \to 0^+} x^{\sin x}$.

解：这是 "0^0" 型,先变形再求

$$\lim\limits_{x \to 0^+} x^{\sin x} = \lim\limits_{x \to 0^+} e^{\ln x^{\sin x}} = \lim\limits_{x \to 0^+} e^{\sin x \ln x} = \lim\limits_{x \to 0^+} e^{\frac{\ln x}{\csc x}}.$$

而 $\lim\limits_{x \to 0^+} \dfrac{\ln x}{\csc x}$ 是 "$\dfrac{\infty}{\infty}$" 型.用洛必达法则得

$$\lim\limits_{x \to 0^+} \dfrac{\ln x}{\csc x} = \lim\limits_{x \to 0^+} \dfrac{\dfrac{1}{x}}{-\dfrac{\cos x}{\sin^2 x}} = \lim\limits_{x \to 0^+} \dfrac{-\sin x}{x} \tan x = 0,$$

所以　$\lim\limits_{x \to 0^+} x^{\sin x} = e^{\lim\limits_{x \to 0^+} \sin x \ln x} = e^0 = 1$.

注：（1）洛必达法则只对 "$\dfrac{0}{0}$" 型或 "$\dfrac{\infty}{\infty}$" 型可直接使用,其他不定型可以

化简成"$\dfrac{0}{0}$"型或"$\dfrac{\infty}{\infty}$"型才能用.

（2）不符合条件的不能用洛必达法则.

例 10　求 $\lim\limits_{x\to\infty}\dfrac{x+\sin x}{x}$.

解：这是"$\dfrac{\infty}{\infty}$"型不定式,若用洛必达法则

$$\lim_{x\to\infty}\frac{x+\sin x}{x}=\lim_{x\to\infty}(1+\cos x),$$

此极限不存在,但 $\lim\limits_{x\to\infty}\dfrac{x+\sin x}{x}=\lim\limits_{x\to\infty}\left(1+\dfrac{\sin x}{x}\right)=1$.

说明不符合洛必达法则条件不能直接求.

习题 3.2

1.用洛必达法则求下列函数的极限:

（1）$\lim\limits_{x\to 0}\dfrac{e^x-e^{-x}}{x}$;

（2）$\lim\limits_{x\to 0}\dfrac{\ln(1+2x)}{x}$;

（3）$\lim\limits_{x\to 0}\dfrac{\sin 7x}{\sin 5x}$;

（4）$\lim\limits_{x\to \frac{\pi}{2}}\dfrac{\tan x}{\tan 3x}$;

（5）$\lim\limits_{x\to a}\dfrac{x^m-a^m}{x^n-a^n}$;

（6）$\lim\limits_{x\to +\infty}\dfrac{\ln x}{x^5}$.

2.验证 $\lim\limits_{x\to 0}\dfrac{x-\sin x}{x+\sin x}$ 存在,但不满足洛必达法则的条件.

3.求下列函数的极限:

（1）$\lim\limits_{x\to 1}\left(\dfrac{3}{x^3-1}-\dfrac{1}{x-1}\right)$;

（2）$\lim\limits_{x\to\infty}x(e^{\frac{1}{x}}-1)$;

（3）$\lim\limits_{x\to 0^+}x^{\tan x}$;

（4）$\lim\limits_{x\to a^+}\dfrac{\ln(x-a)}{\ln(e^x-e^a)}$.

§3.3　函数的单调性

　　函数的单调性是函数的一个重要性质,以前讨论的单调性的判别法对很多函数用起来有难度.下面介绍一种简便方法.

3.3.1　函数的单调性判别法

　　定理 3.3.1（函数单调性的判别法）　设函数 $f(x)$ 在区间 $[a,b]$ 上连续,在 (a,b) 内可导,

　　（1）如果在 (a,b) 内 $f'(x)>0$,则 $f(x)$ 在区间 $[a,b]$ 上单调增加;

　　（2）如果在 (a,b) 内 $f'(x)<0$,则 $f(x)$ 在区间 $[a,b]$ 上单调减少.

如果 $f(x)$ 在 $[a,b]$ 上单增，则称 $[a,b]$ 为单增区间，$f(x)$ 在 $[a,b]$ 上单减，则称 $[a,b]$ 为单减区间；单增区间和单减区间统称单调区间.

注：定理中闭区间换成开区间、半开半闭区间或无穷区间，定理的结论仍成立.

例 1 讨论 $f(x)=x^3+1$ 在 $(-\infty,+\infty)$ 上的单调性.

解：$f(x)$ 在区间 $(-\infty,+\infty)$ 上
$$f'(x)=3x^2\geqslant0,$$
只有当 $x=0$ 时，$f'(x)=0$ 不影响单调性，所以由判别法得 $f(x)=x^3+1$ 在 $(-\infty,+\infty)$ 上单调增加.

例 2 讨论 $f(x)=2x^3+6x^2-18x+1$ 的单调性.

解：$f(x)$ 的定义域为 $(-\infty,+\infty)$，
$$f'(x)=6x^2+12x-18=6(x+3)(x-1).$$
令 $f'(x)=0$ 得 $x_1=-3,x_2=1$.

由 $x_1=-3,x_2=1$ 将 $(-\infty,+\infty)$ 分成三个区间 $(-\infty,-3)$，$(-3,1)$，$(1,+\infty)$.

将 $f'(x)$ 在三个区间上的符号列表如下：

x	$(-\infty,-3)$	-3	$(-3,1)$	1	$(1,+\infty)$
$f'(x)$	$+$	0	$-$	0	$+$

所以，函数 $f(x)$ 在区间 $(-\infty,-3)$ 和 $(1,+\infty)$ 上单调增加，在区间 $(-3,1)$ 上单调减少.

注：此题导数等于零的点恰是单调区间的分界点.

例 3 判别函数 $f(x)=x^{\frac{2}{5}}$ 的单调性.

解：函数 $f(x)$ 的定义域为 $(-\infty,+\infty)$，
$$f'(x)=\frac{2}{5\cdot\sqrt[5]{x^3}}.$$
没有导数等于零的点，但 $x=0$ 时，$f'(x)$ 不存在.

由 $x=0$ 将 $(-\infty,+\infty)$ 分成两个区间 $(-\infty,0)$，$(0,+\infty)$，在 $(-\infty,0)$ 上 $f'(x)<0$，在 $(0,+\infty)$ 上 $f'(x)>0$，所以 $f(x)$ 在 $(-\infty,0)$ 时单调减少，在 $(0,+\infty)$ 上单调增加.

由例题可知，求连续函数的单调区间时，可利用导数等于零的点和导数不存在的点将定义域划分成若干个小区间，再确定 $f'(x)$ 在小区间内的符号，从而确定单调区间.

总结：讨论函数 $f(x)$ 的单调区间的步骤如下：

(1) 确定定义域；

(2) 求出函数 $f(x)$ 的全部驻点（使 $f'(x)=0$ 的 x 值）和导数 $f'(x)$ 不存在的点；

(3) 用这些点将定义域区间分成若干个小区间；

(4) 讨论 $f'(x)$ 在小区间上的符号，从而确定单调区间.

3.3.2 函数的极值及其求法

函数的极值是讨论函数在一个局部范围内的最大值、最小值问题. 下面给出定义.

定义 3.3.1 设函数 $f(x)$ 在点 x_0 的某邻域内有定义,如果对邻域内任意点 x $(x\neq 0)$,恒有 $f(x)<f(x_0)$ $(f(x)>f(x_0))$,则称 $f(x_0)$ 为函数 $f(x)$ 的极大值(极小值).

极大值、极小值统称为函数的极值,使函数取得极值的点称为函数的极值点.

如图 $3.3-1$,$f(x_1)$,$f(x_4)$ 是极大值,x_1,x_4 是极大值点;$f(x_2)$,$f(x_5)$ 是极小值,x_2,x_5 是极小值点.

注:(1) 极值具有局部性,最值具有整体性;

(2) 极值在区间内部取得,最值有可能在区间内部也有可能在端点处取得.

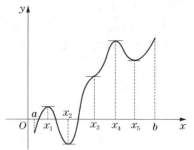

图 3.3—1

定理 3.3.2(极值存在的必要条件)

如果函数 $f(x)$ 在点 x_0 处有极值,则 $f(x)$ 在 x_0 点 $f'(x_0)=0$ 或 $f'(x)$ 不可导.

定理 3.3.3(极值存在的第一充分条件) 设函数 $f(x)$ 在点 x_0 处连续,在点 x_0 的邻域内可导(点 x_0 可除外)

(1) 若在 x_0 的邻域内,当 $x<x_0$ 时,$f'(x)>0$;当 $x>x_0$ 时,$f'(x)<0$,则函数 $f(x)$ 在 x_0 处取得极大值 $f(x_0)$;

(2) 若在 x_0 的邻域内,当 $x<x_0$ 时,$f'(x)<0$;当 $x>x_0$ 时,$f'(x)>0$,则函数 $f(x)$ 在 x_0 处取得极小值 $f(x_0)$;

(3) 若在 x_0 的邻域内,除点 x_0 外 $f'(x)$ 恒为正或恒为负,即 $f'(x)$ 不变号,则 $f(x_0)$ 不是函数 $f(x)$ 的极值.

根据以上定理,求函数 $f(x)$ 的极值点和极值的一般步骤如下:

(1) 确定函数 $f(x)$ 的定义域;

(2) 求出函数的导数 $f'(x)$,在定义域内求出所有驻点和导数不存在的点;

(3) 由驻点和导数不存在的点将定义域分成若干个小区间,讨论 $f'(x)$ 在各小区间上的符号;

(4) 根据讨论,确定极值点,并代入求出极值.

例 4 求函数 $f(x)=x^3-3x^2+2$ 的极值点和极值.

解:函数的定义域为 $(-\infty,+\infty)$,$f'(x)=3x^2-6x$,

令 $f'(x)=0$,解得驻点 $x_1=0$,$x_2=2$,

由 $x_1=0$,$x_2=2$ 将 $(-\infty,+\infty)$ 分成三个小区间 $(-\infty,0)$,$(0,2)$,$(2,+\infty)$.

将 $f'(x)$ 在这三个区间上的符号列表如下：

x	$(-\infty,0)$	0	$(0,2)$	2	$(2,+\infty)$
$f'(x)$	$+$	0	$-$	0	$+$
$f(x)$	↗	极大值	↘	极小值	↗

当 $x=0$ 时，$y=2$，当 $x=2$ 时，$y=-2$.

所以，函数的极大值点为 $(0,2)$，极大值为 $f(0)=2$；极小值点为 $(2,-2)$，极小值为 $f(2)=-2$.

例 5 求函数 $f(x)=4x-6\sqrt[3]{x^2}$ 的极值点和极值.

解：函数的定义域为，$(-\infty,+\infty)$，

$$f'(x)=4-4x^{-\frac{1}{3}}=\frac{4(\sqrt[3]{x}-1)}{\sqrt[3]{x}},$$

令 $f'(x)=0$，解得驻点 $x=1$，又当 $x=0$ 时，$f'(x)$ 不存在. 列表讨论如下：

x	$(-\infty,0)$	0	$(0,1)$	1	$(1,+\infty)$
$f'(x)$	$+$	不存在	$-$	0	$+$
$f(x)$	↗	极大值	↘	极小值	↗

当 $x=0$ 时，$f(0)=0$，当 $x=1$ 时，$f(1)=-2$.

所以，函数的极大值点为 $(0,0)$，极大值为 $f(0)=0$；极小值点为 $(1,-2)$，极小值为 $f(1)=-2$.

定理 3.3.4（极值存在的第二充分条件） 设函数 $f(x)$ 在点 x_0 处具有二阶导数且 $f'(x)=0$，$f''(x)\neq0$，则

(1) 当 $f''(x)<0$ 时，函数 $f(x)$ 在点 x_0 处取极大值；

(2) 当 $f''(x)>0$ 时，函数 $f(x)$ 在点 x_0 处取极小值.

例 6 求函数 $f(x)=x^3-3x^2-9x$ 的极值.

解：函数 $f(x)$ 的定义域为 $(-\infty,+\infty)$，

$$f'(x)=3x^2-6x-9=3(x+1)(x-3),$$
$$f''(x)=6x-6=6(x-1).$$

因为 $f''(-1)=-12<0$，当 $x=-1$ 时，$f(-1)=5$；

因为 $f''(3)=12>0$，当 $x=3$ 时，$f(3)=-27$，

所以，$f(x)$ 在 $x=-1$ 时取极大值 $f(-1)=5$，在 $x=3$ 时取极小值 $f(3)=-27$.

注：用第二充分条件求极值比较简单，但是 $f'(x)=0$ 或不存在时，只能用第一充分条件求解.

3.3.3 函数的最大值与最小值

极值具有局部性，最值具有整体性，连续函数 $f(x)$ 在闭区间 $[a,b]$ 上的最大值、最小值可能在区间 $[a,b]$ 的内部取得，也可能在区间端点 $x=a$ 或 $x=b$ 处取得，如果在内部取得，则最大值（最小值）肯定是极大值（极小值），

所以求闭区间上连续函数的最大值、最小值的方法如下:

(1) 在区间$[a,b]$上找出函数 $f(x)$ 的所有驻点及导数不存在的点;

(2) 求出 $f(a),f(b)$;

(3) 比较,最大者就是最大值,最小者就是最小值.

例7 求函数 $f(x)=x^4-4x^3+4x^2+7$ 在$[-1,3]$上的最值.

解: $f'(x)=4x^3-12x^2+8x=4x(x-1)(x-2)$,

令 $f'(x)=0$,得 $f(x)$ 在$[-1,3]$上的驻点 $x_1=0,x_2=1,x_3=2$,

$$f(0)=7, \quad f(1)=8, \quad f(2)=-25,$$
$$f(-1)=16, \quad f(3)=16.$$

所以函数在$[-1,3]$上的最大值是 16,在 $x=-1,x=3$ 时取得,最小值是 -25,在 $x=2$ 时取得.

在科学技术和生产实践中也常会遇到求最大值、最小值的问题,如"产量最高","材料最省","成本最低"等. 求这种最值问题时,如果函数 $f(x)$ 在开区间(a,b)上可导,且只有一个驻点 x_0,且根据实际情况判定肯定有最值且最值在内部取得,则 $f(x_0)$ 就是所求的最大值(或最小值).

例8 下水道的截面是矩形与半圆所构成,当截面积为定值 A 时,求矩形的底为多少时,该截面的周长 S 最短?

解: 设矩形的底为 $2x$,高为 h,则
$$S=2h+2x+\pi x.$$

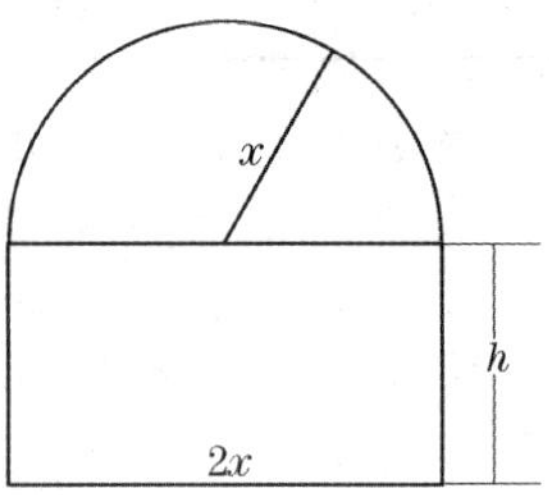

又因为 $A=2xh+\dfrac{\pi x^2}{2}$,所以
$$h=\dfrac{2A-\pi x^2}{4x},$$

图 3.3-2

故
$$S=\dfrac{2A-\pi x^2}{2x}+2x+\pi x=\dfrac{A}{x}+2x+\dfrac{\pi x}{2},$$
$$S'=-\dfrac{A}{x^2}+2+\dfrac{\pi}{2}.$$

故 $S'=0$,得
$$x_1=\sqrt{\dfrac{A}{2+\dfrac{\pi}{2}}}, \quad x_2=-\sqrt{\dfrac{A}{2+\dfrac{\pi}{2}}}(舍去).$$

根据实际情况得,当 $x=\sqrt{\dfrac{A}{2+\dfrac{\pi}{2}}}$ 时,周长 S 最短,
$$S_{周长}=2\sqrt{\left(2+\dfrac{\pi}{2}\right)A}.$$

习题 3.3

1. 判定下列函数的单调性：

(1) $f(x)=x^3+3x$；　　　　　　　(2) $f(x)=x-\ln(1+x^2)$；

(3) $f(x)=-2x+\dfrac{4}{x}$.

2. 求下列函数的单调区间：

(1) $f(x)=x^3-3x^2-9x+7$；　　　(2) $f(x)=2x+\dfrac{8}{x}$　$(x>0)$；

(3) $f(x)=(x-2)^{\frac{2}{3}}$；　　　　　(4) $f(x)=x-\dfrac{3}{2}\sqrt[3]{x^2}$.

3. 求下列函数的极值：

(1) $f(x)=\dfrac{1}{3}x^3-\dfrac{1}{2}x^2-2x+\dfrac{1}{2}$；　(2) $f(x)=3+(x-1)^{\frac{2}{3}}$；

(3) $f(x)=2x-\mathrm{e}^{2x}$；　　　　　(4) $f(x)=x\ln x$；

(5) $f(x)=\sqrt{2x-x^2}$.

4. 求下列函数在给定区间上的最大值和最小值：

(1) $y=x^4-2x+5$，$[-2,2]$；　　(2) $y=\sqrt{(x-1)(x-3)}$，$[1,3]$；

(3) $y=(x-1)\sqrt[3]{x^2}$，$[-1,1]$；　(4) $y=\dfrac{x^2}{1+x}$，$\left[-\dfrac{1}{2},1\right]$.

5. 设 $f(x)=x^3+ax^2+bx$，且 $f(1)=-3$，试确定 a 和 b，使 $x=1$ 是 $f(x)$ 的驻点. 又问此时，$x=1$ 是否为 $f(x)$ 的极值点.

6. 某车间靠墙壁要盖一间长方体小屋，现有存砖只够砌 20 m 长的墙壁，问应围成怎样的长方体才能使这间小屋的面积最大？

7. 设有 A,B 两个工厂位于一条公路的同一侧，A,B 到公路的垂直距率分别为 1 km 和 2 km，两工厂到公路的两个垂足 C,D 之间相距 6 km. 现欲在公路旁建一货物转运站，并从 A,B 两个工厂各修一条大路通往转运站 M. 问转运站 M 建于何处才能使大道的总长最短.

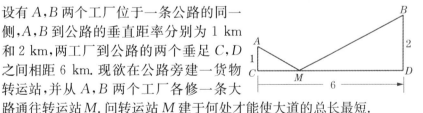

§3.4　函数的图形

以前画函数的图像都是通过列表、描点、连线三步来画的，用这种方法画出的图像不够精确. 前面讨论了函数的性质：单调性、极值，下面再讨论曲线的凹凸性与拐点，这样就能更精确地画出图像.

3.4.1　曲线的凹凸性与拐点

曲线的凹凸性指曲线弧是向下凹还是向上凸的问题，如图 3.4－1 中曲线弧是凹曲线弧,图 3.4－2 中的曲线弧是凸曲线弧.

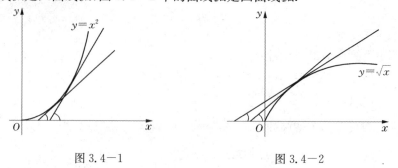

图 3.4－1　　　　　　　　　　图 3.4－2

下面给出凹凸性的定义:

定义 3.4.1　设曲线弧的方程为 $y=f(x)$,且曲线弧上的每一点都有切线.如果在某区间内,该曲线弧位于其上任一点切线的上方,则称曲线弧在该区间内是凹的;如果该曲线弧位于其上任一点切线的下方,则称曲线弧在该区间内是凸的.

由图像可知:

凹曲线弧上点随着 x 增加,切线斜率逐渐增大.这就是说,$f'(x)$ 单调增加.

凸曲线弧上个点随着 x 增加,切线斜率逐渐减少.这就是说 $f'(x)$ 单调减少.

由此得出凹凸曲线的判别法:

定理 3.4.1　设函数 $f(x)$ 在 (a,b) 内有二阶导数,

(1) 在 (a,b) 内,若 $f''(x) \geqslant 0$,则曲线 $y=f(x)$ 在 (a,b) 内是凹的;

(2) 在 (a,b) 内,若 $f''(x) \leqslant 0$,则曲线 $y=f(x)$ 在 (a,b) 内是凸的.

例 1　判定曲线 $y=x^5$ 的凹凸性.

解:函数的定义域为 $(-\infty,+\infty)$,

$$y'=5x^4,\quad y''=20x^3,$$

当 $x<0$ 时,$y''<0$;当 $x>0$ 时,$y''>0$.所以,曲线在 $(-\infty,0)$ 内是凸的,在 $(0,+\infty)$ 内是凹的.

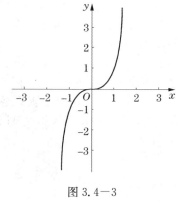

图 3.4－3

定义 3.4.2　连续曲线 $y=f(x)$ 上凹弧与凸弧的分界点称为曲线的拐点.

例 1 中的 $(0,0)$ 就是曲线的拐点.

由拐点的定义可知,若 $f(x)$ 的二阶导数 $f''(x)$ 在点 x_0 的左右附近异号,拐点存在.

拐点存在的可能,一是 $f''(x)=0$ 的点,二是 $f''(x)$ 不存在的点,所以判定曲线凹凸性和求拐点的步骤如下:

(1)确定函数的定义域,并求出 $f''(x)$;

(2)找出 $f''(x)=0$ 的所有根和导数不存在的点;

(3)由这些点将定义域分为若干个小区间;

(4)判定 $f''(x)$ 在这些区间上的符号,从而确定凹凸区间及拐点.

例 2 求曲线 $y=2+(x-4)^{\frac{1}{3}}$ 的凹凸区间和拐点.

解:函数的定义为 $(-\infty,+\infty)$,

$$f'(x)=\frac{1}{3}(x-4)^{-\frac{2}{3}}, \quad f''(x)=-\frac{2}{9}(x-4)^{-\frac{5}{3}}.$$

$f''(x)$ 在 $(-\infty,+\infty)$ 内没有使 $f''(x)=0$ 的点,但 $x=4$ 时,$f''(x)$ 不存在. 当 $x<4$ 时,$f''(x)>0$,当 $x>4$ 时,$f''(x)<0$,所以曲线的凹区间是 $(-\infty,4)$, 凸区间是 $(0,+\infty)$,拐点是 $(4,2)$.

3.4.2 曲线的水平渐近线和铅直渐近线

定义 3.4.3 (1)当自变量 $x\to\infty(x\to+\infty$ 或 $x\to-\infty)$时,函数 $f(x)$ 的极限为 A,即

$$\lim_{x\to\infty}f(x)=A,$$

则直线 $y=A$ 叫作曲线 $y=f(x)$ 的水平渐近线.

(2)当自变量 $x\to x_0(x\to x_0^+$ 或 $x\to x_0^-)$时,函数 $f(x)$ 的极限为无穷大,即

$$\lim_{x\to x_0}f(x)=\infty,$$

则直线 $x=x_0$ 叫作曲线 $y=f(x)$ 的铅直渐近线.

例 3 求曲线 $y=\dfrac{5x+1}{x^3+2x}$ 的渐近线.

解:因为

$$\lim_{x\to\infty}\frac{5x+1}{x^3+2x}=0,$$

所以 $y=0$ 是曲线的水平渐近线.

例 4 求曲线 $y=\dfrac{x-1}{(x-2)(x-3)}$ 的渐近线.

解:因为

$$\lim_{x\to2}\frac{x-1}{(x-2)(x-3)}=\infty, \quad \lim_{x\to3}\frac{x-1}{(x-2)(x-3)}=\infty,$$

所以 $x=2$ 和 $x=3$ 是曲线的铅直渐近线.

又因为

$$\lim_{x\to\infty}\frac{x-1}{(x-2)(x-3)}=0,$$

所以 $y=0$ 是曲线的水平渐近线.

3.4.3 函数图像的描绘

描绘函数 $y=f(x)$ 的图像一般步骤如下:

(1)确定函数的定义域;

(2)求出 $f'(x)$ 与 $f''(x)$,解出 $f'(x)=0$ 与 $f''(x)=0$ 在函数定义域内 的全部实根,找出导数 $f'(x)$ 与 $f''(x)$ 不存在的所有点;

(3)由(2)中求出的点将定义域分为若干个小区间,列表讨论函数的单调性、极值、曲线的凹凸性与拐点;

(4)求出曲线的渐近线;

(5)找一些辅助点.

例5 作函数 $f(x)=x^3-3x+2$ 的图像.

解:(1) 函数的定义域为 $(-\infty,+\infty)$.

(2) $f'(x)=3x^2-3=3(x^2-1)=3(x+1)(x-1)$,

令 $f'(x)=0$,解得 $x_1=-1,x_2=1$,

$f''(x)=6x$,令 $f''(x)=0$,解得 $x_3=0$.

(3) 列表讨论

x	$(-\infty,-1)$	-1	$(-1,0)$	0	$(0,1)$	1	$(1,+\infty)$
$f'(x)$	$+$	0	$-$		$-$	0	$+$
$f''(x)$	$-$	$-$	$-$	0	$+$	$+$	$+$
$f(x)$	↗	极大值4	↘		↘	极小值0	↗
曲线	凸		凸	拐点	凹		凹

(4) 取辅助点 $(-2,0),(2,4)$,

当 $x=-1$ 时,

$f(x)$取极大值4,点$(-1,4)$;

当 $x=1$ 时,

$f(x)$取极小值0,点$(1,0)$;

$(0,2)$是曲线的拐点.

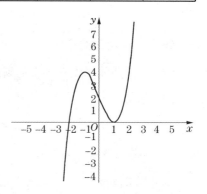

习题 3.4

1.判定下列曲线的凹凸性:

(1) $y=3x^4+2x^2+2$;　　　　　(2) $y=x-\ln(1+x^2)$;

(3) $y=-x+\dfrac{1}{x}$;　　　　　(4) $y=e^x+e^{-x}$;

(5) $y=(2x-1)^4+3$;　　　　　(6) $y=-2x^4$.

2.求下列曲线的凹凸区间和拐点:

(1) $y=x^3-3x^2+x-5$;　　　　　(2) $y=xe^{-x}$;

(3) $y=e^{-x^2}$;　　　　　(4) $y=\ln(1+x^2)$;

(5) $y=x+\dfrac{x}{x-1}$;　　　　　(6) $y=(x-2)^{\frac{2}{3}}$.

3.求曲线的渐近线:

(1) $y=\dfrac{1}{x+1}$；　　　　　　　　(2) $y=\mathrm{e}^{\frac{1}{x}}-1$；

(3) $y=\dfrac{\sin 2x}{x(2x+1)}$；　　　　　　(4) $y=\dfrac{x}{(x-2)(x-3)}$．

4. 画出下列函数的图像：

(1) $y=x^3-x^2-x+2$；　　　　　　(2) $y=\dfrac{x}{x^2-1}$；

(3) $y=x\mathrm{e}^{-x}$；　　　　　　　　(4) $y=\ln(1+x^2)$．

自测题 3

一、填空题：

1. x_0 是 $f(x)$ 的极值点，且 $f'(x_0)$ 存在，则 $f'(x_0)=$ _____；

2. 函数 $y=\ln\sqrt{2x-1}$ 的单调区间是_____；

3. $f(x)=(x-1)^{\frac{7}{5}}$ 的凸区间为_____；

4. $f(x)=\sqrt{2x+1}$ 在 $[0,4]$ 上的最大值是_____，最小值是_____；

5. $f'(x)$ 的符号判别函数的_____性，$f''(x)$ 的符号判别函数的_____性；

6. 若点 $(1,3)$ 是 $y=ax^3+bx^2$ 的拐点，则 $a=$ _____，$b=$ _____．

二、选择题：

1. 函数 $y=\dfrac{x}{1+x}$ 的单调递增区间是（　　　）；

   A. $(-\infty,-1)\cup(-1,+\infty)$　　　　B. $(-1,1)$

   C. $(0,3)$　　　　　　　　　　　　D. $(-2,0)$

2. 函数 $y=f(x)$ 在点 x_0 处取极大值，则必有（　　　）；

   A. $f'(x_0)=0$　　　　　　　　　B. $f''(x_0)<0$

   C. $f'(x_0)=0,\ f''(x_0)<0$　　　　C. $f'(x_0)=0$ 或 $f'(x)$ 不存在

3. 下列函数在 $[1,\mathrm{e}]$ 上满足拉格朗日中值定理条件的是（　　　）；

   A. $\ln(\ln x)$　　　B. $\ln x$　　　C. $\dfrac{1}{\ln x}$　　　D. $\ln(2-x)$

4. $y=x^4-2x^3$ 的拐点是（　　　）；

   A. $(0,0)$　　　B. $(0,1)$　　　C. $(1,0)$　　　　D. $(0,0)$ 和 $(1,-1)$

5. 设函数 $y=f(x)$ 在区间 (a,b) 内有二阶导数，则当（　　　）成立时，点 $(c,f(c))$ $(a<c<b)$ 是曲线 $y=f(x)$ 的拐点；

   A. $f''(c)=0$　　　B. $f''(x)$ 在 (a,b) 内单调增加

   C. $f''(c)=0$ 且 $f''(x)$ 在 (a,b) 内单调增加

   D. $f''(x)$ 在 (a,b) 内单调减少

6. $y=x+x^{\frac{5}{3}}$ 在区间（　　　）内是凸的；

   A. $(-\infty,0)$　　B. $(0,+\infty)$　　C. $(-\infty,+\infty)$　　D. 以上都不对

7. 曲线 $y = \dfrac{4x-1}{(x-2)^2}$（　　）；

  A. 只有水平渐近线　　　　　　B. 只有铅直渐近线

  C. 没有渐近线　　　　　　　　D. 既有水平渐近线，也有铅直渐近线

8. 若 $f(x)$ 在 (a,b) 内二阶可导，且 $f'(x)>0$，$f''(x)<0$，则 $y=f(x)$ 在 (a,b) 内（　　）．

  A. 单调增加且凸　　　　　　　B. 单调增加且凹

  C. 单调减少且凸　　　　　　　D. 单调减少且凹

三、利用洛必达法则求极限：

1. $\lim\limits_{x \to a} \dfrac{x^4-a^4}{x^3-a^3}$；　　　　　　2. $\lim\limits_{x \to 0} \dfrac{\tan 7x}{\tan 3x}$；

3. $\lim\limits_{x \to +\infty} \dfrac{\ln x}{e^x}$．

四、求函数 $f(x)=2x^2-\ln x$ 的单调区间．

五、求下列函数的最大值、最小值：

1. $y=x^4-2x^2+3$，　$x \in [-2,2]$；

2. $y=x-2\sqrt{x}$，　$x \in [0,4]$．

六、画出函数 $f(x)=\dfrac{x^3}{(x-1)^2}$ 的图像．

七、要建一块长方体无盖蓄水池，其容积为 500 立方米，底面为正方形，设底面与四壁所用材料的造价相同，问底边和高为多少米时，才能使所用材料最省．

第 4 章　不定积分

前面章节中,讨论了求已知函数的导函数问题,本章将讨论它的相反问题,即寻求一个可导函数,使它的导数等于已知函数,这是积分学的基本问题.本章将介绍不定积分的概念、性质及不定积分的计算方法.

§4.1　不定积分的概念与性质

4.1.1　原函数

引例:如果已知物体的运动方程为 $s=s(t)$,那么路程 s 对时间 t 的导数就是物体的运动速度 $v(t)$.但在实际问题中,经常会遇到与此相反的问题,即已知物体运动速度 $v=v(t)$,求物体的运动方程 $s(t)$.这就是一个与微分学中求导数相反的问题,为此我们引入原函数的概念.

若已知 $f'(x)=2x$,由导数公式可知 $f(x)=x^2$,称 x^2 为 $2x$ 的一个原函数.

定义 4.1.1　设 $f(x)$ 在区间 I 上有定义,若存在函数 $F(x)$,使得对于任一 $x\in I$,都有

$$F'(x)=f(x)\quad \text{或}\quad \mathrm{d}F(x)=f(x)\mathrm{d}x,$$

则称 $F(x)$ 为函数 $f(x)$ 在区间 I 上的一个原函数.

例如,因为 $(\sin x)'=\cos x$,所以 $\sin x$ 是 $\cos x$ 的一个原函数,又 $(\sin x+1)'=\cos x$,$(\sin x+2)'=\cos x$,$(\sin x+C)'=\cos x$(C 为任意常数),所以 $\sin x+1,\sin x+2,\sin x+C$ 都是 $\cos x$ 的原函数.

由此可知,如果一个函数的原函数存在,那么它必有无数多个原函数.是不是任一函数的原函数都存在呢?下面给出相关结论.

原函数存在定理　如果函数 $f(x)$ 在区间 I 上连续,那么区间 I 上存在可导函数 $F(x)$,使得对任一 $x\in I$ 都有

$$F'(x)=f(x).$$

即连续函数一定有原函数.

推论 1　如果 $F(x)$ 是 $f(x)$ 的一个原函数,那么 $F(x)+C$ 也是 $f(x)$ 的原函数.

推论 2　如果 $F(x)$ 与 $G(x)$ 都是 $f(x)$ 的原函数,那么 $F(x)-G(x)=C$.

4.1.2　不定积分概念

定义 4.1.2　若函数 $F(x)$ 是 $f(x)$ 的一个原函数,则 $f(x)$ 的所有原函

数 $F(x)+C$ (C 为任意常数),称为 $f(x)$ 的不定积分. 记作 $\int f(x)\mathrm{d}x$,即

$$\int f(x)\mathrm{d}x=F(x)+C,$$

其中 $\int$ 称为积分号,x 称为积分变量,$f(x)$ 称为被积函数,$f(x)\mathrm{d}x$ 称为被积表达式,C 称为积分常数.

由定义可知,求已知函数的不定积分,实际上只需求出它的一个原函数,再加上任意常数 C 即可.

例 1 求 $\int x^2\mathrm{d}x$.

解:因为 $\left(\dfrac{1}{3}x^3\right)'=x^2$,所以

$$\int x^2\mathrm{d}x=\frac{1}{3}x^3+C.$$

例 2 求 $\int \cos x\mathrm{d}x$.

解:因为 $(\sin x)'=\cos x$,所以

$$\int \cos x\mathrm{d}x=\sin x+C.$$

例 3 求 $\int \dfrac{1}{x}\mathrm{d}x$.

解:当 $x>0$ 时,$(\ln x)'=\dfrac{1}{x}$,所以当 $x>0$ 时,

$$\int \frac{1}{x}\mathrm{d}x=\ln x+C.$$

当 $x<0$ 时,$[\ln(-x)]'=\dfrac{1}{-x}\cdot(-1)=\dfrac{1}{x}$,所以当 $x<0$ 时,

$$\int \frac{1}{x}\mathrm{d}x=\ln(-x)+C.$$

故当 $x\neq 0$ 时,$\ln|x|$ 为 $\dfrac{1}{x}$ 的一个原函数,则

$$\int \frac{1}{x}\mathrm{d}x=\ln|x|+C \quad (x\neq 0).$$

4.1.3 不定积分的几何意义

函数 $f(x)$ 的一个原函数 $F(x)$ 的图形,称为函数 $f(x)$ 的一条积分曲线,不定积分 $\int f(x)\mathrm{d}x$ 的图形是由一族积分曲线 $y=F(x)+C$ 构成,称之为函数 $f(x)$ 的积分曲线族. 这族曲线可以由一条积分曲线 $y=F(x)$ 沿 y 轴方上、下移动而得到,同时积分曲线族中每一条曲线在横坐标 x 的点处有相同的切线斜率 $f(x)$,如图 4.1－1.

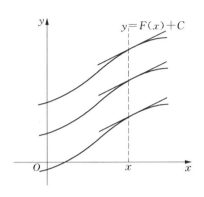

图 4.1—1

例 4　设某曲线经过点 $(0,1)$，且其上任意点的切线的斜率等于 $\cos x$，求此曲线方程.

解：设所求的曲线方程为 $y=f(x)$，由不定积分的几何意义可知 $y'=f'(x)=\cos x$，即 $f(x)$ 是 $\cos x$ 的一个原函数，由于 $\int \cos x\,\mathrm{d}x=\sin x+C$，所以必有某个常数 C，使所求曲线方程为 $y=\sin x+C$，将 $x=0,y=1$ 代入，得到 $C=1$，故所求曲线方程为 $y=\sin x+1$.

4.1.4　不定积分的性质

性质 1　求导（求微分）与求积分互为逆运算.

$$\left(\int f(x)\,\mathrm{d}x\right)'=f(x), \qquad \mathrm{d}\left(\int f(x)\,\mathrm{d}x\right)=f(x)\,\mathrm{d}x,$$

$$\int f'(x)\,\mathrm{d}x=f(x)+C, \qquad \int \mathrm{d}f(x)=f(x)+C.$$

性质 2　被积函数中非零的常数因子可以提到积分号外，即

$$\int kf(x)\,\mathrm{d}x=k\int f(x)\,\mathrm{d}x \quad (k\neq 0,k\ \text{为常数}).$$

性质 3　两个函数代数和的积分等于各个函数积分的代数和，即

$$\int [f(x)\pm g(x)]\,\mathrm{d}x=\int f(x)\,\mathrm{d}x\pm \int g(x)\,\mathrm{d}x.$$

性质 2、3 可以推广到有限多个函数的代数和情形，即

$$\int [k_1 f_1(x)\pm k_2 f_2(x)\pm\cdots\pm k_n f_n(x)]\,\mathrm{d}x$$

$$=k_1\int f_1(x)\,\mathrm{d}x\pm k_2\int f_2(x)\,\mathrm{d}x\pm\cdots\pm k_n\int f_n(x)\,\mathrm{d}x.$$

4.1.5　不定积分的基本公式

由于积分运算是微分运算的逆运算，所以由基本导数公式可以对应地得到基本积分公式，下面给出基本导数公式和基本积分公式的对照表（表 4.1—1）.

表 4.1—1

基本导数公式	基本积分公式
(1) $(C)'=0$	(1) $\int 0\mathrm{d}x=C$
(2) $(x^a)'=ax^{a-1}$	(2) $\int x^a\mathrm{d}x=\dfrac{1}{a+1}x^{a+1}+C$ $(a\neq-1)$
(3) $(a^x)'=a^x\ln a$ $(a>0$ 且 $a\neq1)$	(3) $\int a^x\mathrm{d}x=\dfrac{1}{\ln a}a^x+C$ $(a>0$ 且 $a\neq1)$
(4) $(\mathrm{e}^x)'=\mathrm{e}^x$	(4) $\int \mathrm{e}^x\mathrm{d}x=\mathrm{e}^x+C$
(5) $(\ln x)'=\dfrac{1}{x}$ $(x>0)$	(5) $\int \dfrac{1}{x}\mathrm{d}x=\ln|x|+C$ $(x\neq0)$
(6) $(\sin x)'=\cos x$	(6) $\int \cos x\mathrm{d}x=\sin x+C$
(7) $(\cos x)'=-\sin x$	(7) $\int \sin x\mathrm{d}x=-\cos x+C$
(8) $(\tan x)'=\sec^2 x$	(8) $\int \sec^2 x\mathrm{d}x=\tan x+C$
(9) $(\cot x)'=-\csc^2 x$	(9) $\int \csc^2 x\mathrm{d}x=-\cot x+C$
(10) $(\sec x)'=\sec x\tan x$	(10) $\int \sec x\tan x\mathrm{d}x=\sec x+C$
(11) $(\csc x)'=-\csc x\cot x$	(11) $\int \csc x\cot x\mathrm{d}x=-\csc x+C$
(12) $(\arcsin x)'=\dfrac{1}{\sqrt{1-x^2}}$	(12) $\int \dfrac{1}{\sqrt{1-x^2}}\mathrm{d}x=\arcsin x+C$
(13) $(\arctan x)'=\dfrac{1}{1+x^2}$	(13) $\int \dfrac{1}{1+x^2}\mathrm{d}x=\arctan x+C$

利用不定积分的性质和基本积分公式,可以求一些简单函数的积分,称之为直接积分法.

例5 求下列不定积分.

(1) $\int x^2\sqrt{x}\,\mathrm{d}x$;　(2) $\int (x^2-2x+1)\mathrm{d}x$.

解：(1) $\int x^2\sqrt{x}\,\mathrm{d}x=\int x^{\frac{5}{2}}\mathrm{d}x=\dfrac{2}{7}x^{\frac{7}{2}}+C$;

(2) $\int (x^2-2x+1)\mathrm{d}x=\int x^2\mathrm{d}x-2\int x\mathrm{d}x+\int 1\mathrm{d}x$

$$=\dfrac{1}{3}x^3+C_1-x^2-C_2+x+C_3$$

$$=\dfrac{1}{3}x^3-x^2+x+C,\quad (\text{其中 } C_1-C_2+C_3=C).$$

例 6　求下列不定积分.

(1) $\int \dfrac{1-x^2}{1+x^2}dx$;　(2) $\int \sin^2 \dfrac{x}{2}dx$;　(3) $\int \cot^2 xdx$.

解：(1) $\int \dfrac{1-x^2}{1+x^2}dx = \int \dfrac{2-(1+x^2)}{1+x^2}dx = 2\int \dfrac{1}{1+x^2}dx - \int dx$

$\qquad\qquad = 2\arctan x - x + C$;

(2) $\int \sin^2 \dfrac{x}{2}dx = \int \dfrac{1-\cos x}{2}dx = \dfrac{1}{2}\int dx - \dfrac{1}{2}\int \cos xdx$

$\qquad\qquad = \dfrac{1}{2}x - \dfrac{1}{2}\sin x + C$;

(3) $\int \cot^2 xdx = \int (\csc^2 x - 1)dx = \int \csc^2 xdx - \int dx$

$\qquad\qquad = -\cot x - x + C$.

例 7　求不定积分 $\int \dfrac{1}{\sin^2 x\cos^2 x}dx$.

解：$\int \dfrac{1}{\sin^2 x\cos^2 x}dx = \int \dfrac{\sin^2 x + \cos^2 x}{\sin^2 x\cos^2 x}dx = \int \dfrac{1}{\cos^2 x}dx + \int \dfrac{1}{\sin^2 x}dx$

$\qquad\qquad = \int \sec^2 xdx + \int \csc^2 xdx = \tan x - \cot x + C$.

习题 4. 1

1. 选择题：

(1) 下列等式中成立的是(　　)；

A. $\left(\int f(x)dx\right)' = f(x) + C$　　　B. $\left(\int f(x)dx\right)' = f(x)dx$

C. $d\left(\int f(x)dx\right) = f(x)dx$　　　D. $d\int f(x)dx = f(x) + C$

(2) 下列等式中成立的是(　　).

A. $\int \cos xdx = -\sin x + C$　　　B. $\int xdx = x^2 + C$

C. $\int 2^x dx = 2^x \ln 2 + C$　　　D. $\int \dfrac{1}{\sqrt{1-x^2}}dx = -\arccos x + C$

2. 已知平面曲线 $y = F(x)$ 上任一点 $M(x,y)$ 处的切线斜率为 $k = 3x^2 - 1$,且曲线经过点$(2,4)$,求该曲线方程.

3. 求下列不定积分：

(1) $\int (3x^2 - 2\sqrt{x} + e^2)dx$;　　　(2) $\int \left(3e^x + \dfrac{2}{\sqrt{1-x^2}}\right)dx$;

(3) $\int \dfrac{x^4}{1+x^2}dx$;　　　(4) $\int \dfrac{(x+1)^3}{\sqrt[3]{x}}dx$;

(5) $\displaystyle\int \frac{3^u-4^u}{7^u}du$;　　　　　(6) $\displaystyle\int \frac{\cos 2x}{\sin^2 x\cos^2 x}dx$;

(7) $\displaystyle\int \left(\sin \frac{x}{2}+\cos \frac{x}{2}\right)^2 dx$;　　(8) $\displaystyle\int \frac{\cos 2x}{\cos x-\sin x}dx$;

(9) $\displaystyle\int \tan^2 xdx$;　　　　　(10) $\displaystyle\int (\tan x-\cot x)^2 dx$.

§4.2　第一换元积分法

利用不定积分的性质和基本积分公式,所能计算的积分是十分有限的,对应的函数往往是简单的函数,而对于复合函数的不定积分求法,可以通过合适的变量代换,得到复合函数的积分求法,称之为换元积分法,简称换元法. 换元法有两类,首先介绍第一换元积分法.

定理 4.2.1(第一换元积分法)　如果 $\displaystyle\int f(u)du=F(u)+C$,且 $u=\varphi(x)$ 可导,则有换元积分公式

$$\int f[\varphi(x)]\varphi'(x)dx=F[\varphi(x)]+C.$$

第一类换元积分法又叫凑微分法,其目的是通过换元,把一个形式复杂的不定积分转化为形式简单的不定积分,再通过不定积分的性质和基本积分公式求其不定积分. 具体解题步骤可以表示为

$$\begin{aligned}
\int f[\varphi(x)]\varphi'(x)dx &= \int f[\varphi(x)]d\varphi(x) \quad &&(凑微分)\\
&= \int f(u)du \quad &&(换元,令 \varphi(x)=u)\\
&= F(u)+C \quad &&(积分)\\
&= F[\varphi(x)]+C. \quad &&(回代,令 u=\varphi(x))
\end{aligned}$$

例1　求 $\displaystyle\int (x-1)^4 dx$.

解:令 $u=x-1$,则 $du=d(x-1)=dx$,换元,得

$$\int (x-1)^4 dx=\int u^4 du=\frac{1}{5}u^5+C,$$

将 $u=x-1$ 回代,则

$$\int (x-1)^4 dx=\frac{1}{5}(x-1)^5+C.$$

例2　求 $\displaystyle\int \sin(3x-2)dx$.

解:令 $u=3x-2$,则 $du=d(3x-2)=3dx$,即 $dx=\frac{1}{3}du$,换元,得

$$\int \sin(3x-2)dx=\int \sin u \cdot \frac{1}{3}du=\frac{1}{3}\int \sin udu=-\frac{1}{3}\cos u+C,$$

将 $u=3x-2$ 回代,则

$$\int \sin(3x-2)\mathrm{d}x = -\frac{1}{3}\cos(3x-2)+C.$$

例3 求 $\int 2x\mathrm{e}^{x^2}\mathrm{d}x$.

解：
$$\begin{aligned}
\int 2x\mathrm{e}^{x^2}\mathrm{d}x &= \int \mathrm{e}^{x^2}(x^2)'\mathrm{d}x && (\text{凑微分})\\
&= \int \mathrm{e}^{x^2}\mathrm{d}x^2 && (\text{换元，令 } u=x^2)\\
&= \int \mathrm{e}^u\mathrm{d}u && (\text{积分})\\
&= \mathrm{e}^u+C && (\text{回代，令 } u=x^2)\\
&= \mathrm{e}^{x^2}+C.
\end{aligned}$$

对上述换元法熟练之后,可以省去中间的换元过程.

例4 求 $\int \dfrac{\ln^2 x}{x}\mathrm{d}x$.

解：$\int \dfrac{\ln^2 x}{x}\mathrm{d}x = \int \ln^2 x\,\mathrm{d}\ln x = \dfrac{1}{3}\ln^3 x+C.$

例5 求 $\int x\sqrt{x^2+1}\,\mathrm{d}x$.

解：
$$\begin{aligned}
\int x\sqrt{x^2+1}\,\mathrm{d}x &= \frac{1}{2}\int \sqrt{x^2+1}\,\mathrm{d}(x^2+1) = \frac{1}{2}\cdot\frac{2}{3}(x^2+1)^{\frac{3}{2}}+C\\
&= \frac{1}{3}(x^2+1)^{\frac{3}{2}}+C.
\end{aligned}$$

运用第一换元积分法求不定积分时,难点是如何从被积函数中找出合适的部分 $\varphi'(x)$ 与 $\mathrm{d}x$ 凑成微分 $\mathrm{d}\varphi(x)$,这需要一定的解题经验,若记住一些常见的微分式,有助于解题.

常见的微分式有:

(1) $\mathrm{d}x = \dfrac{1}{a}\mathrm{d}(ax) = \dfrac{1}{a}\mathrm{d}(ax+b)$;　　(2) $x\mathrm{d}x = \dfrac{1}{2}\mathrm{d}(x^2)$;

(3) $x^2\mathrm{d}x = \dfrac{1}{3}\mathrm{d}(x^3)$;　　(4) $\dfrac{1}{\sqrt{x}}\mathrm{d}x = 2\mathrm{d}(\sqrt{x})$;

(5) $\mathrm{e}^x\mathrm{d}x = \mathrm{d}(\mathrm{e}^x)$;　　(6) $\dfrac{1}{x}\mathrm{d}x = \mathrm{d}(\ln x)$;

(7) $\dfrac{1}{x^2}\mathrm{d}x = -\mathrm{d}\left(\dfrac{1}{x}\right)$;　　(8) $\sin x\mathrm{d}x = -\mathrm{d}(\cos x)$;

(9) $\cos x\mathrm{d}x = \mathrm{d}(\sin x)$;　　(10) $\sec^2 x\mathrm{d}x = \mathrm{d}(\tan x)$;

(11) $\csc^2 x\mathrm{d}x = -\mathrm{d}(\cot x)$;　　(12) $\dfrac{1}{\sqrt{1-x^2}}\mathrm{d}x = \mathrm{d}(\arcsin x)$;

(13) $\dfrac{1}{1+x^2}\mathrm{d}x = \mathrm{d}(\arctan x)$;　　(14) $\mathrm{d}\varphi(x) = \mathrm{d}[\varphi(x)\pm b]$.

例6 求 $\int \dfrac{\mathrm{d}x}{a^2-x^2}$.

解: $\displaystyle\int\frac{\mathrm{d}x}{a^2-x^2}=\frac{1}{2a}\int\left(\frac{1}{a+x}+\frac{1}{a-x}\right)\mathrm{d}x=\frac{1}{2a}\int\frac{\mathrm{d}x}{a+x}+\frac{1}{2a}\int\frac{\mathrm{d}x}{a-x}$

$\displaystyle\qquad\qquad=\frac{1}{2a}\ln|a+x|-\frac{1}{2a}\ln|a-x|+C=\frac{1}{2a}\ln\left|\frac{a+x}{a-x}\right|+C.$

例 7 求 $\displaystyle\int\tan x\mathrm{d}x$.

解: $\displaystyle\int\tan x\mathrm{d}x=\int\frac{\sin x}{\cos x}\mathrm{d}x=-\int\frac{\mathrm{d}\cos x}{\cos x}=-\ln|\cos x|+C.$

同理可得

$$\int\cot x\mathrm{d}x=\ln|\sin x|+C.$$

例 8 求 $\displaystyle\int\sec x\mathrm{d}x$.

解: $\displaystyle\int\sec x\mathrm{d}x=\int\frac{1}{\cos x}\mathrm{d}x=\int\frac{\cos x}{\cos^2 x}\mathrm{d}x=\int\frac{1}{1-\sin^2 x}\mathrm{d}\sin x$

$\displaystyle\qquad\qquad=\frac{1}{2}\ln\left|\frac{1+\sin x}{1-\sin x}\right|+C=\ln\left|\frac{1+\sin x}{\cos x}\right|+C$

$\displaystyle\qquad\qquad=\ln|\sec x+\tan x|+C.$

同理可得

$$\int\csc x\mathrm{d}x=\ln|\csc x-\cot x|+C.$$

例 9 求 $\displaystyle\int\frac{1}{\sqrt{a^2-x^2}}\mathrm{d}x\quad(a>0)$.

解: $\displaystyle\int\frac{1}{\sqrt{a^2-x^2}}\mathrm{d}x=\int\frac{1}{a\sqrt{1-\frac{x^2}{a^2}}}\mathrm{d}x=\int\frac{1}{\sqrt{1-\frac{x^2}{a^2}}}\mathrm{d}\left(\frac{x}{a}\right)$

$\displaystyle\qquad\qquad=\arcsin\frac{x}{a}+C.$

例 10 求 $\displaystyle\int\frac{1}{a^2+x^2}\mathrm{d}x\quad(a\neq0)$.

解: $\displaystyle\int\frac{1}{a^2+x^2}\mathrm{d}x=\int\frac{1}{a^2\left[1+\left(\frac{x}{a}\right)^2\right]}\mathrm{d}x=\frac{1}{a}\int\frac{1}{1+\left(\frac{x}{a}\right)^2}\mathrm{d}\left(\frac{x}{a}\right)$

$\displaystyle\qquad\qquad=\frac{1}{a}\arctan\frac{x}{a}+C.$

例 11 求 $\displaystyle\int\tan^4 x\mathrm{d}x$.

解: $\displaystyle\int\tan^4 x\mathrm{d}x=\int\tan^2 x(\sec^2 x-1)\mathrm{d}x$

$\displaystyle\qquad\qquad=\int\tan^2 x\sec^2 x\mathrm{d}x-\int\tan^2 x\mathrm{d}x$

$\displaystyle\qquad\qquad=\int\tan^2 x\mathrm{d}\tan x-\int(\sec^2 x-1)\mathrm{d}x$

$$=\frac{1}{3}\tan^3 x - \tan x + x + C.$$

习题 4.2

1.填空题：

(1) $\mathrm{d}x=$ _____ $\mathrm{d}(3x)$；　　　　(2) $\mathrm{d}x=$ _____ $\mathrm{d}(1-4x)$；

(3) $x\mathrm{d}x=$ _____ $\mathrm{d}(x^2+1)$；　　(4) $\frac{1}{\sqrt{x}}\mathrm{d}x=$ _____ $\mathrm{d}(\sqrt{x})$；

(5) $\mathrm{e}^{2x}\mathrm{d}x=$ _____ $\mathrm{d}(\mathrm{e}^{2x})$；　　(6) $\cos x\mathrm{d}x=$ _____ $\mathrm{d}(\sin x)$；

(7) $\frac{1}{x^2}\mathrm{d}x=\mathrm{d}$ _____ ；　　　(8) $\csc^2 x\mathrm{d}x=\mathrm{d}$ _____ ；

(9) $\frac{1}{\sqrt{1-2x}}\mathrm{d}x=\mathrm{d}$ _____ ；　(10) $\frac{1}{4+x^2}\mathrm{d}x=\mathrm{d}$ _____ .

2.求下列不定积分：

(1) $\displaystyle\int \cos 2x\mathrm{d}x$；　　　　(2) $\displaystyle\int \mathrm{e}^{-3x}\mathrm{d}x$；

(3) $\displaystyle\int \frac{1}{4-3x}\mathrm{d}x$；　　　(4) $\displaystyle\int \frac{1}{(2x-1)^2}\mathrm{d}x$；

(5) $\displaystyle\int x\sin x^2\mathrm{d}x$；　　　(6) $\displaystyle\int \frac{1}{x\ln^3 x}\mathrm{d}x$；

(7) $\displaystyle\int \frac{\mathrm{e}^x}{1+\mathrm{e}^{2x}}\mathrm{d}x$；　　　(8) $\displaystyle\int \frac{\arcsin x}{\sqrt{1-x^2}}\mathrm{d}x$；

(9) $\displaystyle\int \tan^3 x\mathrm{d}x$；　　　(10) $\displaystyle\int \sin^3 x\mathrm{d}x$；

(11) $\displaystyle\int \sec^4 x\mathrm{d}x$；　　　(12) $\displaystyle\int \frac{2x}{1-6x^2}\mathrm{d}x$；

(13) $\displaystyle\int \frac{\sin\sqrt{x}}{\sqrt{x}}\mathrm{d}x$；　　　(14) $\displaystyle\int \frac{x^2-9}{x+1}\mathrm{d}x$；

(15) $\displaystyle\int \frac{1}{\sqrt{4-x^2}}\mathrm{d}x$；　　(16) $\displaystyle\int \frac{1}{x^2+2x+5}\mathrm{d}x$；

(17) $\displaystyle\int \frac{\cos x}{1-\sin x}\mathrm{d}x$；　　(18) $\displaystyle\int \frac{1}{1+\cos x}\mathrm{d}x$；

(19) $\displaystyle\int \frac{1}{1+\sin x}\mathrm{d}x$；　　(20) $\displaystyle\int \frac{\sin x\cos x}{1+\cos^2 x}\mathrm{d}x$.

§4.3   第二换元积分法

第一换元积分法,主要是基于复合函数的求导法则,被积函数结构较为复杂,但经凑微分后,可化为 $\int f[\varphi(x)]\varphi'(x)\mathrm{d}x = \int f[\varphi(x)]\mathrm{d}\varphi(x)$ 的形式,然后令 $\varphi(x)=u$ 进行代换,再通过基本积分公式即可求出不定积分. 但是有的积分通过第一换元积分法解题较为困难,甚至解不出来,此时可引入变量 t,将 x 表为 t 的一个连续函数 $x=\varphi(t)$,把积分 $\int f(x)\mathrm{d}x$ 化为 $\int f[\varphi(t)]\varphi'(t)\mathrm{d}t$ 的形式,然后再求其积分,即为第二换元积分法.

定理 4.3.1(第二换元积分法)   设函数 $x=\varphi(t)$ 单调、可导,且 $\varphi'(t)\neq0$,若 $\int f[\varphi(t)]\varphi'(t)\mathrm{d}t = F(t)+C$,则

$$\int f(x)\mathrm{d}x = F[\varphi^{-1}(x)]+C.$$

利用第二换元积分法解题具体步骤可以表示为

$$\int f(x)\mathrm{d}x = f[\varphi(t)]\mathrm{d}\varphi(t) \qquad (换元,令 \ x=\varphi(t))$$

$$= \int f[\varphi(t)]\varphi'(t)\mathrm{d}t \ (化简)$$

$$= F(t)+C \qquad (积分)$$

$$= F[\varphi^{-1}(x)]+C. \quad (还原,令 \ t=\varphi^{-1}(x))$$

利用第二换元积分法的关键是如何选择函数 $x=\varphi(t)$,常见的方法有两类,下面举例说明.

1. 无理代换

当被积函数含有无理式 $\sqrt[n]{ax+b}$(a,b 为常数,且 $a\neq0$)时,一般可作变量代换 $t=\sqrt[n]{ax+b}$,去掉根式,然后再求积分.

例 1   求 $\int \dfrac{1}{2+\sqrt{x+1}}\mathrm{d}x$.

解:在基本积分表中,本题没有相应的公式可以直接套用,凑微分也不易,本题的最大困难在于被积函数中含有根式,若通过换元消去根式,则问题可能得到解决. 令 $t=\sqrt{x+1}$,则 $x=t^2-1$,$\mathrm{d}x=2t\mathrm{d}t$,于是

$$\int \frac{1}{2+\sqrt{x+1}}\mathrm{d}x = \int \frac{1}{2+t} \cdot 2t\mathrm{d}x = 2\int \frac{t+2-2}{2+t}\mathrm{d}t$$

$$= 2\int \mathrm{d}t - 4\int \frac{1}{2+t}\mathrm{d}t = 2t - 4\ln(2+t)+C$$

$$= 2\sqrt{x+1} - 4\ln(2+\sqrt{x+1})+C.$$

例 2   求 $\int \dfrac{1}{\sqrt[3]{x}+\sqrt{x}}\mathrm{d}x$.

解：本题要同时去掉两个根式，令 $\sqrt[6]{x}=t$，则 $x=t^6$，$\mathrm{d}x=6t^5\mathrm{d}t$，于是

$$
\begin{aligned}
\int \frac{1}{\sqrt[3]{x}+\sqrt{x}}\mathrm{d}x &= \int \frac{6t^5}{t^2+t^3}\mathrm{d}t=6\int\left(t^2-t+1-\frac{1}{1+t}\right)\mathrm{d}t \\
&= 6\int(t^2-t+1)\mathrm{d}t-6\int\frac{1}{1+t}\mathrm{d}t \\
&= 2t^3-3t^2+6t-6\ln|1+t|+C \\
&= 2\sqrt{x}-3\sqrt[3]{x}+6\sqrt[6]{x}-6\ln(\sqrt[6]{x}+1)+C.
\end{aligned}
$$

2. 三角代换

若被积函数含有无理式 $\sqrt{a^2-x^2}$，可令 $x=a\sin t$；若被积函数含有无理式 $\sqrt{a^2+x^2}$，可令 $x=a\tan t$；若被积函数含有无理式 $\sqrt{x^2-a^2}$，可令 $x=a\sec t$，目的是把根式去掉，然后再进行积分.

例 3 求 $\displaystyle\int \sqrt{a^2-x^2}\,\mathrm{d}x$ $(a>0)$.

解：令 $x=a\sin t$，则 $\mathrm{d}x=a\cos t\,\mathrm{d}t$，$\sqrt{a^2-x^2}=\sqrt{a^2-a^2\sin^2 t}=a\cos t$，于是

$$
\begin{aligned}
\int \sqrt{a^2-x^2}\,\mathrm{d}x &= \int a\cos t\cdot a\cos t\,\mathrm{d}x=a^2\int\cos^2 t\,\mathrm{d}t \\
&= a^2\int\frac{1+\cos 2t}{2}\mathrm{d}t=\frac{a^2}{2}\left(t+\frac{1}{2}\sin 2t\right)+C \\
&= \frac{a^2}{2}(t+\sin t\cdot\cos t)+C \\
&= \frac{a^2}{2}(t+\sin t\cdot\sqrt{1-\sin^2 t})+C \\
&= \frac{a^2}{2}\left[\arcsin\frac{x}{a}+\frac{x}{a}\cdot\sqrt{1-\left(\frac{x}{a}\right)^2}\right]+C \\
&= \frac{a^2}{2}\arcsin\frac{x}{a}+\frac{x}{2}\sqrt{a^2-x^2}+C.
\end{aligned}
$$

例 4 求 $\displaystyle\int \frac{\mathrm{d}x}{\sqrt{x^2+a^2}}$ $(a>0)$.

解：令 $x=a\tan t$，则 $\mathrm{d}x=a\sec^2 t\,\mathrm{d}t$，$\sqrt{x^2+a^2}=\sqrt{a^2\tan^2 t+a^2}=a\sec t$. 于是

$$
\begin{aligned}
\int \frac{\mathrm{d}x}{\sqrt{x^2+a^2}} &= \int \frac{a\sec^2 t}{a\sec t}\mathrm{d}t=\int\sec t\,\mathrm{d}t=\ln|\sec t+\tan t|+C_1 \\
&= \ln|\sqrt{1+\tan^2 t}+\tan t|+C_1 \\
&= \ln\left|\frac{x}{a}+\sqrt{1+\left(\frac{x}{a}\right)^2}\right|+C_1 \\
&= \ln|x+\sqrt{x^2+a^2}|+C,
\end{aligned}
$$

其中 $C=C_1-\ln a$.

例 5 求 $\displaystyle\int \frac{\mathrm{d}x}{\sqrt{x^2-a^2}}$ $(a>0)$.

解：令 $x=a\sec t$，则 $\mathrm{d}x=a\sec t\tan t\mathrm{d}t$，$\sqrt{x^2-a^2}=\sqrt{a^2\sec^2 t-a^2}=a\tan t$，于是

$$\int \frac{\mathrm{d}x}{\sqrt{x^2-a^2}}=\int \frac{1}{a\tan t}\cdot a\cdot \sec t\cdot \tan t\mathrm{d}t=\int \sec t\mathrm{d}t$$

$$=\ln|\sec t+\tan t|+C_1=\ln|\sec t+\sqrt{\sec^2 t-1}|+C_1$$

$$=\ln\left|\frac{x}{a}+\sqrt{\left(\frac{x}{a}\right)^2-1}\right|+C_1=\ln|x+\sqrt{x^2-a^2}|+C,$$

其中 $C=C_1-\ln a$.

第二换元积分法并不局限于上述两类情形，它是一个非常灵活的方法，应根据所给的被积函数具体而定，选择合理的变量代换，转化为容易积分的形式，如下面两例.

例6　求 $\int x^2(1-x)^9\mathrm{d}x$.

解：基本积分公式中没有相应的公式可以套用，凑微分也不符合条件，9次方展开又很麻烦，此时不妨用第二换元积分法去解决.

令 $1-x=t$，则 $x=1-t$，$\mathrm{d}x=-\mathrm{d}t$，于是

$$\int x^2(1-x)^9\mathrm{d}x=-\int (1-t)^2 t^9\mathrm{d}t$$

$$=-\int (1-2t+t^2)t^9\mathrm{d}t$$

$$=-\int (t^9-2t^{10}+t^{11})\mathrm{d}t$$

$$=-\frac{1}{10}t^{10}+2\cdot \frac{1}{11}t^{11}-\frac{1}{12}t^{12}+C$$

$$=-\frac{1}{10}(1-x)^{10}+\frac{2}{11}(1-x)^{11}-\frac{1}{12}(1-x)^{12}+C.$$

例7　求 $\int \frac{\mathrm{d}x}{\sqrt{e^x-1}}$.

解：令 $\sqrt{e^x-1}=t$，则 $x=\ln(t^2+1)$，$\mathrm{d}x=\frac{2t}{t^2+1}\mathrm{d}t$，于是

$$\int \frac{\mathrm{d}x}{\sqrt{e^x-1}}=\int \frac{1}{t}\cdot \frac{2t}{t^2+1}\mathrm{d}t=\int \frac{2}{t^2+1}\mathrm{d}t=2\int \frac{1}{t^2+1}\mathrm{d}t$$

$$=2\arctan t+C=2\arctan \sqrt{e^x-1}+C.$$

在这两节例题中，有几个积分可以直接作为公式使用，补充基本积分公式，如下(其中常数 $a>0$)：

$(14)\ \int \tan x\mathrm{d}x=-\ln|\cos x|+C;$

$(15)\ \int \cot x\mathrm{d}x=\ln|\sin x|+C;$

$(16)\ \int \sec x\mathrm{d}x=\ln|\sec x+\tan x|+C;$

$(17)\ \int \csc x\mathrm{d}x=\ln|\csc x-\cot x|+C;$

(18) $\displaystyle\int\frac{dx}{a^2-x^2}=\frac{1}{2a}\ln\left|\frac{a+x}{a-x}\right|+C;$

(19) $\displaystyle\int\frac{1}{a^2+x^2}dx=\frac{1}{a}\arctan\frac{x}{a}+C;$

(20) $\displaystyle\int\frac{1}{\sqrt{a^2-x^2}}dx=\arcsin\frac{x}{a}+C;$

(21) $\displaystyle\int\frac{dx}{\sqrt{x^2+a^2}}=\ln|x+\sqrt{x^2+a^2}|+C;$

(22) $\displaystyle\int\frac{dx}{\sqrt{x^2-a^2}}=\ln|x+\sqrt{x^2-a^2}|+C.$

习题 4.3

1.求下列不定积分:

(1) $\displaystyle\int x\sqrt{x-2}\,dx;$ 　　　　(2) $\displaystyle\int\frac{\sqrt{x}}{1+x}dx;$

(3) $\displaystyle\int\frac{1}{\sqrt[4]{x}+\sqrt{x}}dx;$ 　　(4) $\displaystyle\int\frac{1}{\sqrt[3]{2-3x}}dx;$

(5) $\displaystyle\int x(3x-1)^{10}dx;$ 　　(6) $\displaystyle\int\frac{dx}{\sqrt{e^x+1}}.$

2.求下列不定积分:

(1) $\displaystyle\int\frac{\sqrt{1-x^2}}{x^2}dx;$ 　　(2) $\displaystyle\int\frac{dx}{\sqrt{x^2+2}};$

(3) $\displaystyle\int\frac{\sqrt{x^2-9}}{x}dx;$ 　　(4) $\displaystyle\int\frac{1}{\sqrt{(x^2-4)^3}}dx;$

(5) $\displaystyle\int\frac{x^3}{\sqrt{1-x^2}}dx;$ 　　(6) $\displaystyle\int\sqrt{1+x^2}\,dx.$

§4.4　分部积分法

　　前面已介绍了不定积分的直接积分法和换元积分法,可以解决很多不定积分的求解问题,但是当被积函数是对数函数、反三角函数或两种不同类型函数的乘积时,如 $\displaystyle\int\ln x\,dx,\int\arcsin x\,dx,\int xe^x\,dx,\int x\sin x\,dx,\int x\ln$ $x\,dx$ 及 $\displaystyle\int e^x\cos x\,dx$ 等,前面的方法就不适应了.因此,本节将介绍求这些类型的不定积分的另一种重要方法——分部积分法.

　　定理 4.4.1(分部积分法) 设 $u=u(x)$ 与 $v=v(x)$ 都是连续的可微函

数,则有分部积分公式

$$\int u\mathrm{d}v = uv - \int v\mathrm{d}u.$$

证:因为 $u(x)$ 和 $v(x)$ 都是可微函数,由函数乘积的微分公式

$$\mathrm{d}(uv) = v\mathrm{d}u + u\mathrm{d}v,$$

移项得

$$u\mathrm{d}v = \mathrm{d}(uv) - v\mathrm{d}u,$$

等式两端积分,得

$$\int u\mathrm{d}v = uv - \int v\mathrm{d}u.$$

这个公式称为分部积分公式,使用分部积分公式解题时,关键是如何选择 u 和 $\mathrm{d}v$,当积分 $\int u\mathrm{d}v$ 不易求出,而积分 $\int v\mathrm{d}u$ 容易求出时,就可以使用此公式.

例 1 求 $\int \ln x\mathrm{d}x$.

解:当被积函数是一个函数时,可以把被积函数看成 u,$\mathrm{d}x$ 看成 $\mathrm{d}v$,直接应用分部积分公式求解.

$$\int \ln x\mathrm{d}x = x\ln x - \int x\mathrm{d}\ln x = x\ln x - \int x \cdot \frac{1}{x}\mathrm{d}x$$
$$= x\ln x - \int \mathrm{d}x = x\ln x - x + C.$$

例 2 求 $\int \arcsin x\mathrm{d}x$.

解:
$$\int \arcsin x\mathrm{d}x = x\arcsin x - \int x\mathrm{d}\arcsin x = x\arcsin x - \int \frac{x}{\sqrt{1-x^2}}\mathrm{d}x$$
$$= x\arcsin x + \frac{1}{2}\int \frac{1}{\sqrt{1-x^2}}\mathrm{d}(1-x^2)$$
$$= x\arcsin x + \frac{1}{2} \cdot 2\sqrt{1-x^2} + C$$
$$= x\arcsin x + \sqrt{1-x^2} + C.$$

例 3 求 $\int x\mathrm{e}^x\mathrm{d}x$.

解:当被积函数是两个不同类型函数乘积时,选择其中一个函数凑微分,确定 $\int v\mathrm{d}u$ 容易求出,然后应用分部积分公式求解.

$$\int x\mathrm{e}^x\mathrm{d}x = \int x\mathrm{d}\mathrm{e}^x = x\mathrm{e}^x - \int \mathrm{e}^x\mathrm{d}x = x\mathrm{e}^x - \mathrm{e}^x + C.$$

例 4 求 $\int x\sin x\mathrm{d}x$.

解:
$$\int x\sin x\mathrm{d}x = -\int x\mathrm{d}\cos x = -\left(x\cos x - \int \cos x\mathrm{d}x\right)$$
$$= -x\cos x + \sin x + C.$$

例 5　求 $\int x\ln x\mathrm{d}x$.

解：$\displaystyle\int x\ln x\mathrm{d}x=\frac{1}{2}\int\ln x\mathrm{d}x^2=\frac{1}{2}\left(x^2\ln x-\int x^2\mathrm{d}\ln x\right)$

$$=\frac{1}{2}\left(x^2\ln x-\int x^2\cdot\frac{1}{x}\mathrm{d}x\right)=\frac{1}{2}\left(x^2\ln x-\int x\mathrm{d}x\right)$$

$$=\frac{1}{2}\left(x^2\ln x-\frac{1}{2}x^2\right)+C=\frac{1}{2}x^2\ln x-\frac{1}{4}x^2+C.$$

例 6　求 $\int x\arctan x\mathrm{d}x$.

解：$\displaystyle\int x\arctan x\mathrm{d}x=\frac{1}{2}\int\arctan x\mathrm{d}x^2$

$$=\frac{1}{2}x^2\arctan x-\frac{1}{2}\int x^2\mathrm{d}\arctan x$$

$$=\frac{1}{2}x^2\arctan x-\frac{1}{2}\int\frac{x^2}{1+x^2}\mathrm{d}x$$

$$=\frac{1}{2}x^2\arctan x-\frac{1}{2}\int\frac{1+x^2-1}{1+x^2}\mathrm{d}x$$

$$=\frac{1}{2}x^2\arctan x-\frac{1}{2}\int\left(1-\frac{1}{1+x^2}\right)\mathrm{d}x$$

$$=\frac{1}{2}x^2\arctan x-\frac{x}{2}+\frac{1}{2}\arctan x+C$$

$$=\frac{1}{2}(1+x^2)\arctan x-\frac{x}{2}+C.$$

根据需要,有时可以多次使用分部积分公式.

例 7　求 $\int x^2\mathrm{e}^{-x}\mathrm{d}x$.

解：$\displaystyle\int x^2\mathrm{e}^{-x}\mathrm{d}x=-\int x^2\mathrm{d}(\mathrm{e}^{-x})=-\left(x^2\mathrm{e}^{-x}-\int\mathrm{e}^{-x}\mathrm{d}x^2\right)$

$$=-x^2\mathrm{e}^{-x}+2\int x\mathrm{e}^{-x}\mathrm{d}x=-x^2\mathrm{e}^{-x}-2\int x\mathrm{d}\mathrm{e}^{-x}$$

$$=-x^2\mathrm{e}^{-x}-2\left(x\mathrm{e}^{-x}-\int\mathrm{e}^{-x}\mathrm{d}x\right)$$

$$=-x^2\mathrm{e}^{-x}-2x\mathrm{e}^{-x}+2\int\mathrm{e}^{-x}\mathrm{d}x$$

$$=-x^2\mathrm{e}^{-x}-2x\mathrm{e}^{-x}-2\mathrm{e}^{-x}+C=-(x^2+2x+2)\mathrm{e}^{-x}$$

$+C.$

例 8　求 $\int\mathrm{e}^x\sin x\mathrm{d}x$.

解：$\displaystyle\int\mathrm{e}^x\sin x\mathrm{d}x=\int\sin x\mathrm{d}\mathrm{e}^x=\mathrm{e}^x\sin x-\int\mathrm{e}^x\mathrm{d}\sin x$

$$=\mathrm{e}^x\sin x-\int\mathrm{e}^x\cos x\mathrm{d}x=\mathrm{e}^x\sin x-\int\cos x\mathrm{d}\mathrm{e}^x$$

$$=\mathrm{e}^x\sin x-\mathrm{e}^x\cos x+\int\mathrm{e}^x\mathrm{d}\cos x$$

$$=e^x \sin x - e^x \cos x - \int e^x \sin x dx,$$

即 $\displaystyle\int e^x \sin x dx = e^x \sin x - e^x \cos x - \int e^x \sin x dx,$

将上式移项整理,再添上任意常数,得

$$\int e^x \sin x dx = \frac{1}{2}(\sin x - \cos x)e^x + C.$$

例 9 求 $\displaystyle\int \sec^3 x dx.$

解: $\displaystyle\int \sec^3 x dx = \int \sec x \cdot \sec^2 x dx = \int \sec x d\tan x$

$$= \sec x \tan x - \int \tan x d\sec x$$

$$= \sec x \tan x - \int \tan x \cdot \sec x \tan x dx$$

$$= \sec x \tan x - \int (\sec^2 x - 1) \cdot \sec x dx$$

$$= \sec x \tan x - \int \sec^3 x dx + \int \sec x dx$$

$$= \sec x \tan x - \int \sec^3 x dx + \ln|\sec x + \tan x|,$$

移项整理,再添上任意常数,得

$$\int \sec^3 x dx = \frac{1}{2}(\sec x \tan x + \ln|\sec x + \tan x|) + C.$$

两次分部积分后,又回到原来的积分,但两者系数不同,通过移项整理即可求出积分.

习题 4.4

1.计算下列不定积分:

(1) $\displaystyle\int x e^{-2x} dx;$ 　　　(2) $\displaystyle\int x \cos x dx;$

(3) $\displaystyle\int x^2 \ln x dx;$ 　　　(4) $\displaystyle\int \ln(1+x^2) dx;$

(5) $\displaystyle\int \arctan x dx;$ 　　　(6) $\displaystyle\int x \arcsin x dx.$

2.计算下列不定积分:

(1) $\displaystyle\int (x-1)2^x dx;$ 　　　(2) $\displaystyle\int x^2 \sin x dx;$

(3) $\displaystyle\int e^{2x} \cos 3x dx;$ 　　　(4) $\displaystyle\int \sin\sqrt{x}\, dx;$

(5) $\displaystyle\int \ln^2 x dx;$ 　　　(6) $\displaystyle\int \arctan\frac{1}{x} dx.$

自测题 4

一、填空题：

1. 若 $\int f(x)\mathrm{d}x = \arctan 2x + C$，则 $f(x) = $_____；

2. 函数 $f(x) = \mathrm{e}^{2x} - \mathrm{e}^{-2x}$ 的原函数 $F(x) = $_____；

3. 过原点且斜率为 $4x$ 的曲线方程是_____；

4. $\int (x^3 + 3^x)\mathrm{d}x = $_____；

5. $\int f'(x)f(x)\mathrm{d}x = $_____；

6. 若 $f(x) = \int (3x-2)^{50}\mathrm{d}x$，则 $f'(x) = $_____；

7. $\int \dfrac{\cos\sqrt{x}}{\sqrt{x}}\mathrm{d}x = $_____；

8. $\int \dfrac{1+\sin x}{x-\cos x}\mathrm{d}x$_____；

9. $\int \dfrac{1}{\sqrt{1-x}}\mathrm{d}x$_____；

10. $\int x\ln 2x\,\mathrm{d}x = $_____．

二、选择题：

1. 设 $f(x)$ 是可导函数，则 $\dfrac{\mathrm{d}}{\mathrm{d}x}\int f(x)\mathrm{d}x$ 为（　　　）；

    A. $f(x)\mathrm{d}x$ B. $f(x)+C$ C. $f(x)$ D. $f'(x)$

2. 若 $f(x)$ 是 $g(x)$ 的一个原函数，则正确的是（　　　）；

    A. $\int f(x)\mathrm{d}x = g(x)+C$ B. $\int f'(x)\mathrm{d}x = g(x)+C$

    C. $\int g(x)\mathrm{d}x = f(x)+C$ D. $\int g'(x)\mathrm{d}x = f(x)+C$

3. 设在 (a,b) 内，$f'(x) = g'(x)$，则下列一定正确的是（　　　）；

    A. $f(x) = g(x)$ B. $f(x) = g(x)+1$

    C. $\left(\int f(x)\mathrm{d}x\right)' = \left(\int g(x)\mathrm{d}x\right)'$ D. $\int f'(x)\mathrm{d}x = \int g'(x)\mathrm{d}x$

4. $\dfrac{1}{\sqrt{x^2-1}}$ 的一个原函数是（　　　）；

    A. $\arcsin x$ B. $-\arcsin x$

    C. $\ln|x+\sqrt{x^2-1}|$ D. $\ln|x-\sqrt{x^2-1}|$

5. $\int (\mathrm{e}^x - \mathrm{e})\mathrm{d}x = $（　　　）；

A. e^x-e+C　　　　　　　　　　B. e^x-ex+C

C. e^x+C　　　　　　　　　　　D. e^x-ex+1

6. $\int \dfrac{1}{\sqrt{9-x^2}}dx=(\qquad)$；

A. $\arcsin\dfrac{x}{3}+C$　　　　　　B. $-\arcsin\dfrac{x}{3}+C$

C. $\arcsin x+C$　　　　　　　　D. $-\arcsin x+C$

7. 若$\int f(x)dx=F(x)+C$,则$\int e^{-x}f(e^{-x})dx=(\qquad)$；

A. $F(e^{-x})+C$　　　　　　　　B. $-F(e^{-x})+C$

C. $F(e^{-2x})+C$　　　　　　　　D. $-F(e^{-2x})+C$

8. $\int f'(2x)dx=(\qquad)$；

A. $\dfrac{1}{2}f(2x)+C$　　　　　　　B. $2f(2x)+C$

C. $\dfrac{1}{2}f(x)+C$　　　　　　　D. $f(2x)+C$

9. $\int\left(\dfrac{1}{\cos^2 x}+1\right)d\cos x=(\qquad)$；

A. $-\sec x+\cos x+C$　　　　　B. $\sec x+\cos x+C$

C. $-\tan x+\cos x+C$　　　　　D. $\tan x+\cos x+C$

10. $\int xf'(x)dx=(\qquad)$.

A. $xf'(x)-\int f(x)dx$　　　　　B. $xf(x)-\int f(x)dx$

C. $xf'(x)-f(x)+C$　　　　　　D. $xf(x)-f(x)+C$

三、计算下列不定积分：

1. $\int \dfrac{2x^3-\sqrt{x}+1}{x}dx$；　　　　2. $\int \cos^3 x dx$；

3. $\int xe^{-x^2}dx$；　　　　　　　4. $\int \tan^3 x dx$；

5. $\int \dfrac{\sqrt{1-3\ln x}}{x}dx$；　　　　6. $\int \dfrac{\sec^2 x}{1-\tan x}dx$；

7. $\int \dfrac{\arctan x-x}{1+x^2}dx$；　　　　8. $\int \dfrac{1+\tan x}{1-\tan x}dx$；

9. $\int x\sqrt{4-x^2}dx$；　　　　　10. $\int \dfrac{1}{x\sqrt{x^2+1}}dx$；

11. $\int \dfrac{1}{1+e^x}dx$；　　　　　12. $\int \dfrac{x}{\sqrt{4x^4+9}}dx$；

13. $\int \dfrac{\ln x}{(1-x)^2}dx$；　　　　14. $\int \arctan\sqrt{x}\,dx$；

15. $\int e^{-x}\sin 2x dx$；　　　　　16. $\int \ln(x+\sqrt{1+x^2})dx$.

第5章 定积分及其应用

定积分是高等数学中另一个重要概念,它在实际生活中和科技经济等领域中有着广泛的应用.本章将由实例引入定积分的概念,讨论定积分的性质和计算方法,举例说明定积分的具体应用.

§5.1 定积分的概念与性质

5.1.1 两个引例

引例 1 曲边梯形的面积.

在初等数学中,已经给出了多边形和圆等规则图形的面积计算公式,对于由一条或多条曲线围成的不规则图形的面积如何计算呢? 其实这些不规则图形的面积计算,都可以转化为曲边梯形的面积计算.

所谓曲边梯形就是指由连续曲线 $y=f(x)$ $(f(x)\geqslant 0)$,直线 $x=a$,$x=b$ 及 x 轴所围成的平面图形,如图 5.1-1.

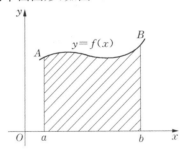

图 5.1-1

下面讨论这个曲边梯形的面积求法,其基本思想是:先将这个曲边梯形分割成 n 个小曲边梯形,每个小曲边梯形近似地看成一个小矩形,而矩形的面积容易求出,那么这个小矩形面积的和就是曲边梯形面积的一个近似值,当 n 越来越大,即分割越来越细时,这个近似值就越来越接近于曲边梯形的面积,当分割得无限细时,这个近似值就无限趋近于所求曲边梯形的面积.

这种求曲边梯形面积的具体步骤如下:

(1) 分割.

用分点 $a=x_0<x_1<x_2<\cdots<x_{n-1}<x_n=b$ 将区间 $[a,b]$ 分成 n 个小区间:$[x_{i-1},x_i]$ $(i=1,2,3,\cdots,n)$,其长度为 $\Delta x_i=x_i-x_{i-1}$ $(i=1,2,3,\cdots,n)$,过每个分点 $x_i(i=1,2,3,\cdots,n)$ 作 x 轴的垂线,这样就把曲边梯形分成

n 个小曲边梯形,如图 5.1—2.

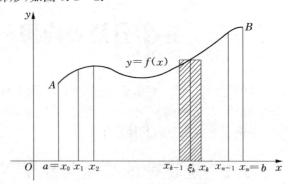

图 5.1—2

(2) 取近似.

在每个小区间 $[x_{i-1}, x_i]$ 上任取一点 $\xi_i(x_{i-1} \leqslant \xi_i \leqslant x_i)$,作以 Δx_i 为底,以 $f(\xi_i)$ 为高的小矩形,用其面积近似替代相应的小曲边梯形的面积 ΔA_i,即

$$\Delta A_i \approx f(\xi_i)\Delta x_i \quad (i=1,2,3,\cdots,n).$$

(3) 求和.

把 n 个小矩形的面积相加就得到所求的曲边梯形面积的近似值,即

$$A=\sum_{i=1}^{n} \Delta A_i \approx \sum_{i=1}^{n} f(\xi_i)\Delta x_i.$$

(4) 取极限.

记 $\lambda = \max_{1 \leqslant i \leqslant n}\{\Delta x_i\}$,若当分点 n 无限增大且 λ 趋向于 0 时,和式 $\sum_{i=1}^{n} f(\xi_i)\Delta x_i$ 的极限就是曲边梯形的面积 A,即

$$A=\lim_{\lambda \to 0}\sum_{i=1}^{n} f(\xi_i)\Delta x_i.$$

引例 2 变速直线运动的路程.

设某物体做直线运动,其速度 v 是时间 t 的函数 $v=v(t)$,求此物体在时间区间 $[a,b]$ 内运动的路程 s.

匀速直线运动的路程公式是 $s=vt$,虽然本题的物体在时间区间 $[a,b]$ 内的运动可能不是匀速的,但在很短的一段时间内速度变化很小,可近似于匀速. 仿照引例 1 可计算路程 s.

(1) 分割.

用分点 $a=t_0<t_1<t_2<\cdots<t_{n-1}<t_n=b$ 将时间区间 $[a,b]$ 分成 n 个小区间: $[t_{i-1}, t_i]$ $(i=1,2,3,\cdots,n)$,其长度为 $\Delta t_i=t_i-t_{i-1}(i=1,2,3,\cdots,n)$,每个小区间上物体运动的路程记为 Δs_i. 如图 5.1—3.

图 5.1—3

(2) 取近似.

在每个小区间 $[t_{i-1}, t_i]$ 上任取一点 $\xi_i(t_{i-1} \leqslant \xi_i \leqslant t)$，以速度 $v(\xi_i)$ 近似替代时间段 $[t_{i-1}, t_i]$ 上每个时刻的速度，则

$$\Delta s_i \approx v(\xi_i) \Delta t_i \quad (i = 1, 2, 3, \cdots, n).$$

(3) 求和.

将这 n 个小区间的路程相加就得到所求的总路程的近似值，即

$$s = \sum_{i=1}^{n} \Delta s_i \approx \sum_{i=1}^{n} v(\xi_i) \Delta t_i.$$

(4) 取极限.

记 $\lambda = \max\limits_{1 \leqslant i \leqslant n}\{\Delta t_i\}$，若当分点 n 无限增大且 λ 趋向于 0 时，和式 $\sum\limits_{i=1}^{n} v(\xi_i) \Delta t_i$ 的极限就是所求的路程 s，即

$$s = \lim_{\lambda \to 0} \sum_{i=1}^{n} v(\xi_i) \Delta t_i.$$

从上面两个引例可以看出，一个是几何问题，一个是物理问题，虽然实际意义不同，但解决问题的方法是相同的，都采用"分割—取近似—求和—取极限"的方法，实践中，还有许多实际问题的解决都归结为求这种结构的和式极限，为此在数学上把它抽象出来，引入定积分概念.

5.1.2　定积分的概念

定义 5.1.1　设函数 $f(x)$ 在区间 $[a, b]$ 上有界，在 $[a, b]$ 中任意插入 $n-1$ 分点：

$$a = x_0 < x_1 < x_2 < \cdots < x_{n-1} < x_n = b,$$

将区间 $[a, b]$ 分成 n 个小区间 $[x_{i-1}, x_i]$ $(i = 1, 2, 3, \cdots, n)$，记 $\Delta x_i = x_i - x_{i-1}$ 为每个小区间的长度，在每个小区间 $[x_{i-1}, x_i]$ 上任取一点 $\xi_i(x_{i-1} \leqslant \xi_i \leqslant x_i)$，作和式 $\sum\limits_{i=1}^{n} f(\xi_i) \Delta x_i$，若当 $\lambda = \max\limits_{1 \leqslant i \leqslant n}\{\Delta x_i\} \to 0$ 时，上述和式极限存在，且与区间 $[a, b]$ 的分法无关，与 ξ_i 的取法无关，则称函数 $f(x)$ 在区间 $[a, b]$ 上可积，此极限称为 $f(x)$ 在区间 $[a, b]$ 上的定积分，记为 $\int_a^b f(x) \mathrm{d}x$，即

$$\int_a^b f(x) \mathrm{d}x = \lim_{\lambda \to 0} \sum_{i=1}^{n} f(\xi_i) \Delta x_i,$$

其中，x 称为积分变量，$f(x)$ 称为被积函数，$f(x)\mathrm{d}x$ 称为被积表达式，$[a, b]$ 称为积分区间，a 为积分下限，b 为积分上限.

按照定积分的定义，引例中的曲边梯形面积和变速直线运动的路程分别表示为 $A = \int_a^b f(x) \mathrm{d}x$ 和 $s = \int_a^b v(t) \mathrm{d}t.$

对于定积分的定义，应注意以下几点：

(1) 定积分是一种和式的极限,其值是一个常数,它只与被积函数及积分区间有关,而与积分变量的记号无关,如

$$\int_a^b f(x)\mathrm{d}x = \int_a^b f(u)\mathrm{d}u = \int_a^b f(t)\mathrm{d}t.$$

(2) 定积分的存在性:若 $f(x)$ 在 $[a,b]$ 上连续,或只有有限个第一类间断点时,则 $\int_a^b f(x)\mathrm{d}x$ 存在.

(3) 在定义中,假设 $a<b$,对于其他情况,补充如下规定:

当 $b<a$ 时,$\int_a^b f(x)\mathrm{d}x = -\int_b^a f(x)\mathrm{d}x$;

当 $a=b$ 时,$\int_a^b f(x)\mathrm{d}x = 0$.

5.1.3　定积分的几何意义

(1) 当 $f(x) \geqslant 0$ 时,定积分 $\int_a^b f(x)\mathrm{d}x$ 在几何上表示由曲线 $y=f(x)$ 与直线 $x=a$,$x=b$ 及 x 轴所围成的曲边梯形的面积 A (如图 5.1—4),即 $\int_a^b f(x)\mathrm{d}x = A.$

(2) 当 $f(x) \leqslant 0$ 时,定积分 $\int_a^b f(x)\mathrm{d}x$ 在几何上表示由曲线 $y=f(x)$ 与直线 $x=a$,$x=b$ 及 x 轴所围成的曲边梯形的面积的负值 $-A$ (如图 5.1—5),即 $\int_a^b f(x)\mathrm{d}x = -A.$

(3) 当 $f(x)$ 在 $[a,b]$ 上,既有正值,又有负值时,则定积分 $\int_a^b f(x)\mathrm{d}x$ 在几何上表示由曲线 $y=f(x)$,直线 $x=a$,$x=b$ 及 x 轴所围成的各种图形面积的代数和,在 x 轴上方的图形面积取正值,在 x 轴下方的图形面积取负值(如图 5.1—6),即 $\int_a^b f(x)\mathrm{d}x = A_1 - A_2 + A_3.$

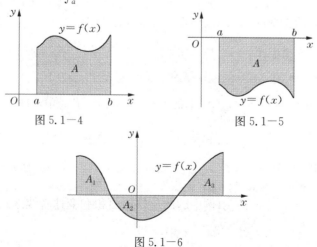

图 5.1—4　　　　　　　图 5.1—5

图 5.1—6

例 1　利用定积分的几何意义,求下列定积分.

(1) $\displaystyle\int_0^1 3x\,\mathrm{d}x$;　　(2) $\displaystyle\int_{-a}^a \sqrt{a^2-x^2}\,\mathrm{d}x$　$(a>0)$.

解: (1) 如图 5.1-7,当 $x\in[0,1]$ 时,定积分 $\displaystyle\int_0^1 3x\,\mathrm{d}x$ 在几何上表示由直线 $y=3x$ 与直线 $x=0$,$x=1$ 及 x 轴所围成的三角形的面积,故

$$\int_0^1 3x\,\mathrm{d}x=\frac{3}{2}.$$

(2) 如图 5.1-8,当 $x\in[-a,a]$ 时,定积分 $\displaystyle\int_{-a}^a \sqrt{a^2-x^2}\,\mathrm{d}x$ 在几何上表示由曲线 $y=\sqrt{a^2-x^2}$ 与 x 轴所围成的半圆面积,故

$$\int_{-a}^a \sqrt{a^2-x^2}\,\mathrm{d}x=\frac{\pi a^2}{2}.$$

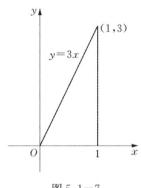
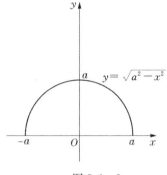

图 5.1-7　　　　　　　　　　　　图 5.1-8

5.1.4　定积分的基本性质

性质 1　被积函数的常数因子可以提到积分号外面,即

$$\int_a^b kf(x)\,\mathrm{d}x=k\int_a^b f(x)\,\mathrm{d}x\quad(k\text{ 为常数}).$$

性质 2　两个函数的代数和的定积分等于它们定积分的代数和,即

$$\int_a^b [f(x)\pm g(x)]\,\mathrm{d}x=\int_a^b f(x)\,\mathrm{d}x\pm\int_a^b g(x)\,\mathrm{d}x.$$

性质 1、2 可以推广到有限多个函数的代数和的情形,即

$$\int_a^b [k_1f_1(x)\pm k_2f_2(x)\pm\cdots\pm k_nf_n(x)]\,\mathrm{d}x$$

$$=k_1\int_a^b f_1(x)\,\mathrm{d}x\pm k_2\int_a^b f_2(x)\,\mathrm{d}x\pm\cdots\pm k_n\int_a^b f_n(x)\,\mathrm{d}x.$$

性质 3(积分可加性)　如果积分区间 $[a,b]$ 被点 c 分成 $[a,c]$ 和 $[c,b]$ 两个小区间,那么

$$\int_a^b f(x)\,\mathrm{d}x=\int_a^c f(x)\,\mathrm{d}x+\int_c^b f(x)\,\mathrm{d}x.$$

此性质中,对于任意数 c,等式都成立.

性质4 如果在区间 $[a,b]$ 上,被积函数 $f(x)=1$,则

$$\int_a^b 1\mathrm{d}x=\int_a^b \mathrm{d}x=b-a.$$

性质5(保序性) 如果在区间 $[a,b]$ 上,$f(x)\leqslant g(x)$,则

$$\int_a^b f(x)\mathrm{d}x\leqslant\int_a^b g(x)\mathrm{d}x.$$

推论1 如果在区间 $[a,b]$ 上,$f(x)\leqslant0$,则 $\int_a^b f(x)\mathrm{d}x\leqslant0$.

推论2 $\left|\int_a^b f(x)\mathrm{d}x\right|\leqslant\int_a^b |f(x)|\mathrm{d}x\quad(a<b).$

性质6(估值定理) 若 M 和 m 分别是函数 $f(x)$ 在 $[a,b]$ 上的最大值和最小值,则

$$m(b-a)\leqslant\int_a^b f(x)\mathrm{d}x\leqslant M(b-a).$$

性质7(积分中值定理) 如果 $f(x)$ 在区间 $[a,b]$ 内连续,则在 $[a,b]$ 内至少存在一点 $\xi(a\leqslant\xi\leqslant b)$,使得

$$\int_a^b f(x)\mathrm{d}x=f(\xi)(b-a).$$

积分中值定理几何意义是:当 $f(x)\geqslant0$ 时,由曲线 $y=f(x)$,直线 $x=a,x=b$ 及 x 轴所围成的曲边梯形的面积等于以区间 $[a,b]$ 为底,以 $f(\xi)$ 为高的矩形的面积(如图 5.1-9),因此称 $f(\xi)=\dfrac{1}{b-a}\int_a^b f(x)\mathrm{d}x$ 为 $f(x)$ 在 $[a,b]$ 上的平均值.

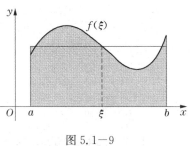

图 5.1-9

例2 估计定积分 $\int_{-1}^1 \mathrm{e}^{x^2}\mathrm{d}x$ 的值.

解:令 $f(x)=\mathrm{e}^{x^2}$,先求函数 $f(x)$ 在区间 $[-1,1]$ 上的最值,由 $f'(x)=2x\mathrm{e}^{x^2}=0$,得驻点 $x=0$,比较驻点及区间断点的函数值,$f(0)=1$,$f(-1)=\mathrm{e}$,$f(1)=\mathrm{e}$,得最大值为 $M=\mathrm{e}$,最小值为 $m=1$.再由估值定理得

$$2\leqslant\int_{-1}^1 \mathrm{e}^{x^2}\mathrm{d}x\leqslant2\mathrm{e}.$$

习题 5.1

1.利用定积分的几何意义,求下列定积分:

(1) $\int_0^1 (3x+1)\mathrm{d}x$;　　　　　　　　(2) $\int_0^{2\pi} \sin x\mathrm{d}x$;

(3) $\int_{-2}^{2} \sqrt{4-x^2}\,\mathrm{d}x$; (4) $\int_{-1}^{1} 2x^3\,\mathrm{d}x$.

2. 不计算,比较下列定积分的大小:

(1) $\int_{0}^{1} x^2\,\mathrm{d}x$ 与 $\int_{0}^{1} x^3\,\mathrm{d}x$; (2) $\int_{1}^{2} x^2\,\mathrm{d}x$ 与 $\int_{1}^{2} x^3\,\mathrm{d}x$;

(3) $\int_{1}^{2} \ln x\,\mathrm{d}x$ 与 $\int_{1}^{2} \ln^2 x\,\mathrm{d}x$; (4) $\int_{3}^{4} \ln x\,\mathrm{d}x$ 与 $\int_{3}^{4} \ln^2 x\,\mathrm{d}x$;

(5) $\int_{0}^{\pi} \sin x\,\mathrm{d}x$ 与 $\int_{0}^{\pi} \cos x\,\mathrm{d}x$; (6) $\int_{0}^{1} \mathrm{e}^x\,\mathrm{d}x$ 与 $\int_{0}^{1} \mathrm{e}^{-x}\,\mathrm{d}x$.

3. 估计下列定积分的范围:

(1) $\int_{\frac{\pi}{4}}^{\frac{5\pi}{4}} (1+\sin^2 x)\,\mathrm{d}x$; (2) $\int_{0}^{1} \dfrac{1}{x^2+1}\,\mathrm{d}x$.

§5.2 微积分基本定理

利用定积分的定义计算定积分是相当困难的,而利用定积分的性质计算积分又是十分有限的,因此需要寻求一种有效的方法来计算定积分.本节将介绍微积分基本定理,讨论定积分与不定积分之间的内在联系,通过原函数来计算定积分.

5.2.1 变上限的定积分

设函数 $f(x)$ 在区间 $[a,b]$ 上连续,x 为 $[a,b]$ 上的任意一点,则 $f(x)$ 在区间 $[a,x]$ 上可积,故 $f(x)$ 在区间 $[a,x]$ 上的积分 $\int_{a}^{x} f(x)\,\mathrm{d}x$ 存在,这里 x 既是积分变量,又是积分上限,为避免混淆,把积分变量改为字母 t ,即为 $\int_{a}^{x} f(t)\,\mathrm{d}t$. 定积分 $\int_{a}^{x} f(t)\,\mathrm{d}t$ 的值随 x 变化而变化,故称之为变上限的定积分,记为 $\Phi(x)$,即

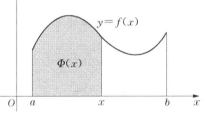

图 5.2－1

$$\Phi(x)=\int_{a}^{x} f(t)\,\mathrm{d}t, \quad x\in[a,b]. \quad (\text{如图 } 5.2-1)$$

类似地,可以定义变下限的定积分

$$P(x)=\int_{x}^{b} f(t)\,\mathrm{d}t, \quad x\in[a,b].$$

定理 5.2.1(变上限定积分对上限的求导定理) 若 $f(x)$ 在 $[a,b]$ 上连续,则变上限定积分 $\Phi(x)=\int_{a}^{x} f(t)\,\mathrm{d}t$ 在 $[a,b]$ 上可导,且

$$\frac{\mathrm{d}}{\mathrm{d}x}\Phi(x)=\frac{\mathrm{d}}{\mathrm{d}x}\int_{a}^{x} f(t)\,\mathrm{d}t=f(x).$$

证明:设 x 有一个改变量 Δx ,则

$$\Phi(x+\Delta x)-\Phi(x)=\int_a^{x+\Delta x}f(t)\mathrm{d}t-\int_a^x f(t)\mathrm{d}t$$

$$=\int_x^{x+\Delta x}f(t)\mathrm{d}t=f(\xi)\Delta x \quad (积分中值定理),$$

其中 ξ 在 x 与 $x+\Delta x$ 之间,当 $\Delta x\to 0$ 时, $\xi\to x$,由导数定义和 $f(x)$ 的连续性,得

$$\frac{\mathrm{d}}{\mathrm{d}x}\Phi(x)=\lim_{\Delta x\to 0}\frac{\Phi(x+\Delta x)-\Phi(x)}{\Delta x}=\lim_{\Delta x\to 0}\frac{f(\xi)\Delta x}{\Delta x}$$

$$=\lim_{\xi\to x}f(\xi)=f(x).$$

定理 5.2.2(原函数存在定理) 若函数 $f(x)$ 在 $[a,b]$ 上连续,则 $f(x)$ 在 $[a,b]$ 上一定存在原函数,变上限定积分 $\Phi(x)=\int_a^x f(t)\mathrm{d}t$ 就为 $f(x)$ 在 $[a,b]$ 上的一个原函数.

例 1 求

(1) $\dfrac{\mathrm{d}}{\mathrm{d}x}\displaystyle\int_0^x \mathrm{e}^{-5t}\mathrm{d}t$;   (2) $\dfrac{\mathrm{d}}{\mathrm{d}x}\displaystyle\int_x^2 \sin 3t\mathrm{d}t$;

(3) $\dfrac{\mathrm{d}}{\mathrm{d}x}\displaystyle\int_0^{x^2}\cos t\mathrm{d}t$;   (4) $\dfrac{\mathrm{d}}{\mathrm{d}x}\displaystyle\int_x^{x^2}\cos t\mathrm{d}t$.

解:(1) $\dfrac{\mathrm{d}}{\mathrm{d}x}\left[\displaystyle\int_0^x \mathrm{e}^{-5t}\mathrm{d}t\right]=\mathrm{e}^{-5x}$;

(2) $\dfrac{\mathrm{d}}{\mathrm{d}x}\displaystyle\int_x^2 \sin 3t\mathrm{d}t=\dfrac{\mathrm{d}}{\mathrm{d}x}\left(-\displaystyle\int_2^x \sin 3t\mathrm{d}t\right)=-\sin 3x$;

(3) 令 $u=x^2$,根据复合函数求导法得

$$\frac{\mathrm{d}}{\mathrm{d}x}\int_0^{x^2}\cos t\mathrm{d}t=\frac{\mathrm{d}}{\mathrm{d}u}\int_0^u \cos t\mathrm{d}t\cdot\frac{\mathrm{d}u}{\mathrm{d}x}=\cos u\cdot 2x=2x\cos x^2;$$

(4) $\dfrac{\mathrm{d}}{\mathrm{d}x}\displaystyle\int_x^{x^2}\cos t\mathrm{d}t=\dfrac{\mathrm{d}}{\mathrm{d}x}\left(\displaystyle\int_x^0\cos t\mathrm{d}t+\displaystyle\int_0^{x^2}\cos t\mathrm{d}t\right)$

$$=\frac{\mathrm{d}}{\mathrm{d}x}\left(-\int_0^x\cos t\mathrm{d}t+\int_0^{x^2}\cos t\mathrm{d}t\right)$$

$$=-\cos x+2x\cos x^2.$$

5.2.2 牛顿-莱布尼茨公式

定理 5.2.3 设 $f(x)$ 在区间 $[a,b]$ 上连续,且 $F(x)$ 是 $f(x)$ 在 $[a,b]$ 上的一个原函数,则

$$\int_a^b f(x)\mathrm{d}x=F(b)-F(a).$$

证明:由定理 5.2.2 知 $\Phi(x)=\displaystyle\int_a^x f(t)\mathrm{d}t$ 为 $f(x)$ 的一个原函数,又 $F(x)$ 也是 $f(x)$ 的一个原函数,则 $\Phi(x)=F(x)+C$,在 $\Phi(x)=\displaystyle\int_a^x f(t)\mathrm{d}t$ 中令 $x=a$,得 $\Phi(a)=\displaystyle\int_a^a f(t)\mathrm{d}t=0$,所以 $F(a)+C=0$,即 $C=-F(a)$;

令 $x=b$，得 $\Phi(b)=\displaystyle\int_a^b f(t)\mathrm{d}t=F(b)+C=F(b)-F(a)$，即

$$\int_a^b f(x)\mathrm{d}x=F(b)-F(a).$$

为了书写方便，上式通常记为

$$\int_a^b f(x)\mathrm{d}x=F(x)\Big|_a^b=F(b)-F(a).$$

此公式称为牛顿-莱布尼茨公式，此定理称为微积分基本定理.

牛顿-莱布尼茨公式揭示了定积分与不定积分的内在联系，给出一种计算定积分的有效方法，只要求出 $f(x)$ 在区间 $[a,b]$ 上的一个原函数 $F(x)$，再计算 $F(b)-F(a)$ 即可.

例 2　求下列定积分：

(1) $\displaystyle\int_0^1 x^5\mathrm{d}x$；　　　　　　(2) $\displaystyle\int_0^1 \frac{1}{1+x^2}\mathrm{d}x$；

(3) $\displaystyle\int_0^{\frac{\pi}{2}} \sin x\cos^2 x\mathrm{d}x$；　(4) $\displaystyle\int_0^4 |6-2x|\mathrm{d}x$.

解：(1) $\displaystyle\int_0^1 x^5\mathrm{d}x=\frac{1}{6}x^6\Big|_0^1=\frac{1}{6}-0=\frac{1}{6}$；

(2) $\displaystyle\int_0^1 \frac{1}{1+x^2}\mathrm{d}x=\arctan x\Big|_0^1=\arctan 1-\arctan 0=\frac{\pi}{4}$；

(3) $\displaystyle\int_0^{\frac{\pi}{2}} \sin x\cos^2 x\mathrm{d}x=-\int_0^{\frac{\pi}{2}} \cos^2 x\mathrm{d}\cos x=-\frac{1}{3}\cos^3 x\Big|_0^{\frac{\pi}{2}}$

$$=-\frac{1}{3}\left(\cos^3 \frac{\pi}{2}-\cos^3 0\right)=\frac{1}{3};$$

(4) 由于 $|6-2x|=\begin{cases}6-2x,& 0\leqslant x\leqslant 3\\ 2x-6,& 3<x\leqslant 4\end{cases}$　由定积分可加性得

$$\int_0^4 |6-2x|\mathrm{d}x=\int_0^3 (6-2x)\mathrm{d}x+\int_3^4 (2x-6)\mathrm{d}x$$

$$=(6x-x^2)\Big|_0^3+(x^2-6x)\Big|_3^4=9+1=10.$$

注意：使用牛顿-莱布尼茨公式时，必须满足定理的条件. 即只有当 $f(x)$ 在区间 $[a,b]$ 上连续时，才能使用此公式，否则不能使用.

例如 $\displaystyle\int_{-1}^1 \frac{1}{x^2}\mathrm{d}x=-\frac{1}{x}\Big|_{-1}^1=-1-1=-2$ 是错误的.

习题 5.2

1. 填空题：

(1) $\dfrac{\mathrm{d}}{\mathrm{d}x}\displaystyle\int_2^x \mathrm{e}^{t^2}\mathrm{d}t=$ _____；　　　(2) $\dfrac{\mathrm{d}}{\mathrm{d}x}\displaystyle\int_x^{-5} \cos 2t\mathrm{d}t=$ _____；

(3) $\dfrac{\mathrm{d}}{\mathrm{d}x}\displaystyle\int_a^b \mathrm{e}^x\mathrm{d}t=$ _____；　　　(4) $\dfrac{\mathrm{d}}{\mathrm{d}x}\displaystyle\int_0^{x^2} \sqrt{1+t^2}\mathrm{d}t=$ _____；

(5) $\dfrac{\mathrm{d}}{\mathrm{d}x}\displaystyle\int_{x^3}^1 \sin t^2 \mathrm{d}t=$＿＿＿; (6) $\dfrac{\mathrm{d}}{\mathrm{d}x}\displaystyle\int_{2x}^{5x} \mathrm{e}^{-t}\mathrm{d}t=$＿＿＿.

2. 求下列极限:

(1) $\lim\limits_{x\to 0}\dfrac{\displaystyle\int_0^x \arctan t\mathrm{d}t}{3x^2}$; (2) $\lim\limits_{x\to 0}\dfrac{\displaystyle\int_0^x \cos t^2\mathrm{d}t}{x}$.

3. 求下列定积分:

(1) $\displaystyle\int_{-1}^1 (1+2\sin x)\mathrm{d}x$; (2) $\displaystyle\int_0^1 \dfrac{x^4}{x^2+1}\mathrm{d}x$;

(3) $\displaystyle\int_1^2 \left(x^2+\dfrac{1}{x^2}\right)\mathrm{d}x$; (4) $\displaystyle\int_{-\frac{1}{2}}^{\frac{1}{2}} \dfrac{1}{\sqrt{1-x^2}}\mathrm{d}x$;

(5) $\displaystyle\int_0^{\frac{\pi}{3}} \tan^2 x\mathrm{d}x$; (6) $\displaystyle\int_0^{2\pi} |\cos x|\mathrm{d}x$;

(7) $\displaystyle\int_{-1}^1 \mathrm{e}^{2x}\mathrm{d}x$; (8) $\displaystyle\int_0^{\frac{\pi}{2}} \left|\dfrac{1}{2}-\sin x\right|\mathrm{d}x$.

§5.3 定积分的换元积分法和分部积分法

类似于不定积分的计算,定积分也有换元积分法和分部积分法. 本节将讨论如何使用这两种方法计算定积分.

5.3.1 定积分的换元积分法

定理 5.3.1(换元积分法) 设函数 $f(x)$ 在区间 $[a,b]$ 上连续,作变换 $x=\varphi(t)$,如果

(1) 函数 $x=\varphi(t)$ 在区间 $[\alpha,\beta]$ 上有连续导数 $\varphi'(t)$;

(2) 当 t 从 α 变到 β 时,$\varphi(t)$ 从 $\varphi(\alpha)=a$ 单调地变到 $\varphi(\beta)=b$,则有

$$\int_a^b f(x)\mathrm{d}x=\int_\alpha^\beta f[\varphi(t)]\varphi'(t)\mathrm{d}t.$$

上式称为定积分的换元公式.

证明: 由于 $f(x)$ 在区间 $[a,b]$ 上连续,所以 $f(x)$ 在区间 $[a,b]$ 上的原函数存在,设为 $F(x)$,则有 $\displaystyle\int_a^b f(x)\mathrm{d}x=F(b)-F(a)$.

又 $x=\varphi(t)$ 在区间 $[\alpha,\beta]$ 上单调,故复合函数 $F[\varphi(t)]$ 在 $[\alpha,\beta]$ 上有定义,则

$$F'[\varphi(t)]=f[\varphi(t)]\varphi'(t),$$

即 $F[\varphi(t)]$ 是 $f[\varphi(t)]\varphi'(t)$ 的一个原函数,故有

$$\int_\alpha^\beta f[\varphi(t)]\varphi'(t)\mathrm{d}t=F[\varphi(t)]\Big|_\alpha^\beta=F[\varphi(\beta)]-F[\varphi(\alpha)]=F(b)-F(a),$$

所以

$$\int_a^b f(x)\mathrm{d}x=\int_\alpha^\beta f[\varphi(t)]\varphi'(t)\mathrm{d}t.$$

注意:从左到右使用公式,相当于不定积分的第二类换元法,从右到左使用公式,相当于不定积分的第一类换元法.强调一点:换元法必须换上、下限.

例 1 求 $\int_0^\pi \dfrac{\sin x}{1+\cos^2 x}\mathrm{d}x$.

解:令 $\cos x = t$,则 $\mathrm{d}\cos x = \mathrm{d}t$,$\sin x\mathrm{d}x = -\mathrm{d}t$,当 $x=0$ 时,$t=1$;当 $x=\pi$ 时,$t=-1$. 于是

$$\int_0^\pi \frac{\sin x}{1+\cos^2 x}\mathrm{d}x = -\int_1^{-1}\frac{1}{1+t^2}\mathrm{d}t = -\arctan t\,\Big|_1^{-1}$$

$$= \arctan 1 - \arctan(-1) = \frac{\pi}{4} - \left(-\frac{\pi}{4}\right) = \frac{\pi}{2}.$$

例 2 求 $\int_0^9 \dfrac{1}{1+\sqrt{x}}\mathrm{d}x$.

解:令 $\sqrt{x}=t$,则 $x=t^2$,$\mathrm{d}x=2t\mathrm{d}t$,当 $x=0$ 时,$t=0$;当 $x=9$ 时,$t=3$. 于是

$$\int_0^9 \frac{1}{1+\sqrt{x}}\mathrm{d}x = \int_0^3 \frac{2t}{1+t}\mathrm{d}t = 2\int_0^3\left[1-\frac{1}{1+t}\right]\mathrm{d}t$$

$$= 2[t-\ln(1+t)]\,\Big|_0^3 = 2(3-\ln 4) = 6-4\ln 2.$$

例 3 求 $\int_0^{\ln 2}\sqrt{\mathrm{e}^x-1}\,\mathrm{d}x$.

解:令 $\sqrt{\mathrm{e}^x-1}=t$,则 $x=\ln(1+t^2)$,$\mathrm{d}x=\dfrac{2t}{1+t^2}\mathrm{d}t$,当 $x=0$ 时,$t=0$;当 $x=\ln 2$ 时,$t=1$. 于是

$$\int_0^{\ln 2}\sqrt{\mathrm{e}^x-1}\,\mathrm{d}x = \int_0^1 t\cdot\frac{2t}{t^2+1}\mathrm{d}t = 2\int_0^1\left(1-\frac{1}{t^2+1}\right)\mathrm{d}t$$

$$= 2(t-\arctan t)\,\Big|_0^1 = 2-\frac{\pi}{2}.$$

例 4 求 $\int_0^a \sqrt{a^2-x^2}\,\mathrm{d}x$ ($a>0$).

解:令 $x=a\sin t$,则 $\mathrm{d}x=a\cos t\mathrm{d}t$,当 $x=0$ 时,$t=0$;当 $x=a$ 时,$t=\dfrac{\pi}{2}$,

$$\int_0^a \sqrt{a^2-x^2}\,\mathrm{d}x = \int_0^{\frac{\pi}{2}}\sqrt{a^2-a^2\sin^2 t}\cdot a\cos t\mathrm{d}t$$

$$= a^2\int_0^{\frac{\pi}{2}}\cos^2 t\mathrm{d}t = a^2\int_0^{\frac{\pi}{2}}\frac{1+\cos 2t}{2}\mathrm{d}t$$

$$= \frac{a^2}{2}\left(t+\frac{1}{2}\sin 2t\right)\,\Big|_0^{\frac{\pi}{2}} = \frac{\pi a^2}{4}.$$

例 5 设函数 $f(x)$ 在区间 $[-a,a]$ 连续,证明:

(1) 当 $f(x)$ 为奇函数时,有 $\int_{-a}^a f(x)\mathrm{d}x = 0$;

(2) 当 $f(x)$ 为偶函数时,有 $\int_{-a}^a f(x)\mathrm{d}x = 2\int_0^a f(x)\mathrm{d}x$.

证明： 由积分的可加性得

$$\int_{-a}^{a} f(x)\mathrm{d}x = \int_{-a}^{0} f(x)\mathrm{d}x + \int_{0}^{a} f(x)\mathrm{d}x,$$

对积分 $\int_{-a}^{0} f(x)\mathrm{d}x$ 作代换 $x = -t$，当 $x = -a$ 时，$t = a$；当 $x = 0$ 时，$t = 0$，则

$$\int_{-a}^{0} f(x)\mathrm{d}x = -\int_{a}^{0} f(-t)\mathrm{d}t = \int_{0}^{a} f(-t)\mathrm{d}t = \int_{0}^{a} f(-x)\mathrm{d}x,$$

于是

$$\int_{-a}^{a} f(x)\mathrm{d}x = \int_{0}^{a} f(-x)\mathrm{d}x + \int_{0}^{a} f(x)\mathrm{d}x,故$$

(1) 当 $f(x)$ 为奇函数时，有 $f(-x) = -f(x)$，则 $\int_{-a}^{a} f(x)\mathrm{d}x = 0$
(如图 5.3—1)；

(2) 当 $f(x)$ 为偶函数时，有 $f(-x) = f(x)$，则 $\int_{-a}^{a} f(x)\mathrm{d}x = 2\int_{0}^{a} f(x)\mathrm{d}x$
(如图5.3—2).

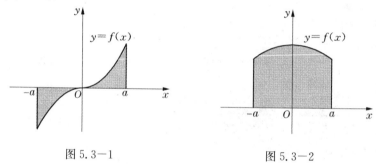

图 5.3—1　　　　　　　　图 5.3—2

5.3.2　定积分的分部积分法

定理 5.3.2(分部积分法)　设函数 $u(x)$ 和 $v(x)$ 在区间 $[a,b]$ 上具有连续导数 $u'(x)$ 和 $v'(x)$，则由微分运算法则得

$$\mathrm{d}(uv) = u\mathrm{d}v + v\mathrm{d}u,$$

移项得

$$u\mathrm{d}v = \mathrm{d}(uv) - v\mathrm{d}u,$$

上式两边在区间 $[a,b]$ 上积分，得

$$\int_{a}^{b} u\mathrm{d}v = (uv)\Big|_{a}^{b} - \int_{a}^{b} v\mathrm{d}u,$$

此式称为定积分的分部积分公式.

例6　求 $\int_{0}^{\pi} x\sin x\mathrm{d}x$.

解： $\int_{0}^{\pi} x\sin x\mathrm{d}x = -\int_{0}^{\pi} x\mathrm{d}\cos x = -\left(x\cos x\Big|_{0}^{\pi} - \int_{0}^{\pi}\cos x\mathrm{d}x\right)$

$$= \pi + \sin x\Big|_{0}^{\pi} = \pi.$$

例7　求 $\int_{1}^{e} x\ln x\mathrm{d}x$.

解: $\displaystyle\int_1^e x\ln x\mathrm{d}x = \frac{1}{2}\int_1^e \ln x\mathrm{d}(x^2) = \frac{1}{2}x^2\ln x\Big|_1^e - \frac{1}{2}\int_1^e x^2\mathrm{d}(\ln x)$

$$= \frac{1}{2}e^2 - \frac{1}{4}x^2\Big|_1^e = \frac{1}{4}(e^2+1).$$

例 8　求 $\displaystyle\int_0^{\frac{\pi}{2}} e^x\cos x\mathrm{d}x$.

解: $\displaystyle\int_0^{\frac{\pi}{2}} e^x\cos x\mathrm{d}x = \int_0^{\frac{\pi}{2}} e^x\mathrm{d}\sin x = e^x\sin x\Big|_0^{\frac{\pi}{2}} - \int_0^{\frac{\pi}{2}} \sin x\mathrm{d}e^x$

$$= e^{\frac{\pi}{2}} - \int_0^{\frac{\pi}{2}} e^x\sin x\mathrm{d}x$$

$$= e^{\frac{\pi}{2}} + \int_0^{\frac{\pi}{2}} e^x\mathrm{d}\cos x$$

$$= e^{\frac{\pi}{2}} + e^x\cos x\Big|_0^{\frac{\pi}{2}} - \int_0^{\frac{\pi}{2}} \cos x\mathrm{d}e^x$$

$$= e^{\frac{\pi}{2}} - 1 - \int_0^{\frac{\pi}{2}} e^x\cos x\mathrm{d}x,$$

移项整理得

$$\int_0^{\frac{\pi}{2}} e^x\cos x\mathrm{d}x = \frac{1}{2}(e^{\frac{\pi}{2}}-1).$$

例 9　求 $\displaystyle\int_{\frac{1}{e}}^e |\ln x|\mathrm{d}x$.

解: $\displaystyle\int_{\frac{1}{e}}^e |\ln x|\mathrm{d}x = -\int_{\frac{1}{e}}^1 \ln x\mathrm{d}x + \int_1^e \ln x\mathrm{d}x$

$$= -x\ln x\Big|_{\frac{1}{e}}^1 + \int_{\frac{1}{e}}^1 x\mathrm{d}\ln x + x\ln x\Big|_1^e + \int_1^e x\mathrm{d}\ln x$$

$$= -\frac{1}{e} + \left(1-\frac{1}{e}\right) + e + (e-1) = 2e - \frac{2}{e}.$$

习题 5.3

1. 求下列定积分:

(1) $\displaystyle\int_0^1 \sqrt{4+5x}\,\mathrm{d}x$;　　　　　(2) $\displaystyle\int_0^4 \frac{\sqrt{x}}{1+\sqrt{x}}\mathrm{d}x$;

(3) $\displaystyle\int_1^e \frac{1+\ln x}{x}\mathrm{d}x$;　　　　　(4) $\displaystyle\int_0^1 xe^{x^2}\mathrm{d}x$;

(5) $\displaystyle\int_0^{\frac{\pi}{2}} \sin x\cos^3 x\mathrm{d}x$;　　　　(6) $\displaystyle\int_0^1 \frac{e^x}{1+e^x}\mathrm{d}x$;

(7) $\displaystyle\int_1^9 x\sqrt[3]{1-x}\,\mathrm{d}x$;　　　　(8) $\displaystyle\int_0^2 x^2\sqrt{4-x^2}\,\mathrm{d}x$;

(9) $\displaystyle\int_0^{\frac{\pi}{2}} \frac{1}{1+\sin x}\mathrm{d}x$;　　　　(10) $\displaystyle\int_{\sqrt{2}}^2 \frac{1}{x^2\sqrt{x^2-1}}\mathrm{d}x$.

2.求下列定积分：

(1) $\int_0^1 x\mathrm{e}^x\mathrm{d}x$；　　　　　(2) $\int_0^{\frac{\pi}{2}} x^2\cos x\mathrm{d}x$；

(3) $\int_1^2 \ln 3x\mathrm{d}x$；　　　　　(4) $\int_0^{\frac{\pi}{2}} \mathrm{e}^x\sin x\mathrm{d}x$；

(5) $\int_0^1 x^2\mathrm{e}^{2x}\mathrm{d}x$；　　　　(6) $\int_0^{\sqrt{3}} \arctan x\mathrm{d}x$；

(7) $\int_1^e x^2\ln x\mathrm{d}x$；　　　　(8) $\int_0^{\frac{\pi^2}{16}} \cos\sqrt{x}\mathrm{d}x$；

(9) $\int_0^1 x\arcsin x\mathrm{d}x$；　　　　(10) $\int_0^1 \mathrm{e}^{\sqrt{x}}\mathrm{d}x$.

§5.4　广义积分

　　前面定义讨论定积分时,要求被积函数 $f(x)$ 在有限区间$[a,b]$上有界,但在解决实际问题时,往往会遇到无限区间上的积分或无界函数的积分,这就是本节介绍的两类广义积分.

5.4.1　无限区间上的广义积分

　　定义 5.4.1　设函数 $f(x)$ 在无穷区间$[a,+\infty)$上连续,取 $b>a$,如果极限

$$\lim_{b\to+\infty}\int_a^b f(x)\mathrm{d}x$$

存在,则称此极限值为 $f(x)$ 在$[a,+\infty)$上的广义积分,记作 $\int_a^{+\infty} f(x)\mathrm{d}x$,即

$$\int_a^{+\infty} f(x)\mathrm{d}x=\lim_{b\to+\infty}\int_a^b f(x)\mathrm{d}x.$$

　　此时,称广义积分 $\int_a^{+\infty} f(x)\mathrm{d}x$ 收敛,如果此极限值不存在,则称 $\int_a^{+\infty} f(x)\mathrm{d}x$ 发散.

　　类似地,可以定义函数 $f(x)$ 在$(-\infty,b]$及$(-\infty,+\infty)$上的广义积分.

$$\int_{-\infty}^b f(x)\mathrm{d}x=\lim_{a\to-\infty}\int_a^b f(x)\mathrm{d}x\quad (a<b),$$

$$\int_{-\infty}^{+\infty} f(x)\mathrm{d}x=\int_{-\infty}^c f(x)\mathrm{d}x+\int_{-c}^{+\infty} f(x)\mathrm{d}x$$

$$=\lim_{a\to-\infty}\int_a^c f(x)\mathrm{d}x+\lim_{b\to+\infty}\int_c^b f(x)\mathrm{d}x,$$

其中 c 为任意常数.

　　上式右边两个极限同时存在时,称广义积分 $\int_{-\infty}^{+\infty} f(x)\mathrm{d}x$ 收敛,否则称

此广义积分发散.

例 1 求广义积分 $\displaystyle\int_0^{+\infty} \mathrm{e}^{-x}\mathrm{d}x$.

解：$\displaystyle\int_0^{+\infty} \mathrm{e}^{-x}\mathrm{d}x = \lim_{b\to+\infty}\int_0^b \mathrm{e}^{-x}\mathrm{d}x = \lim_{b\to+\infty}\left.(-\mathrm{e}^{-x})\right|_0^b$

$$= \lim_{b\to+\infty}(\mathrm{e}^{-b}+\mathrm{e}^0) = 1.$$

例 2 求 $\displaystyle\int_{-\infty}^0 x\mathrm{e}^x\mathrm{d}x$.

解：$\displaystyle\int_{-\infty}^0 x\mathrm{e}^x\mathrm{d}x = \lim_{a\to-\infty}\int_a^0 x\mathrm{e}^x\mathrm{d}x = \lim_{a\to-\infty}\int_a^0 x\mathrm{d}\mathrm{e}^x$

$$= \lim_{a\to-\infty}\left(\left.x\mathrm{e}^x\right|_a^0 - \int_a^0 \mathrm{e}^x\mathrm{d}x\right) = \lim_{a\to-\infty}\left(-a\mathrm{e}^a - \left.\mathrm{e}^x\right|_a^0\right)$$

$$= \lim_{a\to-\infty}(-a\mathrm{e}^a - \mathrm{e}^0 + \mathrm{e}^a) = -1.$$

若 $F(x)$ 是 $f(x)$ 的一个原函数，则 $\displaystyle\int_a^x f(t)\mathrm{d}t = F(x) - F(a)$，记

$$F(-\infty) = \lim_{x\to-\infty}F(x), \quad F(+\infty) = \lim_{x\to+\infty}F(x),$$

则三种无限区间的广义积分可表示为

$$\int_a^{+\infty} f(x)\mathrm{d}x = \left.F(x)\right|_a^{+\infty} = F(+\infty) - F(a),$$

$$\int_{-\infty}^b f(x)\mathrm{d}x = \left.F(x)\right|_{-\infty}^b = F(b) - F(-\infty),$$

$$\int_{-\infty}^{+\infty} f(x)\mathrm{d}x = \left.F(x)\right|_{-\infty}^{+\infty} = F(+\infty) - F(-\infty).$$

例 3 求 $\displaystyle\int_{-\infty}^{+\infty} \frac{1}{1+x^2}\mathrm{d}x$.

解：$\displaystyle\int_{-\infty}^{+\infty} \frac{1}{1+x^2}\mathrm{d}x = \left.\arctan x\right|_{-\infty}^{+\infty} = \lim_{x\to+\infty}\arctan x - \lim_{x\to-\infty}\arctan x$

$$= \frac{\pi}{2} - \left(-\frac{\pi}{2}\right) = \pi.$$

例 4 讨论广义积分 $\displaystyle\int_1^{+\infty} \frac{1}{x^\alpha}\mathrm{d}x$ 的敛散性（α 为常数）.

解：(1) 当 $\alpha=1$ 时，则

$$\int_1^{+\infty} \frac{\mathrm{d}x}{x} = \lim_{b\to+\infty}\left(\left.\ln x\right|_1^b\right) = \lim_{b\to+\infty}(\ln b - \ln 1) = +\infty;$$

(2) 当 $\alpha\neq 1$ 时，则

$$\int_1^{+\infty} \frac{\mathrm{d}x}{x^\alpha} = \lim_{b\to+\infty}\int_1^b \frac{\mathrm{d}x}{x^\alpha} = \lim_{b\to+\infty}\frac{1}{1-\alpha}\left(\left.x^{1-\alpha}\right|_1^b\right)$$

$$= \lim_{b\to+\infty}\frac{1}{1-\alpha}(b^{1-\alpha}-1) = \frac{1}{1-\alpha}\lim_{b\to+\infty}(b^{1-\alpha}-1).$$

① 当 $\alpha>1$ 时，则 $\displaystyle\int_1^{+\infty} \frac{\mathrm{d}x}{x^\alpha} = \frac{1}{\alpha-1}$，

② 当 $\alpha<1$ 时，则 $\displaystyle\int_1^{+\infty} \frac{\mathrm{d}x}{x^\alpha} = +\infty$，

所以,当 $\alpha>1$ 时,积分 $\int_1^{+\infty}\dfrac{\mathrm{d}x}{x^\alpha}$ 收敛,当 $\alpha\leqslant 1$ 时,积分 $\int_1^{+\infty}\dfrac{\mathrm{d}x}{x^\alpha}$ 发散.

5.4.2 无界函数的广义积分

定义 5.4.2 设函数 $f(x)$ 在 (a,b) 上连续,且 $\lim\limits_{x\to a^+}f(x)=\infty$ 时,取 $\varepsilon>0$,如果极限

$$\lim_{\varepsilon\to 0^+}\int_{a+\varepsilon}^b f(x)\mathrm{d}x$$

存在,就称此极限值为无界函数 $f(x)$ 在 (a,b) 上的广义积分,记作 $\int_a^b f(x)\mathrm{d}x$,即

$$\int_a^b f(x)\mathrm{d}x=\lim_{\varepsilon\to 0^+}\int_{a+\varepsilon}^b f(x)\mathrm{d}x.$$

此时称广义积分 $\int_a^b f(x)\mathrm{d}x$ 收敛,否则称广义积分 $\int_a^b f(x)\mathrm{d}x$ 发散.

类似地,若 $f(x)$ 在 $[a,b)$ 上连续,且 $\lim\limits_{x\to b^-}f(x)=\infty$ 时,可定义 $f(x)$ 在 $[a,b)$ 上的广义积分

$$\int_a^b f(x)\mathrm{d}x=\lim_{\varepsilon\to 0^+}\int_a^{b-\varepsilon} f(x)\mathrm{d}x \quad (\varepsilon>0).$$

若 $f(x)$ 在 $[a,c)$ 及 $(c,b]$ 上连续,$\lim\limits_{x\to c}f(x)=\infty$,且广义积分 $\int_a^c f(x)\mathrm{d}x$ 及 $\int_c^b f(x)\mathrm{d}x$ 都收敛,可定义广义积分 $\int_a^b f(x)\mathrm{d}x=\int_a^c f(x)\mathrm{d}x+\int_c^b f(x)\mathrm{d}x$,即

$$\int_a^b f(x)\mathrm{d}x=\lim_{\varepsilon_1\to 0^+}\int_a^{c-\varepsilon_1} f(x)\mathrm{d}x+\lim_{\varepsilon_2\to 0^+}\int_{c+\varepsilon_2}^b f(x)\mathrm{d}x \quad (\varepsilon_1>0,\varepsilon_2>0).$$

广义积分 $\int_a^b f(x)\mathrm{d}x$ 收敛的充要条件是:广义积分 $\int_a^c f(x)\mathrm{d}x$ 和 $\int_c^b f(x)\mathrm{d}x$ 都收敛.

无界函数的广义积分与定积分在形式上是相同的,所以要注意识别它们.

若 $F(x)$ 是 $f(x)$ 的一个原函数,记

$$F(a)=\lim_{x\to a^+}F(x),\quad F(b)=\lim_{x\to b^-}F(x),$$

$$F(c^-)=\lim_{x\to c^-}F(x),\quad F(c^+)=\lim_{x\to c^+}F(x),$$

则无界函数的广义积分可表示为

$$\int_a^b f(x)\mathrm{d}x=F(x)\Big|_a^b=F(b)-F(a),$$

$$\int_a^b f(x)\mathrm{d}x=\int_a^c f(x)\mathrm{d}x+\int_c^b f(x)\mathrm{d}x=F(x)\Big|_a^{c^-}+F(x)\Big|_{c^+}^b$$

$$=F(c^-)-F(a)+F(b)-F(c^+).$$

例 5 求 $\int_0^1 \dfrac{1}{\sqrt{1-x^2}} dx.$

解：因为 $\lim\limits_{x\to 1^-} \dfrac{1}{\sqrt{1-x^2}} = +\infty$，所以 $\int_0^1 \dfrac{1}{\sqrt{1-x^2}} dx$ 是无界函数的广义

积分，则

$$\int_0^1 \frac{1}{\sqrt{1-x^2}} dx = \arcsin x \Big|_0^1 = \arcsin 1 - \arcsin 0 = \frac{\pi}{2}.$$

例 6 求 $\int_{-1}^1 \dfrac{1}{x^2} dx.$

解：因为 $\lim\limits_{x\to 0} f(x) = +\infty$，所以 $\int_{-1}^1 \dfrac{1}{x^2} dx$ 为广义积分，故

$$\int_{-1}^1 \frac{1}{x^2} dx = \int_{-1}^0 \frac{1}{x^2} dx + \int_0^1 \frac{1}{x^2} dx,$$

则

$$\int_{-1}^0 \frac{1}{x^2} dx = \lim_{\varepsilon_1 \to 0^+} \int_{-1}^{0-\varepsilon_1} \frac{1}{x^2} dx = -\lim_{\varepsilon_1 \to 0^+} \frac{1}{x} \Big|_{-1}^{-\varepsilon_1} = \lim_{\varepsilon_1 \to 0^+} \left(\frac{1}{\varepsilon_1} - 1 \right) = +\infty.$$

同理可得

$$\int_0^1 \frac{1}{x^2} dx = +\infty,$$

所以，广义积分 $\int_{-1}^1 \dfrac{1}{x^2} dx$ 是发散的.

例 7 讨论广义积分 $\int_0^1 \dfrac{1}{x^\alpha} dx$ 的敛散性（α 为常数）.

解：(1) 当 $\alpha = 1$ 时，则 $\int_0^1 \dfrac{dx}{x} = \ln x \Big|_0^1 = +\infty$；

(2) 当 $\alpha \neq 1$ 时，则 $\int_0^1 \dfrac{dx}{x^\alpha} = \dfrac{1}{1-\alpha} x^{1-\alpha} \Big|_0^1 = \begin{cases} \dfrac{1}{1-\alpha}, & \alpha < 1, \\ -\infty, & \alpha > 1, \end{cases}$

所以，当 $\alpha < 1$ 时，积分 $\int_0^1 \dfrac{1}{x^\alpha} dx$ 收敛，当 $\alpha \geqslant 1$ 时，积分 $\int_0^1 \dfrac{1}{x^\alpha} dx$ 发散.

习题 5.4

1. 下列广义积分是否收敛？ 若收敛，求出它的值.

(1) $\int_1^{+\infty} \dfrac{1}{x^3} dx$； (2) $\int_0^{+\infty} x e^{-x^2} dx$；

(3) $\int_e^{+\infty} \dfrac{\ln x}{x} dx$； (4) $\int_{-\infty}^0 \dfrac{x}{1+x^2} dx$；

(5) $\int_{-\infty}^0 e^x dx$； (6) $\int_{-\infty}^{+\infty} \cos x dx.$

2. 下列广义积分是否收敛，若收敛，求出它的值.

(1) $\int_0^1 \dfrac{1}{\sqrt{x}}\mathrm{d}x$;　　　　(2) $\int_0^{\frac{\pi}{2}} \dfrac{1}{\sin x}\mathrm{d}x$;

(3) $\int_0^2 \dfrac{1}{(1-x)^2}\mathrm{d}x$;　　(4) $\int_0^1 \dfrac{x}{\sqrt{1-x^2}}\mathrm{d}x$;

(5) $\int_1^e \dfrac{1}{x\ln x}\mathrm{d}x$;　　　(6) $\int_0^1 \dfrac{x}{\sqrt{1-x}}\mathrm{d}x$.

§5.5　定积分的应用

前面从实际问题引入定积分的概念,讨论了定积分的性质和计算,本节将介绍定积分在几何、物理及经济上的一些具体应用.

5.5.1　定积分的微元法

定积分的应用非常广泛,生活中经常采用微元法,把实际问题抽象为定积分问题.由第一节的引例(曲边梯形的面积和变速直线运动的路程)分析可知,用定积分表达某个量 A 的具体步骤可分三步:

(1)"选变量".选取一个变量,确定它的变化区间 $[a,b]$;

(2) "求微元".把区间 $[a,b]$ 分成 n 个小区间,记为 $[x,x+\mathrm{d}x]$,小区间的长度 $\Delta x=\mathrm{d}x$,则所求量 A 对应于小区间 $[x,x+\mathrm{d}x]$ 的部分量 ΔA 的近似值为:

$$\Delta A\approx f(x)\mathrm{d}x.$$

把近似值 $f(x)\mathrm{d}x$ 称为量 A 的微元,记作 $\mathrm{d}A=f(x)\mathrm{d}x$.

(3) "作积分".以量 A 的微元 $\mathrm{d}A=f(x)\mathrm{d}x$ 为积分表达式,在区间 $[a,b]$ 上作定积分,便得所求量 A,即

$$A=\int_a^b f(x)\mathrm{d}x.$$

上述方法称为微元法.

5.5.2　定积分的几何应用

1.平面图形的面积

通过微元法可求一些平面图形的面积,归纳为:

(1) 由曲线 $y=f(x)$,直线 $x=a,x=b$ 及 x 轴所围成的曲边梯形的面积为(如图 5.5—1)

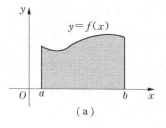

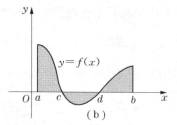

图 5.5—1

$$A = \int_a^b |f(x)| \, dx.$$

(2) 由曲线 $y=f(x)$, $y=g(x)$, 直线 $x=a$, $x=b$ 所围成的平面图形的面积为(如图 5.5—2)

$$A = \int_a^b |f(x)-g(x)| \, dx.$$

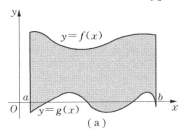 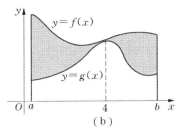

图 5.5—2

(3) 由曲线 $x=\varphi(y)$, 直线 $y=c$, $y=d$ 所围成的平面图形的面积为(如图 5.5—3)

$$A = \int_c^d |\varphi(y)| \, dy.$$

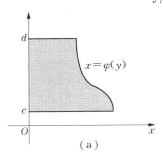 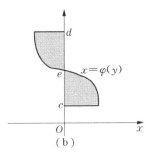

图 5.5—3

(4) 由曲线 $x=\varphi(y)$, $x=\psi(y)$, 直线 $y=c$, $y=d$ 所围成的平面图形的面积为(如图 5.5—4)

$$A = \int_c^d |\psi(y)-\varphi(y)| \, dy.$$

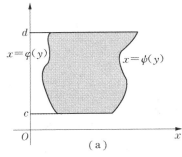 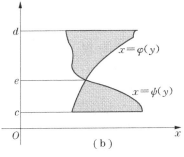

图 5.5—4

例 1 求曲线 $y=e^x$, $y=e^{-x}$ 与直线 $x=1$ 所围成的图形.

解：如图 5.5-5，求出曲线与直线的交点，确定积分区间.

解方程组 $\begin{cases} y=e^x, \\ y=e^{-x}, \\ x=1, \end{cases}$ 得交点为 $(0,1)$，$(1,e^{-1})$ 及 $(1,e)$，选取 x 为积分变

量，此时 $0 \leqslant x \leqslant 1$，故所求面积为

$$A = \int_0^1 (e^x - e^{-x}) dx = (e^x + e^{-x}) \Big|_0^1 = e + e^{-1} - 2.$$

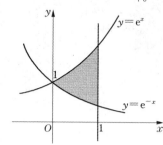

图 5.5-5

例 2 求抛物线 $y^2=2x$ 与直线 $y=x-4$ 所围成的图形的面积.

解：如图 5.5-6，先解方程组 $\begin{cases} y^2=2x, \\ y=x-4, \end{cases}$ 求出交点为 $(2,-2)$，$(8,4)$，

选取 y 为积分变量，此时 $-2 \leqslant y \leqslant 4$，故所求面积为

$$A = \int_{-2}^4 \left[(y+4) - \frac{1}{2} y^2 \right] dy = \left(\frac{1}{2} y^2 + 4y - \frac{1}{6} y^3 \right) \Big|_{-2}^4 = 18.$$

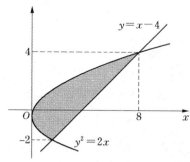

图 5.5-6

2. 旋转体的体积

旋转体就是由一个平面图形绕这个平面内的一条直线旋转一周所成的立体，这条直线称为旋转轴. 常见的旋转体有圆柱、圆锥、圆台、球体等.

通过微元法可求出旋转体的体积，归纳为：

(1) 设立体是由连续曲线 $y=f(x)$，直线 $x=a$，$x=b$ 及 x 轴所围成的平面图形绕 x 轴旋转而得的旋转体(如图 5.5-7)，则所求体积为

$$V = \int_a^b \pi f^2(x)\mathrm{d}x = \pi \int_a^b f^2(x)\mathrm{d}x.$$

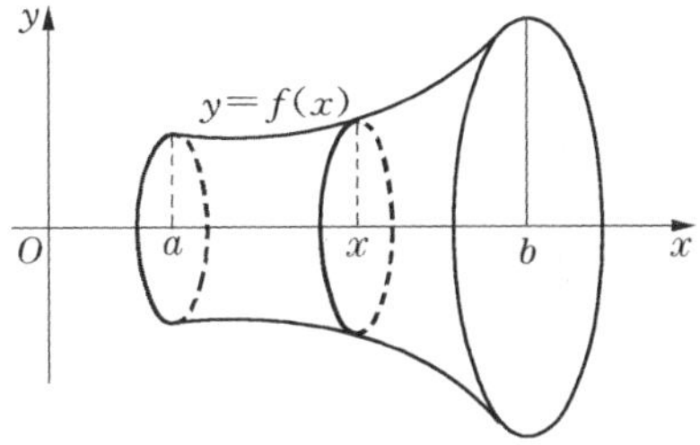

图 5.5－7

（2）设立体是由曲线 $y=f(x),y=g(x)$（$f(x) \geqslant g(x)$）及直线 $x=a$，$x=b$ 所围成的平面图形（如图 5.5－8）绕 x 轴旋转而得的旋转体，则所求体积为

$$V = \pi \int_a^b \left[f^2(x) - g^2(x) \right] \mathrm{d}x.$$

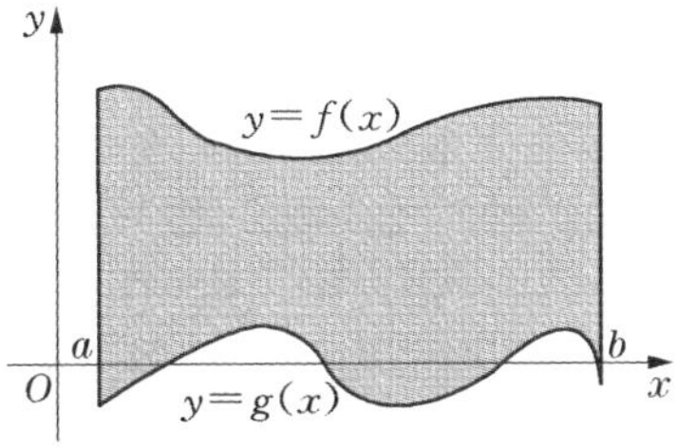

图 5.5－8

（3）设立体是由连续曲线 $x=\varphi(y)$，直线 $y=c,y=d$ 及 y 轴所围成的平面图形绕 y 轴旋转而得的旋转体（如图 5.5－9），则所求体积为

$$V = \int_c^d \pi \varphi^2(y)\mathrm{d}y = \pi \int_c^d \varphi^2(y)\mathrm{d}y.$$

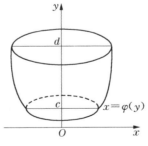

图 5.5－9

（4）设立体是由连续曲线 $x=\varphi(y),x=\psi(y)$（$\psi(y) \geqslant \varphi(y)$）及直线 $y=c,y=d$ 所围成的平面图形（如图 5.5－10）绕 y 轴旋转而得的旋转体，则所求体积为

$$V=\pi\int_c^d \left[\psi^2(y)-\varphi^2(y)\right]\mathrm{d}y.$$

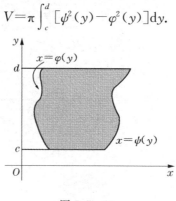

图 5.5—10

例 3　求由曲线 $y=x^2$ 与 $y^2=x$ 所围成的图形绕 x 轴旋转一周所生成的旋转体的体积.

解：如图 5.5—11，曲线 $y=x^2$ 与 $y^2=x$ 交点坐标为 $(0,0)$ 和 $(1,1)$，积分区间为 $[0,1]$，故所求体积为

$$V=\pi\int_0^1 (x-x^4)\mathrm{d}x=\pi\left(\frac{x^2}{2}-\frac{x^5}{5}\right)\Big|_0^1=\frac{3}{10}\pi.$$

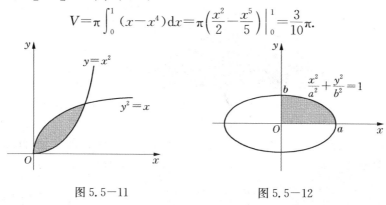

图 5.5—11　　　　　　　　　　　图 5.5—12

例 4　求椭圆 $\dfrac{x^2}{a^2}+\dfrac{y^2}{b^2}=1$ 分别绕 x 轴和 y 轴旋转一周所形成的旋转体的体积.

解：如图 5.5—12，由于图形关于坐标轴对称，所以只需考虑其在第一象限内的曲边梯形绕坐标轴旋转一周所形成的旋转体的体积即可. 由椭圆的方程 $\dfrac{x^2}{a^2}+\dfrac{y^2}{b^2}=1$ 得 $y=\pm\dfrac{b}{a}\sqrt{a^2-x^2}$，取 $y=\dfrac{b}{a}\sqrt{a^2-x^2}$，则绕 x 轴旋转一周所形成的旋转体的体积为

$$V_x=2\pi\int_0^a y^2\mathrm{d}x=2\pi\int_0^a \frac{b^2}{a^2}(a^2-x^2)\mathrm{d}x$$

$$=2\pi\cdot\frac{b^2}{a^2}\left(a^2 x-\frac{1}{3}x^3\right)\Big|_0^a=\frac{4}{3}\pi ab^2,$$

绕 y 轴旋转一周所形成的旋转体的体积为

$$V_y = 2\pi \int_0^b x^2 \mathrm{d}y = 2\pi \int_0^b \frac{a^2}{b^2}(b^2 - y^2)\mathrm{d}y$$

$$= 2\pi \cdot \frac{a^2}{b^2}\left(b^2 y - \frac{1}{3}y^3\right)\Big|_0^b = \frac{4}{3}\pi a^2 b.$$

5.5.3　定积分的物理应用

定积分在物理学的应用相当广泛,例如求变速直线运动的路程,物体的变力做功,静水的压力等等.下面举例说明.

1. 变力沿直线所做的功

例 5　设某物体受到变力 $F(x)$ 的作用,沿直线 Ox 运动,由点 a 移至点 b 时,求 $F(x)$ 所做的功(如图 5.5-13).

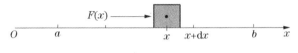

图 5.5-13

解:用微元法求此变力所做的功.

取 x 为积分变量,在 $[a,b]$ 上任取一个小区间 $[x,x+\mathrm{d}x]$,与它对应的变量所做的功近似看作恒力 $F(x)$ 所做的功,从而得到功的微元

$$\mathrm{d}W = F(x)\mathrm{d}x,$$

于是变力在 $[a,b]$ 上所做的功为

$$W = \int_a^b F(x)\mathrm{d}x.$$

2. 静水的压力

例 6　一截面为圆的水管,直径为 8m,水平放置,里面的水恰好半满,求水管的竖立闸门上所受的压力.

解:闸门为一圆面,建立直角坐标系如图 5.5-14,则圆的方程为 $x^2 + y^2 = 16$,根据对称性只需求 x 轴右边闸门所受的压力,此时圆的方程是 $y = \sqrt{16 - x^2}$,故得到闸门所受的压力是:

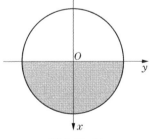

$$F = 2\rho g \int_0^4 x\sqrt{16 - x^2}\,\mathrm{d}x$$

$$= 2\rho g \left[-\frac{1}{3}(16 - x^2)^{\frac{3}{2}}\right]\Big|_0^4 = \frac{128}{3}\rho g.$$

图 5.5-14

5.5.4　定积分的经济应用

随着社会的快速发展,定积分在经济领域中应用越来越广泛,下面举例说明.

1. 由边际函数求原经济函数

例 7　已知某产品的总产量的变化率为 $\dfrac{\mathrm{d}Q}{\mathrm{d}t} = 50 + 16t - \dfrac{3}{2}t^2$(千克/天),

求从第 4 天到第 10 天的总产量.

解：由已知可得,所求的总产量为

$$Q = \int_4^{10} \frac{dQ}{dt} dt = \int_4^{10} \left(50 + 16t - \frac{3}{2}t^2\right) dt = \left(50t + 8t^2 - \frac{1}{2}t^3\right)\Big|_4^{10}$$
$$= (500 + 800 - 500) - (200 + 128 - 32) = 504 \text{ (千克)},$$

故从第 4 天到第 10 天的产品总产量为 504 千克.

例 8 已知某产品的边际成本为 $C'(q) = 18 - 5q$,固定成本为 $C_0 = 15$,边际收入为 $R'(q) = 32 - 3q$,求当 $q = 7$ 时的纯利润.

解：边际利润为

$$L'(q) = R'(q) - C'(q) = (32 - 3q) - (18 - 5q) = 14 + 2q,$$

当 $q = 7$ 时的毛利润为

$$\int_0^7 L'(q) dq = \int_0^7 (14 + 2q) dq = (14q + q^2)\Big|_0^7 = 147,$$

故当 $q = 7$ 时的纯利润为

$$L(7) = \int_0^7 L'(q) dq - C_0 = 147 - 15 = 132.$$

2. 由边际函数求最优化问题

例 9 设生产某产品的边际成本函数为 $C'(q) = 4 + \frac{q}{4}$(万元/万台),边际收入函数为 $R'(q) = 9 - q$(万元/万台),其中产量 q 的单位为万台,试求：

(1) 当产量由 3 万台增加到 4 万台时利润的变化量；

(2) 当产量由 4 万台增加到 5 万台时利润的变化量；

(3) 当产量为多少时利润最大；

(4) 若固定成本为 1 万元,求总成本函数和利润函数.

解：边际利润为

$$L'(q) = R'(q) - C'(q) = (9 - q) - \left(4 + \frac{q}{4}\right) = 5 - \frac{5}{4}q,$$

则 (1) $L(4) - L(3) = \int_3^4 L'(q) dq = \int_3^4 \left(5 - \frac{5}{4}q\right) dq = \left(5q - \frac{5}{8}q^2\right)\Big|_3^4 = \frac{5}{8}$；

(2) $L(5) - L(4) = \int_4^5 L'(q) dq = \int_4^5 \left(5 - \frac{5}{4}q\right) dq$

$$= \left(5q - \frac{5}{8}q^2\right)\Big|_4^5 = -\frac{5}{8};$$

(3) 令 $L'(q) = 5 - \frac{5}{4}q = 0$,解得 $q = 4$(万台),

即产量为 4 万台时利润最大.

(4) 总成本函数为

$$C(q) = \int_0^q C'(q) dq + C_0 = \int_0^q \left(4 + \frac{q}{4}\right) dq + 1 = 4q + \frac{1}{8}q^2 + 1,$$

利润函数为

$$L(q) = \int_0^q L'(q) dq - C_0 = \int_0^q \left(5 - \frac{5}{4}q\right) dq - 1 = 5q - \frac{5}{8}q^2 - 1.$$

习题 5.5

1. 求下列平面图形的面积：
   (1) 曲线 $y=x^2$ 与直线 $y=2x$ 所围成的图形；
   (2) 曲线 $xy=1$ 与直线 $y=x,y=2$ 所围成的图形；
   (3) 曲线 $y=x^2$ 与 $y=2-x^2$ 所围成的图形；
   (4) 曲线 $y=x^2$ 与 $x=y^2$ 所围成的图形；
   (5) 曲线 $y=2x-x^2$ 与直线 $x+y=0$ 所围成的图形；
   (6) 曲线 $y=\ln x$ 与直线 $x=e$ 及 x 轴所围成的图形.

2. 求下列平面图形分别绕 x 轴，y 轴旋转产生的立体的体积：
   (1) 在区间 $[0,\pi]$ 上，曲线 $y=\sin x$ 与直线 $y=0$ 所围成的图形；
   (2) 曲线 $y=\sqrt{x}$ 与直线 $x=1,x=4,y=0$ 所围成的图形；
   (3) 曲线 $y=2\sqrt{x}$ 与直线 $x=1$ 及 $y=0$ 所围成的图形；
   (4) 曲线 $y=\ln x$ 与直线 $x=1,x=e$ 及 $y=0$ 所围成的图形.

3. 已知弹簧每拉长 0.01m，要用 5N 的功，求把弹簧拉长 0.2m 所做的功.

4. 设某厂生产某产品的边际成本为产量的函数为 $C'(q)=q^2-4q+6$，固定成本为 $C_0=200$ 百元，且每单位的售价为 146 百元，假定生产的产品全部售出，试求：
   (1) 总成本函数；
   (2) 产量由 2 个单位增加到 4 个单位时的成本变化量；
   (3) 产量为多少时，总利润最大，最大利润是多少？

自测题 5

一、填空题：

1. 若 $\displaystyle\int_{\pi}^{x} f(t)\,dt=\sin^2(\pi-x)$，则 $f(x)=$ _____；

2. $\displaystyle\lim_{x\to 0}\frac{\displaystyle\int_0^{x^2}\cos t\,dt}{2x^2}=$ _____；

3. $\displaystyle\int_{-\frac{\pi}{2}}^{\frac{\pi}{2}}(x\cos x^2+\sin^3 x)\,dx=$ _____；

4. $\displaystyle\int_{-1}^{1} e^{|x|}\,dx=$ _____；

5. $\displaystyle\frac{d}{dx}\int_0^{\pi} t\sin t\,dt=$ _____；

6. 函数 $y=\ln x$ 在区间 $[1,e]$ 上的平均值为 _____；

7. $\int_0^1 \dfrac{x^2}{1+x^2}\mathrm{d}x=$ _____ ;

8. $\int_1^{+\infty} \dfrac{1}{x^2}\mathrm{d}x=$ _____ ;

9. 若 $\int_{-\infty}^{+\infty} \dfrac{k}{1+x^2}\mathrm{d}x$,则常数 $k=$ _____ ;

10. 曲线 $y=x^2$ 与直线 $y=x$ 所围成的图形面积为 _____ .

二、选择题：

1. 函数 $f(x)$ 在区间 $[a,b]$ 上连续是它在该区间可积的(　　);

    A. 必要条件　　　B. 充分条件　　　C. 充要条件　　　　D. 无关条件

2. 下列式子正确的是(　　);

    A. $\int_0^1 x\mathrm{d}x<\int_0^1 x^2\mathrm{d}x$ 　　　　　　B. $\int_0^1 x\mathrm{d}x>\int_0^1 x^2\mathrm{d}x$

    C. $\int_1^2 \ln x\mathrm{d}x<\int_1^2 \ln^2 x\mathrm{d}x$ 　　　　D. $\int_3^4 \ln x\mathrm{d}x>\int_3^4 \ln^2 x\mathrm{d}x$

3. $\dfrac{\mathrm{d}}{\mathrm{d}x}\int_a^x \dfrac{\sin t}{t}\mathrm{d}t=$ (　　);

    A. $\dfrac{\sin t}{t}$ 　　　　　B. $\dfrac{\sin a}{a}$ 　　　　　C. $\dfrac{\sin x}{x}$ 　　　　　D. 0

4. $\lim\limits_{x\to 0} \dfrac{\int_0^x \tan t\mathrm{d}t}{x^2}=$ (　　);

    A. 0 　　　　　　B. $\dfrac{1}{2}$ 　　　　　C. 1 　　　　　D. 2

5. 设 $\int_0^x f(t)\mathrm{d}t=a^{3x}$,则 $f(x)=$ (　　);

    A. $3a^{3x}$ 　　　　B. $a^{3x}\ln a$ 　　　C. $3xa^{3x-1}$ 　　　D. $3a^{3x}\ln a$

6. $\int_1^3 x|2-x|\mathrm{d}x=$ (　　);

    A. -2 　　　　　B. 0 　　　　　C. 1 　　　　　D. 2

7. $\int_{-\frac{\pi}{2}}^{\frac{\pi}{2}} \sin^2 x\mathrm{d}x=$ (　　);

    A. 0 　　　　　　B. $\dfrac{\pi}{4}$ 　　　　　C. $\dfrac{\pi}{2}$ 　　　　　D. π

8. 设函数 $f(x)$ 在区间 $[a,b]$ 上连续,则在 $[a,b]$ 上至少存在一点 ξ ,使得 $\int_a^b f(x)\mathrm{d}x=$ (　　);

    A. $f(\xi)$ 　　　　B. $f'(\xi)$ 　　　C. $f'(\xi)(b-a)$ 　　D. $f(\xi)(b-a)$

9. 下列广义积分收敛的(　　);

    A. $\int_1^{+\infty} \dfrac{1}{x^2}\mathrm{d}x$ 　　B. $\int_1^{+\infty} \sin x\mathrm{d}x$ 　C. $\int_1^{+\infty} \ln x\mathrm{d}x$ 　D. $\int_1^{+\infty} \mathrm{e}^x\mathrm{d}x$

10. 下列广义积分发散的(　　).

A. $\int_1^{+\infty} \dfrac{1}{x^3} \mathrm{d}x$　　B. $\int_1^{+\infty} \dfrac{1}{\sqrt{x}} \mathrm{d}x$　　C. $\int_0^1 \dfrac{1}{\sqrt{x}} \mathrm{d}x$　　D. $\int_0^1 \dfrac{1}{\sqrt[3]{x}} \mathrm{d}x$

三、计算下列定积分：

1. $\displaystyle\int_0^{\frac{\pi}{2}} \cos^2 \dfrac{x}{2} \mathrm{d}x$；　　　　2. $\displaystyle\int_{-1}^2 |1-x^2| \mathrm{d}x$；

3. $\displaystyle\int_1^e \dfrac{1}{x(2x+1)} \mathrm{d}x$；　　4. $\displaystyle\int_0^1 \mathrm{e}^x (1-\mathrm{e}^x)^3 \mathrm{d}x$；

5. $\displaystyle\int_0^{\frac{\pi}{2}} \sqrt{1-\sin 2x} \, \mathrm{d}x$；　　6. $\displaystyle\int_0^1 \dfrac{\mathrm{e}^x}{1+\mathrm{e}^{2x}} \mathrm{d}x$；

7. $\displaystyle\int_0^{\frac{\pi}{2}} \dfrac{1+\cos x}{x+\sin x} \mathrm{d}x$；　　8. $\displaystyle\int_0^{\pi} \sqrt{1+\cos 2x} \, \mathrm{d}x$；

9. $\displaystyle\int_0^1 \dfrac{1}{\sqrt{4-x^2}} \mathrm{d}x$；　　10. $\displaystyle\int_1^{\sqrt{3}} \dfrac{1}{x^2 \sqrt{x^2+1}} \mathrm{d}x$；

11. $\displaystyle\int_{-\pi}^{\pi} x^3 \cos^2 x \, \mathrm{d}x$；　　12. $\displaystyle\int_0^{\frac{\pi}{2}} x^2 \sin x \, \mathrm{d}x$；

13. $\displaystyle\int_0^1 x^2 \mathrm{e}^{-x} \mathrm{d}x$；　　14. $\displaystyle\int_0^{\frac{\pi}{4}} \dfrac{x}{\cos^2 x} \mathrm{d}x$；

15. $\displaystyle\int_0^1 \arcsin x \, \mathrm{d}x$；　　16. $\displaystyle\int_1^e \sin(\ln x) \mathrm{d}x$.

四、求下列平面图形的面积：

1. 曲线 $y^2 = 2x$ 与直线 $y = x-4$ 所围成的图形；

2. 曲线 $xy = 2$ 与直线 $y = 3-x$ 所围成的图形；

3. 曲线 $y = \sin x$，$y = \cos x$ 与直线 $x = 0$，$x = \dfrac{\pi}{2}$ 所围成的图形；

4. 曲线 $y^2 = \pi x$ 与曲线 $x^2 + y^2 = 2\pi^2$ 所围成的图形.

五、求下列旋转体的体积：

1. 由曲线 $y = 1-x^2$ 与 x 轴围成的图形绕 x 轴旋转而成的旋转体体积；

2. 由曲线 $(x-5)^2 + y^2 = 16$ 所围成的图形绕 y 轴旋转而成的旋转体体积.

六、有一圆锥形蓄水池，池口直径为 20m，池深 15m，池中盛满了水，要把池中的水全部抽出池外，需做多少功？

七、设某厂生产某产品的固定成本为 100 万元，生产 x 百台的边际成本为 $C'(x) = 2-x$ 万元，边际收益 $R'(x) = 200-4x$ 万元，试求：

1. 生产量为多少百台时，总利润最大？

2. 在总利润最大的基础上再生产 10 百台，总利润将减少多少？

第6章 多元函数微分学

在前面各章中,所研究的函数都只有一个自变量,简称为一元函数. 但在许多实际问题中,所遇到的大多是有两个或者两个以上自变量的函数,统称为多元函数. 多元函数是一元函数的推广,因此它还保留着一元函数的许多性质. 一元函数微分学的许多概念和定理都能相应的推广到多元函数上来. 但由于多元函数的自变量由一个增加到多个,所以多元函数微分学和一元函数微分学二者之间也有一些差异之处. 因此,读者在学习多元函数微分学的时候,要将有关内容和一元函数微分学联系起来学习,既要找到两者共同之处,也要比较两者的不同之处,以便加深理解.

在微积分中,三元以上的多元函数研究方法与二元函数类似,本章主要讨论二元函数.

6.1 多元函数的概念

一元函数的定义域是实数轴上点集;二元函数的定义域是坐标系上点集. 所以在讨论二元函数之前,有必要先了解关于平面点集的一些简单基本概念.

6.1.1 平面点集

由平面解析几何知道,当在平面上确定了一个坐标系后,所有有序实数对 (x,y) 与平面上所有点之间建立了一一对应关系. 这种确定了坐标系的平面称为坐标平面. 坐标平面上满足某种条件 P 的点的集合,称为平面点集,记作

$$E=\{(x,y)\,|\,(x,y)\text{满足条件}\ P\}.$$

例如,全平面上的点组成的点集是

$$R^2=\{(x,y)\,|\,-\infty<x<+\infty,-\infty<y<+\infty\}. \tag{1}$$

平面上以原点为中心,r 为半径的圆内所有点集是

$$C=\{(x,y)\,|\,x^2+y^2<r^2\}. \tag{2}$$

一矩形及其内部所有点集是

$$S=\{(x,y)\,|\,a\leqslant x\leqslant b,c\leqslant y\leqslant d\}. \tag{3}$$

1. 邻域

定义 6.1.1 以点 $P(x_0,y_0)$ 为心,以任意 $\delta>0$ 为半径的圆内的所有点 (x,y),即

$$\{(x,y)\,|\,(x-x_0)^2+(y-y_0)^2<\delta^2\}$$

称为点 $P(x_0,y_0)$ 的 δ(圆形)邻域,记为 $U(P,\delta)$ 或 $U(P)$. 以点 $P(x_0,y_0)$ 为心,以任意 $2\delta>0$ 为边长的正方形内的所有点 (x,y),即

$$\{(x,y)\mid |x-x_0|<\delta, |y-y_0|<\delta\}$$

称为点 $P(x_0, y_0)$ 的 δ(方形)邻域,记为 $U(P, \delta)$ 或 $U(P)$. 如图 6.1−1.

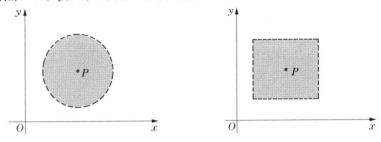

图 6.1−1

这两种邻域只是形式的不同,没有本质的区别.因为点 P 的任意一个圆形邻域都可以包含在点 P 的某一个方形邻域内(反之亦然).因此,通常用"点 P 的 δ 邻域"或者"点 P 的邻域"来泛指这两种形式的邻域.

点 $P(x_0, y_0)$ 的 δ 邻域 $U(P, \delta)$ 内去掉点 P,即

$$\{(x,y)\mid 0<(x-x_0)^2+(y-y_0)^2<\delta^2\}$$

或者

$$\{(x,y)\mid |x-x_0|<\delta, |y-y_0|<\delta, (x,y)\neq(x_0,y_0)\}$$

就是点 $P(x_0, y_0)$ 的空心邻域,并记为 $\mathring{U}(P, \delta)$ 或 $\mathring{U}(P)$.

下面用邻域来描述点与点集之间的关系.

设 E 是平面点集, P 是平面上一点.

(i) 内点:若存在点 P 的某邻域 $U(P)$,使得 $U(P) \subset E$,则称点 P 是点集 E 的内点.

(ii) 外点:若存在点 P 的某邻域 $U(P)$,使得 $U(P) \bigcap E = \varnothing$,则称点 P 是点集 E 的外点.

(iii) 界点:若点 P 的任何邻域内既有属于 E 的点,又有不属于 E 的点,则称点 P 是点集 E 的界点. E 的全体界点构成 E 的边界,记为 ∂E.

E 的内点属于 E;外点不属于 E;界点可能属于 E,可能不属于 E.

点 P 与点集 E 上述关系是按照"点 P 在点集 E 内部还是在点集 E 外部"区分.此外,还可按照在点 P 的近旁是否密集着点集 E 中无数个点情况,可以构成另一类关系:

(i) 聚点:若点 P 的任意空心邻域内都含有 E 中的点,则称点 P 是点集 E 的聚点.

(ii) 孤立点:若存在某一正数 $\delta>0$,使得 $\mathring{U}(P, \delta) \bigcap E = \varnothing$,则称点 P 是点集 E 的孤立点.

孤立点必为界点;内点和非孤立的界点一定是聚点;既不是聚点,又不是孤立点,则必为外点.

2. 开集

若 E 的每一个点都是 E 的内点,则称 E 为开集.例如在 R^1 中任意开

区间(a,b)是开集，$\{(x,y)\mid x^2+y^2<1\}$是开集.

3. 闭集

若E的每一个聚点都属于E，则称E为闭集. 例如在R^1中任意闭区间$[a,b]$和$\{(x,y)\mid x^2+y^2\leqslant1\}$是闭集.

注意：存在非开非闭集，比如圆环$E=\{(x,y)\mid1\leqslant(x-1)^2+(y+2)^2<2\}$.

4. 区域

如果开集中任意两点，均可用含于此开集中的折线相连接，则称此开集为区域. 区域连同它的边界一起称为闭区域.

如前面的(1)、(2)、(3)都是区域，而且(1)、(2)为开集，(3)为闭区域.

6.1.2　二元函数

定义 6.1.2　设平面点集$D\subset R^2$，若按照某种对应法则f，对D中每一点$P(x,y)$都有唯一确定实数z与之对应，则称f为定义在D上的二元函数，记作$f:D\to R$.

这时，D称为f的定义域；$f(D)=\{z\in R\mid z=f(x,y),P(x,y)\in D\}$称为$f$的值域；通常还把$P$的坐标$(x,y)$称为$f$的自变量.

二元函数主要用解析法表示，通常写成二元显函数$z=f(x,y)$或二元隐函数$f(x,y,z)=0$形式. 但图示法对学习、理解二元函数微积分很有帮助，二元函数图形是空间一张曲面. 例如，函数$z=2x+5y$的图像是R^3中一个平面，定义域是R^2，值域是R. 函数$z=\sqrt{1-(x^2+y^2)}$的图像是以原点为中心的单位球面的上半部分，定义域是单位圆域$\{(x,y)\mid x^2+y^2\leqslant1\}$，值域是$[0,1]$.

6.1.3　多元函数

所有n个有序实数组$(x_1,x_2,\cdots,x_n)$的全体称为n维向量空间，记作R^n. 其中每个有序实数组$(x_1,x_2,\cdots,x_n)$称为R^n中的一个点，n个实数$x_1,x_2,\cdots,x_n$是这个点的坐标.

设E为R^n中点集，若有某个对应法则f，使得E中每一点$P(x_1,x_2,\cdots,x_n)$都有唯一的一个实数y与之对应，则称f为定义在E上的n元函数，记作

$$f:E\to R.$$

也常把n元函数简写成

$$y=f(x_1,x_2,\cdots,x_n),\quad(x_1,x_2,\cdots,x_n)\in E,$$

或

$$y=f(P),\quad P\in E.$$

6.1.4　二元函数的极限

定义 6.1.3　设f为定义在$D\subset R^2$上的二元函数，P_0为D的一个聚点，A是一个确定的实数. 若对任意给定的正数ε，总存在某个正数δ，使得

对 $P \in D$ 且满足 $0 < |P - P_0| < \delta$（或者 $P \in \mathring{U}(P_0, \delta) \bigcap D$）时，都有

$$|f(x, y) - A| < \varepsilon$$

成立，则称二元函数 f 在 D 上当 $P \to P_0$ 时存在极限，极限是 A，记作

$$\lim_{P \to P_0} f(x, y) = A.$$

如果 P 和 P_0 分别用坐标 (x, y)，(x_0, y_0) 表示时，那么二元函数 $f(x, y)$ 在点 $P_0(x_0, y_0)$ 极限为 A，可表示为：

对任意 $\varepsilon > 0$，存在 $\delta > 0$，使得 $0 < |x - x_0| < \delta, 0 < |y - y_0| < \delta$ 时，有

$$|f(x, y) - A| < \varepsilon.$$

也记作

$$\lim_{\substack{x \to x_0 \\ y \to y_0}} f(x, y) = A \quad 或 \quad \lim_{(x, y) \to (x_0, y_0)} f(x, y) = A.$$

注：1. 表面上看，二元函数极限定义同一元函数极限定义类似，但 $(x, y) \to (x_0, y_0)$ 的方式极为复杂！(x, y) 可以沿着任何路径以任意方式趋于 (x_0, y_0)。而对于一元函数极限只要求 x 在 x_0 左侧或右侧沿直线趋于 x_0 即可。

2. 如果函数 $f(x, y)$ 在点 $P(x_0, y_0)$ 存在极限，则动点 $P(x, y)$ 沿任意路径（注意"任意"二字）无限趋近于 $P(x_0, y_0)$，二元函数 $f(x, y)$ 都存在极限，并且极限均相同。反之，如果动点 $P(x, y)$ 沿两条不同的路径无限趋近于 $P(x_0, y_0)$，二元函数 $f(x, y)$ 有不同的"极限"，就说 $(x, y) \to (x_0, y_0)$ 时 $f(x, y)$ 极限不存在，这也为后面讨论 $f(x, y)$ 极限不存在提供了理论基础。

例 1　证明：函数 $\lim\limits_{(x, y) \to (0, 0)} \left(x \cdot \sin \dfrac{1}{y} + y \cdot \sin \dfrac{1}{x} \right) = 0$。

证明：对 $\forall \varepsilon > 0$，

$$|f(x, y) - 0| = \left| x \sin x \frac{1}{y} + y \sin \frac{1}{x} \right| \leqslant \left| x \sin x \frac{1}{y} \right| + \left| y \sin \frac{1}{x} \right| \leqslant |x| + |y|.$$

于是，对任意给定 $\varepsilon > 0$，只要取 $\delta = \dfrac{\varepsilon}{2}$，那么当 $0 < |x - 0| < \delta, 0 < |y - 0| < \delta$ 时，

$$|f(x, y) - 0| \leqslant |x| + |y| < \delta + \delta = \frac{\varepsilon}{2} + \frac{\varepsilon}{2} = \varepsilon,$$

故 $\lim\limits_{(x, y) \to (0, 0)} \left(x \cdot \sin \dfrac{1}{y} + y \cdot \sin \dfrac{1}{x} \right) = 0$。

例 2　讨论 $\lim\limits_{(x, y) \to (0, 0)} \dfrac{x^2 \cdot y}{x^4 + y^2}$（$(x, y) \neq (0, 0)$）是否存在？

解：当 (x, y) 沿任意直线 $y = kx$ 趋于 $(0, 0)$ 时，

$$\lim_{\substack{x \to 0 \\ y = kx}} \frac{x^2 \cdot y}{x^4 + y^2} = \lim_{\substack{x \to 0 \\ y = kx}} \frac{kx^3}{x^4 + k^2 x^2} = \lim_{\substack{x \to 0 \\ y = kx}} \frac{kx}{x^2 + k^2} = 0.$$

而 (x, y) 沿抛物线 $y = x^2$ 趋于 $(0, 0)$ 时，

$$\lim_{\substack{x \to 0 \\ y=x^2}} \frac{x^2 \cdot y}{x^4+y^2} = \lim_{\substack{x \to 0 \\ y=x^2}} \frac{x^4}{x^4+x^4} = \frac{1}{2},$$

故 $\lim\limits_{(x,y) \to (0,0)} \dfrac{x^2 \cdot y}{x^4+y^2}$ 不存在.

6.1.5 二元函数的极限求法

(1) 定义法.(参见例1)

(2) 利用连续函数定义来求.二元函数若连续(参见下面二元函数的连续性),则极限值等于该点函数值.

例3 求 $\lim\limits_{(x,y) \to (1,1)} (x^3+3xy-2y)$.

解:因为函数 $z=x^3+3xy-2y$ 在全平面上连续,所以

$$\lim_{(x,y) \to (1,1)} (x^3+3xy-2y)=1^3+3 \times 1 \times 1-2 \times 1=2.$$

(3) 变量代换法.化二元函数极限为一元函数的极限.

例4 求 $\lim\limits_{(x,y) \to (0,0)} \dfrac{\sin(x^4+y^2)}{x^4+y^2}$.

解:令 $t=x^4+y^2$,且当 $(x,y) \to (0,0)$ 时,$t \to 0$,于是

$$\lim_{(x,y) \to (0,0)} \frac{\sin(x^4+y^2)}{x^4+y^2} = \lim_{t \to 0} \frac{\sin t}{t}=1.$$

(4) 有理化法.

例5 求 $\lim\limits_{(x,y) \to (0,0)} \dfrac{x^2-y^2}{\sqrt{x-y+9}-3}$.

解:
$$\lim_{(x,y) \to (0,0)} \frac{x^2-y^2}{\sqrt{x-y+9}-3} = \lim_{(x,y) \to (0,0)} \frac{(x^2-y^2)(\sqrt{x-y+9}+3)}{x-y}$$
$$= \lim_{(x,y) \to (0,0)} (x+y)(\sqrt{x-y+9}+3)=0.$$

(5) 运用"夹逼定理".

例6 求 $\lim\limits_{\substack{x \to 0 \\ y \to 0}} \dfrac{x^2 y}{x^2+y^2}$.

解:由于 $0 \leqslant \left| \dfrac{x^2 y}{x^2+y^2} \right| \leqslant \dfrac{|x| \cdot \dfrac{x^2+y^2}{2}}{x^2+y^2} = \dfrac{1}{2}|x|$,而 $\lim\limits_{\substack{x \to 0 \\ y \to 0}} \dfrac{1}{2}|x|=0$,所以根据夹逼定理可得

$$\lim_{\substack{x \to 0 \\ y \to 0}} \left| \frac{x^2 y}{x^2+y^2} \right| =0,$$

故 $\lim\limits_{\substack{x \to 0 \\ y \to 0}} \dfrac{x^2 y}{x^2+y^2}=0.$

6.1.6 二元函数的连续性

1. 二元函数的连续性定义

定义 6.1.4 设 f 为定义在 $D \subset R^2$ 上的二元函数,$P_0 \in D$(或 P_0 是 D

的聚点,或 P_0 是 D 的孤立点). 若对任意给定的正数 ε,总存在某个正数 δ,使得对 $P\in D$ 且满足 $|P-P_0|<\delta$(或者 $P\in U(P_0,\delta)\bigcap D$)时,都有

$$|f(P)-f(P_0)|<\varepsilon,$$

则称 f 关于集合 D 在点 P_0 连续. 在不致误解的情况下,也称 f 在点 P_0 连续. 记为

$$\lim_{P\to P_0}f(P)=f(P_0).$$

若 f 在区域 D 上每一点都连续,则称 f 在区域 D 内连续.

如果 P 和 P_0 分别用坐标 (x,y),(x_0,y_0) 表示时,也常写成 $\displaystyle\lim_{\substack{x\to x_0\\y\to y_0}}f(x,y)$

$=f(x_0,y_0)$ 或 $\displaystyle\lim_{(x,y)\to(x_0,y_0)}f(x,y)=f(x_0,y_0)$.

注:(1) 上述定义等价形式 $\displaystyle\lim_{(x,y)\to(x_0,y_0)}\left[f(x,y)-f(x_0,y_0)\right]=0$. 若令 $\Delta x=x-x_0$,$\Delta y=y-y_0$,称为自变量的改变量. 当 $x\to x_0$,$y\to y_0$ 时有 $\Delta x\to 0$,$\Delta y\to 0$,$f(x,y)-f(x_0,y_0)=f(x_0+\Delta x,y_0+\Delta y)-f(x_0,y_0)$ 为函数 z 的改变量,记为 Δz. 于是有 $\displaystyle\lim_{(\Delta x,\Delta y)\to(0,0)}\Delta z=0$.

(2) 二元函数连续的几何意义就是它的图形为连续曲面,即曲面上既没有"洞"也没有断裂.

2. 二元函数的连续性有关结论

(1)基本初等二元函数在其定义域内连续.

(2)基本初等二元函数通过四则运算(除法运算分母不为零)形成的函数仍是连续的.

(3)二元连续函数的复合函数仍是连续的.

例 7　讨论下列函数的连续性..

(1) $f(x,y)=\begin{cases}\dfrac{2xy}{x^2+y^2}, & (x,y)\neq(0,0),\\ 0, & (x,y)=(0,0);\end{cases}$

(2) $f(x,y)=\begin{cases}(1+x)^{\frac{y}{x}}, & x\neq 0,\\ \mathrm{e}^y, & x=0.\end{cases}$

解:(1) 令 $y=kx$,$\displaystyle\lim_{\substack{x\to 0\\y=kx}}\frac{2xy}{x^2+y^2}=\lim_{x\to 0}\frac{2kx^2}{x^2+k^2x^2}=\frac{2k}{1+k^2}$,所以极限 $\displaystyle\lim_{\substack{x\to 0\\y\to 0}}f(x,y)$ 不存在,故函数在 $(0,0)$ 处不连续;

(2) 这是分段函数,在非分段处显然连续.

在分段线 $x=0$ 上取任一点 $(0,y)$ 有

$$\lim_{\substack{\Delta x\to 0\\\Delta y\to 0}}f(0+\Delta x,y+\Delta y)=\lim_{\substack{\Delta x\to 0\\\Delta y\to 0}}(1+\Delta x)^{\frac{y}{\Delta x}}=\mathrm{e}^y=f(0,y),$$

故 $f(x,y)$ 在全平面上连续.

习题 6.1

1. 判断下面平面点集中哪些是开集、闭集、区域? 并分别指出它们的聚点和界点.

(1) $[a,b] \times [c,d)$;　　　　　　(2) $\{(x,y) \mid xy \neq 0\}$;

(3) $\{(x,y) \mid xy = 0\}$;　　　　　　(4) $\{(x,y) \mid y > x^2\}$;

(5) $\{(x,y) \mid x < 2, y < 2, x+y > 2\}$;

(6) $\{(x,y) \mid x^2 + y^2 = 1$ 或 $y = 0, 0 \leqslant x \leqslant 1\}$;

(7) $\{(x,y) \mid x^2 + y^2 \leqslant 1$ 或 $y = 0, 1 \leqslant x \leqslant 2\}$;

(8) $\{(x,y) \mid x, y$ 均为整数$\}$.

2. 求下列函数的定义域:

(1) $z = \sqrt{x^2 - 4} + \sqrt{4 - y^2}$;　　(2) $z = \ln(y^2 - 2x + 1)$;

(3) $z = \sqrt{x - \sqrt{y}}$;　　　　(4) $z = \dfrac{\sqrt{4x - y^2}}{\ln(1 - x^2 - y^2)}$.

3. 求下列极限:

(1) $\lim\limits_{\substack{x \to 1 \\ y \to 0}} \dfrac{\ln(x + e^y)}{\sqrt{x^2 + y^2}}$;　　　　(2) $\lim\limits_{(x,y) \to (0,1)} \dfrac{1 - xy}{x^2 + y^2}$;

(3) $\lim\limits_{(x,y) \to (0,0)} \dfrac{1 + x^2 + y^2}{x^2 + y^2}$;　　(4) $\lim\limits_{(x,y) \to (0,0)} \dfrac{\sin(x^2 + y^2)}{x^2 + y^2}$;

(5) $\lim\limits_{(x,y) \to (0,0)} \dfrac{2 - \sqrt{xy + 4}}{xy}$;　　(6) $\lim\limits_{\substack{x \to 0 \\ y \to 0}} \dfrac{xy}{\sqrt{x^2 + y^2}}$.

4. 证明下列极限不存在:

(1) $\lim\limits_{(x,y) \to (0,0)} \dfrac{x+y}{x-y}$;　　　　(2) $\lim\limits_{\substack{x \to 0 \\ y \to 0}} (1 + xy)^{\frac{1}{x+y}}$.

5. 讨论下列函数在$(0,0)$的连续性:

(1) $f(x,y) = \begin{cases} \dfrac{x \cdot y}{x^2 + y^2}, & x^2 + y^2 \neq 0, \\ 0, & x^2 + y^2 = 0; \end{cases}$

(2) $f(x,y) = \begin{cases} \dfrac{\sin(x \cdot y)}{y}, & y \neq 0, \\ 0, & y = 0. \end{cases}$

6. 设 $f(x,y) = \begin{cases} \dfrac{y e^{\frac{1}{x^2}}}{y^2 e^{\frac{2}{x^2}} + 1}, & x \neq 0, y \text{ 任意}, \\ 0, & x = 0, y \text{ 任意}. \end{cases}$ 讨论 $f(x,y)$ 在$(0,0)$处是否连续?

§6.2 偏导数的概念与计算

6.2.1 二元函数的一阶偏导数定义

二元函数当固定其中一个自变量时(即把该自变量看成常量),它对另一个自变量的导数称为偏导数,现定义如下:

定义 6.2.1 设函数 $z=f(x,y)$ 在区域 D 上有定义,若 $(x_0,y_0)\in D$,且 $f(x,y_0)$ 在 x_0 的某一邻域内有定义,则当

$$\lim_{\Delta x\to 0}\frac{f(x_0+\Delta x,y_0)-f(x_0,y_0)}{\Delta x}$$

存在时,称此极限为函数 $z=f(x,y)$ 在点 (x_0,y_0) 处对 x 的偏导数,记作

$$f_x(x_0,y_0)\quad\text{或}\quad\frac{\partial z}{\partial x}\Big|_{(x_0,y_0)},\quad\text{或}\quad\frac{\partial f}{\partial x}\Big|_{(x_0,y_0)}.$$

同样可以定义极限 $\lim\limits_{\Delta y\to 0}\dfrac{f(x_0,y_0+\Delta y)-f(x_0,y_0)}{\Delta y}$ 为函数 $z=f(x,y)$ 在点 (x_0,y_0) 处对 y 的偏导数,记作

$$f_y(x_0,y_0)\quad\text{或}\quad\frac{\partial z}{\partial y}\Big|_{(x_0,y_0)},\quad\text{或}\quad\frac{\partial f}{\partial y}\Big|_{(x_0,y_0)}.$$

若函数 $z=f(x,y)$ 在区域 D 上每一点 (x,y) 都存在对 x(或对 y)的偏导数,则称函数 $z=f(x,y)$ 在区域 D 存在对 x(或对 y)的偏导数(也简称偏导数).记作

$$f_x(x,y)\text{ 或 }\frac{\partial z}{\partial x}\text{ 或 }\frac{\partial f}{\partial x},\quad f_y(x,y)\text{ 或 }\frac{\partial z}{\partial y}\text{ 或 }\frac{\partial f}{\partial y}.$$

注:1. 这里符号 $\dfrac{\partial}{\partial x},\dfrac{\partial}{\partial y}$ 是偏导数符号(专门用于偏导数计算),于一元函数的导数符号 $\dfrac{\mathrm{d}}{\mathrm{d}x}$ 相仿,但又有差别.

2. 在上述定义中,如果 f 在 (x_0,y_0) 存在关于 x(或 y)的偏导数,则 f 必须在 x_0(或 y_0)的某一邻域内有定义.

3. 二元函数偏导数定义可推广到多元函数中去.

例 1 求函数 $z=f(x,y)=x^3+2x^2y-y^3$ 在点 $(1,3)$ 处关于 x 和 y 的偏导数.

解:欲求函数 f 关于 x 的偏导数,先令 $y=3$,得到以 x 为自变量的函数 $f(x,3)=x^3+6x^2-27$,再求它在 $x=1$ 的导数,即

$$f_x(1,3)=\frac{\mathrm{d}f(x,3)}{\mathrm{d}x}\Big|_{x=1}=\frac{\mathrm{d}(x^3+6x^2-27)}{\mathrm{d}x}\Big|_{x=1}=(3x^2+12x)\Big|_{x=1}=15.$$

同理,函数 f 关于 y 的偏导数为

$$f_y(1,3)=\frac{\mathrm{d}f(1,y)}{\mathrm{d}y}\Big|_{y=3}=\frac{\mathrm{d}(1+2y-y^3)}{\mathrm{d}y}\Big|_{y=3}=(2-3y^2)\Big|_{y=3}=-25.$$

或者分别求出 $f(x,y)$ 对 x 和 y 的偏导函数,

$$f_x(x,y)=3x^2+4xy, \quad f_y(x,y)=2x^2-3y^2.$$

再代入数值,从而 $f_x(1,3)=15$, $f_y(1,3)=-25$.

例2 已知 $z=x^y(x>0)$,求 $\dfrac{\partial z}{\partial x},\dfrac{\partial z}{\partial y}$.

解: $\dfrac{\partial z}{\partial x}=y \cdot x^{y-1}$; （此处 y 为常量时是幂函数）

$\dfrac{\partial z}{\partial y}=x^y \cdot \ln x$. （此处 x 为常量时是指数函数）

注: 对于幂指函数一般用对数法求导.

对 $z=x^y$ 取自然对数得 $\ln z=y \cdot \ln x$,两边关于 x 求导得

$$\frac{1}{z} \cdot \frac{\partial z}{\partial x}=\frac{y}{x},$$

所以 $\dfrac{\partial z}{\partial x}=z \cdot \dfrac{y}{x}=y \cdot x^{y-1}$;两边关于 y 求导得

$$\frac{1}{z} \cdot \frac{\partial z}{\partial y}=\ln x,$$

所以 $\dfrac{\partial z}{\partial y}=z \cdot \ln x=x^y \cdot \ln x$.

由二元函数偏导数定义可知,求偏导数其实就是把一个自变量看成常量而对另一个自变量求导数,因此熟练掌握一元函数的求导才能熟练地求偏导数.

6.2.2 二元函数的二阶偏导数

由于 $z=f(x,y)$ 的偏导数 $f_x(x,y)$,$f_y(x,y)$ 仍是自变量 x 和 y 的函数,如果它们关于 x 和 y 的偏导数也存在,就说 $f(x,y)$ 具有二阶偏导数. 二元函数的二阶偏导数有以下四种情况:

$$f_{xx}(x,y)=\frac{\partial^2 z}{\partial x^2}=\frac{\partial}{\partial x}\left(\frac{\partial z}{\partial x}\right), \quad f_{xy}(x,y)=\frac{\partial^2 z}{\partial x \partial y}=\frac{\partial}{\partial y}\left(\frac{\partial z}{\partial x}\right),$$

$$f_{yx}(x,y)=\frac{\partial^2 z}{\partial y \partial x}=\frac{\partial}{\partial x}\left(\frac{\partial z}{\partial y}\right), \quad f_{yy}(x,y)=\frac{\partial^2 z}{\partial y^2}=\frac{\partial}{\partial y}\left(\frac{\partial z}{\partial y}\right).$$

类似可定义更高阶的偏导数.

二阶和二阶以上偏导数统称高阶偏导数.

例3 求函数 $z=e^{x+2y}$ 的所有二阶偏导数.

解: 由于函数 $z=e^{x+2y}$ 的一阶偏导数是 $\dfrac{\partial z}{\partial x}=e^{x+2y}$, $\dfrac{\partial z}{\partial y}=2e^{x+2y}$. 因此有

$$\frac{\partial^2 z}{\partial x^2}=\frac{\partial}{\partial x}(e^{x+2y})=e^{x+2y};$$

$$\frac{\partial^2 z}{\partial x \partial y}=\frac{\partial}{\partial y}\left(\frac{\partial z}{\partial x}\right)=\frac{\partial}{\partial y}(e^{x+2y})=2e^{x+2y};$$

$$\frac{\partial^2 z}{\partial y \partial x} = \frac{\partial}{\partial x}\left(\frac{\partial z}{\partial y}\right) = \frac{\partial}{\partial x}(2e^{x+2y}) = 2e^{x+2y};$$

$$\frac{\partial^2 z}{\partial y^2} = \frac{\partial}{\partial y}\left(\frac{\partial z}{\partial y}\right) = \frac{\partial z}{\partial y}(2e^{x+2y}) = 4e^{x+2y}.$$

注：从上面的例子可以看到,函数关于 x 和 y 的不同顺序的两个偏导数是相等的(这种既关于 x 又关于 y 的高阶偏导数称为混合偏导数),即

$$\frac{\partial^2 z}{\partial x \partial y} = \frac{\partial^2 z}{\partial y \partial x}.$$

但这个结论并不是对所有的函数都成立.只有当 $f_{xy}(x,y)$ 和 $f_{yx}(x,y)$ 在点 (x_0,y_0) $((x_0,y_0) \in D)$ 连续的情况下, $f_{xy}(x_0,y_0) = f_{yx}(x_0,y_0)$. 这个结论对多元函数的混合偏导数也成立.

习题 6.2

1. 求函数

$$f(x,y) = \begin{cases} \dfrac{xy}{x^2+y^2}, & x^2+y^2 \neq 0, \\ 0, & x^2+y^2 = 0 \end{cases}$$

的偏导数.(提示:在原点 $(0,0)$ 用偏导数定义,不在原点 $(0,0)$ 用公式.)

2. 求下列函数的偏导数:

(1) $z = x^2 y$；　　　　　　　(2) $z = \dfrac{x}{\sqrt{x^2+y^2}}$；

(3) $z = \ln(x^2+y^2)$；　　　　(4) $z = e^{xy}$；

(5) $z = x^5 - 6x^4 y^2 + x^6$；　(6) $z = \sin\dfrac{x}{y} \cdot \cos\dfrac{y}{x}$；

(7) $z = \sqrt{\ln(xy)}$；　　　　(8) $z = (1+xy)^y$.

3. 设 $f(x,y) = x + y - \sqrt{x^2+y^2}$,求 $f_x(3,4)$ 及 $f_y(3,4)$.

4. 求下列函数的 $\dfrac{\partial^2 z}{\partial x^2}$, $\dfrac{\partial^2 z}{\partial y^2}$ 和 $\dfrac{\partial^2 z}{\partial x \partial y}$:

(1) $z = x^3 y - 3x^2 y^3$；　　　(2) $z = x^2 y e^y$；

(3) $z = y^x$；　　　　　　　　(4) $z = \arctan\dfrac{y}{x}$.

5. 证明函数 $u = \ln\sqrt{x^2+y^2}$ 满足方程: $\dfrac{\partial^2 u}{\partial x^2} + \dfrac{\partial^2 u}{\partial y^2} = 0$.

6. 数 $z = f(x,y)$ 满足

$$\frac{\partial z}{\partial x} = -\sin y + \frac{1}{1-xy}, \quad 及 \quad f(0,y) = 2\sin y + y^3,$$

求 $f(x,y)$ 的表达式.

§6.3 全微分的概念与计算

6.3.1 全微分

1. 二元函数全微分定义

定义 6.3.1 设函数 $z=f(x,y)$ 在点 $P_0(x_0,y_0)$ 的某邻域内有定义. 若函数 $z=f(x,y)$ 在 $P_0(x_0,y_0)$ 处的全增量

$$\Delta z=f(x_0+\Delta x,y_0+\Delta y)-f(x_0,y_0)$$

可表示成

$$\Delta z=A\cdot\Delta x+B\cdot\Delta y+o(\rho).$$

其中 A,B 是仅与 x_0,y_0 有关的常数，$\rho=\sqrt{(\Delta x)^2+(\Delta y)^2}$，$o(\rho)$ 是较 ρ 高阶无穷小量，即 $\lim\limits_{\rho\to 0}\dfrac{o(\rho)}{\rho}=0$. 则称函数 $z=f(x,y)$ 在点 P_0 处可微，并称

$$A\cdot\Delta x+B\cdot\Delta y$$

为函数 $z=f(x,y)$ 在点 P_0 处全微分，记

$$\mathrm{d}z|_{P_0}=f_x(x_0,y_0)=A\cdot\Delta x+B\cdot\Delta y.$$

注：1. 与一元函数相同，规定：函数自变量的改变量等于自变量的微分，即 $\Delta x=\mathrm{d}x,\Delta y=\mathrm{d}y$，从而

$$\mathrm{d}z|_{P_0}=\mathrm{d}f(x_0,y_0)=f_x(x_0,y_0)\mathrm{d}x+f_y(x_0,y_0)\mathrm{d}y.$$

2. 若二元函数 $z=f(x,y)$ 在区域上每一点都可微，则称函数 $z=f(x,y)$ 在该区域上可微，全微分记为

$$\mathrm{d}z=f_x(x,y)\mathrm{d}x+f_y(x,y)\mathrm{d}y.$$

例 1 考察函数 $f(x,y)=xy$ 在点 (x_0,y_0) 处的可微性.

解：函数在点 (x_0,y_0) 处的改变量为：

$$\begin{aligned}\Delta f(x_0,y_0)&=(x_0+\Delta x)\cdot(y_0+\Delta y)-x_0\cdot y_0\\&=y_0\cdot\Delta x+x_0\cdot\Delta y+\Delta x\cdot\Delta y,\end{aligned}$$

而 $\dfrac{|\Delta x\cdot\Delta y|}{\rho}=\rho\cdot\dfrac{|\Delta x|}{\rho}\cdot\dfrac{|\Delta y|}{\rho}\leqslant\rho$ $(\rho\to 0)$，

所以 $f(x,y)=xy$ 在 (x_0,y_0) 处可微且有 $\mathrm{d}f(x_0,y_0)=y_0\cdot\Delta x+x_0\cdot\Delta y$.

例 2 求函数 $z=\dfrac{y}{x}$ 当 $x=2,y=1,\Delta x=0.1,\Delta y=-0.2$ 时的全增量和全微分.

解：因为

$$\Delta z=\frac{y+\Delta y}{x+\Delta x}-\frac{y}{x},\quad \mathrm{d}z=-\frac{y}{x^2}\Delta x+\frac{1}{x}\Delta y,$$

所以当 $x=2,y=1,\Delta x=0.1,\Delta y=-0.2$ 时

$$\Delta z=\frac{1+(-0.2)}{2+0.1}-\frac{1}{2}=-\frac{5}{42}\approx-0.119,$$

$$\mathrm{d}z=-\frac{1}{4}\times(0.1)+\frac{1}{2}\times(-0.2)=-0.125.$$

2. 二元函数可微的条件

定理 6.3.1（可微的必要条件）　若二元函数 $z=f(x,y)$ 在点 $P_0(x_0,y_0)$ 处可微,则 $z=f(x,y)$ 在该点的偏导数存在,且 $A=f_x(x_0,y_0)$, $B=f_y(x_0,y_0)$.

定理 6.3.2（可微的充分条件）　若二元函数 $z=f(x,y)$ 在点 $P_0(x_0,y_0)$ 的某邻域存在偏导数,且 f_x 和 f_y 在点 $P_0(x_0,y_0)$ 连续,则函数 $z=f(x,y)$ 在点 $P_0(x_0,y_0)$ 处可微.

注:1. 一元函数的可微与导数存在是等价的,显然二元函数的可微与偏导数存在不等价,见例 3.

2. 由可微概念可知,函数可微必连续,但函数的连续点不一定是可微点.

3. 函数在连续点处不一定存在偏导数,函数在某点处存在对所有自变量的偏导数也不能保证函数在该点连续.

例 3　考察函数 $z=\begin{cases}\dfrac{x^2y}{x^2+y^2},&x^2+y^2\neq0,\\0,&x^2+y^2=0\end{cases}$ 在 $(0,0)$ 处的连续性和可微性.

解:由第 1 节例 6 可知,函数在 $(0,0)$ 处连续.

$$f_x(0,0)=\lim_{\Delta x\to0}\frac{f(\Delta x,0)-f(0,0)}{\Delta x}=\lim_{\Delta x\to0}0=0,$$

$$f_y(0,0)=\lim_{\Delta y\to0}\frac{f(0,\Delta y)-f(0,0)}{\Delta y}=\lim_{\Delta x\to0}0=0.$$

若函数在原点可微,则有

$$\Delta z-\mathrm{d}z=f(0+\Delta x,0+\Delta y)-f(0,0)-f_x(0,0)\cdot\Delta x-f_y(0,0)\cdot\Delta y$$
$$=\frac{(\Delta x)^2\cdot\Delta y}{(\Delta x)^2+(\Delta y)^2}$$

应是 $\rho=\sqrt{(\Delta x)^2+(\Delta y)^2}$ 高阶无穷小量.

考察函数 $\dfrac{x^2\cdot y}{\sqrt{(x^2+y^2)^3}}$ 当 $(x,y)\to(0,0)$ 时是否存在极限. 令 $y=kx$,则

$$\lim_{\substack{x\to0\\y=kx\to0}}\frac{kx^3}{\sqrt{(x^2+k^2x^2)^3}}=\lim_{\substack{x\to0\\y=kx\to0}}\frac{kx^3}{\sqrt{(1+k^2)^3}\,|x|^3}=\lim_{\substack{x\to0\\y=kx\to0}}\frac{\pm k}{\sqrt{(1+k^2)^3}}.$$

说明动点沿不同斜率 k 的直线趋近于原点时,对应的极限值也不同,因此极限不存在. 所以 $\lim\limits_{\rho\to0}\dfrac{\Delta z-\mathrm{d}z}{\rho}=\lim\limits_{\rho\to0}\dfrac{(\Delta x)^2\cdot\Delta y}{\sqrt{[(\Delta x^2)+(\Delta y)^2]^3}}$ 不存在. 从而函数在原点不可微.

这个例子说明,偏导数即使存在,函数也不一定可微.

6.3.2 复合函数的微分法

设函数 $x=\varphi(s,t),y=\psi(s,t)$ 定义在 st 平面的区域 D_1 上,而函数 $z=f(x,y)$ 定义在 xy 平面的区域 D 上,且 $\{(x,y)|x=\varphi(s,t),y=\psi(x,y),(s,t)\in D_1\}\subset D$,则函数 $z=f(x,y)=f(\varphi(s,t)\psi(s,t))$ 称为复合函数,$z=f(x,y)$ 是外函数,$x=\varphi(s,t),y=\psi(s,t)$ 是内函数,x,y 为 f 的中间变量,s,t 为 f 的自变量.

1. 复合函数的求导法则

定理 6.3.3 若函数 $x=\varphi(s,t),y=\psi(s,t)$ 在点 (s,t) 处可微,$z=f(x,y)$ 在点 (x,y) 处可微,则复合函数 $z=f(\varphi(s,t),\psi(s,t))$ 在点 (s,t) 可微,且它关于 s 和 t 的偏导数分别为

$$\frac{\partial z}{\partial s}=\frac{\partial z}{\partial x}\cdot\frac{\partial x}{\partial s}+\frac{\partial z}{\partial y}\cdot\frac{\partial y}{\partial s},$$

$$\frac{\partial z}{\partial t}=\frac{\partial z}{\partial x}\cdot\frac{\partial x}{\partial t}+\frac{\partial z}{\partial y}\cdot\frac{\partial y}{\partial t}.$$

该法则称为链式法则.该法则也就是说复合函数对自变量的导数等于复合函数对每个中间变量的偏导数乘以这些中间变量对该自变量的偏导数,然后相加即可.

例 4 设 $z=u^2\cdot\ln v,u=\dfrac{x}{y},v=3x-2y,f$ 是可微函数,求 $\dfrac{\partial z}{\partial x},\dfrac{\partial z}{\partial y}$.

解:我们可以画出函数复合关系图 6.3—1,再根据链式法则就可求

$$\frac{\partial z}{\partial x}=\frac{\partial z}{\partial u}\cdot\frac{\partial u}{\partial x}+\frac{\partial z}{\partial v}\cdot\frac{\partial v}{\partial x}$$

$$=2u\cdot\ln v\cdot\frac{1}{y}+\frac{u^2}{v}\cdot 3$$

$$=\frac{2x}{y^2}\ln(3x-2y)+\frac{3x^2}{y^2(3x-2y)},$$

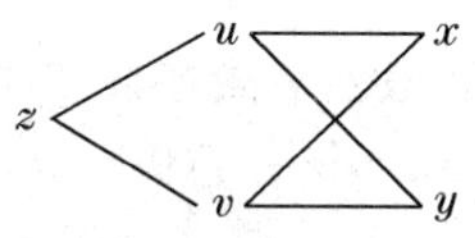

$$\frac{\partial z}{\partial y}=\frac{\partial z}{\partial u}\cdot\frac{\partial u}{\partial y}+\frac{\partial z}{\partial v}\cdot\frac{\partial v}{\partial y}$$

$$=2u\cdot\ln v\cdot\left(-\frac{x}{y^2}\right)+\frac{u^2}{v}\cdot(-2)$$

$$=-\frac{2x^2}{y^3}\ln(3x-2y)-\frac{2x^2}{y^2(3x-2y)}.$$

图 6.3—1

例 5 设 $u=f(x,xy,xyz)$,其中 f 具有一阶连续偏导数,求 u 的一阶偏导数.

解:为表示简明起见,将三个中间变量 x,xy,xyz 按顺序编为 1、2、3 号,再根据复合函数链式法则可得

$$\frac{\partial u}{\partial x}=f_1\cdot\frac{\partial x}{\partial x}+f_2\cdot\frac{\partial}{\partial x}(xy)+f_3\cdot\frac{\partial}{\partial x}(xyz)=f_1\cdot 1+f_2\cdot y+f_3\cdot yz$$

$$=f_1+yf_2+yzf_3,$$

$$\frac{\partial u}{\partial y}=f_1\cdot\frac{\partial x}{\partial y}+f_2\cdot\frac{\partial}{\partial y}(xy)+f_3\frac{\partial}{\partial y}(xyz)=f_1\cdot 0+f_2\cdot x+f_3\cdot xz$$

$$=xf_2+xyf_3,$$

$$\frac{\partial u}{\partial z}=f_1\cdot\frac{\partial x}{\partial z}+f_2\cdot\frac{\partial}{\partial z}(xy)+f_3\frac{\partial}{\partial z}(xyz)=f_1\cdot 0+f_2\cdot 0+f_3\cdot xy$$

$$=xyf_3.$$

例 6 设 $z=f(u,v)$，$u=\sin(xy)$，$v=\arctan y$，f 是可微函数，求 $\frac{\partial z}{\partial x}$，$\frac{\partial z}{\partial y}$.

解：画出函数复合关系图 6.3－2，所以

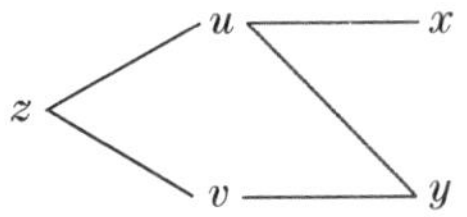

$$\frac{\partial z}{\partial x}=\frac{\partial z}{\partial u}\cdot\frac{\partial u}{\partial x}+\frac{\partial z}{\partial v}\cdot\frac{\partial v}{\partial x}$$

$$=\frac{\partial z}{\partial u}\cdot\cos(xy)\cdot y+\frac{\partial z}{\partial v}\cdot 0$$

图 6.3－2

$$=y\cos(xy)\cdot\frac{\partial z}{\partial u},$$

$$\frac{\partial z}{\partial y}=\frac{\partial z}{\partial u}\cdot\frac{\partial u}{\partial y}+\frac{\partial z}{\partial v}\cdot\frac{\partial v}{\partial y}=\frac{\partial z}{\partial u}\cdot x\cdot\cos(xy)+\frac{\partial z}{\partial v}\cdot\frac{1}{1+y^2}$$

$$=x\cos(xy)\cdot\frac{\partial z}{\partial u}+\frac{1}{1+y^2}\cdot\frac{\partial z}{\partial v}.$$

此处 v 是 y 的一元函数，所以公式中 $\frac{\partial v}{\partial y}$ 一般可以写成 $\frac{dv}{dy}$.

例 7 设 $a\neq 0$，函数 $z=z(u,v)$ 有连续二阶偏导数，试用线性变换 $u=x+ay$，$v=x-ay$ 把方程 $\frac{\partial^2 z}{\partial y^2}=a^2\frac{\partial^2 z}{\partial x^2}$ 化简.

解：$\frac{\partial z}{\partial x}=\frac{\partial z}{\partial u}\cdot\frac{\partial u}{\partial x}+\frac{\partial z}{\partial v}\cdot\frac{\partial v}{\partial x}=\frac{\partial z}{\partial u}+\frac{\partial z}{\partial v}$

$$\frac{\partial z}{\partial y}=\frac{\partial z}{\partial u}\cdot\frac{\partial u}{\partial y}+\frac{\partial z}{\partial v}\cdot\frac{\partial v}{\partial y}=a\cdot\frac{\partial z}{\partial u}-a\cdot\frac{\partial z}{\partial v},$$

$$\frac{\partial^2 z}{\partial x^2}=\frac{\partial}{\partial x}\left(\frac{\partial z}{\partial u}+\frac{\partial z}{\partial v}\right)$$

$$=\frac{\partial^2 z}{\partial^2 u}\cdot\frac{\partial u}{\partial x}+\frac{\partial^2 z}{\partial u\partial v}\cdot\frac{\partial v}{\partial x}+\frac{\partial^2 z}{\partial v\partial u}\cdot\frac{\partial u}{\partial x}+\frac{\partial^2 z}{\partial^2 v}\cdot\frac{\partial v}{\partial x}$$

$$=\frac{\partial^2 z}{\partial^2 u}+2\frac{\partial^2 z}{\partial u\partial v}+\frac{\partial^2 z}{\partial^2 v},$$

$$\frac{\partial^2 z}{\partial y^2}=a\frac{\partial}{\partial y}\left(\frac{\partial z}{\partial u}-\frac{\partial z}{\partial v}\right)$$

$$=a\left(\frac{\partial^2 z}{\partial u^2}\cdot\frac{\partial u}{\partial y}+\frac{\partial^2 z}{\partial u\partial v}\cdot\frac{\partial v}{\partial y}\right)-a\left(\frac{\partial^2 z}{\partial v\partial u}\cdot\frac{\partial u}{\partial y}+\frac{\partial^2 z}{\partial v^2}\cdot\frac{\partial v}{\partial y}\right)$$

$$=a^2\frac{\partial^2 z}{\partial u^2}-2a^2\frac{\partial^2 z}{\partial u\partial v}+a^2\frac{\partial^2 z}{\partial v^2},$$

于是 $\dfrac{\partial^2 z}{\partial y^2} - a^2 \dfrac{\partial^2 z}{\partial x^2} = -4a^2 \dfrac{\partial^2 z}{\partial u \partial v}$，所以方程化简为 $\dfrac{\partial^2 z}{\partial u \partial v} = 0$.

2. 复合函数全微分

设 $z = f(x, y)$ 是以 x, y 为自变量的可微函数，其全微分为

$$dz = \frac{\partial z}{\partial x} \cdot dx + \frac{\partial z}{\partial y} \cdot dy. \tag{1}$$

如果 x, y 是中间变量同时又是自变量 s, t 的可微函数

$$x = \varphi(s, t), \quad y = \psi(s, t),$$

由链式法则可知，$f(\varphi(s, t), \psi(s, t))$ 可微，其全微分为

$$dz = \frac{\partial z}{\partial s} \cdot ds + \frac{\partial z}{\partial t} \cdot dt = \left(\frac{\partial z}{\partial x} \cdot \frac{\partial x}{\partial s} + \frac{\partial z}{\partial y} \cdot \frac{\partial y}{\partial s} \right) dx + \left(\frac{\partial z}{\partial x} \cdot \frac{\partial x}{\partial t} + \frac{\partial z}{\partial y} \cdot \frac{\partial y}{\partial t} \right) dt$$

$$= \frac{\partial z}{\partial x} \left(\frac{\partial x}{\partial s} \cdot ds + \frac{\partial x}{\partial t} \cdot dt \right) + \frac{\partial z}{\partial y} \left(\frac{\partial y}{\partial s} \cdot ds + \frac{\partial y}{\partial t} \cdot dt \right). \tag{2}$$

由于 x, y 是自变量 s, t 的可微函数，因此 x, y 的全微分为

$$dx = \frac{\partial x}{\partial s} \cdot ds + \frac{\partial x}{\partial t} \cdot dt, \quad dy = \frac{\partial y}{\partial s} \cdot ds + \frac{\partial y}{\partial t} \cdot dt,$$

代入上式可得 $dz = \dfrac{\partial z}{\partial x} \cdot dx + \dfrac{\partial z}{\partial y} \cdot dy$，这与(1)式完全一样，这就是关于多元函数的一阶全微分形式不变性.

一阶全微分形式不变性意味着函数 $z = f(x, y)$ 不管 x, y 是中间变量还是自变量都有 $dz = \dfrac{\partial z}{\partial x} \cdot dx + \dfrac{\partial z}{\partial y} \cdot dy$，利用一阶全微分形式不变性可以求更复杂函数的全微分和偏导数，且方便不易出错.

例 8 设 $z = uv + \sin t, u = e^t, v = \cos t$，求 dz.

解：这里把 u, v, t 看成中间变量，复合后仅是自变量 t 的一元函数，由一阶全微分形式的不变性得

$$dz = \frac{\partial z}{\partial u} \cdot du + \frac{\partial z}{\partial v} \cdot dv + \frac{\partial z}{\partial t} \cdot dt$$

$$= v \cdot du + u \cdot dv + \cos t \cdot dt$$

$$= ve^t \cdot dt + u(-\sin t) \cdot dt + \cos t \cdot dt$$

$$= (e^t \cos t - e^t \sin t + \cos t) \cdot dt.$$

例 9 设 $z = e^{xy} \sin(x + y)$，利用微分形式不变性求 dz，并导出 $\dfrac{\partial z}{\partial x}$ 和 $\dfrac{\partial z}{\partial y}$.

解：令 $z = e^u \sin v, u = xy, v = x + y$. 因为

$$dz = z_u du + z_v dv = e^u \sin v \, du + e^u \cos v \, dv$$

$$= e^u \sin v (y dx + x dy) + e^u \cos v (dx + dy)$$

$$= e^{xy} [y \sin(x + y) + \cos(x + y)] dx$$

$$\quad + e^{xy} [x \sin(x + y) + \cos(x + y)] dy,$$

这里，

$$\mathrm{d}u = y\mathrm{d}x + x\mathrm{d}y, \quad \mathrm{d}v = \mathrm{d}x + \mathrm{d}y.$$

由此得

$$\frac{\partial z}{\partial x} = \mathrm{e}^{xy}[y\sin(x+y) + \cos(x+y)],$$

$$\frac{\partial z}{\partial y} = \mathrm{e}^{xy}[x\sin(x+y) + \cos(x+y)].$$

习题 6.3

1. 求下列函数的全微分：

(1) $z = y^x$；

(2) $z = xy\mathrm{e}^{xy}$；

(3) $z = 3x^2 y + \dfrac{x}{y}$；

(4) $z = \sin(x\cos y)$；

(5) $z = \sqrt{x^2 + y^2}$；

(6) $z = \mathrm{e}^x \cos y$；

(7) $z = \mathrm{e}^{\frac{y}{x}}$；

(8) $z = (xy)^y$.

2. 求下列函数在指定点的全微分：

(1) $f(x, y) = 3x^2 y - xy^2$，在点 $(1, 2)$；

(2) $f(x, y) = \ln(1 + x^2 + y^2)$，在点 $(2, 4)$；

(3) $f(x, y) = \dfrac{\sin x}{y^2}$，在点 $(0, 1)$ 和点 $\left(\dfrac{\pi}{4}, 2\right)$.

3. 利用链式法则求偏导数：

(1) $z = \arctan(xy)$，$y = \mathrm{e}^x$，求 $\dfrac{\mathrm{d}z}{\mathrm{d}x}$；

(2) $z = x^2 + xy + y^2$，$x = t^2$，$y = t$，求 $\dfrac{\mathrm{d}z}{\mathrm{d}x}$；

(3) $z = \dfrac{y}{x}$，而 $x = \mathrm{e}^t$，$y = 1 - \mathrm{e}^{2t}$，求 $\dfrac{\mathrm{d}z}{\mathrm{d}t}$；

(4) $z = \mathrm{e}^{x-2y}$，$x = \sin t$，$y = t^3$，求 $\dfrac{\mathrm{d}^2 z}{\mathrm{d}x^2}$；

(5) $z = u^2 + v^2$，而 $u = x + y$，$v = x - y$，求 $\dfrac{\partial z}{\partial x}$，$\dfrac{\partial z}{\partial y}$；

(6) 设 $z = u^v$，$u = \ln\sqrt{x^2 + y^2}$，$v = \arctan\dfrac{y}{x}$，求 $\dfrac{\partial z}{\partial x}$，$\dfrac{\partial z}{\partial y}$；

(7) $z = (x^2 + y^2)^{xy}$，求 $\dfrac{\partial z}{\partial x}$，$\dfrac{\partial z}{\partial y}$；

(8) $z = f(x + y, xy)$，求 $\dfrac{\partial z}{\partial x}$，$\dfrac{\partial z}{\partial y}$；

(9) $u=f\left(\dfrac{x}{y},\dfrac{y}{z}\right)$，求$\dfrac{\partial z}{\partial x},\dfrac{\partial z}{\partial y}$；

(10) $z=f(x^2-y^2,\mathrm{e}^{xy})$，求$\dfrac{\partial z}{\partial x},\dfrac{\partial z}{\partial y}$．

4.求函数 $z=2x^2+3y^2$ 在点$(10,8)$处当 $\Delta x=0.2,\Delta y=0.3$ 时的全增量及全微分.

5.设 $f(u)$ 是可微函数，$F(x,t)=f(x+2t)+f(3x-2t)$，试求 $F_x(0,0)$ 与 $F_t(0,0)$.

6.讨论函数 $f(x,y)=\begin{cases}\dfrac{xy}{x^2+y^2}, & (x,y)\neq(0,0)\\[2mm] 0, & (x,y)=(0,0)\end{cases}$ 在点$(0,0)$处的可导性、连续性与可微性.

7.设 $z=\dfrac{y}{f(x^2-y^2)}$，其中 f 为可导函数，验证：$\dfrac{1}{x}\dfrac{\partial z}{\partial x}+\dfrac{1}{y}\dfrac{\partial z}{\partial y}=\dfrac{z}{y^2}$.

8.设 $z=\dfrac{y^2}{3x}+\varphi(xy)$，其中 $\varphi(u)$可导，证明 $x^2\dfrac{\partial z}{\partial x}+y^2=xy\dfrac{\partial z}{\partial y}$.

自测题 6

一、选择题：

1.极限$\lim\limits_{\substack{x\to 0\\ y\to 0}}=($ $)$；

   A. 等于 0   B. 不存在

   C. 等于 $\dfrac{1}{2}$ D. 存在且不等于 0 或

2.如果函数 $z=f(x,y)$ 在点 (x_0,y_0) 处偏导数存在，则在 (x_0,y_0) 点处($\qquad$)；

   A. 极限存在   B. 连续   C. 微分存在   D. 以上都不对

3.函数 $f(x,y)=\begin{cases}\dfrac{x^2y^2}{x^4+y^4}, & (x,y)\neq(0,0),\\[2mm] 0, & (x,y)=(0,0),\end{cases}$ 在点$(0,0)$处($\qquad$)；

   A. 连续但不可微   B. 可微

   C. 可导但不可微   D. 既不连续又不可导

4.设 $f(x,y)=\dfrac{y}{x+y^2}$，则 $f\left(\dfrac{y}{x},1\right)$等于($\qquad$)；

   A. $\dfrac{y}{x+y}$ B. $\dfrac{x}{x+y}$ C. $\dfrac{y}{x+y^2}$ D. $\dfrac{x}{x+y^2}$

5.设 $z=x^{xy}$，则$\dfrac{\partial z}{\partial x}$等于($\qquad$)；

A. xyx^{xy-1} 　　　　　　　　B. $x^{xy}\ln x$

C. $xyx^{xy}+yx^{xy}\ln x$ 　　　　D. $xyx^{xy}+x^{xy}\ln x$

6.设函数 $f(x,y)=\begin{cases} x\sin\dfrac{1}{y}+y\sin\dfrac{1}{x}, & xy\neq0,\\[2mm] 0, & xy=0, \end{cases}$ 则极限$\lim\limits_{\substack{x\to0\\y\to0}}f(x,y)($ 　　$)$;

A. 等于 0 　　　B. 不存在 　　　C. 等于 1 　　　D. 等于 2

7.若 $z=\ln(\sqrt{x}-\sqrt{y})$,则 $x\dfrac{\partial z}{\partial x}+y\dfrac{\partial z}{\partial y}=($ 　　$)$;

A. $\sqrt{x}+\sqrt{y}$ 　　B. $\sqrt{x}-\sqrt{y}$ 　　C. $\dfrac{1}{2}$ 　　D. $-\dfrac{1}{2}$

8.设 $f(x,y)$ 在点(a,b)处的偏导数存在,则 $\lim\limits_{x\to0}\dfrac{f(a+x,b)-f(a-x,b)}{x}$ 等于(　　).

A. $f'_x(a,b)$ 　　B. $f'_x(2a,b)$ 　　C. $2f'_x(a,b)$ 　　D. $\dfrac{1}{2}f'_x(a,b)$

二、填空题:

1.极限$\lim\limits_{\substack{x\to0\\y\to1}}\dfrac{\ln(y+e^{x^2})}{\sqrt{x^2+y^2}}=$ _____;

2.$\lim\limits_{\substack{x\to0\\y\to2}}\dfrac{y\sin(xy)}{x}=$ _____,$\lim\limits_{\substack{x\to0\\y\to0}}(1+xy)^{\frac{1}{y}}=$ _____;

3.设 $z=\cos(x^2-y^2)$,则$\dfrac{\partial z}{\partial y}=$ _____;

4.设 $z=\tan\left(\dfrac{y}{x}+\dfrac{x}{y}\right)$,则$\dfrac{\partial z}{\partial y}\Big|_{(1,-1)}=$ _____;

5.设 $z=x^3y^5+x^2y$,则$\dfrac{\partial^2 z}{\partial x^2}=$ _____,$\dfrac{\partial^2 z}{\partial x\partial y}=$ _____;

6.设 $z=\ln(x^2+y^2+1)$,$x=2\sin t$,$y=3t$,则$\dfrac{\mathrm{d}y}{\mathrm{d}t}=$ _____;

7.设 $z=x^y$,则 $z_x(1,0)=$ _____,$z_y(1,0)=$ _____,
$\mathrm{d}z=$ _____;

8.已知 $z=z(x,y)$ 满足$\dfrac{\partial^2 z}{\partial y^2}=x$,$z(x,0)=e^x$,$\dfrac{\partial z(x,0)}{\partial y}=\sin x$,则 $z(x,y)$
$=$ _____.

三、解答题:

1.求下列极限:

(1) $\lim\limits_{\substack{x\to\infty\\y\to a}}\left(1+\dfrac{1}{x}\right)^{\frac{x^2}{x+y}}$; 　　(2) 求极限 $\lim\limits_{\substack{x\to0\\y\to0}}\dfrac{xye^x}{4-\sqrt{16+xy}}$.

2.证明$\lim\limits_{\substack{x\to0\\y\to0}}\dfrac{x^2y^2}{x^2y^2+(x-y)^2}$不存在.

3.设函数 $z=f(x,y)$,有$\dfrac{\partial^2 f}{\partial y^2}=2$,且 $f(x,0)=1$,$f'_y(x,0)=x$,求 $f(x,y)$.

4. 设 $f(x,y)=\begin{cases}\dfrac{\sqrt{|xy|}}{x^2+y^2}\sin(x^2+y^2), & x^2+y^2\neq 0,\\ 0, & x^2+y^2=0,\end{cases}$ 讨论 $f(x,y)$ 在 $(0,0)$

处的可微性.

5. 设 $f(x,y)=\begin{cases}(x^2+y^2)\sin\dfrac{1}{x^2+y^2}, & x^2+y^2\neq 0,\\ 0, & x^2+y^2=0,\end{cases}$ 问在点 $(0,0)$ 处,

(1) 偏导数是否存在?　　(2) 偏导数是否连续?　　(3) 是否可微?

6. 设 $z=f\left(x^2+y^2,\dfrac{y}{x}\right)$, 其中 f 有一阶偏导数, 求 $\dfrac{\partial z}{\partial x},\dfrac{\partial z}{\partial y}$.

7. 设变换 $\begin{cases}u=x-2y\\ v=x+ay\end{cases}$ 可把方程 $6\dfrac{\partial^2 z}{\partial x^2}+\dfrac{\partial^2 z}{\partial x\partial y}-\dfrac{\partial^2 z}{\partial y^2}=0$, 简化成 $\dfrac{\partial^2 z}{\partial u\partial v}=0$,

其中 z 具有连续二阶偏导数, 求 a.

8. 设 $z=xy+xF(u)$, 而 $u=\dfrac{y}{x}$, $F(u)$ 为可导函数, 证明 $x\dfrac{\partial z}{\partial x}+y\dfrac{\partial z}{\partial y}=z+xy$.

9. 设 $u=\dfrac{e^{ax}(y-z)}{a^2+1}$, $y=a\sin x$, $z=\cos x$, 求 $\dfrac{\mathrm{d}u}{\mathrm{d}x}$.

10. $z=f\left(xy,\dfrac{x}{y}\right)+g\left(\dfrac{x}{y}\right)$, 其中 f 具有二阶连续偏导数, g 具有二阶连续

导数, 求 $\dfrac{\partial^2 z}{\partial x\partial y}$.

第7章 二重积分

许多几何、物理和实际问题的解决过程中,只有一元函数的积分(即定积分)是远远不够的,还需要各种不同的多元函数的积分.一般情况下,n 元函数会有 n 重积分,例如二元函数在平面有界区域上有二重积分,三元函数在空间有界体上有三重积分.

因为定义多元函数积分的方法与步骤和定义定积分的方法与步骤是相同的,都是按照分割、代替、作和与取极限等步骤来定义的,而且对每种多元函数积分所讨论的问题与定积分所讨论的问题也基本相同.因此,可以联系定积分来比较学习多重积分.本章主要讨论二元函数的二重积分.

§7.1 二重积分的概念和性质

7.1.1 二重积分的概念

1. 二重积分的存在性

考察一个曲顶柱体:它的底是坐标平面 xy 上可求面积的有界闭区域 D,顶是非负连续函数 $z = f(x, y)$,$(x, y) \in D$ 所确定的曲面,侧面是以 D 的边界曲线为准线与 z 轴平行的柱面(图 7.1—1).

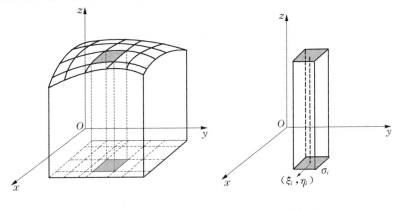

图 7.1—1　　　　　　　　7.1—2

为了定义柱体体积 V,首先用一组平行于坐标轴的直线网 T 把区域 D 分成 n 个小分区域 σ_i(称 T 为区域 D 的一个分割).以 $\Delta\sigma_i$ 表示小区域 σ_i 的面积.通过 σ_i 的边界作平行于 z 轴的柱面.于是,这个分割 T 也相应地把原曲顶柱体分割成 n 个以 σ_i 为底的小曲顶柱体 V_i.这 n 个小曲顶柱体的体积之和就是原曲顶柱体的体积.由于 $f(x, y)$ 在 D 上连续,故当每个 σ_i 直径都很小时，$f(x,y)$ 在 σ_i 上各点函数值都相差无几（也就是说，每个小曲顶柱体的体积可近似看成平顶柱体的体积），因而可在 σ_i 上任取一点 (ξ_i,η_i)，用以 $f(\xi_i,\eta_i)$ 为高，σ_i 为底的小平顶柱体的体积 $f(\xi_i,\eta_i)\cdot\Delta\sigma_i$ 作为 V_i 的体积 ΔV_i 的近似值（图 7.1－2），即

$$\Delta V_i\approx f(\xi_i,\eta_i)\cdot\Delta\sigma_i.$$

把这些小平顶柱体的体积加起来就得到曲顶柱体体积 V 的近似值，即

$$V\approx\sum_{i=1}^{n}\Delta V_i\approx\sum_{i=1}^{n}f(\xi_i,\eta_i)\cdot\Delta\sigma_i.$$

不难看出，当直线网 T 眼越来细密，即分割 T 的细度（或模）$\|T\|=\max\limits_{1\leqslant i\leqslant n}d_i$（$d_i$ 为 σ_i 的直径）趋于零时，每一个小区域 σ_i 的面积会越来越小，甚至无限地向一点收缩. 因此，当 $\|T\|\rightarrow 0$ 时，就有

$$\sum_{i=1}^{n}f(\xi_i,\eta_i)\cdot\Delta\sigma_i\rightarrow V.$$

至此，读者已看到，求曲顶柱体体积与定积分概念一样. 是通过"分割、取近似、求和、取极限"这四个步骤得到. 所不同的是现在讨论的对象是定义在平面区域上的二元函数.

2. 二重积分的定义

定义 7.1.1　设 $f(x,y)$ 是定义在可求面积的有界闭区域 D 上的函数. 用分割 T 将区域 D 分成任意 n 个互不重叠的小区域 σ_i，用 $\Delta\sigma_i$ 表示它的面积. 在小区域 σ_i 中任取一点 (ξ_i,η_i)，作和式

$$\sum_{i=1}^{n}f(\xi_i,\eta_i)\cdot\Delta\sigma_i.$$

称它为函数 $f(x,y)$ 在 D 上属于分割 T 的一个积分和（显然积分和依赖于分割的方式及点 (ξ_i,η_i) 取法）.

如果 $\|T\|\rightarrow 0$ 时，积分和 $\sum\limits_{i=1}^{n}f(\xi_i,\eta_i)\cdot\Delta\sigma_i$ 极限存在且该极限值与分割的方式及点 (ξ_i,η_i) 取法无关，则称函数 $f(x,y)$ 在区域 D 上可积，并称此极限为函数 $f(x,y)$ 在 D 上的二重积分，记作

$$\iint\limits_{D}f(x,y)\mathrm{d}\sigma=\lim_{\|T\|\rightarrow 0}\sum_{i=1}^{n}f(\xi_i,\eta_i)\cdot\Delta\sigma_i,$$

其中称 $f(x,y)$ 为被积函数，D 为积分区域，x,y 为积分变量，$\mathrm{d}\sigma$ 为面积元素，在直角坐标系中 $\mathrm{d}\sigma=\mathrm{d}x\mathrm{d}y$.

注：1. 在二重积分定义中要注意两个"任意"，即分割的方式任意，点 (ξ_i,η_i) 取法任意. 在这两个"任意"前提下，$\|T\|\rightarrow 0$ 时积分和总有同一个极限，此时二重积分才存在.

2. 当 $f(x,y)\geqslant 0$ 时，二重积分 $\iint\limits_{D}f(x,y)\mathrm{d}x\mathrm{d}y$ 的几何意义就是以曲面

$z=f(x,y)$ 为顶,以区域 D 为底的曲顶柱体体积. 当 $f(x,y)=1$ 时,二重积分 $\iint\limits_{D} f(x,y)\mathrm{d}x\mathrm{d}y$ 的值就是积分区域 D 的面积.

3. 函数 $f(x,y)$ 在 R 上可积的必要条件是函数 $f(x,y)$ 在 R 上连续. 若函数 $f(x,y)$ 在有界闭区域 R 连续,则 $f(x,y)$ 函数可积. 若函数 $f(x,y)$ 在有界闭域 R 有界,间断点只分布在有限光滑曲线上,则函数 $f(x,y)$ 可积.

7.1.2 二重积分的性质

二重积分具有一系列与一重定积分完全相类似的性质,现列举如下:

(1) 若 $f(x,y)$ 在区域 D 上可积,k 为常数,则 $kf(x,y)$ 在区域 D 上也可积,且有

$$\iint\limits_{D} kf(x,y)\mathrm{d}x\mathrm{d}y=k\iint\limits_{D} f(x,y)\mathrm{d}x\mathrm{d}y.$$

(2) 若 $f(x,y),g(x,y)$ 在区域 D 上可积,则 $f(x,y)\pm g(x,y)$ 在区域 D 上也可积,且有

$$\iint\limits_{D} [f(x,y)\pm g(x,y)]\mathrm{d}x\mathrm{d}y=\iint\limits_{D} f(x,y)\mathrm{d}x\mathrm{d}y\pm\iint\limits_{D} g(x,y)\mathrm{d}x\mathrm{d}y.$$

(3) 若 $f(x,y)$ 在区域 D_1 和 D_2 上都可积,且 D_1 和 D_2 无公共内点,则 $f(x,y)$ 在 $D_1\bigcup D_2$ 上也可积,且有

$$\iint\limits_{D_1\bigcup D_2} f(x,y)\mathrm{d}x\mathrm{d}y=\iint\limits_{D_1} f(x,y)\mathrm{d}x\mathrm{d}y+\iint\limits_{D_2} f(x,y)\mathrm{d}x\mathrm{d}y.$$

(4) 设 A 为区域 D 的面积,则有 $\iint\limits_{D} \mathrm{d}x\mathrm{d}y=A$.

(5) 若 $f(x,y)$ 与 $g(x,y)$ 在区域 D 上可积且 $f(x,y)\leqslant g(x,y)$,$(x,y)\in D$,则有

$$\iint\limits_{D} f(x,y)\mathrm{d}x\mathrm{d}y\leqslant\iint\limits_{D} g(x,y)\mathrm{d}x\mathrm{d}y.$$

(6) 若 $f(x,y)$ 在区域 D 上可积,则 $|f(x,y)|$ 在区域 D 上也可积,且有

$$\left|\iint\limits_{D} f(x,y)\mathrm{d}x\mathrm{d}y\right|\leqslant\iint\limits_{D} |f(x,y)|\mathrm{d}x\mathrm{d}y.$$

(7) 若 $f(x,y)$ 在区域 D 上可积,则 $m\leqslant f(x,y)\leqslant M$,$(x,y)\in D$,则有

$$mA\leqslant\iint\limits_{D} f(x,y)\mathrm{d}x\mathrm{d}y\leqslant MA.$$

这里 A 为积分区域 D 的面积.

(8) (积分中值定理) 若 $f(x,y)$ 在有界闭区域 D 上连续,则在 D 上至少存在一点 (ξ,η),使得

$$\iint\limits_{D} f(x,y)\mathrm{d}x\mathrm{d}y=f(\xi,\eta)A.$$

这里 A 为积分区域 D 的面积.

习题 7.1

1. $\displaystyle\iint\limits_{D} f(x,y)\mathrm{d}\delta = \lim_{\lambda\to 0}\sum_{i=1}^{n} f(\xi_i,\eta_i)\cdot\Delta\delta_i$ 中 λ 是( ).

    A. 小区域最小面积   B. 小区域最大面积

    C. 小区域最小直径   D. 小区域最大直径

2. 设一平面薄板(不计厚度),它在 xy 平面上的表示是由光滑的简单闭曲线围成的闭区间 D. 如果该薄板分布有面密度为 $\mu(x,y)$ 的电荷,且 $\mu(x,y)$ 在 D 上连续,试用二重积分表示该薄板上的全部电荷.

3. 按定义计算二重积分 $\displaystyle\iint\limits_{D} xy\mathrm{d}x\mathrm{d}y$,其中 $D=[0,1]\times[0,1]$.

4. 利用二重积分定义证明:

    (1) $\displaystyle\iint\limits_{D}\mathrm{d}\sigma=\sigma$ (σ 为区域 D 的面积);

    (2) $\displaystyle\iint\limits_{D} kf(x,y)\mathrm{d}\sigma=k\iint\limits_{D} f(x,y)\mathrm{d}\sigma$ (其中 k 为常数).

5. 证明:若函数 $f(x,y)$ 在有界闭区域 D 上可积,则函数 $f(x,y)$ 在 D 上有界.

6. 设一元函数 $f(x)$ 在 $[a,b]$ 上可积,$D=[a,b]\times[c,d]$. 定义二元函数
$$F(x,y)=f(x), \quad (x,y)\in D.$$
证明 $F(x,y)$ 在 D 上可积.

7. 设 f 和 g 都在区域 D 上可积,且 g 在 D 上不变号. 设 M 和 m 分别为 f 在 D 的上确界和下确界,则存在常数 $\mu\in[m,M]$,使得 $\displaystyle\iint\limits_{D} f(x)g(x)\mathrm{d}x\mathrm{d}y$ $=\mu\displaystyle\iint\limits_{D} g(x)\mathrm{d}x\mathrm{d}y$.

8. 试比较下列二重积分的大小:

    (1) $\displaystyle\iint\limits_{D}(x+y)^2\mathrm{d}\sigma$ 与 $\displaystyle\iint\limits_{D}(x+y)^3\mathrm{d}\sigma$,其中 D 由 x 轴、y 轴及直线 $x+y=1$ 围成;

    (2) $\displaystyle\iint\limits_{D}\ln(x+y)\mathrm{d}\sigma$ 与 $\displaystyle\iint\limits_{D}[\ln(x+y)]^2\mathrm{d}\sigma$,其中 D 是以 $A(1,0)$,$B(1,1)$,$C(2,0)$ 为顶点的三角形闭区域.

§7.2 直角坐标系下二重积分的计算

7.2.1 矩形区域上二重积分的计算

二重积分的定义本身也给出了二重积分的计算方法,但比较繁琐.本节将给出二重积分比较常用的计算方法:化二重积分为两次定积分法或累次积分法.

定理 7.2.1 设 $f(x,y)$ 在矩形区域 $D=[a,b]\times[c,d]$ 上可积,且对任意的 $x\in[a,b]$,积分 $\int_c^d f(x,y)\mathrm{d}y$ 存在,则累次积分 $\int_a^b\mathrm{d}x\int_c^d f(x,y)\mathrm{d}y$ 也存在,且有

$$\iint\limits_D f(x,y)\mathrm{d}x\mathrm{d}y=\int_a^b\left[\int_c^d f(x,y)\mathrm{d}y\right]\mathrm{d}x=\int_a^b\mathrm{d}x\int_c^d f(x,y)\mathrm{d}y.$$

定理 7.2.2 设 $f(x,y)$ 在矩形区域 $D=[a,b]\times[c,d]$ 上可积,且对任意的 $y\in[c,d]$,积分 $\int_a^b f(x,y)\mathrm{d}x$ 存在,则累次积分 $\int_c^d\mathrm{d}y\int_a^b f(x,y)\mathrm{d}x$ 也存在,且有

$$\iint\limits_D f(x,y)\mathrm{d}x\mathrm{d}y=\int_c^d\left[\int_a^b f(x,y)\mathrm{d}x\right]\mathrm{d}y=\int_c^d\mathrm{d}y\int_a^b f(x,y)\mathrm{d}x.$$

$\int_a^b\mathrm{d}x\int_c^d f(x,y)\mathrm{d}y=\int_a^b\left[\int_c^d f(x,y)\mathrm{d}y\right]\mathrm{d}x$ 表示先将二元函数 $f(x,y)$ 中 x 看成常数,计算关于 y 的一重积分 $\int_c^d f(x,y)\mathrm{d}y$,它是 x 的函数;再计算关于 x 的一重积分,即 $\int_a^b\left[\int_c^d f(x,y)\mathrm{d}y\right]\mathrm{d}x$,就得到了二重积分 $\iint\limits_D f(x,y)\mathrm{d}x\mathrm{d}y$ 的值,$D=[a,b]\times[c,d]$. 同理,$\int_c^d\mathrm{d}y\int_a^b f(x,y)\mathrm{d}x=\int_c^d\left[\int_a^b f(x,y)\mathrm{d}x\right]\mathrm{d}y$ 也是把二重积分的计算化成了两次定积分的计算.这种不同顺序的积分称为累次积分.

定理 7.2.3 设 $f(x,y)$ 在矩形区域 $D=[a,b]\times[c,d]$ 上连续,则有

$$\iint\limits_D f(x,y)\mathrm{d}x\mathrm{d}y=\int_a^b\mathrm{d}x\int_c^d f(x,y)\mathrm{d}y=\int_c^d\mathrm{d}y\int_a^b f(x,y)\mathrm{d}x.$$

定理 7.2.4 若函数 $\varphi(x)$ 在 $[a,b]$ 可积,函数 $\psi(y)$ 在 $[c,d]$ 可积,则乘积函数 $\varphi(x)\psi(y)$ 在矩形区域 $D=[a,b]\times[c,d]$ 上也可积,且

$$\iint\limits_D f(x,y)\mathrm{d}x\mathrm{d}y=\int_a^b\varphi(x)\mathrm{d}x\int_c^d\psi(y)\mathrm{d}y.$$

其中 $f(x,y)=\varphi(x)\psi(y)$.

例 1 计算 $\iint\limits_D(x+y)^2\mathrm{d}x\mathrm{d}y,D=[0,1]\times[0,1]$.

解: 由上定理可得

$$\iint\limits_{D}(x+y)^2\mathrm{d}x\mathrm{d}y=\int_0^1\left[\int_0^1(x+y)^2\mathrm{d}y\right]\mathrm{d}x=\int_0^1\left(x^2y+xy^2+\frac{y^3}{3}\right)\Big|_0^1\mathrm{d}x$$

$$=\int_0^1\left(x^2+x+\frac{1}{3}\right)\mathrm{d}x=\left(\frac{x^3}{3}+\frac{x^2}{2}+\frac{x}{3}\right)\Big|_0^1=\frac{7}{6}.$$

例2 求二重积分 $\displaystyle\iint\limits_{D}\frac{\mathrm{d}x\mathrm{d}y}{(x+y)^2}$,其中 $D=[3,4]\times[1,2]$.

解:被积函数在 D 上连续,故有

$$\iint\limits_{D}\frac{\mathrm{d}x\mathrm{d}y}{(x+y)^2}=\int_1^2\mathrm{d}y\int_3^4\frac{\mathrm{d}x}{(x+y)^2}=\int_1^2\left(\frac{1}{y+3}-\frac{1}{y+4}\right)\mathrm{d}y$$

$$=(\ln(y+3)-\ln(y+4))\Big|_1^2=\ln\frac{25}{24}.$$

7.2.2 一般区域上二重积分的计算

1. x 型区域和 y 型区域

平面上一般区域通常可以分为 x 型区域和 y 型区域.

称 $D=\{(x,y)\,|\,y_1(x)\leqslant y\leqslant y_2(x),a\leqslant x\leqslant b\}$ 为 x 型区域,

称 $D=\{(x,y)\,|\,x_1(y)\leqslant x\leqslant x_2(y),c\leqslant y\leqslant d\}$ 为 y 型区域.

如图 7.2—1.

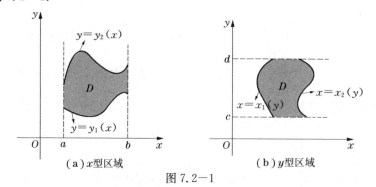

(a) x 型区域　　　　(b) y 型区域

图 7.2—1

这些区域的特点是当 D 为 x 型区域时,垂直于 x 轴的直线 $x=x_0$,$x_0\in(a,b)$ 至多与区域 D 的边界交于两点. 当 D 为 y 型区域时,垂直于 y 轴的直线 $y=y_0$,$y_0\in(c,d)$ 至多与区域 D 的边界交于两点.

如果 x 型区域上(下)界曲线多于一条,就要根据二重积分的性质(3),即区域可加性,将区域 D 拆成两个或多于两个子区域之和,例如图 7.2—2.

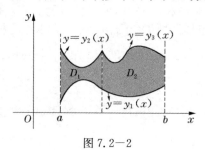

图 7.2—2

该区域上面曲线有两条 $y=y_2(x)$，$y=y_3(x)$，经过这两条曲线交点向 x 轴引垂线，将区域分成互不重叠的两部分 $D_1 \bigcup D_2$，则有

$$\iint\limits_D f(x,y)\mathrm{d}x\mathrm{d}y = \iint\limits_{D_1} f(x,y)\mathrm{d}x\mathrm{d}y + \iint\limits_{D_2} f(x,y)\mathrm{d}x\mathrm{d}y.$$

同理，类似情况的 y 型区域 D 也可以进行如上的拆分.

2. x 型区域和 y 型区域上二重积分的计算

定理 7.2.5　若 $f(x,y)$ 在 x 型区域 D 上连续，$y_1(x)$，$y_2(x)$ 在 $[a,b]$ 上连续，则有

$$\iint\limits_D f(x,y)\mathrm{d}x\mathrm{d}y = \int_a^b \left[\int_{y_1(x)}^{y_2(x)} f(x,y)\mathrm{d}y \right]\mathrm{d}x = \int_a^b \mathrm{d}x \int_{y_1(x)}^{y_2(x)} f(x,y)\mathrm{d}y.$$

即二重积分化为先对 y 后对 x 的累次积分.

定理 7.2.6　设 $f(x,y)$ 在 y 型区域 D 上连续，$x_1(y)$，$x_2(y)$ 在 $[c,d]$ 上连续，则有

$$\iint\limits_D f(x,y)\mathrm{d}x\mathrm{d}y = \int_c^d \left[\int_{x_1(y)}^{x_2(y)} f(x,y)\mathrm{d}x \right]\mathrm{d}y = \int_c^d \mathrm{d}y \int_{x_1(y)}^{x_2(y)} f(x,y)\mathrm{d}x.$$

即二重积分化为先对 x 后对 y 的累次积分.

直角坐标系下二重积分的计算主要看区域 D 是 x 型区域还是 y 型区域，再把二重积分化为累次积分从而进行计算. 对于比较复杂的区域 D，如果既不符合 x 型区域的要求，又不符合 y 型区域的要求，那么就需要把区域 D 分解成有限个除边界外无公共内点的 x 型区域或 y 型区域. 先分别求出每个区域上的二重积分，然后再相加.

例 3　计算 $I = \iint\limits_D xy\mathrm{d}\sigma$，$D$ 由 $y=1$，$x=2$ 及 $y=x$ 围成.

解：画出区域 D 的图形，如图 7.2-3.

若看成 x 型区域：

积分区域 $D = \{(x,y) \mid 1 \leqslant y \leqslant x, 1 \leqslant x \leqslant 2\}$，则

$$I = \int_1^2 \mathrm{d}x \int_1^x xy\mathrm{d}y = \int_1^2 \left(\frac{x^3}{2} - \frac{x}{2} \right)\mathrm{d}x$$

$$= \left(\frac{x^4}{8} - \frac{x^2}{4} \right)\Big|_1^2 = \frac{9}{8}.$$

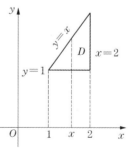

图 7.2-3

若看成 y 型区域：积分区域 $D = \{(x,y) \mid y \leqslant x \leqslant 2, 1 \leqslant y \leqslant 2\}$，则

$$I = \int_1^2 \mathrm{d}y \int_y^2 xy\mathrm{d}x = \int_1^2 \left(2y - \frac{y^3}{2} \right)\mathrm{d}y$$

$$= \left(y^2 - \frac{y^4}{8} \right)\Big|_1^2 = \frac{9}{8}.$$

例 4　求二重积分 $\iint\limits_D \dfrac{x^2}{y^2}\mathrm{d}x\mathrm{d}y$，其中 D 是由 $y=x$，$x=2$ 及 $y=\dfrac{1}{x}$ $(x>0)$ 所围成的区域.

解：画出区域 D 的图形，如图 7.2-4.

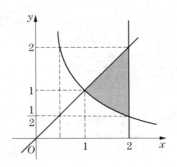

图 7.2—4

若看成 x 型区域:积分区域 $D=\left\{(x,y)\,\big|\,1\leqslant x\leqslant 2,\dfrac{1}{x}\leqslant y\leqslant x\right\}$,所以

$$\iint\limits_{D}\frac{x^2}{y^2}\mathrm{d}x\mathrm{d}y=\int_1^2\mathrm{d}x\int_{\frac{1}{x}}^x\frac{x^2}{y^2}\mathrm{d}y=\int_1^2(x^3-x)\mathrm{d}x=\frac{9}{4}.$$

若看成 y 型区域:

积分区域 $D=\left\{(x,y)\,\Big|\,\dfrac{1}{y}\leqslant x\leqslant 2,\dfrac{1}{2}\leqslant y\leqslant 1\right\}\bigcup\left\{(x,y)\,\Big|\,y\leqslant x\leqslant 2,1\leqslant y\leqslant 2\right\}$,

此时左边界曲线有两条,故过其交点作 y 轴垂线 $y=1$,将区域化成上下两个部分,由区域可加性得

$$\iint\limits_{D}\frac{x^2}{y^2}\mathrm{d}x\mathrm{d}y=\int_{\frac{1}{2}}^1\mathrm{d}y\int_{\frac{1}{y}}^2\frac{x^2}{y^2}\mathrm{d}x+\int_1^2\mathrm{d}y\int_y^2\frac{x^2}{y^2}\mathrm{d}x=\frac{9}{4}.$$

例 5　计算 $\displaystyle\iint\limits_{D}\frac{1}{2}(2-x-y)\mathrm{d}x\mathrm{d}y$,其中 D 是由直线 $y=x$ 和抛物线 $y=x^2$ 所围成的区域.

解:画出区域 D 的图形,如图 7.2—5.

若看成 x 型区域:积分区域 $D=\{(x,y)\,|\,0\leqslant x\leqslant 1,x^2\leqslant y\leqslant x\}$.

$$\iint\limits_{D}\frac{1}{2}(2-x-y)\mathrm{d}x\mathrm{d}y$$

$$=\int_0^1\mathrm{d}x\int_{x^2}^x\frac{1}{2}(2-x-y)\mathrm{d}y$$

$$=\int_0^1\left(y-\frac{1}{2}xy-\frac{1}{4}y^2\right)\Big|_{x^2}^x\mathrm{d}x$$

$$=\left(\frac{x^5}{20}+\frac{x^4}{8}-\frac{7x^3}{12}+\frac{x^2}{2}\right)\Big|_0^1=\frac{11}{120}.$$

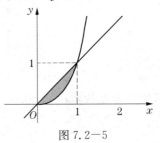

图 7.2—5

若看成 y 型区域:积分区域 $D=\{(x,y)\,|\,0\leqslant y\leqslant 1,y\leqslant x\leqslant\sqrt{y}\}$.

$$\iint\limits_{D}\frac{1}{2}(2-x-y)\mathrm{d}x\mathrm{d}y=\int_0^1\mathrm{d}y\int_y^{\sqrt{y}}\frac{1}{2}(2-x-y)\mathrm{d}x$$

$$=\int_0^1\left(x-\frac{1}{4}x^2-\frac{1}{2}xy\right)\Big|_y^{\sqrt{y}}\mathrm{d}y=\left(\frac{y^3}{4}-\frac{1}{5}y^{\frac{5}{2}}-\frac{5}{8}y^2-\frac{2}{3}y^{\frac{3}{2}}\right)\Big|_0^1$$

$$=\frac{11}{120}.$$

习题 7.2

1. 设 $f(x,y)$ 在区域 D 上连续, 试将二重积分 $\iint\limits_D f(x,y)\mathrm{d}\sigma$ 化为累次积分.

    (1) D 是由不等式 $y\leqslant x, y\geqslant a$, $x\leqslant b$ $(0<a<b)$ 所确定的区域;

    (2) D 是由不等式 $y\leqslant x, y\geqslant 0, x^2+y^2\leqslant 1$ 所确定的区域;

    (3) D 为 $(x-2)^2+(y-3)^2\leqslant 4$ 围成的区域;

    (4) D 为 $y=x^2, y=4-x^2$ 围成的区域.

2. 在下列积分中改变累次积分的次序:

    (1) $\displaystyle\int_0^1 \mathrm{d}y \int_y^{\sqrt{y}} f(x,y)\mathrm{d}x$;

    (2) $\displaystyle\int_a^b \mathrm{d}x \int_a^x f(x,y)\mathrm{d}y$ $(a<b)$;

    (3) $\displaystyle\int_0^2 \mathrm{d}x \int_x^{2x} f(x,y)\mathrm{d}y$;

    (4) $\displaystyle\int_{-1}^1 \mathrm{d}x \int_0^{\sqrt{1-x^2}} f(x,y)\mathrm{d}y$;

    (5) $\displaystyle\int_1^{\mathrm{e}} \mathrm{d}x \int_0^{\ln x} f(x,y)\mathrm{d}y$;

    (6) $\displaystyle\int_{-1}^1 \mathrm{d}x \int_{-\sqrt{1-x^2}}^{1-x^2} f(x,y)\mathrm{d}y$;

    (7) $\displaystyle\int_0^{2a} \mathrm{d}x \int_{\sqrt{2ax-x^2}}^{\sqrt{2ax}} f(x,y)\mathrm{d}y$;

    (8) $\displaystyle\int_0^1 \mathrm{d}y \int_0^{2y} f(x,y)\mathrm{d}x + \int_1^3 \mathrm{d}y \int_0^{3y-1} f(x,y)\mathrm{d}x$.

3. 计算下列二重积分:

    (1) $\iint\limits_D xy\mathrm{d}x\mathrm{d}y$, D 是 $y=x$ 与 $y=x^2$ 围成的区域;

    (2) $\iint\limits_D (x^2+y)\mathrm{d}x\mathrm{d}y$, D 是 $y=x^2$ 与 $x=y^2$ 围成的区域;

    (3) $\iint\limits_D xy^2\mathrm{d}x\mathrm{d}y$, 其中 D 为抛物线 $y^2=2px$ 和 $x=\dfrac{p}{2}$ $(p>0)$ 所围的区域;

    (4) $\iint\limits_D (x^2+y^2)\mathrm{d}x\mathrm{d}y$, 其中 $D=\{(x,y)\,|\,0\leqslant x\leqslant 1, \sqrt{x}\leqslant y\leqslant 2\sqrt{x}\}$;

    (5) $\iint\limits_D x^2 y\mathrm{d}x\mathrm{d}y$, 其中 $D=\{(x,y)\,|\,x^2+y^2\geqslant 2x, 1\leqslant x\leqslant 2, 0\leqslant y\leqslant x\}$;

    (6) $\iint\limits_D (x^2-y^2)\mathrm{d}x\mathrm{d}y$, D 是 $x=0, y=0, x=\pi$ 与 $y=\sin x$ 围成的区域.

4. 确定常数 a, 使 $\iint\limits_D a\sin(x+y)\mathrm{d}x\mathrm{d}y=1$, D 是 $y=x, y=2x, x=\dfrac{\pi}{2}$ 围成的

区域.

5. 设 $f(x)$ 连续, 证明 $\int_0^a \mathrm{d}x \int_0^x f(y)\mathrm{d}y = \int_0^a (a-x)f(x)\mathrm{d}x$.

6. 求抛物线 $y^2 = 2px + p^2$ 与 $y^2 = -2qx + q^2 (p, q > 0)$ 所围成图形的面积.

7. 设 $D = [0,1] \times [0,1]$, 证明 $1 \leqslant \iint\limits_D [\sin(x^2) + \cos(y^2)]\mathrm{d}x\mathrm{d}y \leqslant \sqrt{2}$.

8. 计算 $\lim\limits_{r \to 0} \dfrac{1}{\pi r^2} \iint\limits_D \mathrm{e}^{x^2 - y^2} \cos(x+y)\mathrm{d}x\mathrm{d}y$, 其中 D 由中心在原点, 半径为 r 的圆所围成.

§7.3　极坐标系下二重积分的计算

7.3.1　极坐标的转化形式

在二重积分的计算中, 有些积分区域的边界曲线比较复杂, 仅仅将二重积分化为累次积分是很难计算出结果的. 但是, 常常通过一个适当的换元或变换将给定的积分区域变换为简单的圆形区域、扇形区域、环形区域等区域, 从而达到简化计算的目的. 常用的二重积分积分变换是极坐标变换.

极坐标与直角坐标的变换关系为:
$$\begin{cases} x = r\cos\theta, \\ y = r\sin\theta, \end{cases} 0 \leqslant r < +\infty, \ 0 \leqslant \theta \leqslant 2\pi.$$

它将 $r\theta$ 平面上的区域 D' 变换成 xy 平面上的区域 D.

利用极坐标计算二重积分有如下重要定理.

定理 7.3.1　若函数 $f(x,y)$ 在闭区域 D 上连续, 区域
$$D' = \{(r,\theta) \,|\, \alpha \leqslant \theta \leqslant \beta, \ r_1(\theta) \leqslant r \leqslant r_2(\theta)\}$$
$$= \{(x,y) \,|\, x = r\cos\theta, \ y = r\sin\theta, \ (x,y) \in D\}.$$

且 $r_1(\theta), r_2(\theta)$ 在 $[\alpha,\beta]$ 上连续, 则有
$$\iint\limits_D f(x,y)\mathrm{d}x\mathrm{d}y = \iint\limits_{D'} f(r\cos\theta, r\sin\theta) r\mathrm{d}r\mathrm{d}\theta$$
$$= \int_\alpha^\beta \mathrm{d}\theta \int_{r_1(\theta)}^{r_2(\theta)} f(r\cos\theta, r\sin\theta) r\mathrm{d}r.$$

7.3.2　极坐标系下二重积分计算的常见几种情况

1. 极点在区域 $D' = \{(r,\theta) \,|\, \alpha \leqslant \theta \leqslant \beta, \ r_1(\theta) \leqslant r \leqslant r_2(\theta)\}$ 之外, 此时积分区域 D' 介于两条射线 $\theta = \alpha, \theta = \beta$ 之间, 而对 D' 内任一点 (r,θ), 其极径总是介于曲线 $r = r_1(\theta), r = r_2(\theta)$ 之间, 如图 7.3—1.
$$\iint\limits_{D'} f(r\cos\theta, r\sin\theta) r\mathrm{d}r\mathrm{d}\theta = \int_\alpha^\beta \mathrm{d}\theta \int_{r_1(\theta)}^{r_2(\theta)} f(r\cos\theta, r\sin\theta) r\mathrm{d}r.$$

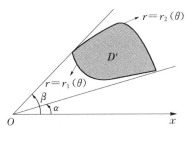
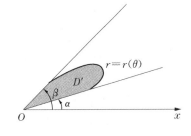

图 7.3－1   图 7.3－2

2. 极点在区域 $D'=\{(r,\theta)\,|\,\alpha\leqslant\theta\leqslant\beta,0\leqslant r\leqslant r(\theta)\}$ 的边界上,此时可以把它看做是第一种情形中当 $r_1(\theta)=0,r_2(\theta)=r(\theta)$ 的特例,如图 7.3－2.

$$\iint\limits_{D'}f(r\cos\theta,r\sin\theta)r\mathrm{d}r\mathrm{d}\theta=\int_\alpha^\beta\mathrm{d}\theta\int_0^{r(\theta)}f(r\cos\theta,r\sin\theta)r\mathrm{d}r.$$

3. 极点在区域 $D'=\{(r,\theta)\,|\,0\leqslant\theta\leqslant2\pi,0\leqslant r\leqslant r(\theta)\}$ 之内,此时可以把它看作是第二种情形中当 $\alpha=0,\beta=2\pi$ 的特例,如图 7.3－3 所示.

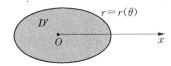

图 7.3－3

例 1 计算 $I=\iint\limits_{D'}\mathrm{e}^{-x^2-y^2}\mathrm{d}x\mathrm{d}y$,其中 D 是由中心在原点,半径为 R 的圆所围成的闭区域 $x^2+y^2\leqslant R^2$,如图 7.3－4.

解: 令 $x=r\cos\theta,y=r\sin\theta$,于是 $D=\{(r,\theta)\,|\,0\leqslant\theta\leqslant2\pi,0\leqslant r\leqslant R\}$,则

$$\begin{aligned}I&=\iint\limits_D\mathrm{e}^{-(x^2+y^2)}\mathrm{d}\sigma=\iint\limits_D\mathrm{e}^{-r^2}r\mathrm{d}\theta\mathrm{d}r\\&=\int_0^{2\pi}\mathrm{d}\theta\int_0^R\mathrm{e}^{-r^2}r\mathrm{d}r=2\pi\int_0^R\mathrm{e}^{-r^2}r\mathrm{d}r\\&=-\pi\mathrm{e}^{-r^2}\Big|_0^R=\pi(1-\mathrm{e}^{-R^2}).\end{aligned}$$

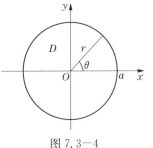

图 7.3－4

例 2 设 $D=\{(x,y)\,|\,x^2+y^2\leqslant x\}$,求 $\iint\limits_D\sqrt{x}\,\mathrm{d}x\mathrm{d}y$.

解: 因为

$$x^2+y^2\leqslant x,$$
$$\Rightarrow x^2+y^2-x\leqslant0$$
$$\Rightarrow \left(x-\frac{1}{2}\right)^2+y^2\leqslant\frac{1}{4}.$$

所以,区域 D 是由 $\left(\frac{1}{2},0\right)$ 为中心,$\frac{1}{2}$ 为半径的圆所围成的闭区域,令

$x = r\cos\theta, y = r\sin\theta$,则

$$D = \left\{ (r,\theta) \left| -\frac{\pi}{2} \leqslant \theta \leqslant \frac{\pi}{2}, 0 \leqslant r \leqslant \cos\theta \right. \right\}.$$

$$\iint\limits_{D} \sqrt{x}\, \mathrm{d}x\mathrm{d}y = \int_{-\frac{\pi}{2}}^{\frac{\pi}{2}} \mathrm{d}\theta \int_{0}^{\cos\theta} r\sqrt{r\cos\theta}\, \mathrm{d}r = \int_{-\frac{\pi}{2}}^{\frac{\pi}{2}} \mathrm{d}\theta \int_{0}^{\cos\theta} r^{\frac{3}{2}}\sqrt{\cos\theta}\, \mathrm{d}r$$

$$= \frac{4}{5} \int_{0}^{\frac{\pi}{2}} \cos^3\theta \mathrm{d}\theta = \frac{8}{15}.$$

习题 7.3

1. 对 $\iint\limits_{D} f(x,y)\mathrm{d}x\mathrm{d}y$ 进行极坐标变换并写出变换后不同顺序的累次积分.

   (1) $D = \{(x,y) \mid a^2 \leqslant x^2 + y^2 \leqslant b^2, y \geqslant 0\}$;

   (2) $D = \{(x,y) \mid x^2 + y^2 \leqslant y, x \geqslant 0\}$.

2. 用极坐标计算下列重积分:

   (1) $\iint\limits_{D} y\mathrm{d}x\mathrm{d}y$, D 是圆 $x^2 + y^2 = a^2$ 在第一象限内的区域;

   (2) $\iint\limits_{D} (x+y)\mathrm{d}x\mathrm{d}y$, D 是 $x^2 + y^2 = x + y$ 所围成的区域;

   (3) $\iint\limits_{D} (x^2 + y^2)\mathrm{d}x\mathrm{d}y$, 其中 D 是由 $x^2 + y^2 = 2ax$ 与 x 轴所围成的上半部分闭区域;

   (4) $\iint\limits_{D} \ln(1 + x^2 + y^2)\mathrm{d}x\mathrm{d}y$, 其中 D 是由圆周 $x^2 + y^2 = 4$ 与坐标轴所围成的在第一象限内的闭区域;

   (5) $\iint\limits_{D} \mathrm{e}^{-(x^2+y^2)}\mathrm{d}x\mathrm{d}y$, 其中 D 是由圆周 $x^2 + y^2 = R^2 (R > 0)$ 所围成的区域;

   (6) $\iint\limits_{D} \sin\sqrt{x^2 + y^2}\, \mathrm{d}x\mathrm{d}y$, 其中 $D = \{(x,y) \mid \pi^2 \leqslant x^2 + y^2 \leqslant 4\pi^2\}$.

3. 计算 $I = \iint\limits_{D} |x^2 + y^2 - 2x|\mathrm{d}x\mathrm{d}y$, 其中 $D = \{(x,y) \mid x^2 + y^2 \leqslant 4\}$.

4. 求曲线 $(x - y)^2 + x^2 = a^2 (a > 0)$ 所围成的平面图形的面积.

5. 设区域 $D = \{(x,y) \mid x^2 + y^2 \leqslant 1, x \geqslant 0\}$, 计算二重积分

$$I = \iint\limits_{D} \frac{1 + xy}{1 + x^2 + y^2}\mathrm{d}x\mathrm{d}y.$$

6. 设 $f(u)$ 有连续的一阶导数, 且 $f(0) = 0$. 求

$$\lim_{t \to 0^+} \frac{1}{t^3} \iint\limits_{x^2+y^2 \leqslant t^2} f(\sqrt{x^2 + y^2})\mathrm{d}x\mathrm{d}y.$$

自测题 7

一、选择题：

1. $\int_0^4 \mathrm{d}x \int_x^{2\sqrt{x}} f(x,y)\mathrm{d}y$ 交换积分次序后,得(　　);

    A. $\int_4^0 \mathrm{d}y \int_{\frac{y^2}{4}}^y f(x,y)\mathrm{d}x$ B. $\int_0^4 \mathrm{d}y \int_{-y}^{\frac{y^2}{4}} f(x,y)\mathrm{d}x$

    C. $\int_0^4 \mathrm{d}y \int_{\frac{1}{4}}^1 f(x,y)\mathrm{d}x$ D. $\int_0^4 \mathrm{d}y \int_{\frac{y^2}{4}}^y f(x,y)\mathrm{d}x$

2. 二重积分 $\int_0^1 \mathrm{d}y \int_y^1 \mathrm{e}^{x^2} \mathrm{d}x = ($　　$)$;

    A. $\int_0^1 \mathrm{d}y \int_x^0 \mathrm{e}^{x^2} \mathrm{d}x$ B. $\dfrac{1}{2}(\mathrm{e}-1)$

    C. $\int_0^1 \mathrm{d}x \int_x^0 \mathrm{e}^{x^2} \mathrm{d}y$

    D. $\int_y^1 \mathrm{e}^{x^2} \mathrm{d}x$ 在初等函数范围内不可积,因此无法计算

3. 设积分域为 $D = \{(x,y) \mid -1 \leqslant x \leqslant 1, -1 \leqslant y \leqslant 1\}$,则 $\iint\limits_D \mathrm{e}^{x+y} \mathrm{d}x\mathrm{d}y$

    $= ($　　$)$;

    A. $(\mathrm{e}-1)^2$ B. $2(\mathrm{e}-\mathrm{e}^{-1})^2$ C. $4(\mathrm{e}-1)^2$ D. $(\mathrm{e}-\mathrm{e}^{-1})^2$

4. 设 D 为 $x^2+y^2 \leqslant 4$,则 D 的面积为(　　);

    A. $\int_0^2 \mathrm{d}x \int_0^{\sqrt{4-x^2}} \mathrm{d}y$ B. $\int_{-2}^2 \mathrm{d}x \int_0^{\sqrt{4-x^2}} \mathrm{d}y$

    C. $\int_0^{2\pi} \mathrm{d}\theta \int_0^2 r\mathrm{d}r$ D. $\int_0^{2\pi} \mathrm{d}\theta \int_0^2 \mathrm{d}r$

5. 设 $I = \iint\limits_D \sqrt{4-x^2-y^2}\, \mathrm{d}\sigma$,其中 $D: x^2+y^2 \leqslant 4,\ x \geqslant 0,\ y \geqslant 0$,则必

    有(　　);

    A. $I>0$ B. $I<0$

    C. $I=0$ D. $I \neq 0$,但符号无法判断

6. 判断下列积分值的大小: $I_1 = \iint\limits_D [\ln(x+y)]^3 \mathrm{d}x\mathrm{d}y$, $I_2 = \iint\limits_D (x+y)^3 \mathrm{d}x\mathrm{d}y$,

    $I_3 = \iint\limits_D [\sin(x+y)]^3 \mathrm{d}x\mathrm{d}y$,其中 D 由 $x=0, y=0, x+y=\dfrac{1}{2}, x+y=1$ 围

    成,则 I_1, I_2, I_3 之间的大小顺序为(　　);

    A. $I_1<I_2<I_3$ B. $I_3<I_2<I_1$

    C. $I_1<I_3<I_2$ D. $I_3<I_1<I_2$

7. 累次积分 $\int_0^{\frac{\pi}{2}} d\theta \int_0^{\cos\theta} f(r\cos\theta, r\sin\theta) r dr$ 可以写成(   );

    A. $\int_0^1 dy \int_0^{\sqrt{y-y^2}} f(x,y) dx$ B. $\int_0^1 dy \int_0^{\sqrt{1-y^2}} f(x,y) dx$

    C. $\int_0^1 dx \int_0^1 f(x,y) dy$ D. $\int_0^1 dx \int_0^{\sqrt{x-x^2}} f(x,y) dy$

8. 当 D 是(   )围成的区域时,二重积分 $\iint\limits_D dx dy = 1$.

    A. x 轴、y 轴及 $2x + y - 2 = 0$ B. x 轴、y 轴及 $x = 4, y = 3$

    C. $|x| = \dfrac{1}{2}, |y| = \dfrac{1}{3}$ D. $|x+y| = 1, |x-y| = 1$

二、填空题:

1. 交换积分次序:$\int_0^1 dx \int_{-\sqrt{x}}^{\sqrt{x}} f(x,y) dy + \int_1^4 dx \int_{x-2}^{\sqrt{x}} f(x,y) dy$ $=$ _____;

2. 设 $D = \{(x,y) | x^2 + y^2 \leqslant x\}$,$\iint\limits_D \sqrt{x} \, dx dy =$ _____;

3. 二重积分 $\iint\limits_{x^2+y^2 \leqslant 1} (x^2 + y^2) d\sigma =$ _____;

4. 设 D 是由 $y = x, y = -x$ 及 $y = 2 - x^2$ 所围成的在 x 轴上方的区域,积分 $\iint\limits_D 6x^2 y^2 dx dy =$ _____;

5. 设 $D = [0, \pi] \times [0, \pi]$,函数 $f(x,y) = \sin^2 x \cos^2 y$ 在区域 D 内的平均值 $=$ _____;

6. 积分 $\iint\limits_{x^2+y^2 \leqslant 4} (x+y) dx dy$ 在极坐标下的二次积分为 _____;

7. 设 D 为圆环 $1 \leqslant x^2 + y^2 \leqslant 9$ 与直线 $y = x, y = 0$ 所围成的第一象限内的区域,积分 $\iint\limits_D \arctan\dfrac{y}{x} d\sigma =$ _____;

8. 设 $f(x,y)$ 为连续函数,则 $\int_0^{\frac{\pi}{4}} d\theta \int_0^1 f(r\cos\theta, r\sin\theta) r dr =$ _____.

三、解答题:

1. 计算二重积分 $I = \iint\limits_D \sqrt{x^2+y^2} \, dx dy$,其中 D 是圆 $x^2 + y^2 = 2y$ 围成的平面区域;

2. 设 $f(t) = \int_1^{t^2} e^{-x^2} dx$,求 $\int_0^1 t f(t) dt$;

3. 计算 $I = \iint\limits_{x^2+y^2 \leqslant a^2} (x^2 - 2\sin x + 3y + 4) d\sigma$;

4.计算二重积分 $\iint\limits_{D} |x^2+y^2-1| \, d\sigma$,其中 $D=\{(x,y) \mid 0 \leqslant x \leqslant 1, 0 \leqslant y \leqslant 1\}$;

5.已知 D 是圆域 $x^2+y^2 \leqslant a^2 (a>0)$,求 a 的值,使 $I=\iint\limits_{D} e^{-(x^2+y^2)} \, dxdy$

$=\dfrac{\pi}{2}$;

6.设 $f(x)$ 在 $[0,1]$ 上连续,并设 $\displaystyle\int_0^1 f(x) \, dx = A$,求 $\displaystyle\int_0^1 dx \int_x^1 f(x)f(y) \, dy$;

7.证明:若函数 $f(x,y)$ 在区域 D 连续,且对任意有界闭区域 $D' \subset D$ 都有
$$\iint\limits_{D'} f(x,y) \, dxdy = 0,$$
则任意 $(x,y) \in D$, 有 $f(x,y)=0$;

8.设 $f(x)$ 在区间 $[a,b]$ 上连续,证明 $\left[\displaystyle\int_a^b f(x) \, dx \right]^2 \leqslant (b-a) \displaystyle\int_a^b f^2(x) \, dx$.

第8章 常微分方程

在研究科学技术和经济管理中某些变量的变化过程时,往往需要寻求函数关系.但有时这种关系不易直接建立,而是根据条件列出自变量、未知函数及未知函数导数之间的关系式,这样的关系式就是微分方程,本章主要介绍微分方程的一些基本概念并讨论几种常用的微分方程基本解法.

§8.1 常微分方程的基本概念

下面通过具体例题来说明微分方程的基本概念.

例 1 求过点$(0,1)$且切线斜率为$2x$的曲线方程.

解:设所求曲线方程为$y=y(x)$,由题意,$y=y(x)$应满足方程

$$\frac{\mathrm{d}y}{\mathrm{d}x}=2x, \quad 即 \quad \mathrm{d}y=2x\mathrm{d}x. \tag{1}$$

此外还满足条件:

$$当\ x=0\ 时,y=1. \tag{2}$$

对方程(1)两端积分,得

$$y=x^2+C, \tag{3}$$

其中C为任意常数,把条件(2)代入(3),有

$$1=0^2+C, \quad 即 \quad C=1.$$

故所求的曲线方程为

$$y=x^2+1. \tag{4}$$

定义 8.1.1 含有未知函数的导数(或微分)的方程称为微分方程.微分方程中出现的未知函数导数(或微分)的最高阶数,称为微分方程的阶.

如例1中方程(1)是一阶微分方程,$y''+y'=x^2$是二阶微分方程.

定义 8.1.2 将某函数及其各阶导数代入微分方程,使得方程两边恒等,此函数称为微分方程的解.即满足微分方程的函数就是该微分方程的解.

如例1中函数(3)及(4)都是方程(1)的解.

定义 8.1.3 未知函数为一元函数的微分方程称为常微分方程,未知函数是多元函数的微分方程称为偏微分方程.本书只介绍常微分方程及其解法,简称微分方程,为方便讨论,有时简称方程.

如果微分方程的解中所含相互独立任意常数个数与方程的阶数相同,这种解称为微分方程的通解;在通解中给任意常数以确定的值所得到的解

称为方程的特解,确定值是根据问题所给出的条件而得到的. 如例 1 中(3)式是方程(1)的通解,(4)式是方程(1)的特解.

用来确定通解中任意常数值的条件,称为初始条件(或定解条件). 如(2)式也可表示为 $y|_{x=0}=1$.

例 2 判断微分方程 $y''-3y'+2y=0$ 的阶数,验证 $y=C_1e^x+C_2e^{2x}$ 是其通解,并求满足初始条件 $y|_{x=0}=0,y'|_{x=0}=1$ 的特解.

解:由 $y=C_1e^x+C_2e^{2x}$ 可求出
$$y'=C_1e^x+2C_2e^{2x}, \quad y''=C_1e^x+4C_2e^{2x}.$$
将 y',y'' 代入方程:
$$y''-3y'+2y=C_1e^x+4C_2e^{2x}-3(C_1e^x+2C_2e^{2x})+2(C_1e^x+C_2e^{2x})=0,$$
故 $y=C_1e^x+C_2e^{2x}$ 是方程的通解.

将 $y|_{x=0}=0$, $y'|_{x=0}=1$ 代入 $y=C_1e^x+C_2e^{2x}$, $y'=C_1e^x+2C_2e^{2x}$,得
$$\begin{cases}C_1+C_2=0,\\C_1+2C_2=1,\end{cases} \quad 解得 \begin{cases}C_1=-1,\\C_2=1,\end{cases}$$
故特解为 $y=-e^x+e^{2x}$.

习题 8.1

1.指出下列各微分方程的阶数:

(1) $y'=x^2-x$; (2) $\dfrac{d^2x}{dy^2}=x+y$;

(3) $x^2dy-y^2dx=0$; (4) $y^{(4)}+2y^{(2)}-y'+2=0$.

2.验证下列函数是否为对应微分方程的通解:

(1) $y=Ce^{-3x}+1$, $\dfrac{dy}{dx}+3y-3=0$;

(2) $y=(C_1+C_2x)e^{-x}$, $y''+2y'+y=0$.

3.(1) 验证 $y=Ce^{x^2}-1$ 是方程 $y'=2x(y+1)$ 的通解,并求满足条件 $y|_{x=0}=2$ 的特解;

(2) 验证 $y=C_1\sin x+C_2\cos x$ 是方程 $y''=-y$ 的通解,并求满足条件 $y|_{x=0}=-4,y'|_{x=0}=3$ 的特解.

4.求过点 $(1,1)$ 且在任一点 $M(x,y)$ 处切线斜率为 $3x^2$ 的曲线方程.

§8.2 可分离变量的微分方程

定义 8.2.1 形如

$$\frac{dy}{dx} = f(x)g(y) \tag{1}$$

的方程,称为可分离变量的微分方程.

对于（1）式,可化为 $\frac{dy}{g(y)} = f(x)dx$,两边同时积分 $\int \frac{dy}{g(y)}$

$= \int f(x)dx$,解之可得 x 与 y 的关系式,并含有任意常数,即为通解.

例1 解微分方程 $y' = \frac{x}{y}$.

解：原方程可改写成 $\frac{dy}{dx} = \frac{x}{y}$,分离变量得：

$$ydy = xdx.$$

两边同时积分

$$\int ydy = \int xdx,$$

解之得：$\frac{y^2}{2} + C_1 = \frac{x^2}{2} + C_2$.

整理：$y^2 - x^2 = 2C_2 - 2C_1$.

令 $C = 2C_2 - 2C_1$,可得方程通解 $y^2 - x^2 = C$.

今后 $\frac{y^2}{2} + C_1 = \frac{x^2}{2} + C_2$ 可直接写成 $\frac{y^2}{2} = \frac{x^2}{2} + C$.

例2 解微分方程 $\frac{dy}{dx} = -\frac{y}{x}$.

解：分离变量得：$\frac{dy}{y} = -\frac{dx}{x}$,两边同时积分：

$$\int \frac{dy}{y} = \int -\frac{dx}{x},$$

解之得：$\ln|y| = -\ln|x| + \ln C$（这里常数记作 $\ln C$ 是为了计算方便）.

整理：$\ln|xy| = \ln C$,即 $|xy| = C$.

写成：$xy = \pm C$,令 $C_1 = \pm C$,可得通解 $xy = C_1$.

今后为了运算方便,可将 $\ln|y|$ 写成 $\ln y$,$\ln|x|$ 写成 $\ln x$.

例3 解微分方程 $y'\sin x - y\cos x = 0$.

解：原方程改写为 $\frac{dy}{dx}\sin x - y\cos x = 0$,分离变量得：

$$\frac{dy}{y} = \frac{\cos x}{\sin x}dx.$$

两边积分

$$\int \frac{1}{y} dy = \int \frac{\cos x}{\sin x} dx,$$

解之得：$\ln y = \ln \sin x + \ln C$，

故通解为：$y = C \sin x$.

例 4　求微分方程 $\dfrac{dy}{dx} = e^{2x-y}$ 当初始条件为 $y|_{x=0} = 0$ 时的特解.

解：原方程变形为 $\dfrac{dy}{dx} = \dfrac{e^{2x}}{e^y}$，分离变量得：

$$e^y dy = e^{2x} dx.$$

两边积分：

$$\int e^y dy = \int e^{2x} dx,$$

解得：

$$e^y = \frac{1}{2} e^{2x} + C.$$

将 $y|_{x=0} = 0$ 代入通解：$e^0 = \dfrac{1}{2} e^{2\times 0} + C$，求得 $C = \dfrac{1}{2}$.

所以特解为：$e^y = \dfrac{1}{2} e^{2x} + \dfrac{1}{2}$.

习题 8.2

1. 解下列微分方程：

　　(1) $y' = e^{x-y}$；　　　　　　　　　(2) $\sqrt{1-x^2} \dfrac{dy}{dx} = 1$；

　　(3) $(1+x)dy = (1-y)dx$；　　　(4) $(1+y^2)dx - (1+x^2)dy = 0$；

　　(5) $2\dfrac{dy}{dx} - \dfrac{2x}{y} = \dfrac{1}{y}$；　　　　(6) $\tan y dx - \cot x dy = 0$.

2. 求下列方程满足初始条件的特解：

　　(1) $\dfrac{dy}{dx} = 2xy$，　$y|_{x=0} = 1$；

　　(2) $(y+3)dx + \cot x dy = 0$，　$y|_{x=0} = 1$.

§8.3 一阶线性微分方程

定义 8.3.1 形如

$$\frac{\mathrm{d}y}{\mathrm{d}x}+p(x)y=q(x) \tag{1}$$

的微分方程称为一阶线性微分方程.线性是指未知函数及未知函数的导数都是一次的.

当 $q(x)\equiv0$ 时,即 $\frac{\mathrm{d}y}{\mathrm{d}x}+p(x)y=0$,称为一阶线性齐次微分方程.

当 $q(x)\neq0$ 时,称为一阶线性非齐次微分方程.

8.3.1 一阶线性齐次微分方程的通解

将方程分离变量,得

$$\frac{\mathrm{d}y}{y}=-p(x)\mathrm{d}x,$$

两边积分

$$\ln y=-\int p(x)\mathrm{d}x+\ln C,$$

得通解为

$$y=C\,\mathrm{e}^{-\int p(x)\mathrm{d}x}.$$

8.3.2 一阶线性非齐次微分方程的通解

分三步进行:

(1) 先求出对应的一阶线性齐次方程的通解 $y=C\mathrm{e}^{-\int p(x)\mathrm{d}x}$;

(2) 将任意常数 C 换成待定的函数 $C(x)$,即 $y=C(x)\,\mathrm{e}^{-\int p(x)\mathrm{d}x}$;

(3) 将 $y=C(x)\,\mathrm{e}^{-\int p(x)\mathrm{d}x}$,$y'=C'(x)\,\mathrm{e}^{-\int p(x)\mathrm{d}x}-C(x)p(x)\,\mathrm{e}^{-\int p(x)\mathrm{d}x}$ 代入一阶线性非齐次微分方程(1),得

$$C'(x)\,\mathrm{e}^{-\int p(x)\mathrm{d}x}-C(x)p(x)\,\mathrm{e}^{-\int p(x)\mathrm{d}x}+p(x)C(x)\,\mathrm{e}^{-\int p(x)\mathrm{d}x}=q(x),$$

即

$$C'(x)\,\mathrm{e}^{-\int p(x)\mathrm{d}x}=q(x),$$

$$C'(x)=q(x)\,\mathrm{e}^{\int p(x)\mathrm{d}x},$$

两边积分,得

$$C(x)=\int q(x)\cdot\mathrm{e}^{\int p(x)\mathrm{d}x}\,\mathrm{d}x+C.$$

于是原线性非齐次微分方程通解为

$$y=\mathrm{e}^{-\int p(x)\mathrm{d}x}\left(\int q(x)\cdot\mathrm{e}^{\int p(x)\mathrm{d}x}\,\mathrm{d}x+C\right). \tag{2}$$

这种求解方法称为常数变易法.

例 1 求微分方程 $\dfrac{\mathrm{d}y}{\mathrm{d}x}-\dfrac{2y}{x+1}=(x+1)^{\frac{5}{2}}$ 的通解.

解：先求齐次线性方程 $\dfrac{\mathrm{d}y}{\mathrm{d}x}-\dfrac{2y}{x+1}=0$ 的通解,分离变量有

$$\frac{\mathrm{d}y}{y}=\frac{2}{x+1}\mathrm{d}x,$$

两边积分得

$$\ln y=2\ln(x+1)+\ln C,$$

化简得

$$y=C(x+1)^2 \quad (C \text{ 为任意常数}).$$

再设所求非齐次线性方程的通解为

$$y=C(x)(x+1)^2, \tag{3}$$

则

$$\frac{\mathrm{d}y}{\mathrm{d}x}=C'(x)(x+1)^2+2C(x)(x+1). \tag{4}$$

将(3),(4)代入原方程有

$$C'(x)(x+1)^2+2C(x)(x+1)-\frac{2C(x)(x+1)^2}{x+1}=(x+1)^{\frac{5}{2}}.$$

化简为 $C'(x)=(x+1)^{\frac{1}{2}}$,积分得

$$C(x)=\frac{2}{3}(x+1)^{\frac{3}{2}}+C. \tag{5}$$

将(5)代入(3)可得所求方程的通解为

$$y=\left[\frac{2}{3}(x+1)^{\frac{3}{2}}+C\right](x+1)^2.$$

注:在解一阶线性非齐次微分方程时,也可以直接利用通解公式(2).

例 2 求微分方程 $y'-y\cot x=2x\sin x$ 的通解.

解法 1:利用常数变易法,对应的齐次方程为 $y'-y\cot x=0$. 分离变量得

$$\frac{\mathrm{d}y}{y}=\cot x\mathrm{d}x.$$

两边积分得

$$\ln y=\int \cot x\mathrm{d}x=\ln\sin x+\ln C,$$

即 $y=C\sin x$. 由常数变易法,可设原方程通解为

$$y=C(x)\sin x,$$

则

$$y'=C'(x)\sin x+C(x)\cos x,$$

代入原方程有

$$C'(x)\sin x+C(x)\cos x-C(x)\sin x\cot x=2x\sin x.$$

化简有

$$C'(x)=2x,$$

上式积分

$$C(x)=x^2+C,$$

所以原方程的通解为 $y=(x^2+C)\sin x$.

解法 2:利用公式(2),由于

$$p(x)=-\cot x,\quad q(x)=2x\sin x,$$

$$\int p(x)\mathrm{d}x=-\int \cot x\mathrm{d}x=-\int \frac{\cos x}{\sin x}\mathrm{d}x=-\ln\sin x.$$

代入通解公式,则原方程通解为:

$$y=\mathrm{e}^{\ln\sin x}\left(\int 2x\sin x\cdot \mathrm{e}^{-\ln\sin x}\mathrm{d}x+C\right)$$

$$=\sin x\left(\int 2x\sin x\cdot \frac{1}{\sin x}\mathrm{d}x+C\right)=(x^2+C)\sin x.$$

习题 8.3

1.求下列方程的通解:

    (1) $y'-2y=\mathrm{e}^x$;   (2) $(x+1)y'-2y=(x+1)^4$;

    (3) $\dfrac{\mathrm{d}y}{\mathrm{d}x}-2xy=x\mathrm{e}^{-x^2}$;   (4) $x^2\mathrm{d}y+(2xy-x^2)\mathrm{d}x=0$;

    (5) $y'-\dfrac{2y}{x}=x^2\sin x$;   (6) $y'-y\tan x=\sec x$.

2.求下列方程满足初始条件的特解:

    (1) $y'+2y=1,\quad y|_{x=0}=1$;

    (2) $y'-y=\cos x,\quad y|_{x=0}=0$;

    (3) $\dfrac{\mathrm{d}x}{\mathrm{d}t}-4x=\mathrm{e}^{3t},\quad x|_{t=0}=0$;

    (4) $y'+y\cos x=\mathrm{e}^{-\sin x},\quad y|_{x=0}=0$.

自测题 8

一、选择题:

1.微分方程 $xy'''+y''=x^3$ 的阶数是(   );

    A. 2   B. 3   C. 4   D. 5

2.下列方程中,不是微分方程的是(   );

    A. $(y')^2+3y=0$ B. $y''-\mathrm{e}^{x+y}=1$

    C. $\mathrm{d}y+\dfrac{1}{x}\mathrm{d}x=2\mathrm{d}x$ D. $x^2+y^2=a^2$

3.下列方程中可分离变量的微分方程是(　　)；

    A. $y'=e^{x+y}$　　　　　　　　B. $y''+y=x$

    C. $(x^2+y^2)dx=xydy$　　　　D. $3y^2dy+3x^2dx=1$

4.方程 $y'=-y+xe^{-x}$ 是(　　)微分方程；

    A. 可分离变量　　　　　　　　B. 齐次

    C. 一次线性非齐次　　　　　　D. 一阶线性齐次

5.微分方程 $2ydy-dx=0$ 的通解是(　　)；

    A. $y^2-x=C$　　B. $y-\sqrt{x}=C$　　C. $y=x+C$　　D. $y=-x+C$

6.微分方程 $y'''-x^2y''-x^5=2$ 的通解中应含的独立常数个数为(　　)；

    A. 3　　　　　　　　B. 4　　　　　　　　C. 5　　　　　　　　D. 6

7.微分方程 $y'=3x^2$ 满足 $y(2)=1$ 的解为(　　)；

    A. $y=x^3+C$　　B. $y=x^3$　　　　C. $y=x^3+7$　　D. $y=x^3-7$

8.下列函数中,(　　)是微分方程 $y'+\dfrac{y}{x}=x$ 的解.

    A. $\dfrac{x^2}{3}+1$　　　　B. $\dfrac{x^3}{3}+\dfrac{1}{x}$　　　　C. $-\dfrac{x^2}{3}+1$　　　　D. $\dfrac{x^2}{3}+\dfrac{1}{x}$

二、填空题：

1.方程 $\dfrac{dy}{dx}-y=0$ 的通解为_____；

2.微分方程 $y'=\cos x-1$ 在初始条件 $y|_{x=0}=1$ 下的特解是_____；

3.微分方程 $y\ln xdx+x\ln ydy=0$ 分离变量得_____；

4.一阶线性非齐次微分方程的基本形式为 $\dfrac{dy}{dx}+p(x)y=q(x)$,对方程

    $(1+x)y'-2y=(1+x)^4$,$p(x)=$_____,$q(x)=$_____；

5.微分方程 $\dfrac{dy}{dx}-\dfrac{1}{2(y+1)}=0$ 的通解为_____；

6.微分方程 $(1-x^2)y-xy'=0$ 的通解为_____；

7.方程 $xy'+y=3$ 的通解是_____；

8.方程 $\sin x\cos ydx=\cos x\sin ydy$ 满足 $y|_{x=0}=\dfrac{\pi}{4}$ 的特解为_____；

三、解答题：

1.求下列微分方程的通解：

    (1) $\cos^2 x\dfrac{dy}{dx}+y=0$；

    (2) $dx+xydy=y^2dx+ydy$；

    (3) $xdy+dx=e^ydx$；

    (4) $x(x+y)y'-y^2=0$.

2.求下列方程满足初始条件的特解：

    (1) $\dfrac{dy}{dx}=-\dfrac{x\sqrt{1-y^2}}{y\sqrt{1+x^2}}$,　　$y|_{x=1}=1$；

(2) $\begin{cases} y'\cot x - y^2 = 4, \\ y|_{x=0} = 2. \end{cases}$

3. 求下列方程的通解:

(1) $\dfrac{dy}{dx} + y = e^{-x}$;

(2) $\dfrac{dy}{dx} = y\tan x + \sin x$;

(3) $y' + \dfrac{y}{x} = \dfrac{1}{x(x^2+1)}$;

(4) $y\,dx - (x+y^3)\,dy = 0$.

4. 求下列方程满足初始条件的特解:

(1) $xy' - 2y = x^3\cos x$, $y\Big|_{x=\frac{\pi}{2}} = \dfrac{\pi^2}{4}$;

(2) $\begin{cases} y' = \dfrac{1}{x+e^y}, \\ y|_{x=1} = 0. \end{cases}$

第9章 无穷级数

无穷级数是高等数学的重要组成部分,是研究函数以及进行近似计算的有力工具,在众多领域有着广泛应用.本章首先介绍无穷级数的概念和基本性质,然后重点讨论常数项级数的敛散性,在此基础上介绍函数项级数的有关内容,并由此得出幂级数的一些基本结论和初等函数幂级数展开式.

§9.1 数项级数的概念和性质

9.1.1 无穷级数的概念

《庄子·天下篇》有句话:"一尺之棰,日取其半,万世不竭",体现了极限思想.将每日截得的长度相加,即:

$$\frac{1}{2}+\frac{1}{2^2}+\frac{1}{2^3}+\cdots+\frac{1}{2^n}+\cdots$$

有无穷多项相加,显然此和式等于 1.

再如,自然对数的底 e,它的近似值为 2.71828…,精确值可以表示为

$$e=1+1+\frac{1}{2!}+\frac{1}{3!}+\frac{1}{4!}+\cdots+\frac{1}{n!}+\cdots.$$

上面两个式子都是无穷多项相加所得到的,对于这种情形,给出如下严格的定义:

定义 9.1.1 设无穷数列 $\{u_n\}$:$u_1,u_2,u_3,\cdots,u_n,\cdots$,称

$$u_1+u_2+u_3+\cdots+u_n+\cdots \qquad (1)$$

为无穷级数,记作 $\displaystyle\sum_{n=1}^{\infty} u_n$,即

$$\sum_{n=1}^{\infty} u_n=u_1+u_2+u_3+\cdots+u_n+\cdots.$$

$u_1,u_2,u_3,\cdots,u_n,\cdots$ 称为无穷级数的项,其中第 n 项 u_n 称为级数的一般项或通项.由于(1)式中每项都是常数,故称无穷级数为数项级数,简称级数.

对于级数 $\displaystyle\sum_{n=1}^{\infty} u_n$,能否像有限项相加一样,类似求出无限项的和呢?为此,先从有限项出发,观察它们的变化趋势.设

$$S_1=u_1,\ S_2=u_1+u_2,\ S_3=u_1+u_2+u_3,\ \cdots,\ S_n=u_1+u_2+\cdots+u_n,\ \cdots \qquad (2)$$

其中，$S_n = u_1 + u_2 + u_3 + \cdots + u_n = \sum_{k=1}^{n} u_k$ 称为级数(1)式的前 n 项部分和. $\{S_n\}$ 称为(1)式的部分和数列，即(2)式.

定义 9.1.2 若当 n 无限增大时，级数 $\sum_{n=1}^{\infty} u_n$ 的部分和数列 $\{S_n\}$ 有极限 S，即 $\lim_{n \to \infty} S_n = S$，则称 S 为级数 $\sum_{n=1}^{\infty} u_n$ 的和，记作 $\sum_{n=1}^{\infty} u_n = S$，并称级数收敛于 S；若部分和数列 $\{S_n\}$ 的极限不存在，则称级数 $\sum_{n=1}^{\infty} u_n$ 发散.

当级数(1)式收敛时，部分和 S_n 就是级数和 S 的近似值，称 $S - S_n = r_n$ 为级数的余项，即

$$r_n = S - S_n = u_{n+1} + u_{n+2} + \cdots.$$

显然，用近似值 S_n 代替 S 所产生的误差为 $|r_n|$.

由定义判断级数敛散性的方法是：先求级数的部分和 S_n，然后计算 $\lim_{n \to \infty} S_n$，若极限存在，则收敛，极限值即为级数的和；若极限不存在，则级数发散.

例 1 判断级数 $\sum_{n=1}^{\infty} \dfrac{1}{n(n+1)}$ 的敛散性.

解：级数的通项

$$u_n = \frac{1}{n(n+1)} = \frac{1}{n} - \frac{1}{n+1},$$

部分和

$$S_n = \frac{1}{1 \cdot 2} + \frac{1}{2 \cdot 3} + \cdots + \frac{1}{n(n+1)}$$

$$= \left(1 - \frac{1}{2}\right) + \left(\frac{1}{2} - \frac{1}{3}\right) + \cdots + \left(\frac{1}{n} - \frac{1}{n+1}\right)$$

$$= 1 - \frac{1}{n+1}.$$

因为 $\lim_{n \to \infty} S_n = \lim_{n \to \infty} \left(1 - \dfrac{1}{n+1}\right) = 1$，从而级数是收敛的，且级数的和 $S = 1$.

例 2 证明级数 $\sum_{n=1}^{\infty} n$ 是发散的.

解：级数的通项

$$u_n = n,$$

部分和

$$S_n = 1 + 2 + 3 + \cdots + n = \frac{n(n+1)}{2}$$

$$\lim_{n \to \infty} S_n = \lim_{n \to \infty} \frac{n(n+1)}{2} = +\infty,$$

所以原级数是发散的.

例 3 讨论级数 $\sum\limits_{n=1}^{\infty}(\sqrt{n+1}-\sqrt{n})$ 的敛散性.

解：级数通项

$$u_n=\sqrt{n+1}-\sqrt{n},$$

部分和

$$S_n=(\sqrt{2}-\sqrt{1})+(\sqrt{3}-\sqrt{2})+(\sqrt{4}-\sqrt{3})+\cdots+(\sqrt{n+1}-\sqrt{n})$$
$$=(\sqrt{n+1}-1).$$

由于 $\lim\limits_{n\to\infty}(\sqrt{n+1}-1)=+\infty$，故原级数是发散的.

例 4 判断几何级数(等比级数) $a+aq+aq^2+\cdots+aq^{n-1}+\cdots$ 的敛散性.

解：级数的部分和

$$S_n=a+aq+aq^2+\cdots+aq^{n-1}.$$

(1) 当 $q=1$ 时，$S_n=na$，$\lim\limits_{n\to\infty}S_n=\infty$，级数发散；

(2) 当 $q=-1$ 时，级数成为 $a-a+a-a+\cdots$，当 n 为奇数时，$S_n=a$，当 n 为偶数时，$S_n=0$.

因此，当 $n\to\infty$ 时，S_n 极限不存在，故原级数发散；

(3) 当 $|q|<1$ 时，

$$S_n=a\frac{1-q^n}{1-q},$$

因为 $\lim\limits_{n\to\infty}q^n=0$，$\lim\limits_{n\to\infty}S_n=\frac{a}{1-q}$，所以级数收敛；

(4) 当 $|q|>1$ 时，

$$S_n=a\frac{1-q^n}{1-q},$$

因为 $\lim\limits_{n\to\infty}q^n=\infty$，$\lim\limits_{n\to\infty}S_n=\infty$，所以级数发散.

因此等比级数 $\sum\limits_{n=1}^{\infty}aq^{n-1}$ 当 $|q|<1$ 时级数收敛且和为 $\frac{a}{1-q}$，当 $|q|\geqslant 1$ 时发散.

9.1.2 无穷级数的基本性质

性质 1 若级数 $\sum\limits_{n=1}^{\infty}u_n$ 收敛，其和为 S，则对任意常数 k，级数 $\sum\limits_{n=1}^{\infty}ku_n$ 也收敛，且其和为 kS.

性质 2 若级数 $\sum\limits_{n=1}^{\infty}u_n$ 收敛，和为 S_1；级数 $\sum\limits_{n=1}^{\infty}v_n$ 收敛，和为 S_2，则级

数 $\sum\limits_{n=1}^{\infty}(u_n \pm v_n)$ 也收敛,且其和为 $S_1 \pm S_2$.

这两个性质根据级数的定义结合数列极限的运算法则容易得到证明.

例 5　判定级数 $\sum\limits_{n=1}^{\infty}\dfrac{3-(-1)^n}{2^n}$ 的敛散性.

解:因为 $\dfrac{3-(-1)^n}{2^n}=3\cdot\dfrac{1}{2^n}-\left(-\dfrac{1}{2}\right)^n$,而级数 $\sum\limits_{n=1}^{\infty}\dfrac{1}{2^n}$ 和 $\sum\limits_{n=1}^{\infty}\left(-\dfrac{1}{2}\right)^n$

都是收敛的等比级数,其和分别为 1 和 $-\dfrac{1}{3}$.由性质1、性质2知,级数

$\sum\limits_{n=1}^{\infty}\dfrac{3-(-1)^n}{2^n}$ 收敛.

$$\sum_{n=1}^{\infty}\frac{3-(-1)^n}{2^n}=3\sum_{n=1}^{\infty}\frac{1}{2^n}-\sum_{n=1}^{\infty}\left(-\frac{1}{2}\right)^n=3-\left(-\frac{1}{3}\right)=\frac{10}{3}.$$

性质 3　在级数 $\sum\limits_{n=1}^{\infty}u_n$ 中去掉或添加或改变有限项,不会改变级数的敛散性.

性质 4　若级数 $\sum\limits_{n=1}^{\infty}u_n$ 收敛,在不改变级数项次序的情况下,对级数中的各项间任意加括号后所得的新级数 $(u_1+u_2+\cdots+u_{n_1})+(u_{n_1+1}+\cdots+u_{n_2})+\cdots$ 仍收敛且其和不变.

定理 9.1.1(级数收敛的必要条件)　若级数 $\sum\limits_{n=1}^{\infty}u_n$ 收敛,则 $\lim\limits_{n\to\infty}u_n=0$.

说明: $\lim\limits_{n\to\infty}u_n=0$ 只是级数 $\sum\limits_{n=1}^{\infty}u_n$ 收敛的必要条件,而不是充分条件,即如果 $\lim\limits_{n\to\infty}u_n\neq0$,$\sum\limits_{n=1}^{\infty}u_n$ 必发散;但若 $\lim\limits_{n\to\infty}u_n=0$,$\sum\limits_{n=1}^{\infty}u_n$ 不一定收敛.例如:在例3中,$\lim\limits_{n\to\infty}u_n=\lim\limits_{n\to\infty}(\sqrt{n+1}-\sqrt{n})=0$,但原级数是发散的.

推论　若级数 $\sum\limits_{n=1}^{\infty}u_n$ 的通项 u_n 当 $n\to\infty$ 时不趋于零,即 $\lim\limits_{n\to\infty}u_n\neq0$,则级数 $\sum\limits_{n=1}^{\infty}u_n$ 必发散.

例 6　证明级数 $\sum\limits_{n=1}^{\infty}\dfrac{n}{n+1}$ 是发散的.

证明:因为

$$\lim_{n\to\infty}u_n=\lim_{n\to\infty}\frac{n}{n+1}=1\neq0.$$

由上述推论知级数 $\sum\limits_{n=1}^{\infty}\dfrac{n}{n+1}$ 发散.

例 7　证明调和级数 $\sum\limits_{n=1}^{\infty} \dfrac{1}{n}$ 是发散的.

证明：取前 2^n 项和

$$S_{2^n} = 1 + \frac{1}{2} + \frac{1}{3} + \cdots + \frac{1}{2^n}$$

$$= 1 + \frac{1}{2} + \left(\frac{1}{3} + \frac{1}{4} \right) + \left(\frac{1}{5} + \frac{1}{6} + \frac{1}{7} + \frac{1}{8} \right)$$

$$+ \left(\frac{1}{9} + \cdots + \frac{1}{16} \right) + \cdots + \left(\frac{1}{2^{n-1}+1} + \cdots + \frac{1}{2^n} \right)$$

$$> \frac{1}{2} + \left(\frac{1}{4} + \frac{1}{4} \right) + \left(\frac{1}{8} + \frac{1}{8} + \frac{1}{8} + \frac{1}{8} \right)$$

$$+ \left(\frac{1}{16} + \cdots + \frac{1}{16} \right) + \cdots + \left(\frac{1}{2^n} + \cdots + \frac{1}{2^n} \right)$$

$$= \frac{1}{2} + 2 \times \frac{1}{4} + 4 \times \frac{1}{8} + 8 \times \frac{1}{16} + \cdots + 2^{n-1} \times \frac{1}{2^n}$$

$$= \frac{1}{2} + \frac{1}{2} + \cdots + \frac{1}{2} = \frac{n}{2},$$

$$\lim_{n \to \infty} S_{2^n} \geqslant \lim_{n \to \infty} \frac{n}{2} = +\infty,$$

因而调和级数 $\sum\limits_{n=1}^{\infty} \dfrac{1}{n}$ 是发散的.

习题 9.1

1. 写出下列级数的通项：

(1) $1 + \dfrac{1}{3} + \dfrac{1}{5} + \dfrac{1}{7} + \cdots$；

(2) $\dfrac{1}{3} - \dfrac{1}{6} + \dfrac{1}{9} - \dfrac{1}{12} + \cdots$；

(3) $\dfrac{1}{4 \cdot 1!} + \dfrac{1}{4^2 \cdot 2!} + \dfrac{1}{4^3 \cdot 3!} + \dfrac{1}{4^4 \cdot 4!} + \cdots$；

(4) $-x + \dfrac{x^2}{2} - \dfrac{x^3}{3} + \dfrac{x^4}{4} - \cdots$.

2. 根据级数定义及性质判断下列级数的敛散性：

(1) $\sum\limits_{n=1}^{\infty} \dfrac{1}{(2n-1)(2n+1)}$；　　　(2) $\sum\limits_{n=1}^{\infty} \left(\dfrac{1}{2^n} + \dfrac{1}{3^n} \right)$.

3. 证明下列级数是发散的：

(1) $\sum\limits_{n=1}^{\infty} \ln \dfrac{n+1}{n}$；　　　(2) $\sum\limits_{n=1}^{\infty} \dfrac{2n}{2n-1}$.

4. 将循环小数 $0.\overset{\cdot\cdot}{54}$ 化为分数.

§9.2 正项级数及其审敛法

正项级数是常数项级数中的一类特殊级数,许多级数的敛散性往往可借助于正项级数的敛散性得到判定,在常数项级数中占有重要地位. 本节将依据正项级数的特点,给出判定正项级数敛散性的基本方法.

定义 9.2.1 若级数 $\sum\limits_{n=1}^{\infty} u_n$ 的各项 $u_n \geqslant 0$ $(n=1,2,3,\cdots)$,则称级数 $\sum\limits_{n=1}^{\infty} u_n$ 为正项级数.

对于正项级数 $\sum\limits_{n=1}^{\infty} u_n$,由于 $u_n \geqslant 0$,故 $S_{n+1}=S_n+u_{n+1} \geqslant S_n$,所以正项级数 $\sum\limits_{n=1}^{\infty} u_n$ 的部分和数列 $\{S_n\}$ 必为单调增加数列,若部分和数列 $\{S_n\}$ 有界,由于单调有界数列必有极限,则部分和数列 $\{S_n\}$ 极限存在,此时正项级数收敛;反之,若正项级数收敛于 S,即 $\lim\limits_{n \to \infty} S_n = S$,因为有极限的数列必为有界数列,故 $\{S_n\}$ 有界. 则有结论:正项级数 $\sum\limits_{n=1}^{\infty} u_n$ 收敛的充分必要条件是它的部分和数列 $\{S_n\}$ 有界.

下面介绍几种常用的正项级数敛散性的判别方法.

定理 9.2.1(比较判别法) 设 $\sum\limits_{n=1}^{\infty} u_n$ 与 $\sum\limits_{n=1}^{\infty} v_n$ 为正项级数,且 $u_n \leqslant v_n$ $(n=1,2,3,\cdots)$,

(1) 若级数 $\sum\limits_{n=1}^{\infty} v_n$ 收敛,则级数 $\sum\limits_{n=1}^{\infty} u_n$ 也收敛;

(2) 若级数 $\sum\limits_{n=1}^{\infty} u_n$ 发散,则级数 $\sum\limits_{n=1}^{\infty} v_n$ 也发散.

例 1 判定级数 $\sum\limits_{n=1}^{\infty} \dfrac{1}{n \cdot 2^n}$ 的收敛性.

解:因为 $n \geqslant 1$ 故 $0 \leqslant \dfrac{1}{n \cdot 2^n} \leqslant \dfrac{1}{2^n}$,而级数 $\sum\limits_{n=1}^{\infty} \dfrac{1}{2^n}$ 是以 $\dfrac{1}{2}$ 为公比的几何级数,它是收敛的,由定理 9.2.1 知,级数 $\sum\limits_{n=1}^{\infty} \dfrac{1}{n \cdot 2^n}$ 是收敛的.

例 2 证明级数 $\sum\limits_{n=1}^{\infty} \dfrac{1}{2n-1}$ 是发散的.

证明:因为 $\dfrac{1}{2n-1} \geqslant \dfrac{1}{2n} > 0$,而级数 $\sum\limits_{n=1}^{\infty} \dfrac{1}{2n}$ 与级数 $\sum\limits_{n=1}^{\infty} \dfrac{1}{n}$ 有相同的敛散性,由于调和级数 $\sum\limits_{n=1}^{\infty} \dfrac{1}{n}$ 是发散的,根据定理 9.2.1 知级数 $\sum\limits_{n=1}^{\infty} \dfrac{1}{2n-1}$ 是

发散的.

例 3　讨论 p-级数 $\sum\limits_{n=1}^{\infty} \dfrac{1}{n^p}$（$p>0$）的敛散性.

解：(1) 当 $p=1$ 时，调和级数 $\sum\limits_{n=1}^{\infty} \dfrac{1}{n}$ 发散；

(2) 当 $0<p<1$ 时，对一切正整数 n 有 $\dfrac{1}{n^p}>\dfrac{1}{n}$，因为 $\sum\limits_{n=1}^{\infty} \dfrac{1}{n}$ 发散，由定理 9.2.1 知，$\sum\limits_{n=1}^{\infty} \dfrac{1}{n^p}$ 发散.

(3) 当 $p>1$ 时，

$$
\begin{aligned}
\sum_{n=1}^{\infty} \frac{1}{n^p} &= 1 + \left(\frac{1}{2^p} + \frac{1}{3^p} \right) + \left(\frac{1}{4^p} + \frac{1}{5^p} + \frac{1}{6^p} + \frac{1}{7^p} \right) + \cdots \\
&< 1 + \left(\frac{1}{2^p} + \frac{1}{2^p} \right) + \left(\frac{1}{4^p} + \frac{1}{4^p} + \frac{1}{4^p} + \frac{1}{4^p} \right) + \cdots \\
&= 1 + \frac{2}{2^p} + \frac{4}{4^p} + \frac{8}{8^p} + \cdots \\
&= 1 + \frac{1}{2^{p-1}} + \left(\frac{1}{2^{p-1}} \right)^2 + \left(\frac{1}{2^{p-1}} \right)^3 + \cdots \\
&= \sum_{n=1}^{\infty} \left(\frac{1}{2^{p-1}} \right)^{n-1}.
\end{aligned}
$$

而级数 $\sum\limits_{n=1}^{\infty} \left(\dfrac{1}{2^{p-1}} \right)^{n-1}$ 是公比为 $q=\dfrac{1}{2^{p-1}}<1$ 的等比级数，是收敛的，由定理 9.2.1 知，级数 $\sum\limits_{n=1}^{\infty} \dfrac{1}{n^p}$ 也收敛.

综上所述，p-级数 $\sum\limits_{n=1}^{\infty} \dfrac{1}{n^p}$（$p>0$）当 $p>1$ 时收敛，当 $p \leqslant 1$ 时发散.

定理 9.2.2（比较判别法的极限形式）　设 $\sum\limits_{n=1}^{\infty} u_n$ 与 $\sum\limits_{n=1}^{\infty} v_n$ 都是正项级数，如果 $\lim\limits_{n \to \infty} \dfrac{u_n}{v_n} = l$（$0<l<+\infty$），则级数 $\sum\limits_{n=1}^{\infty} u_n$ 与 $\sum\limits_{n=1}^{\infty} v_n$ 具有相同的敛散性.

例 4　判定级数 $\sum\limits_{n=1}^{\infty} \dfrac{n}{n^3+1}$ 的收敛性.

解：因为 $\lim\limits_{n \to \infty} \dfrac{\dfrac{n}{n^3+1}}{\dfrac{1}{n^2}} = \lim\limits_{n \to \infty} \dfrac{n^3}{n^3+1} = 1$，而 p-级数 $\sum\limits_{n=1}^{\infty} \dfrac{1}{n^2}$ 是收敛的，由定理 9.2.2 知此级数收敛.

例 5　判定级数 $\sum\limits_{n=1}^{\infty} \dfrac{1}{\sqrt{n^2+1}}$ 的敛散性.

解: $\lim\limits_{n\to\infty}\dfrac{\dfrac{1}{\sqrt{n^2+1}}}{\dfrac{1}{n}}=\lim\limits_{n\to\infty}\dfrac{n}{\sqrt{n^2+1}}=1$, 因为调和级数 $\sum\limits_{n=1}^{\infty}\dfrac{1}{n}$ 是发散的, 由

定理 9.2.2 知级数 $\sum\limits_{n=1}^{\infty}\dfrac{1}{\sqrt{n^2+1}}$ 发散.

用比较判别法时, 需要寻找已知其收敛性的级数 $\sum\limits_{n=1}^{\infty}v_n$ 作为比较, 常用的有: 等比级数、p 级数、调和级数.

定理 9.2.3(比值判别法) 设 $\sum\limits_{n=1}^{\infty}u_n$ 为正项级数, 若 $\lim\limits_{n\to\infty}\dfrac{u_{n+1}}{u_n}=l$, 则

(1) 当 $l<1$ 时, 级数 $\sum\limits_{n=1}^{\infty}u_n$ 收敛;

(2) 当 $l>1$(或 $l=+\infty$)时, 级数 $\sum\limits_{n=1}^{\infty}u_n$ 发散;

(3) 当 $l=1$ 时, 级数 $\sum\limits_{n=1}^{\infty}u_n$ 的收敛性不能确定.

此法又称达朗贝尔(D'Alembert)判别法.

例 6 判定级数 $\sum\limits_{n=1}^{\infty}\dfrac{n+2}{2^n}$ 的敛散性.

解: $\lim\limits_{n\to\infty}\dfrac{u_{n+1}}{u_n}=\lim\limits_{n\to\infty}\dfrac{\dfrac{(n+1)+2}{2^{n+1}}}{\dfrac{n+2}{2^n}}=\lim\limits_{n\to\infty}\dfrac{n+3}{2(n+2)}=\dfrac{1}{2}<1$. 根据比值判别法,

级数 $\sum\limits_{n=1}^{\infty}\dfrac{n+2}{2^n}$ 收敛.

例 7 判定级数 $\sum\limits_{n=1}^{\infty}\dfrac{2^n}{n!}$ 的敛散性.

解: $\lim\limits_{n\to\infty}\dfrac{u_{n+1}}{u_n}=\lim\limits_{n\to\infty}\dfrac{\dfrac{2^{n+1}}{(n+1)!}}{\dfrac{2^n}{n!}}=\lim\limits_{n\to\infty}\dfrac{2}{n+1}=0<1$, 所以级数 $\sum\limits_{n=1}^{\infty}\dfrac{2^n}{n!}$ 收敛.

例 8 判定级数 $\sum\limits_{n=1}^{\infty}\dfrac{n+1}{n(n+2)}$ 的敛散性.

解: $\lim\limits_{n\to\infty}\dfrac{u_{n+1}}{u_n}=\lim\limits_{n\to\infty}\dfrac{\dfrac{(n+1)+1}{(n+1)[(n+1)+2]}}{\dfrac{n+1}{n(n+2)}}=\lim\limits_{n\to\infty}\dfrac{n(n+2)^2}{(n+1)^2(n+3)}=1$,

故不能用比值判别法判断. 实际上, 由于 $\dfrac{n+1}{n(n+2)}>\dfrac{1}{n+2}$, 而级数 $\sum\limits_{n=1}^{\infty}\dfrac{1}{n+2}$

是由调和级数 $\sum\limits_{n=1}^{\infty}\dfrac{1}{n}$ 去掉前两项得到的,故级数 $\sum\limits_{n=1}^{\infty}\dfrac{1}{n+2}$ 发散,根据比较判

别法知级数 $\sum\limits_{n=1}^{\infty}\dfrac{n+1}{n(n+2)}$ 发散.

例 9 判定级数 $\sum\limits_{n=1}^{\infty}\dfrac{1}{1+a^n}$ ($a>0$,为常数)的敛散性.

解: $\lim\limits_{n\to\infty}\dfrac{u_{n+1}}{u_n}=\lim\limits_{n\to\infty}\dfrac{1+a^n}{1+a^{n+1}}$.

当 $a>1$ 时, $\lim\limits_{n\to\infty}\left(\dfrac{1}{a}\right)^n=0$, $\lim\limits_{n\to\infty}\dfrac{1+a^n}{1+a^{n+1}}=\lim\limits_{n\to\infty}\dfrac{\frac{1}{a^n}+1}{\frac{1}{a^n}+a}=\dfrac{1}{a}<1$,故 $\sum\limits_{n=1}^{\infty}\dfrac{1}{1+a^n}$

收敛.

当 $a<1$ 时, $\lim\limits_{n\to\infty}a^n=0$, $\lim\limits_{n\to\infty}\dfrac{1+a^n}{1+a^{n+1}}=1$,不能用比值判别法判定级数的

敛散性.

但当 $a<1$ 时, $\lim\limits_{n\to\infty}u_n=\lim\limits_{n\to\infty}\dfrac{1}{1+a^n}=1\neq0$,故 $\sum\limits_{n=1}^{\infty}\dfrac{1}{1+a^n}$ 发散.

当 $a=1$ 时, $a^n=1$, $u_n=\dfrac{1}{2}$,级数 $\sum\limits_{n=1}^{\infty}\dfrac{1}{2}$ 是发散的.

综上所述,当 $a>1$ 时,级数 $\sum\limits_{n=1}^{\infty}\dfrac{1}{1+a^n}$ 收敛;当 $a\leqslant1$ 时,级数 $\sum\limits_{n=1}^{\infty}\dfrac{1}{1+a^n}$

发散.

习题 9.2

1.用比较判断法讨论下列级数的敛散性:

(1) $\sum\limits_{n=1}^{\infty}\dfrac{1}{n^2+1}$;　　　　(2) $\sum\limits_{n=1}^{\infty}\dfrac{1}{3^n+2}$;

(3) $\sum\limits_{n=1}^{\infty}\sin\dfrac{\pi}{n}$;　　　　(4) $\sum\limits_{n=1}^{\infty}\ln\left(1+\dfrac{1}{n^2}\right)$.

2.用比值判别法判断下列级数的敛散性:

(1) $\sum\limits_{n=1}^{\infty}\dfrac{1}{n!}$;　　　　(2) $\sum\limits_{n=1}^{\infty}\dfrac{n}{3^n}$;

(3) $\sum\limits_{n=1}^{\infty}\dfrac{1}{n^n}$;　　　　(4) $\sum\limits_{n=1}^{\infty}\dfrac{3^n}{n\cdot2^n}$.

§9.3 一般常数项级数

若数项级数 $\sum\limits_{n=1}^{\infty} u_n$ 中一般项 u_n 为可正可负的任意实数,则称其为任意项级数.本节首先讨论交错级数的敛散性,然后研究任意项级数,主要是绝对收敛和条件收敛的概念.

9.3.1 交错级数

定义 9.3.1 各项符号正负相间的级数 $\sum\limits_{n=1}^{\infty} (-1)^{n-1} u_n$,称为交错级数. 即

$$\sum_{n=1}^{\infty} (-1)^{n-1} u_n = u_1 - u_2 + u_3 - u_4 + \cdots + (-1)^{n-1} u_n + \cdots,$$

其中 $u_n > 0$, $n = 1, 2, 3, \cdots$.

$\sum\limits_{n=1}^{\infty} (-1)^n u_n$ 是首项为负的交错级数.

下面给出交错级数敛散性的判别方法:

定理 9.3.1(莱布尼茨(Leibniz)判别法) 如果交错级数 $\sum\limits_{n=1}^{\infty} (-1)^{n-1} u_n$ 满足:

(1) 数列 $\{u_n\}$ 单调递减,即 $u_n \geq u_{n+1}$, $n = 1, 2, 3, \cdots$;

(2) $\lim\limits_{n \to \infty} u_n = 0$.

则交错级数 $\sum\limits_{n=1}^{\infty} (-1)^{n-1} u_n$ 收敛,且其和 $s \leq u_1$.

例 1 判断级数 $\sum\limits_{n=1}^{\infty} (-1)^{n-1} \dfrac{1}{\sqrt{n}}$ 的敛散性.

解:原级数是交错级数,$u_n = \dfrac{1}{\sqrt{n}}$,$u_{n+1} = \dfrac{1}{\sqrt{n+1}}$,$u_n \geq u_{n+1}$,即单调递减;

又 $\lim\limits_{n \to \infty} \dfrac{1}{\sqrt{n}} = 0$,由莱布尼茨判别法可知,原级数收敛.

例 2 判断交错级数 $\sum\limits_{n=1}^{\infty} (-1)^n \dfrac{1}{2^n}$ 的敛散性.

解:$u_n = \dfrac{1}{2^n}$,$u_{n+1} = \dfrac{1}{2^{n+1}}$,显然,$u_n \geq u_{n+1}$;又 $\lim\limits_{n \to \infty} \dfrac{1}{2^n} = 0$,由莱布尼茨判别法可知,原级数收敛.

9.3.2 绝对收敛与条件收敛

定义 9.3.2 若级数 $\sum\limits_{n=1}^{\infty} u_n$ 的各项为任意实数,则称为任意项级数. 考

察由每项的绝对值所构成的正项级数：

$$\sum_{n=1}^{\infty} |u_n| = |u_1| + |u_2| + |u_3| + \cdots + |u_n| + \cdots.$$

如果 $\sum\limits_{n=1}^{\infty} |u_n|$ 收敛，则称级数 $\sum\limits_{n=1}^{\infty} u_n$ 绝对收敛；如果 $\sum\limits_{n=1}^{\infty} |u_n|$ 发散，而 $\sum\limits_{n=1}^{\infty} u_n$ 收敛，则称 $\sum\limits_{n=1}^{\infty} u_n$ 条件收敛.

定理 9.3.2　如果级数 $\sum\limits_{n=1}^{\infty} u_n$ 绝对收敛，则级数 $\sum\limits_{n=1}^{\infty} u_n$ 必定收敛.

例 3　判断级数 $\sum\limits_{n=1}^{\infty} (-1)^n \left(\dfrac{1}{3}\right)^{n-1}$ 的敛散性.

解：考察级数 $\sum\limits_{n=1}^{\infty} \left| (-1)^n \left(\dfrac{1}{3}\right)^{n-1} \right| = \sum\limits_{n=1}^{\infty} \left(\dfrac{1}{3}\right)^{n-1}$，它是等比级数，因为 $q = \dfrac{1}{3} < 1$，所以级数 $\sum\limits_{n=1}^{\infty} \left(\dfrac{1}{3}\right)^{n-1}$ 收敛，故原级数绝对收敛，由定理 9.3.2 知，原级数收敛.

例 4　证明级数 $\sum\limits_{n=1}^{\infty} \dfrac{\sin n\alpha}{n^2}$ 绝对收敛.

证明：因为 $u_n = \dfrac{\sin n\alpha}{n^2}$，$|u_n| = \dfrac{|\sin n\alpha|}{n^2} \leqslant \dfrac{1}{n^2}$，而级数 $\sum\limits_{n=1}^{\infty} \dfrac{1}{n^2}$ 是 p 级数，当 $p = 2 > 1$ 时收敛，由比较判别法知 $\sum\limits_{n=1}^{\infty} \left| \dfrac{\sin n\alpha}{n^2} \right|$ 收敛，故原级数是绝对收敛的.

例 5　级数 $\sum\limits_{n=1}^{\infty} (-1)^n \ln\left(1 + \dfrac{1}{n}\right)$ 是绝对收敛还是条件收敛？

解：$\sum\limits_{n=1}^{\infty} \left| (-1)^n \ln\left(1 + \dfrac{1}{n}\right) \right| = \sum\limits_{n=1}^{\infty} \ln\left(1 + \dfrac{1}{n}\right)$，因为 $\lim\limits_{n \to \infty} \dfrac{\ln\left(1 + \dfrac{1}{n}\right)}{\dfrac{1}{n}}$

$= \lim\limits_{n \to \infty} \ln\left(1 + \dfrac{1}{n}\right)^n = 1$，而调和级数 $\sum\limits_{n=1}^{\infty} \dfrac{1}{n}$ 发散，由比较判别法的极限形式知级数 $\sum\limits_{n=1}^{\infty} \ln\left(1 + \dfrac{1}{n}\right)$ 发散. 但是，原级数为交错级数，

$$u_n = \ln\left(1 + \dfrac{1}{n}\right), \quad u_{n+1} = \ln\left(1 + \dfrac{1}{n+1}\right),$$

易知 $u_n \geqslant u_{n+1}$，且 $\lim\limits_{n \to \infty} u_n = \lim\limits_{n \to \infty} \ln\left(1 + \dfrac{1}{n}\right) = 0$，由莱布尼茨判别法可知，原级数收敛，故原级数条件收敛.

习题 9.3

判断下列级数的敛散性,如果是收敛的,说明是绝对收敛还是条件收敛?

(1) $\displaystyle\sum_{n=1}^{\infty}(-1)^{n-1}\frac{1}{n!}$;

(2) $\displaystyle\sum_{n=1}^{\infty}\frac{(-1)^n}{n+1}$;

(3) $\displaystyle\sum_{n=1}^{\infty}(-1)^{n-1}\frac{1}{(2n-1)^2}$;

(4) $\displaystyle\sum_{n=1}^{\infty}(-1)^{n-1}\frac{n}{3^{n-1}}$;

(5) $\displaystyle\sum_{n=1}^{\infty}(-1)^n\frac{n+2}{n+1}\cdot\frac{1}{\sqrt{n}}$;

(6) $\displaystyle\sum_{n=1}^{\infty}(-1)^n 2^n\sin\frac{\pi}{3^n}$.

§9.4　幂级数的收敛半径及收敛域

9.4.1　函数项级数的概念

定义 9.4.1　给定一个定义在区间 I 上的函数列:
$$u_1(x),u_2(x),u_3(x),\cdots,u_n(x),\cdots$$
则由这函数列构成的和式:
$$\sum_{n=1}^{\infty}u_n(x)=u_1(x)+u_2(x)+u_3(x)+\cdots+u_n(x)+\cdots \qquad (1)$$
称为定义在区间 I 上的函数项级数.

取区间 I 上的某点 x_0,函数项级数(1)即成为常数项级数:
$$\sum_{n=1}^{\infty}u_n(x_0)=u_1(x_0)+u_2(x_0)+u_3(x_0)+\cdots+u_n(x_0)+\cdots \qquad (2)$$
如果级数(2)式收敛,称点 x_0 是函数项级数(1)式的一个收敛点;如果级数(2)式发散,称点 x_0 是函数项级数(1)式的一个发散点.函数项级数(1)式的所有收敛点的集合称为它的收敛域,所有发散点的集合称为它的发散域.

对应于收敛域内的任一点 x,函数项级数成为一收敛的常数项级数,因而有一确定的和 S,因此,收敛域上函数项级数的和是 x 的函数,记作 $S(x)$,称其为函数项级数(1)式的和函数.即
$$S(x)=u_1(x)+u_2(x)+u_3(x)+\cdots+u_n(x)+\cdots.$$
函数项级数(1)式的前 n 项的部分和为
$$S_n(x)=u_1(x)+u_2(x)+\cdots+u_n(x),$$
则在收敛域上有
$$\lim_{n\to\infty}S_n(x)=S(x).$$

9.4.2　幂级数及其收敛性

定义 9.4.2　如果函数项级数的各项为幂函数,则称为幂级数,即
$$\sum_{n=0}^{\infty}a_n x^n=a_0+a_1 x+a_2 x+\cdots+a_n x^n+\cdots \qquad (3)$$

其中 $u_n(x) = a_n x^n$ $(n=0,1,2,\cdots)$，$a_0,a_1,a_2,\cdots,a_n,\cdots$ 称为幂级数的系数.

幂级数的一般形式为

$$\sum_{n=1}^{\infty} a_n(x-x_0)^n = a_0 + a_1(x-x_0) + a_2(x-x_0)^2 + \cdots + a_n(x-x_0)^n + \cdots$$

(4)

在(4)式中只要令 $t=x-x_0$，那么幂级数(4)式就转化为幂级数(3)式的形式，故只需讨论幂级数(3)式. 以下重点研究幂级数收敛域和分散域的判断方法.

关于幂级数，首先要解决的问题是 x 在什么范围内取值时，幂级数收敛. 比如，幂级数

$$1+x+x^2+x^3+\cdots+x^n+\cdots$$

是公比为 x 的几何级数. 当 $|x|<1$ 时收敛；当 $|x| \geqslant 1$ 时发散. 因此，它的收敛域是区间 $(-1,1)$. 这是一个以原点为中心的区间. 一般地，有

定理 9.4.1 设幂级数 $\sum\limits_{n=0}^{\infty} a_n x^n$，如果 $\lim\limits_{n \to \infty} \left| \dfrac{a_{n+1}}{a_n} \right| = \rho$，则

(1) 若 $0<\rho<+\infty$，当 $|x|<\dfrac{1}{\rho}$ 时，幂级数 $\sum\limits_{n=0}^{\infty} a_n x^n$ 收敛，当 $|x|>\dfrac{1}{\rho}$ 时，幂级数 $\sum\limits_{n=0}^{\infty} a_n x^n$ 发散；

(2) 若 $\rho=0$，则对任一 x，幂级数 $\sum\limits_{n=0}^{\infty} a_n x^n$ 绝对收敛；

(3) 若 $\rho=+\infty$，则幂级数 $\sum\limits_{n=0}^{\infty} a_n x^n$ 仅在点 $x=0$ 处收敛.

这个定理说明，当 $0<\rho<+\infty$ 时，幂级数 $\sum\limits_{n=0}^{\infty} a_n x^n$ 在开区间 $\left(-\dfrac{1}{\rho}, \dfrac{1}{\rho}\right)$ 内收敛，在 $\left(-\infty, -\dfrac{1}{\rho}\right)$，$\left(\dfrac{1}{\rho}, +\infty\right)$ 内发散，在 $x=\dfrac{1}{\rho}$ 及 $x=-\dfrac{1}{\rho}$ 两点处级数可能收敛也可能发散. 令 $R=\dfrac{1}{\rho}$，称 R 为幂级数 $\sum\limits_{n=0}^{\infty} a_n x^n$ 的收敛半径，开区间 $(-R,R)$ 称为幂级数的收敛区间. 且当 $\rho=0$ 时，幂级数处处收敛，规定收敛半径为 $R=+\infty$，收敛区间 $(-\infty, +\infty)$；当 $\rho=+\infty$ 时，仅在 $x=0$ 点收敛，规定收敛半径为 $R=0$. 则有：

定理 9.4.2 设幂级数 $\sum\limits_{n=0}^{\infty} a_n x^n$，若 $\lim\limits_{n \to \infty} \left| \dfrac{a_{n+1}}{a_n} \right| = \rho$，则幂级数 $\sum\limits_{n=0}^{\infty} a_n x^n$ 的收敛半径

$$R = \begin{cases} \dfrac{1}{\rho}, & \rho \neq 0, \\ +\infty, & \rho = 0, \\ 0, & \rho = +\infty. \end{cases}$$

判断幂级数 $\sum\limits_{n=0}^{\infty} a_n x^n$ 收敛域时,先由定理 9.4.2 求收敛半径 R;再讨论幂级数在 $x=\pm R$ 处的敛散性就可以确定收敛域是 $(-R,R)$,$[-R,R)$,$(-R,R]$ 以及 $[-R,R]$ 这四个区间之一.

例 1 求幂级数 $\sum\limits_{n=1}^{\infty} \dfrac{x^n}{n^p}$ $(p>0)$ 的收敛半径.

解: $a_n=\dfrac{1}{n^p}$,则

$$\rho=\lim_{n\to\infty}\left|\frac{a_{n+1}}{a_n}\right|=\lim_{n\to\infty}\frac{\dfrac{1}{(n+1)^p}}{\dfrac{1}{n^p}}=\lim_{n\to\infty}\left(\frac{n}{n+1}\right)^p=1,$$

所以收敛半径 $R=\dfrac{1}{\rho}=\dfrac{1}{1}=1$.

例 2 求幂级数 $1+x+\dfrac{x^2}{2!}+\dfrac{x^3}{3!}+\cdots+\dfrac{x^n}{n!}+\cdots$ 的收敛域.

解: $a_n=\dfrac{1}{n!}$,则

$$\rho=\lim_{n\to\infty}\left|\frac{a_{n+1}}{a_n}\right|=\lim_{n\to\infty}\frac{\dfrac{1}{(n+1)!}}{\dfrac{1}{n!}}=\lim_{n\to\infty}\left(\frac{1}{n+1}\right)=0,$$

所以收敛半径 $R=+\infty$,从而收敛域为 $(-\infty,+\infty)$.

例 3 求幂级数 $\sum\limits_{n=0}^{\infty}\dfrac{(-1)^n x^n}{n+1}$ 的收敛域.

解:因为

$$\rho=\lim_{n\to\infty}\left|\frac{a_{n+1}}{a_n}\right|=\lim_{n\to\infty}\frac{\dfrac{1}{(n+1)+1}}{\dfrac{1}{n+1}}=\lim_{n\to\infty}\left(\frac{n+1}{n+2}\right)=1,$$

所以收敛半径 $R=\dfrac{1}{\rho}=\dfrac{1}{1}=1$;

当 $x=-1$ 时,$\sum\limits_{n=0}^{\infty}\dfrac{(-1)^n x^n}{n+1}=\sum\limits_{n=0}^{\infty}\dfrac{(-1)^n(-1)^n}{n+1}=\sum\limits_{n=0}^{\infty}\dfrac{1}{n+1}=\sum\limits_{n=1}^{\infty}\dfrac{1}{n}$,是调和级数,发散;

当 $x=1$ 时,$\sum\limits_{n=0}^{\infty}\dfrac{(-1)^n x^n}{n+1}=\sum\limits_{n=0}^{\infty}\dfrac{(-1)^n}{n+1}$,为交错级数,易知为收敛.
则原幂级数收敛域为 $(-1,1]$.

9.4.3 函数的幂级数展开式

设函数 $f(x)$ 在点 $x=x_0$ 的某邻域内存在任意阶导数,则称级数

$$\sum_{n=0}^{\infty}\frac{f^{(n)}(x_0)}{n!}(x-x_0)^n=f(x_0)+f'(x_0)(x-x_0)+\frac{f''(x_0)}{2!}(x-x_0)^2+\cdots$$

$$+\frac{f^{(n)}(x_0)}{n!}(x-x_0)^n+\cdots$$

为 $f(x)$ 在点 $x=x_0$ 处的泰勒级数.

特别地,当 $x_0=0$ 时,上式成为

$$\sum_{n=0}^{\infty}\frac{f^{(n)}(0)}{n!}x^n=f(0)+f'(0)x+\frac{f''(0)}{2!}x^2+\cdots+\frac{f^{(n)}(0)}{n!}x^n+\cdots$$

称之为 $f(x)$ 的麦克劳林级数.

假设函数 $f(x)$ 在点 $x=x_0$ 的某邻域内能展开为泰勒级数

$$f(x)=f(x_0)+f'(x_0)(x-x_0)+\frac{f''(x_0)}{2!}(x-x_0)^2+\cdots$$
$$+\frac{f^{(n)}(x_0)}{n!}(x-x_0)^n+\cdots$$

泰勒级数前 $n+1$ 项和为

$$S_{n+1}(x)=f(x_0)+f'(x_0)(x-x_0)+\frac{f''(x_0)}{2!}(x-x_0)^2+\cdots$$
$$+\frac{f^{(n)}(x_0)}{n!}(x-x_0)^n,$$

余项 $R_n(x)=f(x)-S_{n+1}(x)$.

可以证明,在点 x_0 的某邻域内具有各阶导数时,$f(x)$ 能展开为泰勒级数的充要条件为 $\lim\limits_{n\to\infty}R_n(x)=0$. 即初等函数是某泰勒级数的和函数(可展开为泰勒级数). 以下通过例题讨论当 $x_0=0$ 时 $f(x)$ 的幂级数展开式.

例 4　求函数 $f(x)=e^x$ 的麦克劳林展开式.

解：因为 $f^{(n)}(x)=e^x$,所以 $f^{(n)}(0)=1$. 而 $f(x)=e^x$ 是初等函数,故

$$f(x)=e^x=1+x+\frac{x^2}{2!}+\frac{x^3}{3!}+\cdots+\frac{x^n}{n!}+\cdots.$$

再求级数的收敛半径. 由 $\lim\limits_{n\to\infty}\left|\frac{a_{n+1}}{a_n}\right|=\lim\limits_{n\to\infty}\frac{1}{n+1}=0$,得 $R=+\infty$. 显然 $f(x)=e^x$ 在 $(-\infty,+\infty)$ 内具有任意阶导数,所以上述展开式在 $(-\infty,+\infty)$ 内成立.

例 5　将 $f(x)=\sin x$ 展开成 x 的幂级数.

解：即求初等函数的麦克劳林展开式. 因

$$f'(x)=\cos x=\sin\left(x+\frac{\pi}{2}\right),$$
$$f''(x)=\cos\left(x+\frac{\pi}{2}\right)=\sin\left(x+\frac{\pi}{2}+\frac{\pi}{2}\right)=\sin\left(x+\frac{2\pi}{2}\right),$$
$$f'''(x)=\cos\left(x+\frac{2\pi}{2}\right)=\sin\left(x+\frac{2\pi}{2}+\frac{\pi}{2}\right)=\sin\left(x+\frac{3\pi}{2}\right),$$
$$\cdots\cdots$$

故

$$f^{(n)}(x)=\sin\left(x+\frac{n\pi}{2}\right),\quad f^{(n)}(0)=\sin\frac{n\pi}{2}.$$

当 n 取 $0,1,2,3,\cdots$ 时,$f^{(n)}(0)$ 依次循环地取 $0,1,0,-1$,于是

$$f(x)=\sin x=x-\frac{1}{3!}x^3+\frac{1}{5!}x^5-\cdots+\frac{(-1)^n}{(2n+1)!}x^{2n+1}+\cdots.$$

显然级数的收敛半径为 $+\infty$,而 $\sin x$ 在 $(-\infty,+\infty)$ 内具有任意阶导数,因此上式在 $(-\infty,+\infty)$ 内成立.

习题 9.4

1.求下列幂级数的收敛半径和收敛区间:

(1) $\displaystyle\sum_{n=1}^{\infty}\frac{x^n}{n+5}$;   (2) $\displaystyle\sum_{n=1}^{\infty}(nx)^{n-1}$;

(3) $\displaystyle\sum_{n=1}^{\infty}2^n x^n$;   (4) $\displaystyle\sum_{n=1}^{\infty}(-1)^{n-1}\frac{x^n}{\sqrt{n}}$;

(5) $\displaystyle\sum_{n=1}^{\infty}(-1)^{n-1}\frac{x^n}{(2n)!}$;   (6) $\displaystyle\sum_{n=1}^{\infty}\frac{2^n}{n^3}x^n$.

2.求下列函数的麦克劳林展开式并说明收敛区间:

(1) $f(x)=a^x(a>0,a\neq1)$;   (2) $y=\cos x$;

(3) $f(x)=\dfrac{1}{1-x}$;   (4) $y=\ln(1+x)$.

自测题 9

一、选择题:

1.下列命题正确的是(   );

A. 若级数 $\displaystyle\sum_{n=1}^{\infty}u_n$,$\displaystyle\sum_{n=1}^{\infty}v_n$ 都发散,则级数 $\displaystyle\sum_{n=1}^{\infty}(u_n+v_n)$ 必发散

B. 若级数 $\displaystyle\sum_{n=1}^{\infty}(u_n+v_n)$ 收敛,则级数 $\displaystyle\sum_{n=1}^{\infty}u_n$,$\displaystyle\sum_{n=1}^{\infty}v_n$ 都收敛

C. 若级数 $\displaystyle\sum_{n=1}^{\infty}u_n$ 收敛,$\displaystyle\sum_{n=1}^{\infty}v_n$ 发散,则级数 $\displaystyle\sum_{n=1}^{\infty}(u_n+v_n)$ 必发散

D. 若级数 $\displaystyle\sum_{n=1}^{\infty}(u_n+v_n)$ 发散,则级数 $\displaystyle\sum_{n=1}^{\infty}u_n$,$\displaystyle\sum_{n=1}^{\infty}v_n$ 都发散

2.若级数 $\displaystyle\sum_{n=1}^{\infty}u_n$ 收敛,S_n 是它的前 n 项部分和,则级数 $\displaystyle\sum_{n=1}^{\infty}u_n$ 的和是(   );

A. S_n B. u_n C. $\lim\limits_{n\to\infty}S_n$ D. $\lim\limits_{n\to\infty}u_n$

3.下列命题正确的是(   );

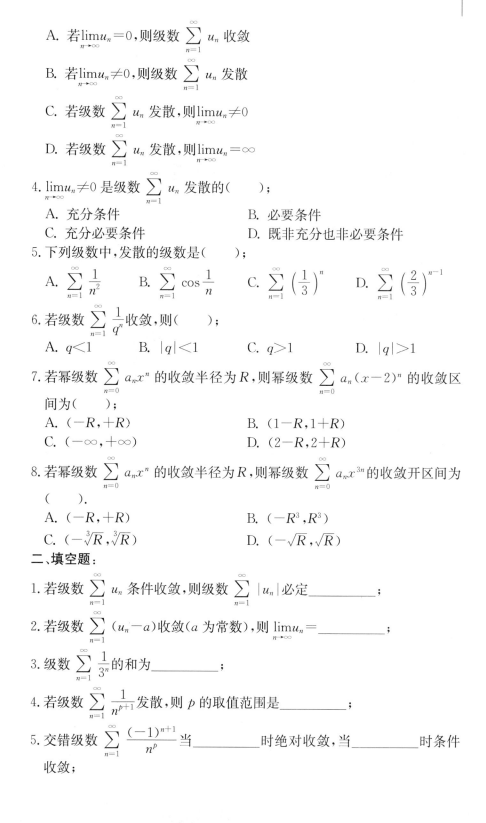

A. 若 $\lim\limits_{n\to\infty}u_n=0$,则级数 $\sum\limits_{n=1}^{\infty}u_n$ 收敛

B. 若 $\lim\limits_{n\to\infty}u_n\neq0$,则级数 $\sum\limits_{n=1}^{\infty}u_n$ 发散

C. 若级数 $\sum\limits_{n=1}^{\infty}u_n$ 发散,则 $\lim\limits_{n\to\infty}u_n\neq0$

D. 若级数 $\sum\limits_{n=1}^{\infty}u_n$ 发散,则 $\lim\limits_{n\to\infty}u_n=\infty$

4. $\lim\limits_{n\to\infty}u_n\neq0$ 是级数 $\sum\limits_{n=1}^{\infty}u_n$ 发散的(　　　);

A. 充分条件 　　　　　　　 B. 必要条件
C. 充分必要条件 　　　　　 D. 既非充分也非必要条件

5. 下列级数中,发散的级数是(　　　);

A. $\sum\limits_{n=1}^{\infty}\dfrac{1}{n^2}$ 　　 B. $\sum\limits_{n=1}^{\infty}\cos\dfrac{1}{n}$ 　　 C. $\sum\limits_{n=1}^{\infty}\left(\dfrac{1}{3}\right)^n$ 　　 D. $\sum\limits_{n=1}^{\infty}\left(\dfrac{2}{3}\right)^{n-1}$

6. 若级数 $\sum\limits_{n=1}^{\infty}\dfrac{1}{q^n}$ 收敛,则(　　　);

A. $q<1$ 　　　 B. $|q|<1$ 　　　 C. $q>1$ 　　　 D. $|q|>1$

7. 若幂级数 $\sum\limits_{n=0}^{\infty}a_nx^n$ 的收敛半径为 R,则幂级数 $\sum\limits_{n=0}^{\infty}a_n(x-2)^n$ 的收敛区间为(　　　);

A. $(-R,+R)$ 　　　　　　　 B. $(1-R,1+R)$
C. $(-\infty,+\infty)$ 　　　　　 D. $(2-R,2+R)$

8. 若幂级数 $\sum\limits_{n=0}^{\infty}a_nx^n$ 的收敛半径为 R,则幂级数 $\sum\limits_{n=0}^{\infty}a_nx^{3n}$ 的收敛开区间为(　　　).

A. $(-R,+R)$ 　　　　　　　　 B. $(-R^3,R^3)$
C. $(-\sqrt[3]{R},\sqrt[3]{R})$ 　　　　　 D. $(-\sqrt{R},\sqrt{R})$

二、填空题:

1. 若级数 $\sum\limits_{n=1}^{\infty}u_n$ 条件收敛,则级数 $\sum\limits_{n=1}^{\infty}|u_n|$ 必定_____;

2. 若级数 $\sum\limits_{n=1}^{\infty}(u_n-a)$ 收敛(a 为常数),则 $\lim\limits_{n\to\infty}u_n=$_____;

3. 级数 $\sum\limits_{n=1}^{\infty}\dfrac{1}{3^n}$ 的和为_____;

4. 若级数 $\sum\limits_{n=1}^{\infty}\dfrac{1}{n^{p+1}}$ 发散,则 p 的取值范围是_____;

5. 交错级数 $\sum\limits_{n=1}^{\infty}\dfrac{(-1)^{n+1}}{n^p}$ 当_____时绝对收敛,当_____时条件收敛;

6.正项级数 $\sum\limits_{n=1}^{\infty} u_n$ 收敛的充分必要条件是其部分和数列 $\{S_n\}$ _____;

7.幂级数 $\sum\limits_{n=1}^{\infty} (-1)^{n-1} \dfrac{x^n}{n}$ 的收敛半径为_____;

8.幂级数 $\sum\limits_{n=0}^{\infty} \dfrac{x^n}{n!}$ 的收敛区间为_____.

三、解答题:

1.根据级数定义求级数 $\sum\limits_{n=1}^{\infty} \dfrac{1}{(3n-2)(3n+1)}$ 的和.

2.用比较判别法判断下列级数的敛散性:

(1) $\sum\limits_{n=1}^{\infty} \dfrac{1}{\sqrt{n(n+1)}}$;   (2) $\sum\limits_{n=1}^{\infty} \dfrac{1}{n\sqrt{n+1}}$.

3.用比值判别法判断下列级数的敛散性:

(1) $\sum\limits_{n=1}^{\infty} \dfrac{n^3}{4^n}$;   (2) $\sum\limits_{n=1}^{\infty} \dfrac{(n!)^2}{(2n)!}$.

4.下列交错级数是绝对收敛还是条件收敛?

(1) $\sum\limits_{n=1}^{\infty} (-1)^n \dfrac{\sin 2^n}{3^n}$;   (2) $\sum\limits_{n=1}^{\infty} (-1)^n (\sqrt{n+1}-\sqrt{n})$.

5.求下列幂级数的收敛区间:

(1) $\sum\limits_{n=1}^{\infty} \dfrac{2^n}{n^2+1} x^n$;   (2) $\sum\limits_{n=1}^{\infty} \dfrac{x^n}{n\cdot 3^n}$.

6.求下列函数的麦克劳林展开式:

(1) $f(x)=\dfrac{1}{1+x}$;   (2) $f(x)=e^{2x}$.

第 10 章　行列式与矩阵

§10.1　行列式

10.1.1　二阶和三阶行列式

用消元法解二元线性方程组

$$\begin{cases} a_{11}x_1+a_{12}x_2=b_1, \\ a_{21}x_1+a_{22}x_2=b_2. \end{cases} \tag{1}$$

如果 $a_{11}a_{22}-a_{12}a_{21}\neq0$,则得方程组的解为

$$x_1=\frac{a_{22}b_1-a_{12}b_2}{a_{11}a_{22}-a_{12}a_{21}}, \quad x_2=\frac{a_{11}b_2-a_{21}b_1}{a_{11}a_{22}-a_{12}a_{21}}.$$

为了便于记忆上述解的公式,引进二阶行列式的概念.

定义 10.1.1　用 2×2 个数组成的记号 $\begin{vmatrix} a_{11} & a_{12} \\ a_{21} & a_{22} \end{vmatrix}$ 表示数值 $a_{11}a_{22}-a_{12}a_{21}$,

称为二阶行列式,用 D 来表示. 即

$$D=\begin{vmatrix} a_{11} & a_{12} \\ a_{21} & a_{22} \end{vmatrix}=a_{11}a_{22}-a_{12}a_{21},$$

其中 $a_{11},a_{12},a_{21},a_{22}$ 称为行列式的元素,行列式中横排称为行,竖排称为列. 从左上角到右下角的对角线称为行列式的主对角线,从右上角到左下角的对角线称为行列式的次对角线.

根据二阶行列式的定义,记:

$$D_1=\begin{vmatrix} b_1 & a_{12} \\ b_2 & a_{22} \end{vmatrix}=b_1a_{22}-a_{12}b_2, \quad D_2=\begin{vmatrix} a_{11} & b_1 \\ a_{21} & b_2 \end{vmatrix}=a_{11}b_2-b_1a_{21},$$

可得到二元一次方程组,在系数行列式 $D\neq0$ 时,方程组有唯一解:

$$x_1=\frac{D_1}{D}, \quad x_2=\frac{D_2}{D},$$

其中 D_1,D_2 则分别是用方程组(1)的常数项 b_1,b_2 替换系数行列式 D 中 x_1 与 x_2 的系数后所构成的行列式.

例 1　解线性方程组 $\begin{cases} 4x_1+7x_2=-13, \\ 5x_1+8x_2=-14. \end{cases}$

解:因为 $D=\begin{vmatrix} 4 & 7 \\ 5 & 8 \end{vmatrix}=4\times8-5\times7=-3\neq0,$

$$D_1=\begin{vmatrix} -13 & 7 \\ -14 & 8 \end{vmatrix}=-13\times8-(-14)\times7=-6,$$

$$D_2 = \begin{vmatrix} 4 & -13 \\ 5 & -14 \end{vmatrix} = 4 \times (-14) - 5 \times (-13) = 9,$$

所以方程组的解为
$$\begin{cases} x_1 = \dfrac{D_1}{D} = 2, \\ x_2 = \dfrac{D_2}{D} = -3. \end{cases}$$

类似地，讨论三元一次线性方程组的求解问题，可引入三阶行列式.

定义 10.1.2 用 3×3 个数字组成的记号 $\begin{vmatrix} a_{11} & a_{12} & a_{13} \\ a_{21} & a_{22} & a_{23} \\ a_{31} & a_{32} & a_{33} \end{vmatrix}$ 表示数值

$a_{11}a_{22}a_{33} + a_{21}a_{32}a_{13} + a_{31}a_{12}a_{23} - a_{13}a_{22}a_{31} - a_{12}a_{21}a_{33} - a_{11}a_{23}a_{32}$，

称为三阶行列式，即

$$\begin{vmatrix} a_{11} & a_{12} & a_{13} \\ a_{21} & a_{22} & a_{23} \\ a_{31} & a_{32} & a_{33} \end{vmatrix}$$

$= a_{11}a_{22}a_{33} + a_{21}a_{32}a_{13} + a_{31}a_{12}a_{23} - a_{13}a_{22}a_{31} - a_{12}a_{21}a_{33} - a_{11}a_{23}a_{32}$.

等式右端称为三阶行列式的展开式. 它有如下特点：共有六项，每一项都是行列式的不同行，不同列的三个元素之积，其中三项取正号，三项取负号.

其中行列式中横排称为行，竖排称为列，从左上角到右下角的对角线称为行列式的主对角线，从右上角到左下角的对角线称为行列式的次对角线，$a_{ij}(i,j=1,2,3)$ 称为行列式第 i 行第 j 列的元素.

例 2 计算三阶行列式 $D = \begin{vmatrix} 1 & 2 & 3 \\ 2 & 1 & 1 \\ 3 & 1 & 1 \end{vmatrix}$.

解：$D = 1 \times 1 \times 1 + 2 \times 1 \times 3 + 3 \times 2 \times 1 - 3 \times 1 \times 3 - 2 \times 2 \times 1 - 1 \times 1 \times 1$
$= -1$.

例 3 求解方程 $\begin{vmatrix} x^2 & 0 & 1 \\ 1 & -4 & -1 \\ -x & 8 & 3 \end{vmatrix} = -16$.

解：方程左端
$$D = -12x^2 + 8 - 4x + 8x^2 = -4x^2 - 4x + 8,$$
从而有
$$-4x^2 - 4x + 8 = -16,$$
即 $x^2 - x - 6 = 0$，解方程得：$x_1 = -3, x_2 = 2$.

10.1.2 n 阶行列式

三阶行列式与二阶行列式有如下关系：

$$D=\begin{vmatrix} a_{11} & a_{12} & a_{13} \\ a_{21} & a_{22} & a_{23} \\ a_{31} & a_{32} & a_{33} \end{vmatrix}=a_{11}\begin{vmatrix} a_{22} & a_{23} \\ a_{32} & a_{33} \end{vmatrix}-a_{12}\begin{vmatrix} a_{21} & a_{23} \\ a_{31} & a_{33} \end{vmatrix}+a_{13}\begin{vmatrix} a_{21} & a_{22} \\ a_{31} & a_{32} \end{vmatrix}.$$

其中三个二阶行列式分别是原来的三阶行列式 D 中划去 $a_{1j}(j=1,2,3)$ 所在第 1 行与第 j 列的元素,剩下的元素保持原来相对位置所组成的二阶行列式. 即三阶行列式可以转化为二阶行列式来计算,一般地,可选用递推法来定义 n 阶行列式.

定义 10.1.3　将 $n\times n$ 个数组成的记号 $\begin{vmatrix} a_{11} & a_{12} & \cdots & a_{1n} \\ a_{21} & a_{22} & \cdots & a_{2n} \\ \vdots & \vdots & & \vdots \\ a_{n1} & a_{n2} & \cdots & a_{nn} \end{vmatrix}$ 称为 n 阶

行列式,它表示一个数值. 其中 $a_{ij}(i,j=1,2,\cdots,n)$ 称为 n 阶行列式中第 i 行第 j 列的元素.

当 $n=1$ 时,规定 $D=|a_{11}|=a_{11}$,

当 $n=2$ 时,$D=\begin{vmatrix} a_{11} & a_{12} \\ a_{21} & a_{22} \end{vmatrix}$,

当 $n=3$ 时,$D=\begin{vmatrix} a_{11} & a_{12} & a_{13} \\ a_{21} & a_{22} & a_{23} \\ a_{31} & a_{32} & a_{33} \end{vmatrix}$.

定义 10.1.4　在 n 阶行列式中划去元素 a_{ij} 所在的第 i 行和第 j 列的元素后,剩下的 $(n-1)^2$ 个元素按原来相对位置所构成的 $(n-1)$ 阶行列式,称为 a_{ij} 的余子式,记为 M_{ij}. 即

$$M_{ij}=\begin{vmatrix} a_{11} & \cdots & a_{1,j-1} & a_{1,j+1} & \cdots & a_{1n} \\ \vdots & & \vdots & \vdots & & \vdots \\ a_{i-1,1} & \cdots & a_{i-1,j-1} & a_{i-1,j+1} & \cdots & a_{i-1,n} \\ \vdots & & \vdots & \vdots & & \vdots \\ a_{n1} & \cdots & a_{n,j-1} & a_{n,j+1} & \cdots & a_{nn} \end{vmatrix},$$

$(-1)^{i+j}M_{ij}$ 称为 a_{ij} 的代数余子式,记为 A_{ij},即:$A_{ij}=(-1)^{i+j}M_{ij}$,于是 n 阶行列式按递推式定义可写成

$$D=a_{11}A_{11}+a_{12}A_{12}+\cdots+a_{1n}A_{1n}=\sum_{j=1}^{n}a_{1j}A_{1j},$$

上式又称为行列式 D 按第一行元素展开的展开式.

例 4　求行列式 $\begin{vmatrix} 1 & 2 & 3 \\ 4 & 5 & 6 \\ 1 & 7 & 2 \end{vmatrix}$ 的代数余子式 A_{11},A_{12},A_{13}.

解：$A_{11}=(-1)^{1+1}\begin{vmatrix} 5 & 6 \\ 7 & 2 \end{vmatrix}=-32,$

$$A_{12}=(-1)^{1+2}\begin{vmatrix} 4 & 6 \\ 1 & 2 \end{vmatrix}=-2,$$

$$A_{13}=(-1)^{1+3}\begin{vmatrix} 4 & 5 \\ 1 & 7 \end{vmatrix}=23.$$

例 5　计算 $D=\begin{vmatrix} 3 & 2 & 0 & 1 \\ 2 & 1 & -1 & 0 \\ 0 & 2 & 1 & -1 \\ 1 & -1 & 0 & -2 \end{vmatrix}.$

解：由 n 阶行列式定义得：

$$D=3\times(-1)^{1+1}\begin{vmatrix} 1 & -1 & 0 \\ 2 & 1 & -1 \\ -1 & 0 & -2 \end{vmatrix}+2\times(-1)^{1+2}\begin{vmatrix} 2 & -1 & 0 \\ 0 & 1 & -1 \\ 1 & 0 & -2 \end{vmatrix}$$

$$+(-1)\times(-1)^{1+4}\begin{vmatrix} 2 & 1 & -1 \\ 0 & 2 & 1 \\ 1 & -1 & 0 \end{vmatrix}$$

$$=-21+6+5=-10.$$

例 6　试证明以下行列式的结果成立：

$$D_n=\begin{vmatrix} a_{11} & 0 & \cdots & 0 \\ a_{21} & a_{22} & \cdots & 0 \\ \vdots & \vdots & & \vdots \\ a_{n1} & a_{n2} & \cdots & a_{nn} \end{vmatrix}=a_{11}a_{22}\cdots a_{nn}.$$

证明：利用 n 阶行列式的定义,依次降低其阶数. 故可得

$$D=\begin{vmatrix} a_{11} & 0 & \cdots & 0 \\ a_{21} & a_{22} & \cdots & 0 \\ \vdots & \vdots & & \vdots \\ a_{n1} & a_{n2} & \cdots & a_{nn} \end{vmatrix}=a_{11}\times(-1)^{1+1}\begin{vmatrix} a_{22} & 0 & \cdots & 0 \\ a_{32} & a_{33} & \cdots & 0 \\ \vdots & \vdots & & \vdots \\ a_{n3} & a_{n4} & \cdots & a_{nn} \end{vmatrix}$$

$$=a_{11}a_{22}\times(-1)^{1+1}\begin{vmatrix} a_{33} & 0 & \cdots & 0 \\ a_{43} & a_{44} & \cdots & 0 \\ \vdots & \vdots & & \vdots \\ a_{n3} & a_{n4} & \cdots & a_{nn} \end{vmatrix}=\cdots=a_{11}a_{22}\cdots a_{nn}.$$

主对角线以上(下)元素都是零的行列式称为下(上)三角形行列式. 它的结果等于主对角线上所有元素的乘积.

10.1.3　行列式的性质及行列式的计算举例

为了进一步讨论 n 阶行列式,简化 n 阶行列式的计算,下面引入 n 阶行列式的基本性质.

定义 10.1.5　将行列式 D 的行、列互换后,得到新的行列式,该新的行列式称为行列式 D 的转置行列式,设为 D^{T}. 即

如果

$$D=\begin{vmatrix} a_{11} & a_{12} & \cdots & a_{1n} \\ a_{21} & a_{22} & \cdots & a_{2n} \\ \vdots & \vdots & & \vdots \\ a_{n1} & a_{n2} & \cdots & a_{nn} \end{vmatrix},$$

则

$$D^{\mathrm{T}}=\begin{vmatrix} a_{11} & a_{21} & \cdots & a_{n1} \\ a_{12} & a_{22} & \cdots & a_{n2} \\ \vdots & \vdots & & \vdots \\ a_{1n} & a_{2n} & \cdots & a_{nn} \end{vmatrix}.$$

D^{T} 是转置行列式. 显然 D 也是 D^{T} 的转置行列式.

性质 1　行列式与它的转置行列式相等. 即 $D=D^{\mathrm{T}}$.

这个性质证明了行列式的行、列地位的对称性,即凡是行列式对行成立的性质对列也成立.

性质 2　互换行列式的任意两行(列),行列式的值只改变符号.

例 7　计算行列式 $\begin{vmatrix} 1 & 2 & 3 \\ 4 & 5 & 6 \\ 1 & 2 & 3 \end{vmatrix}$.

解：行列式中第一行与第三行对应相等.可用性质 2.将第一行与第三行互换得

$$D=\begin{vmatrix} 1 & 2 & 3 \\ 4 & 5 & 6 \\ 1 & 2 & 3 \end{vmatrix}=\begin{vmatrix} 1 & 2 & 3 \\ 4 & 5 & 6 \\ 1 & 2 & 3 \end{vmatrix}=-D,$$

从而得 $D=0$.

推论 1　如果行列式有两行(列)的对应元素相同,则这个行列式等于零.

性质 3　n 阶行列式等于任意一行(列)所有元素与其对应的代数余子式的乘积之和. 即:

$$D_n=a_{i1}A_{i1}+a_{i2}A_{i2}+\cdots+a_{in}A_{in}=\sum_{j=1}^{n} a_{ij}A_{ij} \quad (i=1,2,\cdots,n),$$

$$D_n=a_{1j}A_{1j}+a_{2j}A_{2j}+\cdots+a_{nj}A_{nj}=\sum_{i=1}^{n} a_{ij}A_{ij} \quad (j=1,2,\cdots,n),$$

该性质也可称为按行(列)展开定理.

例 8　计算行列式 $D_4=\begin{vmatrix} 0 & 5 & 6 & 1 \\ 1 & 8 & 1 & 0 \\ 0 & 3 & 0 & 3 \\ 0 & 0 & 2 & 0 \end{vmatrix}$.

解：注意到第一列有三个零元素,可利用性质 3 按照第一列展开

$$D_4 = \begin{vmatrix} 0 & 5 & 6 & 1 \\ 1 & 8 & 1 & 0 \\ 0 & 3 & 0 & 3 \\ 0 & 0 & 2 & 0 \end{vmatrix} = 1 \times (-1)^{2+1} \begin{vmatrix} 5 & 6 & 1 \\ 3 & 0 & 3 \\ 0 & 2 & 0 \end{vmatrix}$$

$$\xrightarrow{\text{按第三行展开}} -2 \times (-1)^{3+2} \begin{vmatrix} 5 & 1 \\ 3 & 3 \end{vmatrix} = 24.$$

可以看出,行列式不仅可按某一行展开,也可按某一列展开. 只要该行(列)的零元素多,就按该行(列)来展开,这样行列式的计算就简单了.

推论 2 行列式某行(列)元素与另一行(列)元素的代数余子式乘积之和的值为零,即

$$a_{k1}A_{i1} + a_{k2}A_{i2} + \cdots + a_{kn}A_{in} = 0 \quad (i \neq k),$$

由此可得如下结论:

$$a_{k1}A_{i1} + a_{k2}A_{i2} + \cdots + a_{kn}A_{in} = \begin{cases} D_n, & i=k, \\ 0, & i \neq k. \end{cases}$$

性质 4 将行列式某一行(列)的所有元素都乘以同一个数 k,等于用 k 乘此行列式. 即

$$\begin{vmatrix} a_{11} & a_{12} & \cdots & a_{1n} \\ \vdots & \vdots & & \vdots \\ ka_{i1} & ka_{i2} & \cdots & ka_{in} \\ \vdots & \vdots & & \vdots \\ a_{n1} & a_{n2} & \cdots & a_{nn} \end{vmatrix} = k \begin{vmatrix} a_{11} & a_{12} & \cdots & a_{1n} \\ \vdots & \vdots & & \vdots \\ a_{i1} & a_{i2} & \cdots & a_{in} \\ \vdots & \vdots & & \vdots \\ a_{n1} & a_{n2} & \cdots & a_{nn} \end{vmatrix}.$$

例 9 计算行列式 $D = \begin{vmatrix} 1 & 2 & 3 & 4 \\ 3 & 6 & 5 & 7 \\ 2 & 4 & 6 & 8 \\ 0 & 1 & 0 & 1 \end{vmatrix}.$

解:由于第三行有公因子 2. 可利用性质 4. 提出公因子 2. 再由推论 1 可得结果. 即

$$D = \begin{vmatrix} 1 & 2 & 3 & 4 \\ 3 & 6 & 5 & 7 \\ 2 & 4 & 6 & 8 \\ 0 & 1 & 0 & 1 \end{vmatrix} = 2 \begin{vmatrix} 1 & 2 & 3 & 4 \\ 3 & 6 & 5 & 7 \\ 1 & 2 & 3 & 4 \\ 0 & 1 & 0 & 1 \end{vmatrix} = 0.$$

所以由性质 4 和推论 1 可得出结论.

推论 3 若行列式某两行(列)对应元素成比例,则此行列式值为零.

性质 5 行列式的某一行(列)的元素都是两数之和,则这个行列式等于两个行列式之和. 如

$$\begin{vmatrix} a_{11} & a_{12}+b_1 & a_{13} \\ a_{21} & a_{22}+b_2 & a_{23} \\ a_{31} & a_{32}+b_3 & a_{33} \end{vmatrix} = \begin{vmatrix} a_{11} & a_{12} & a_{13} \\ a_{21} & a_{22} & a_{23} \\ a_{31} & a_{32} & a_{33} \end{vmatrix} + \begin{vmatrix} a_{11} & b_1 & a_{13} \\ a_{21} & b_2 & a_{23} \\ a_{31} & b_3 & a_{33} \end{vmatrix}.$$

性质 6　把行列式的某一行(列)的各元素同乘以数 k 再加到另外一行(列)的对应元素上去,行列式的值不变,即

$$\begin{vmatrix} a_{11} & a_{12} & \cdots & a_{1n} \\ \vdots & \vdots & & \vdots \\ a_{i1} & a_{i2} & \cdots & a_{in} \\ \vdots & \vdots & & \vdots \\ a_{j1} & a_{j2} & \cdots & a_{jn} \\ \vdots & \vdots & & \vdots \\ a_{n1} & a_{n2} & \cdots & a_{nn} \end{vmatrix} = \begin{vmatrix} a_{11} & a_{12} & \cdots & a_{1n} \\ \vdots & \vdots & & \vdots \\ a_{i1} & a_{i2} & \cdots & a_{in} \\ \vdots & \vdots & & \vdots \\ a_{j1}+ka_{i1} & a_{j2}+ka_{i2} & \cdots & a_{jn}+ka_{in} \\ \vdots & \vdots & & \vdots \\ a_{n1} & a_{n2} & \cdots & a_{nn} \end{vmatrix}.$$

例 10　计算行列式 $D = \begin{vmatrix} 1 & 2 & 3 \\ 101 & 202 & 303 \\ 0 & 0 & 1 \end{vmatrix}$.

解：利用性质 6,第一行乘以 -100 后加到第二行,行列式值不变,即

$$D = \begin{vmatrix} 1 & 2 & 3 \\ 1 & 1 & 1 \\ 0 & 0 & 1 \end{vmatrix} = 1 \times (-1)^{3+3} \begin{vmatrix} 1 & 2 \\ 1 & 1 \end{vmatrix} = -1.$$

为了计算过程中叙述方便,约定：

(1) 记号 $r_i \leftrightarrow r_j$ 表示互换第 i, j 两行;

(2) 记号 $c_i \leftrightarrow c_j$ 表示互换第 i, j 两列;

(3) 记号 $r_i \times k$ ($c_i \times k$) 表示行列式的第 i 行(列)乘以数 k;

(4) 记号 $r_j + r_i \times k$ ($c_j + c_i \times k$) 表示行列式的第 i 行(列)乘以数 k 后加到第 j 行(列).

例 11　计算 $D = \begin{vmatrix} 3 & 1 & -1 & 2 \\ -5 & 1 & 3 & -4 \\ 2 & 0 & 1 & -1 \\ 1 & -5 & 3 & -3 \end{vmatrix}$.

解：$D \xlongequal{c_1 \leftrightarrow c_2} - \begin{vmatrix} 1 & 3 & -1 & 2 \\ 1 & -5 & 3 & -4 \\ 0 & 2 & 1 & -1 \\ -5 & 1 & 3 & -3 \end{vmatrix}$

$\xlongequal[r_4 + 5r_1]{r_2 + (-1)r_1} - \begin{vmatrix} 1 & 3 & -1 & 2 \\ 0 & -8 & 4 & -6 \\ 0 & 2 & 1 & -1 \\ 0 & 16 & -2 & 7 \end{vmatrix}$

$\xlongequal{r_2 \leftrightarrow r_3} \begin{vmatrix} 1 & 3 & -1 & 2 \\ 0 & 2 & 1 & -1 \\ 0 & -8 & 4 & -6 \\ 0 & 16 & -2 & 7 \end{vmatrix} \xlongequal[r_4 - 8r_2]{r_3 + 4r_2} \begin{vmatrix} 1 & 3 & -1 & 2 \\ 0 & 2 & 1 & -1 \\ 0 & 0 & 8 & -10 \\ 0 & 0 & -10 & 15 \end{vmatrix}$

$$\xrightarrow{r_4+\frac{5}{4}r_3} \begin{vmatrix} 1 & 3 & -1 & 2 \\ 0 & 2 & 1 & -1 \\ 0 & 0 & 8 & -10 \\ 0 & 0 & 0 & \frac{5}{2} \end{vmatrix}=40.$$

例 12　计算 n 阶行列式 $D=\begin{vmatrix} x & a & \cdots & a & a \\ a & x & \cdots & a & a \\ \cdots & \cdots & \cdots & \cdots & \cdots \\ a & a & \cdots & x & a \\ a & a & \cdots & a & x \end{vmatrix}.$

解： $D\xlongequal[(k=2,3,\cdots,n)]{c_1+c_k}\begin{vmatrix} x+(n-1)a & a & \cdots & a & a \\ x+(n-1)a & x & \cdots & a & a \\ & \cdots & & & \\ x+(n-1)a & a & \cdots & x & a \\ x+(n-1)a & a & \cdots & a & x \end{vmatrix}$

$$=[x+(n-1)a]\begin{vmatrix} 1 & a & \cdots & a & a \\ 1 & x & \cdots & a & a \\ \cdots & \cdots & \cdots & \cdots & \cdots \\ 1 & a & \cdots & x & a \\ 1 & a & \cdots & a & x \end{vmatrix}$$

$$\xlongequal[(k=2,3,\cdots,n)]{r_k-r_1}[x+(n-1)a]\begin{vmatrix} 1 & a & \cdots & a & a \\ 0 & x-a & \cdots & 0 & 0 \\ \cdots & \cdots & \cdots & \cdots & \cdots \\ 0 & 0 & \cdots & x-a & 0 \\ 0 & 0 & \cdots & 0 & x-a \end{vmatrix}$$

$$=[x+(n-1)a](x-a)^{n-1}.$$

10.1.4　克莱姆(Cramer)法则

下面讨论如何用 n 阶行列式解 n 元线性方程组.

定理 10.1.1　如果线性方程组

$$\begin{cases} a_{11}x_1+a_{12}x_2+\cdots+a_{1n}x_n=b_1, \\ a_{21}x_1+a_{22}x_2+\cdots+a_{2n}x_n=b_2, \\ \cdots\cdots\cdots\cdots\cdots \\ a_{n1}x_1+a_{n2}x_2+\cdots+a_{nn}x_n=b_n \end{cases} \tag{2}$$

的系数行列式

$$D=\begin{vmatrix} a_{11} & a_{12} & \cdots & a_{1n} \\ a_{21} & a_{22} & \cdots & a_{2n} \\ \vdots & \vdots & & \vdots \\ a_{n1} & a_{n2} & \cdots & a_{nn} \end{vmatrix}\neq 0,$$

那么方程(2)有唯一解. 且解可表示为

$$x_1 = \frac{D_1}{D}, \quad x_2 = \frac{D_2}{D}, \quad \cdots, \quad x_n = \frac{D_n}{D},$$

其中 $D_j(j=1,2,\cdots,n)$ 是用方程组(2)右端的常数列替换 D 中第 j 列元素所得的 n 阶行列式,即:

$$D_j = \begin{vmatrix} a_{11} & a_{12} & a_{1,j-1} & b_1 & a_{1,j+1} & \cdots & a_{1n} \\ a_{21} & a_{22} & a_{2,j-1} & b_2 & a_{2,j+1} & \cdots & a_{2n} \\ \vdots & \vdots & \vdots & \vdots & \vdots & & \vdots \\ a_{n1} & a_{n2} & a_{n,j-1} & b_n & a_{n,j+1} & \cdots & a_{nn} \end{vmatrix} \quad (j=1,2,\cdots,n).$$

(证略).

线性方程组(2)右端常数项 $b_1,b_2,\cdots,b_n$ 不全为零时称为非齐次线性方程组,当 $b_1=b_2=\cdots=b_n=0$ 时,称为齐次线性方程组.

显然,齐次线性方程组必有零解.

由克莱姆法则易得:

定理 10. 1. 2　如果齐次线性方程组

$$\begin{cases} a_{11}x_1 + a_{12}x_2 + \cdots + a_{1n}x_n = 0, \\ a_{21}x_1 + a_{22}x_2 + \cdots + a_{2n}x_n = 0, \\ \cdots\cdots\cdots\cdots \\ a_{n1}x_1 + a_{n2}x_2 + \cdots + a_{nn}x_n = 0 \end{cases} \quad (3)$$

的系数行列式 $D \neq 0$,则它只有唯一的零解.

定理 10. 1. 3(定理 10. 1. 2 的逆否定理)　如果齐次线性方程组(3)有非零解,则它的系数行列式 $D=0$.

例 13　解线性方程组 $\begin{cases} x_1 - x_2 + x_3 - 2x_4 = 2, \\ 2x_1 - x_3 + 4x_4 = 4, \\ 3x_1 + 2x_2 + x_3 = -1, \\ -x_1 + 2x_2 - x_3 + 2x_4 = -4. \end{cases}$

解:因为

$$D = \begin{vmatrix} 1 & -1 & 1 & -2 \\ 2 & 0 & -1 & 4 \\ 3 & 2 & 1 & 0 \\ -1 & 2 & -1 & 2 \end{vmatrix} = -2 \neq 0,$$

所以方程组有唯一的解. 又

$$D_1 = \begin{vmatrix} 2 & -1 & 1 & -2 \\ 4 & 0 & -1 & 4 \\ -1 & 2 & 1 & 0 \\ -4 & 2 & -1 & 2 \end{vmatrix} = -2,$$

$$D_2=\begin{vmatrix} 1 & 2 & 1 & -2 \\ 2 & 4 & -1 & 4 \\ 3 & -1 & 1 & 0 \\ -1 & -4 & -1 & 2 \end{vmatrix}=4,$$

$$D_3=\begin{vmatrix} 1 & -1 & 2 & -2 \\ 2 & 0 & 4 & 4 \\ 3 & 2 & -1 & 0 \\ -1 & 2 & -4 & 2 \end{vmatrix}=0,$$

$$D_4=\begin{vmatrix} 1 & -1 & 1 & 2 \\ 2 & 0 & -1 & 4 \\ 3 & 2 & 1 & -1 \\ -1 & 2 & -1 & -4 \end{vmatrix}=-1,$$

所以方程组的解为

$$x_1=\frac{D_1}{D}=1, \quad x_2=\frac{D_2}{D}=-2, \quad x_3=\frac{D_3}{D}=0, \quad x_4=\frac{D_4}{D}=\frac{1}{2}.$$

例 14 λ 取何值时,齐次线性方程组 $\begin{cases} \lambda x_1+x_2+x_3=0, \\ x_1+\lambda x_2-x_3=0, \\ 2x_1-x_2+x_3=0 \end{cases}$ 只有零解?

解: 由定理 10.1.2 可知,若齐次线性方程组的系数行列式 $D\neq0$ 时,齐次线性方程组只有唯一的零解. 即

$$D=\begin{vmatrix} \lambda & 1 & 1 \\ 1 & \lambda & -1 \\ 2 & -1 & 1 \end{vmatrix}=\lambda^2-3\lambda-4,$$

由 $D\neq0$ 得 $\lambda\neq-1$ 且 $\lambda\neq4$,所以线性方程组当 $\lambda\neq-1$ 且 $\lambda\neq4$ 时,只有零解.

习题 10.1

1. 计算下列二、三阶行列式:

(1) $\begin{vmatrix} 0 & 0 \\ 1 & 1 \end{vmatrix}$;

(2) $\begin{vmatrix} x-1 & x^3 \\ 1 & x^2+x+1 \end{vmatrix}$;

(3) $\begin{vmatrix} \sin\alpha & \cos\beta \\ \sin\beta & \cos\beta \end{vmatrix}$;

(4) $\begin{vmatrix} 1 & \log_a b \\ \log_b a & 1 \end{vmatrix}$;

(5) $\begin{vmatrix} 2 & 1 & 3 \\ 3 & 2 & -1 \\ 1 & 4 & 3 \end{vmatrix}$;

(6) $\begin{vmatrix} a_1 & a_2 & 0 \\ b_1 & b_2 & 0 \\ 0 & 0 & c \end{vmatrix}$.

2. 计算下列行列式：

(1) $\begin{vmatrix} 1 & 2 & 3 & 0 \\ 1 & -1 & 0 & 2 \\ 0 & 1 & 0 & 1 \\ 0 & 0 & -1 & 3 \end{vmatrix}$;　　　　(2) $\begin{vmatrix} 2 & 1 & 4 & 1 \\ 1 & -2 & -2 & 0 \\ 1 & 2 & 3 & 2 \\ 5 & 0 & 6 & 2 \end{vmatrix}$;

(3) $\begin{vmatrix} \sin x & \cos x & 0 & 0 \\ -\cos x & \sin x & 0 & 0 \\ 0 & 0 & \cos x & \sin x \\ 0 & 0 & -\sin x & \cos x \end{vmatrix}$;

(4) $\begin{vmatrix} 1+x & 1 & 1 & 1 \\ 1 & 1+x & 1 & 1 \\ 1 & 1 & 1+x & 1 \\ 1 & 1 & 1 & 1+x \end{vmatrix}$.

3. 填空题：

(1) 在函数 $f(x)=\begin{vmatrix} 2x & 1 & -1 \\ -x & -x & x \\ 1 & 2 & x \end{vmatrix}$ 中，x^3 的系数是_____;

(2) 设 a,b 为实数，则当 $a=$_____且 $b=$_____时，$\begin{vmatrix} a & b & 0 \\ -b & a & 0 \\ -1 & 0 & 1 \end{vmatrix}=0$.

4. 解下列方程：

(1) $\begin{vmatrix} 2 & 2 & 4 & 6 \\ 1 & 2-x^2 & 2 & 3 \\ 1 & 3 & 1 & 5 \\ -1 & -3 & -1 & x^2-9 \end{vmatrix}=0$;　　(2) $\begin{vmatrix} 0 & 1 & x & 1 \\ 1 & 0 & 1 & x \\ x & 1 & 0 & 1 \\ 1 & x & 1 & 0 \end{vmatrix}=0$.

5. 用克莱姆法则解下列线性方程组：

(1) $\begin{cases} x_1+2x_2-x_3=-3, \\ 2x_1-x_2+3x_3=9, \\ -x_1+x_2+4x_3=6 \end{cases}$　　(2) $\begin{cases} x_1+x_2+x_3+x_4=5, \\ x_1+2x_2-x_3+x_4=-2, \\ 2x_1+3x_2-x_3-5x_4=-2, \\ 3x_1+x_2+2x_3+3x_4=4. \end{cases}$

6. λ 为何值时，齐次线性方程组 $\begin{cases} x_1+x_2+\lambda x_3=0, \\ x_1+\lambda x_2+x_3=0, \\ \lambda x_1+x_2+x_3=0 \end{cases}$ 只有零解?

7. 设 $f(x)=\begin{vmatrix} 1 & 1 & 1 \\ 3-x & 5-3x^2 & 3x^2-1 \\ 2x^2-1 & 3x^5-1 & 7x^8-1 \end{vmatrix}$,

证明:存在 $\xi\in(0,1)$ 使 $f(\xi)=0$.

§10.2　矩　阵

10.2.1　矩阵概念

定义 10.2.1　有 $m \times n$ 个数排列成一个 m 行 n 列,并括以方括弧(或圆括弧)的数表

$$\begin{bmatrix} a_{11} & a_{12} & \cdots & a_{1n} \\ a_{21} & a_{22} & \cdots & a_{2n} \\ \vdots & \vdots & & \vdots \\ a_{m1} & a_{m2} & \cdots & a_{mn} \end{bmatrix}$$

称为 m 行 n 列矩阵,简称 $m \times n$ 矩阵,矩阵通常用大写字母 $A, B, C, \cdots$ 表示. 记作

$$A = [a_{ij}]_{m \times n},$$

其中 $a_{ij}(i=1,2,\cdots,m; j=1,2,\cdots,n)$ 称为矩阵 A 的第 i 行第 j 列元素.

注:矩阵的行数 m 与列数 n 可能相等,也可能不等.

特别地,当 $m=1$ 时,即

$$A = \begin{bmatrix} a_{11} & a_{12} & \cdots & a_{1n} \end{bmatrix}$$

称为行矩阵. 当 $n=1$ 时,即

$$A = \begin{bmatrix} a_{11} \\ a_{21} \\ \vdots \\ a_{m1} \end{bmatrix}$$

称为列矩阵. 当 $m=n$ 时,即

$$A = \begin{bmatrix} a_{11} & a_{12} & \cdots & a_{1n} \\ a_{21} & a_{22} & \cdots & a_{2n} \\ \vdots & \vdots & & \vdots \\ a_{n1} & a_{n2} & \cdots & a_{nn} \end{bmatrix}$$

称为 n 阶矩阵,或称 n 阶方阵.

再介绍几个特殊矩阵.

所有元素全为零的 $m \times n$ 矩阵,称为零矩阵,记作 $O_{m \times n}$ 或 O. 例如

$$O_{3 \times 4} = \begin{bmatrix} 0 & 0 & 0 & 0 \\ 0 & 0 & 0 & 0 \\ 0 & 0 & 0 & 0 \end{bmatrix}.$$

主对角线上的元素是 1,其余元素全部是零的 n 阶矩阵,称为 n 阶单位矩阵,记作 E_n 或 E. 如

$$E_2 = \begin{bmatrix} 1 & 0 \\ 0 & 1 \end{bmatrix}, \quad E_3 = \begin{bmatrix} 1 & 0 & 0 \\ 0 & 1 & 0 \\ 0 & 0 & 1 \end{bmatrix}.$$

零矩阵和单位矩阵在下面的矩阵运算中,将起着类似于数 0 和数 1 在数的加法和乘法中的作用.

§10.3　矩阵的运算

对从实际问题中抽象出来的矩阵,经常将几个矩阵联系起来,讨论它们是否相等,它们在什么条件下可以进行何种运算,这些运算具有什么性质等问题,这就是下面所要讨论的主要内容.

10.3.1　矩阵相等

定义 10.3.1　如果两个矩阵 $A=[a_{ij}]_{m\times n}$, $B=[b_{ij}]_{s\times p}$ 满足:

(1) 行、列数相同,即 $m=s$, $n=p$;

(2) 对应元素相等,即 $a_{ij}=b_{ij}(i=1,2,\cdots,m; j=1,2,\cdots,n)$,则称矩阵 A 与矩阵 B 相等,记作 $A=B$.

例 1　矩阵

$$A=\begin{bmatrix} a_{11} & a_{12} & a_{13} \\ a_{21} & a_{22} & a_{23} \end{bmatrix}, \quad B=\begin{bmatrix} 3 & 0 & -5 \\ -2 & 1 & 4 \end{bmatrix},$$

那么 $A=B$,当且仅当

$$a_{11}=3, \quad a_{12}=0, \quad a_{13}=-5, \quad a_{21}=-2, \quad a_{22}=1, \quad a_{23}=4.$$

而

$$C=\begin{bmatrix} c_{11} & c_{12} \\ c_{21} & c_{22} \end{bmatrix},$$

因为 B,C 这两个矩阵的列数不同,所以无论矩阵 C 中的元素 c_{11},c_{12},c_{21},c_{22} 取什么数都不会与矩阵 B 相等.

10.3.2　矩阵的加减

定义 10.3.2　设 $A=[a_{ij}]_{m\times n}$, $B=[b_{ij}]_{s\times p}$ 是两个 $m\times n$ 矩阵,则称矩阵

$$C=\begin{bmatrix} a_{11}+b_{11} & a_{12}+b_{12} & \cdots & a_{1n}+b_{1n} \\ a_{21}+b_{21} & a_{22}+b_{22} & \cdots & a_{2n}+b_{2n} \\ \vdots & \vdots & & \vdots \\ a_{m1}+b_{m1} & a_{m2}+b_{m2} & \cdots & a_{mn}+b_{mn} \end{bmatrix}$$

为 A 与 B 的和,记作

$$C=A+B=[a_{ij}+b_{ij}].$$

由定义 10.3.3 可知,只有行数、列数分别相同的两个矩阵,才能作加法运算.

同样,我们可以定义矩阵的减法:

$$D=A-B=A+(-B)=[a_{ij}-b_{ij}]$$

称 D 为 A 与 B 的差.

例 2 设矩阵

$$A=\begin{bmatrix} 3 & 0 & -4 \\ -2 & 5 & -1 \end{bmatrix}, \quad B=\begin{bmatrix} -2 & 3 & 4 \\ 0 & -3 & 1 \end{bmatrix},$$

求 $A+B, A-B$.

解: $A+B=\begin{bmatrix} 3 & 0 & -4 \\ -2 & 5 & -1 \end{bmatrix}+\begin{bmatrix} -2 & 3 & 4 \\ 0 & -3 & 1 \end{bmatrix}$

$$=\begin{bmatrix} 3+(-2) & 0+3 & -4+4 \\ -2+0 & 5+(-3) & -1+1 \end{bmatrix}=\begin{bmatrix} 1 & 3 & 0 \\ -2 & 2 & 0 \end{bmatrix}$$

$$A-B=\begin{bmatrix} 3 & 0 & -4 \\ -2 & 5 & -1 \end{bmatrix}-\begin{bmatrix} -2 & 3 & 4 \\ 0 & -3 & 1 \end{bmatrix}$$

$$=\begin{bmatrix} 3-(-2) & 0-3 & -4-4 \\ -2-0 & 5-(-3) & -1-1 \end{bmatrix}=\begin{bmatrix} 5 & -3 & -8 \\ -2 & 8 & -2 \end{bmatrix}.$$

矩阵加法满足的运算规则是什么?

设 A, B, C, O 都是 $m \times n$ 矩阵,不难验证矩阵的加法满足以下运算规则:

1. 加法交换律: $A+B=B+A$;

2. 加法结合律: $(A+B)+C=A+(B+C)$;

3. 零矩阵满足: $A+O=A$;

4. 存在矩阵 $-A$,满足: $A-A=A+(-A)=O$.

10.3.3 矩阵的数乘

定义 10.3.3 设矩阵 $A=[a_{ij}]_{m \times n}$, λ 为任意实数,则称矩阵 $C=[c_{ij}]_{m \times n}$ 为数 λ 与矩阵 A 的数乘,其中 $c_{ij}=\lambda a_{ij} (i=1,2,\cdots,m; j=1,2,\cdots,n)$,记为

$$C=\lambda A.$$

由定义 10.3.3 可知,数 λ 乘一个矩阵 A 需要用数 λ 去乘矩阵 A 的每一个元素.特别地,当 $\lambda=-1$ 时, $\lambda A=-A$,得到 A 的负矩阵.

例 3 设矩阵

$$A=\begin{bmatrix} 3 & -1 & 7 \\ -4 & 0 & 5 \\ 2 & 6 & 0 \end{bmatrix},$$

那么,用 2 去乘矩阵 A,可以得到

$$2A=\begin{bmatrix} 2\times3 & 2\times(-1) & 2\times7 \\ 2\times(-4) & 2\times0 & 2\times5 \\ 2\times2 & 2\times6 & 2\times0 \end{bmatrix}=\begin{bmatrix} 6 & -2 & 14 \\ -8 & 0 & 10 \\ 4 & 12 & 0 \end{bmatrix}.$$

数乘矩阵满足的运算规则是什么?

对数 k, l 和矩阵 $A=[a_{ij}]_{m \times n}$, $B=[b_{ij}]_{m \times n}$ 满足以下运算规则:

1. 数对矩阵的分配律: $k(A+B)=kA+kB$;

2. 矩阵对数的分配律: $(k+l)A=kA+lA$;

3. 数与矩阵的结合律: $(kl)A=k(lA)=l(kA)$;

4. 数 1 与矩阵满足：$1A = A$.

例 4　设矩阵 $A = \begin{bmatrix} 3 & -2 \\ 5 & 0 \\ 1 & 6 \end{bmatrix}$，$B = \begin{bmatrix} 4 & -3 \\ 8 & 2 \\ -1 & 7 \end{bmatrix}$，求 $3A - 2B$.

解：先做矩阵的数乘运算 $3A$ 和 $2B$，然后求矩阵 $3A$ 与 $2B$ 的差.

$$3A = \begin{bmatrix} 3 \times 3 & 3 \times (-2) \\ 3 \times 5 & 3 \times 0 \\ 3 \times 1 & 3 \times 6 \end{bmatrix} = \begin{bmatrix} 9 & -6 \\ 15 & 0 \\ 3 & 18 \end{bmatrix},$$

$$2B = \begin{bmatrix} 2 \times 4 & 2 \times (-3) \\ 2 \times 8 & 2 \times 2 \\ 2 \times (-1) & 2 \times 7 \end{bmatrix} = \begin{bmatrix} 8 & -6 \\ 16 & 4 \\ -2 & 14 \end{bmatrix},$$

$$3A - 2B = \begin{bmatrix} 9 & -6 \\ 15 & 0 \\ 3 & 18 \end{bmatrix} - \begin{bmatrix} 8 & -6 \\ 16 & 4 \\ -2 & 14 \end{bmatrix} = \begin{bmatrix} 1 & 0 \\ -1 & -4 \\ 5 & 4 \end{bmatrix}.$$

10.3.4　矩阵的乘法

定义 10.3.4　设 $A = (a_{ij})$ 是一个 $m \times s$ 矩阵，$B = (b_{ij})$ 是一个 $s \times n$ 矩阵，则称 $m \times n$ 矩阵 $C = (c_{ij})$ 为矩阵 A 与 B 的乘积，记作

$$C = AB.$$

其中 $c_{ij} = a_{i1}b_{1j} + a_{i2}b_{2j} + \cdots + a_{is}b_{sj}$ $(i = 1, 2, \cdots, m; j = 1, 2, \cdots, n)$.

由定义 10.3.4 可知：

(1) 只有当左矩阵 A 的列数等于右矩阵 B 的行数时，A, B 才能作乘法运算 AB；

(2) 两个矩阵的乘积 AB 亦是矩阵，它的行数等于左矩阵 A 的行数，它的列数等于右矩阵 B 的列数；

(3) 乘积矩阵 AB 中的第 i 行第 j 列的元素等于 A 的第 i 行元素与 B 的第 j 列对应元素的乘积之和，故简称行乘列的法则.

例 5　设矩阵 $A = \begin{bmatrix} 2 & -1 \\ -4 & 0 \\ 3 & 5 \end{bmatrix}$，$B = \begin{bmatrix} 9 & -8 \\ -7 & 10 \end{bmatrix}$，计算 AB.

解：$AB = \begin{bmatrix} 2 & -1 \\ -4 & 0 \\ 3 & 5 \end{bmatrix} \begin{bmatrix} 9 & -8 \\ -7 & 10 \end{bmatrix}$

$$= \begin{bmatrix} 2 \times 9 + (-1) \times (-7) & 2 \times (-8) + (-1) \times 10 \\ -4 \times 9 + (-1) \times (-7) & -4 \times (-8) + 0 \times 10 \\ 3 \times 9 + 5 \times (-7) & 3 \times (-8) + 5 \times 10 \end{bmatrix}$$

$$= \begin{bmatrix} 25 & -26 \\ -36 & 32 \\ -8 & 26 \end{bmatrix}.$$

在例 5 中,能否计算 BA? 由于矩阵 B 有 2 列,矩阵 A 有 3 行,B 的列数不等于 A 的行数,所以 BA 是无意义的.

例 6 设矩阵 $A=\begin{bmatrix} 2 & 4 \\ 1 & 2 \end{bmatrix}$, $B=\begin{bmatrix} 2 & -2 \\ -1 & 1 \end{bmatrix}$, 求 AB 和 BA.

解: $AB=\begin{bmatrix} 2 & 4 \\ 1 & 2 \end{bmatrix}\begin{bmatrix} 2 & -2 \\ -1 & 1 \end{bmatrix}$

$$=\begin{bmatrix} 2\times2+4\times(-1) & 2\times(-2)+4\times1 \\ 1\times2+2\times(-1) & 1\times(-2)+2\times1 \end{bmatrix}=\begin{bmatrix} 0 & 0 \\ 0 & 0 \end{bmatrix}$$

$$BA=\begin{bmatrix} 2 & -2 \\ -1 & 1 \end{bmatrix}\begin{bmatrix} 2 & 4 \\ 1 & 2 \end{bmatrix}$$

$$=\begin{bmatrix} 2\times2+(-2)\times1 & 2\times4+(-2)\times2 \\ -1\times2+1\times1 & -1\times4+1\times2 \end{bmatrix}=\begin{bmatrix} 2 & 4 \\ -1 & -2 \end{bmatrix}.$$

由例 5、例 6 可知,当乘积矩阵 AB 有意义时,BA 不一定有意义;即乘积矩阵 AB 和 BA 有意义时,AB 和 BA 也不一定相等. 因此,矩阵乘法不满足交换律,在以后进行矩阵乘法时,一定要注意乘法的次序,不能随意改变.

在例 6 中,矩阵 A 和 B 都是非零矩阵($A\neq O, B\neq O$),但是矩阵 A 和 B 的乘积矩阵 AB 是一个零矩阵($AB=O$),即两个非零矩阵的乘积可能是零矩阵. 因此,当 $AB=O$,不能得到 A 和 B 中至少有一个是零矩阵的结论.

一般地,当乘积矩阵 $AB=AC$,且 $A\neq O$ 时,不能消去矩阵 A,而得到 $B=C$. 这说明矩阵乘法也不满足消去律.

那么矩阵乘法满足哪些运算规则呢?

矩阵乘法满足下列运算规则:

(1) 乘法结合律:$(AB)C=A(BC)$;

(2) 左乘分配律:$A(B+C)=AB+AC$;

　　右乘分配律:$(B+C)A=BA+CA$;

(3) 数乘结合律:$k(AB)=(kA)B=A(kB)$,其中 k 是一个常数.

10.3.5　矩阵的转置

定义 10.3.5 把一个 $m\times n$ 矩阵

$$A=\begin{bmatrix} a_{11} & a_{12} & \cdots & a_{1n} \\ a_{21} & a_{22} & \cdots & a_{2n} \\ \cdots & \cdots & \cdots & \cdots \\ a_{m1} & a_{m2} & \cdots & a_{mn} \end{bmatrix}$$

的行和列按顺序互换得到 $n\times m$ 矩阵,称为 A 的转置矩阵,记作 A^{T},即

$$A^{\mathrm{T}}=\begin{bmatrix} a_{11} & a_{21} & \cdots & a_{m1} \\ a_{12} & a_{22} & \cdots & a_{m2} \\ \cdots & \cdots & \cdots & \cdots \\ a_{1n} & a_{2n} & \cdots & a_{mn} \end{bmatrix}.$$

由定义 10.3.5 可知,转置矩阵 $\boldsymbol{A}^{\mathrm{T}}$ 的第 i 行和第 j 列的元素等于矩阵 $\boldsymbol{A}$ 的第 j 行第 i 列的元素,简记为

$$\boldsymbol{A}^{\mathrm{T}} \text{的}(i,j)\text{元素}=\boldsymbol{A} \text{的}(j,i)\text{元素}.$$

矩阵的转置满足下列运算规则:

1. $(\boldsymbol{A}^{\mathrm{T}})^{\mathrm{T}}=\boldsymbol{A}$;

2. $(\boldsymbol{A}+\boldsymbol{B})^{\mathrm{T}}=\boldsymbol{A}^{\mathrm{T}}+\boldsymbol{B}^{\mathrm{T}}$;

3. $(k\boldsymbol{A})^{\mathrm{T}}=k\boldsymbol{A}^{\mathrm{T}}$ (k 为实数);

4. $(\boldsymbol{AB})^{\mathrm{T}}=\boldsymbol{B}^{\mathrm{T}}\boldsymbol{A}^{\mathrm{T}}$.

例 7 设矩阵 $\boldsymbol{A}=\begin{bmatrix} 4 & -1 \\ 0 & 2 \\ -3 & 2 \end{bmatrix}$,$\boldsymbol{B}=\begin{bmatrix} 2 & 1 \\ 3 & 4 \end{bmatrix}$,验证矩阵 $(\boldsymbol{AB})^{\mathrm{T}}=\boldsymbol{B}^{\mathrm{T}}\boldsymbol{A}^{\mathrm{T}}$.

解:$\boldsymbol{AB}=\begin{bmatrix} 4 & -1 \\ 0 & 2 \\ -3 & 2 \end{bmatrix}\begin{bmatrix} 2 & 1 \\ 3 & 4 \end{bmatrix}=\begin{bmatrix} 5 & 0 \\ 6 & 8 \\ 0 & 5 \end{bmatrix}$, $(\boldsymbol{AB})^{\mathrm{T}}=\begin{bmatrix} 5 & 6 & 0 \\ 0 & 8 & 5 \end{bmatrix}$,

且

$$\boldsymbol{A}^{\mathrm{T}}=\begin{bmatrix} 4 & 0 & -3 \\ -1 & 2 & 2 \end{bmatrix},\quad \boldsymbol{B}^{\mathrm{T}}=\begin{bmatrix} 2 & 3 \\ 1 & 4 \end{bmatrix},$$

$$\boldsymbol{B}^{\mathrm{T}}\boldsymbol{A}^{\mathrm{T}}=\begin{bmatrix} 2 & 3 \\ 1 & 4 \end{bmatrix}\begin{bmatrix} 4 & 0 & -3 \\ -1 & 2 & 2 \end{bmatrix}=\begin{bmatrix} 5 & 6 & 0 \\ 0 & 8 & 5 \end{bmatrix},$$

$$(\boldsymbol{AB})^{\mathrm{T}}=\boldsymbol{B}^{\mathrm{T}}\boldsymbol{A}^{\mathrm{T}}.$$

例 8 证明:$(\boldsymbol{ABC})^{\mathrm{T}}=\boldsymbol{C}^{\mathrm{T}}\boldsymbol{B}^{\mathrm{T}}\boldsymbol{A}^{\mathrm{T}}$.

解:$(\boldsymbol{ABC})^{\mathrm{T}}=[(\boldsymbol{AB})\boldsymbol{C}]^{\mathrm{T}}=\boldsymbol{C}^{\mathrm{T}}(\boldsymbol{AB})^{\mathrm{T}}=\boldsymbol{C}^{\mathrm{T}}\boldsymbol{B}^{\mathrm{T}}\boldsymbol{A}^{\mathrm{T}}$.

由例 8 可知,矩阵转置的运算规则 4 可以推广到多个矩阵相乘的情况,即

$$(\boldsymbol{A}_1\boldsymbol{A}_2\cdots\boldsymbol{A}_k)^{\mathrm{T}}=\boldsymbol{A}_k^{\mathrm{T}}\cdots\boldsymbol{A}_2^{\mathrm{T}}\boldsymbol{A}_1^{\mathrm{T}}.$$

习题 10.3

1. 设 $\boldsymbol{A}=\begin{bmatrix} 1 & 2-x & 3 \\ 2 & 6 & 5z \end{bmatrix}$,$\boldsymbol{B}=\begin{bmatrix} 1 & x & 3 \\ y & 6 & z-8 \end{bmatrix}$,已知 $\boldsymbol{A}=\boldsymbol{B}$,求 x,y,z.

2. 计算 $\lambda\begin{bmatrix} 1 & 4 & 7 \\ 2 & 5 & 3 \\ -1 & -2 & -3 \end{bmatrix}$.

3. 计算以下矩阵,并对比结果:

(1) $\begin{bmatrix} -2 & 4 \\ 1 & -2 \end{bmatrix}\begin{bmatrix} 2 & 4 \\ -3 & -6 \end{bmatrix}$;   (2) $\begin{bmatrix} 2 & 4 \\ -3 & -6 \end{bmatrix}\begin{bmatrix} -2 & 4 \\ 1 & -2 \end{bmatrix}$.

4. 计算以下矩阵:

(1) $\begin{bmatrix} 1 & 1 \\ 0 & 0 \end{bmatrix}^3$;

(2) $\begin{bmatrix} 1 & 0 \\ \lambda & 1 \end{bmatrix}^5$;

(3) $\begin{bmatrix} a & 0 & 0 \\ 0 & b & 0 \\ 0 & 0 & c \end{bmatrix}^3$;

(4) $\begin{bmatrix} 1 & 2 & 3 \\ -1 & 0 & 1 \end{bmatrix} \begin{bmatrix} 1 & 2 & 0 \\ 0 & 1 & 1 \\ 3 & 0 & -1 \end{bmatrix}$.

5. $A = \begin{bmatrix} 1 & 0 & -1 & 2 \\ -1 & 1 & 3 & 0 \\ 0 & 5 & -1 & 4 \end{bmatrix}$, $B = \begin{bmatrix} 0 & 3 & 4 \\ 1 & 2 & 1 \\ 3 & 1 & -1 \\ -1 & 2 & 1 \end{bmatrix}$, 求 AB.

§10.4 逆矩阵

10.4.1 逆矩阵的概念

在数的运算中,对于数 $a \neq 0$,有 $aa^{-1} = a^{-1}a = 1$,其中 $a^{-1} = \dfrac{1}{a}$ 为 a 的倒数(或者 a 的逆);在矩阵的运算中,单位矩阵 E 相当于数的乘法中的 1,那么对于矩阵 A 是否存在一个矩阵 A^{-1} 使得 $AA^{-1} = A^{-1}A = E$.

定义 10.4.1 对于 n 阶矩阵 A,如果有一个 n 阶矩阵 B,使 $AB = BA = E$,则说矩阵 A 是可逆的,并把 B 称为 A 的逆矩阵,逆矩阵记为 A^{-1}. 若 A 的逆矩阵存在,称矩阵 A 可逆.

注:由定义 10.4.1 可知,当 B 为 A 的逆矩阵时,A 也一定为 B 的逆矩阵. 矩阵 A 有逆矩阵的前提:A 必须是一个方阵.

例 1 $A = \begin{bmatrix} 0 & 1 \\ -1 & 0 \end{bmatrix}$, $B = \begin{bmatrix} 0 & -1 \\ 1 & 0 \end{bmatrix}$.

解:因为 $AB = BA = E$,所以 B 是 A 的一个逆矩阵.

10.4.2 逆矩阵的求法

例 2 设 $A = \begin{bmatrix} 2 & 1 \\ -1 & 0 \end{bmatrix}$,求 A 的逆矩阵.

解:设 $B = \begin{bmatrix} a & b \\ c & d \end{bmatrix}$ 是 A 的逆矩阵,则

$$AB = \begin{bmatrix} 2 & 1 \\ -1 & 0 \end{bmatrix} \begin{bmatrix} a & b \\ c & d \end{bmatrix} = \begin{bmatrix} 1 & 0 \\ 0 & 1 \end{bmatrix}$$

$$\Rightarrow \begin{bmatrix} 2a+c & 2b+d \\ -a & -b \end{bmatrix} = \begin{bmatrix} 1 & 0 \\ 0 & 1 \end{bmatrix}$$

$$\Rightarrow \begin{cases} 2a+c=1, \\ 2b+d=0 \\ -a=0 \\ -b=1 \end{cases} \Rightarrow \begin{cases} a=0, \\ b=-1, \\ c=1, \\ d=2. \end{cases}$$

即 $\boldsymbol{B}=\begin{bmatrix} 0 & -1 \\ 1 & 2 \end{bmatrix}$.

因为 $\begin{bmatrix} 2 & 1 \\ -1 & 0 \end{bmatrix}\begin{bmatrix} 0 & -1 \\ 1 & 2 \end{bmatrix}=\begin{bmatrix} 0 & -1 \\ 1 & 2 \end{bmatrix}\begin{bmatrix} 2 & 1 \\ -1 & 0 \end{bmatrix}=\begin{bmatrix} 1 & 0 \\ 0 & 1 \end{bmatrix}$,

所以 $\boldsymbol{A}^{-1}=\begin{bmatrix} 0 & -1 \\ 1 & 2 \end{bmatrix}$.

注:例 2 为待定系数法.

每个非零数都有倒数,但不是每个非零矩阵都有逆矩阵.

如: $\boldsymbol{A}=\begin{bmatrix} 0 & 1 \\ 0 & 2 \end{bmatrix}$,无论一个怎样的矩阵 $\boldsymbol{B}$,$\boldsymbol{BA}$ 的第一列全都是 0,因此,不可能存在一个矩阵 $\boldsymbol{A}^{-1}$,使得 $\boldsymbol{AA}^{-1}=\boldsymbol{A}^{-1}\boldsymbol{A}=\boldsymbol{E}$.

待定系数法求逆矩阵一般比较麻烦,下面介绍伴随矩阵法求逆矩阵.

定义 10.4.2　设 A_{ij} 是矩阵

$$\boldsymbol{A}=\begin{bmatrix} a_{11} & a_{12} & \cdots & a_{1n} \\ a_{21} & a_{22} & \cdots & a_{2n} \\ \cdots & \cdots & \cdots & \cdots \\ a_{n1} & a_{n2} & \cdots & a_{nn} \end{bmatrix}$$

中元素 a_{ij} 的代数余子式,矩阵

$$\boldsymbol{A}^{*}=\begin{bmatrix} A_{11} & A_{21} & \cdots & A_{n1} \\ A_{12} & A_{22} & \cdots & A_{n2} \\ \cdots & \cdots & \cdots & \cdots \\ A_{1n} & A_{2n} & \cdots & A_{nn} \end{bmatrix}$$

称为 $\boldsymbol{A}$ 的伴随矩阵.

定理 10.4.1(逆矩阵存在定理)　矩阵 $\boldsymbol{A}$ 可逆的充要条件是 $|\boldsymbol{A}|\neq 0$,则矩阵 $\boldsymbol{A}$ 可逆,且 $\boldsymbol{A}^{-1}=\dfrac{1}{|\boldsymbol{A}|}\boldsymbol{A}^{*}$,其中 $\boldsymbol{A}^{*}$ 为矩阵 $\boldsymbol{A}$ 的伴随矩阵(牢记 $\boldsymbol{AA}^{*}=\boldsymbol{A}^{*}\boldsymbol{A}=|\boldsymbol{A}|\boldsymbol{E}$).

例 3　设 $\boldsymbol{A}=\begin{bmatrix} 1 & 2 & 3 \\ 2 & 2 & 1 \\ 3 & 4 & 3 \end{bmatrix}$ 判定 $\boldsymbol{A}$ 是否可逆,若可逆,求 $\boldsymbol{A}^{-1}$.

解:因为 $|\boldsymbol{A}|=2$,所以 $\boldsymbol{A}$ 可逆. 又 $A_{11}=2,A_{12}=-3,A_{13}=2,A_{21}=6,$ $A_{22}=-6,A_{23}=2,A_{31}=-4,A_{32}=5,A_{33}=-2,$所以

$$\boldsymbol{A}^{-1}=\frac{1}{|\boldsymbol{A}|}\boldsymbol{A}^{*}=\frac{1}{2}\begin{bmatrix} 2 & 6 & -4 \\ -3 & -6 & 5 \\ 2 & 2 & -2 \end{bmatrix}=\begin{bmatrix} 1 & 3 & -2 \\ -\dfrac{3}{2} & -3 & \dfrac{5}{2} \\ 1 & 1 & -1 \end{bmatrix},$$

所以 $\boldsymbol{A}^{-1}=\begin{bmatrix} 1 & 3 & -2 \\ -\dfrac{3}{2} & -3 & \dfrac{5}{2} \\ 1 & 1 & -1 \end{bmatrix}$.

注:利用伴随矩阵法求矩阵的主要步骤是:

(1) 求矩阵 A 的行列式 $|A|$,判断 A 是否可逆;

(2) 若 A^{-1} 存在,求 A 的伴随矩阵 A^*;

(3) 利用公式 $A^{-1}=\dfrac{1}{|A|}A^*$,求 A^{-1}.

例4 下列矩阵 A,B 是否可逆? 若可逆,求出其逆矩阵.

$$A=\begin{bmatrix} 1 & 2 & 3 \\ 2 & 1 & 2 \\ 1 & 3 & 3 \end{bmatrix}, \quad B=\begin{bmatrix} 2 & 3 & -1 \\ -1 & 3 & 5 \\ 1 & 5 & -11 \end{bmatrix}.$$

解:因为

$$|A|=\begin{vmatrix} 1 & 2 & 3 \\ 2 & 1 & 2 \\ 1 & 3 & 3 \end{vmatrix}=\begin{vmatrix} 1 & 2 & 3 \\ 0 & -3 & -4 \\ 0 & 1 & 0 \end{vmatrix}=\begin{vmatrix} -3 & -4 \\ 1 & 0 \end{vmatrix}=4\neq0,$$

所以 A 可逆.

因为

$$A_{11}=\begin{vmatrix} 1 & 2 \\ 3 & 3 \end{vmatrix}=-3, \quad A_{12}=-\begin{vmatrix} 2 & 2 \\ 1 & 3 \end{vmatrix}=-4, \quad A_{13}=\begin{vmatrix} 2 & 1 \\ 1 & 3 \end{vmatrix}=5,$$

同理可求得

$$A_{21}=3, \quad A_{22}=0, \quad A_{23}=-1, \quad A_{31}=1, \quad A_{32}=4, \quad A_{33}=-3.$$

所以

$$A^{-1}=\frac{A^*}{|A|}=\frac{1}{|A|}\begin{bmatrix} A_{11} & A_{21} & A_{31} \\ A_{12} & A_{22} & A_{32} \\ A_{13} & A_{23} & A_{33} \end{bmatrix}=\frac{1}{4}\begin{bmatrix} -3 & 3 & 1 \\ -4 & 0 & 4 \\ 5 & -1 & -3 \end{bmatrix}.$$

因为 $|B|=\begin{vmatrix} 2 & 3 & -1 \\ -1 & 3 & 5 \\ 1 & 5 & -11 \end{vmatrix}=0,$

所以 B 不可逆.

下面再介绍求逆矩阵的另一种方法:初等行变换法.

定义 10.4.3 以下三种变换称为矩阵的初等行变换.

1.(行互换变换)第 i 行与第 j 行位置互换,记作 $r_i \leftrightarrow r_j$.

2.(行倍乘变换)第 i 行乘以非零常数 k,记作 kr_i.

3.(行倍加变换)第 i 行加上第 j 行的 k 倍,记作 r_i+kr_j.

定义 10.4.4 对单位方阵进行一次初等变换所得的矩阵,称为初等方阵,对应以上 3 种初等行变换,有 3 种类型的初等方阵,分别记作: $p_{i,j}, p_{i(k)}, p_{i+j(k)}$.

定理 10.4.2 设 $p_s \cdots p_1 A=E$, $p_s \cdots p_1 E=A^{-1}$,则

$$p_s \cdots p_1(A,E)=(p_s \cdots p_1 A, p_s \cdots p_1 E)=(E,A^{-1}).$$

其中,$p_1,p_2,\cdots,p_s$ 为初等方阵,E 为单位矩阵.

定理说明,对矩阵 A 和 E 同时进行初等变换,当 A 变为 E 时,E 就变成

了 $\boldsymbol{A}^{-1}$.

例 5　设 $A=\begin{bmatrix} 2 & 2 & 3 \\ 1 & -1 & 0 \\ -1 & 2 & 1 \end{bmatrix}$,判定 $\boldsymbol{A}$ 是否可逆,若可逆,求 $\boldsymbol{A}^{-1}$.

解：因为 $|\boldsymbol{A}|\neq0$,所以 $\boldsymbol{A}$ 可逆.

$$(\boldsymbol{A}\,|\,\boldsymbol{E})=\begin{bmatrix} 2 & 2 & 3 & \vdots & 1 & 0 & 0 \\ 1 & -1 & 0 & \vdots & 0 & 1 & 0 \\ -1 & 2 & 1 & \vdots & 0 & 0 & 1 \end{bmatrix}$$

$$\xrightarrow[r_3+r_2]{r_1-2r_2}\begin{bmatrix} 0 & 4 & 3 & \vdots & 1 & -2 & 0 \\ 1 & -1 & 0 & \vdots & 0 & 1 & 0 \\ 0 & 1 & 1 & \vdots & 0 & 1 & 1 \end{bmatrix}$$

$$\xrightarrow[\substack{r_1-4r_3 \\ r_1\leftrightarrow r_2 \\ r_2\leftrightarrow r_3}]{r_2+r_3}\begin{bmatrix} 1 & 0 & 1 & \vdots & 0 & 2 & 1 \\ 0 & 1 & 1 & \vdots & 0 & 1 & 1 \\ 0 & 0 & -1 & \vdots & 1 & -6 & -4 \end{bmatrix}$$

$$\xrightarrow[\substack{r_2+r_3 \\ r_3\times(-1)}]{r_1+r_3}\begin{bmatrix} 1 & 0 & 0 & \vdots & 1 & -4 & -3 \\ 0 & 1 & 0 & \vdots & 1 & 5 & -3 \\ 0 & 0 & 1 & \vdots & -1 & 6 & 4 \end{bmatrix}$$

$$=(\boldsymbol{E}\,|\,\boldsymbol{A}^{-1}).$$

故

$$\boldsymbol{A}^{-1}=\begin{bmatrix} 1 & -4 & -3 \\ 1 & 5 & -3 \\ -1 & 6 & 4 \end{bmatrix}.$$

例 6　解矩阵方程 $\boldsymbol{AX}=\boldsymbol{B}$,其中 $\boldsymbol{A}=\begin{bmatrix} 2 & 1 \\ 5 & 3 \end{bmatrix}$,$\boldsymbol{B}=\begin{bmatrix} 1 \\ -1 \end{bmatrix}$.

解：因为 $|\boldsymbol{A}|=1\neq0$,所以 $\boldsymbol{A}$ 可逆,且 $\boldsymbol{A}^{-1}=\begin{bmatrix} 3 & -1 \\ -5 & 2 \end{bmatrix}$,所以

$$\boldsymbol{X}=\boldsymbol{A}^{-1}\boldsymbol{B}=\begin{bmatrix} 3 & -1 \\ -5 & 2 \end{bmatrix}\begin{bmatrix} 1 \\ -1 \end{bmatrix}=\begin{bmatrix} 4 \\ -7 \end{bmatrix}.$$

习题 10.4

1.计算逆矩阵：

(1) $\boldsymbol{A}=\begin{bmatrix} 1 & 2 \\ 2 & 5 \end{bmatrix}$ 的 $\boldsymbol{A}^{-1}$;　　　　(2) $\boldsymbol{A}=\begin{bmatrix} 3 & -1 \\ 2 & 4 \end{bmatrix}$ 的 $\boldsymbol{A}^{-1}$;

(3) $\boldsymbol{A}=\begin{bmatrix} 1 & -1 \\ -2 & 2 \end{bmatrix}$ 的 $\boldsymbol{A}^{-1}$;　　　(4) $\boldsymbol{A}=\begin{bmatrix} a & b \\ c & d \end{bmatrix}$ 的 $\boldsymbol{A}^{-1}$.

2.已知 $A = \begin{bmatrix} 1 & 0 & 1 \\ 2 & 1 & 0 \\ -3 & 2 & -5 \end{bmatrix}$,求 A^{-1}.

3.求 $A = \begin{bmatrix} 2 & 2 & 1 \\ 3 & 1 & 5 \\ 3 & 2 & 3 \end{bmatrix}$ 的 A^{-1}.

4.求矩阵方程:

(1) $AX = B$,其中 $A = \begin{bmatrix} 2 & 3 \\ 4 & 7 \end{bmatrix}$,$B = \begin{bmatrix} 1 & 0 \\ -2 & 3 \end{bmatrix}$;

(2) $XA = B$,其中 $A = \begin{bmatrix} 2 & 3 \\ 4 & 7 \end{bmatrix}$,$B = \begin{bmatrix} 1 & 0 \\ -2 & 3 \end{bmatrix}$;

(3) $AXB = C$,其中 $A = \begin{bmatrix} 2 & 3 \\ 1 & 2 \end{bmatrix}$,$B = \begin{bmatrix} 1 & 0 \\ -2 & 3 \end{bmatrix}$,$C = \begin{bmatrix} -1 & 3 \\ 2 & -2 \end{bmatrix}$.

5.解矩阵方程 $AX = B$,其中

$$A = \begin{bmatrix} 1 & 0 & 1 \\ 2 & 1 & 0 \\ -3 & 2 & -5 \end{bmatrix}, \quad B = \begin{bmatrix} 2 \\ 0 \\ 4 \end{bmatrix}.$$

6.设 $A = \begin{bmatrix} 1 & 2 & 3 \\ 2 & 2 & 1 \\ 3 & 4 & 3 \end{bmatrix}$,$B = \begin{bmatrix} 2 & 1 \\ 5 & 3 \end{bmatrix}$,$C = \begin{bmatrix} 1 & 3 \\ 2 & 0 \\ 3 & 1 \end{bmatrix}$,求矩阵 X 使满足 $AXB = C$.

§10.5　矩阵的秩及其求法

10.5.1　矩阵秩的概念

1. k 阶子式

定义 10.5.1　设 $A = (a_{ij})_{m \times n}$ 在 A 中任取 k 行 k 列交叉处元素按原相对位置组成 k $(1 \leqslant k \leqslant \min\{m, n\})$ 阶行列式,称为 A 的一个 k 阶子式.

2. 矩阵的秩

定义 10.5.2　设 $A = (a_{ij})_{m \times n}$ 有 r 阶子式不为 0,任何 $r+1$ 阶子式(如果存在的话)全为 0,称 r 为矩阵 A 的秩,记作 $R(A)$ 或秩(A).

规定:　零矩阵的秩为 0.

注: n 阶矩阵 A 可逆的充分必要条件是 $R(A) = n$.

10.5.2　矩阵秩的求法

1. 子式判别法(定义)

例 1　设 $B = \begin{bmatrix} 1 & 2 & 3 & 4 \\ 0 & 2 & 7 & 0 \\ 0 & 0 & 0 & 0 \end{bmatrix}$ 为阶梯形矩阵,求 $R(B)$.

解：由于 $\begin{vmatrix} 1 & 2 \\ 0 & 2 \end{vmatrix} \neq 0$ 存在一个二阶子式不为 0，而任何三阶子全为 0，则 $R(\boldsymbol{B})=2$.

结论：阶梯形矩阵的秩＝阶梯数.

例 2

$$\boldsymbol{A}=\begin{bmatrix} 1 & 2 & 3 & 0 \\ 0 & 1 & 0 & 1 \\ 0 & 0 & 1 & 0 \end{bmatrix}, \boldsymbol{B}=\begin{bmatrix} 1 & 2 \\ 0 & 1 \\ 0 & 0 \end{bmatrix}, \boldsymbol{D}=\begin{bmatrix} 1 & 2 & 5 \\ 0 & 3 & 4 \\ 0 & 0 & 0 \end{bmatrix}, \boldsymbol{E}=\begin{bmatrix} 2 & 1 & 2 & 3 & 5 \\ 0 & 8 & 1 & 5 & 3 \\ 0 & 0 & 0 & 7 & 2 \\ 0 & 0 & 0 & 0 & 0 \end{bmatrix},$$

$$R(\boldsymbol{A})=3, \quad R(\boldsymbol{B})=2, \quad R(\boldsymbol{D})=2, \quad R(\boldsymbol{E})=3.$$

一般地,行阶梯形矩阵的秩等于其"台阶数"——非零行的行数.

阶梯形矩阵准备概念.

(1) 零元:矩阵中为 0 的元素;

(2) 非零元:矩阵中不为 0 的元素;

(3) 零行:矩阵中的元素全是 0 的行;

(4) 非零行:矩阵中至少有一个元素不为 0 的行;

(5) 首非零元:非零行中从左往右第一个不为 0 的元素.

阶梯形矩阵满足三条:

(1) 零行在最下方(若矩阵中没有出现零行,默认本条满足);

(2) 首非零元所在列下方全为 0;

(3) 首非零元的列标随行标的单增而严格单增.

例如

$$\begin{bmatrix} 1 & 1 & -2 & 1 & 4 \\ 0 & 1 & -1 & 1 & 0 \\ 0 & 0 & 0 & 1 & -3 \\ 0 & 0 & 0 & 0 & 0 \end{bmatrix}, \quad \begin{bmatrix} 1 & 1 & 0 \\ 0 & 1 & 0 \\ 0 & 0 & 1 \end{bmatrix}$$

为阶梯形矩阵.

例 3　判断下列四个矩阵中,哪些是阶梯形矩阵?

$$\boldsymbol{A}_1=\begin{bmatrix} 2 & 3 & 0 & 1 \\ 0 & 0 & 0 & 0 \\ 0 & 4 & 0 & 0 \end{bmatrix}, \quad \boldsymbol{A}_2=\begin{bmatrix} 0 & 1 & 0 & 1 \\ 0 & 2 & 3 & 1 \\ 0 & 0 & 0 & 0 \end{bmatrix},$$

$$\boldsymbol{A}_3=\begin{bmatrix} 5 & 0 & 0 & 1 \\ 0 & 0 & 0 & 1 \\ 0 & 3 & 1 & 0 \end{bmatrix}, \quad \boldsymbol{A}_4=\begin{bmatrix} 2 & 8 & 0 & 1 \\ 0 & 0 & 6 & 9 \\ 0 & 0 & 0 & 0 \end{bmatrix}.$$

解：$\boldsymbol{A}_4$ 为阶梯形矩阵,其他三个为什么不是,请想一想.

2. 用初等变换法求矩阵的秩

定理 10.5.3　矩阵初等变换不改变矩阵的秩. 即 $\boldsymbol{A} \rightarrow \boldsymbol{B}$,则 $R(\boldsymbol{A})=R(\boldsymbol{B})$.

注：1. $r_i \leftrightarrow r_j$ 只改变行列式的符号;

2. kr_i 是 $\boldsymbol{A}$ 中对应子式的 k 倍;

3. $r_i + kr_j$ 是行列式运算的性质.

求矩阵 A 的秩方法:

(1) 利用初等行变换化矩阵 A 为阶梯形矩阵 B;

(2) 数阶梯形矩阵 B 非零行的行数即为矩阵 A 的秩.

例 4 已知 $A = \begin{bmatrix} 1 & 0 & 2 & -4 \\ 2 & 1 & 3 & -6 \\ -1 & -1 & -1 & 2 \end{bmatrix}$,求 $R(A)$.

解: $A \xrightarrow{r_2 - 2r_1} \begin{bmatrix} 1 & 0 & 2 & -4 \\ 0 & 1 & -1 & 2 \\ 0 & -1 & 1 & -2 \end{bmatrix} \xrightarrow{r_3 + r_2} \begin{bmatrix} 1 & 0 & 2 & -4 \\ 0 & 1 & -1 & 2 \\ 0 & 0 & 0 & 0 \end{bmatrix}$,

所以 $R(A) = 2$.

习题 10.5

求下列矩阵的秩:

1. $A = \begin{bmatrix} 4 & 1 & 0 & 1 \\ 0 & 2 & 3 & 1 \\ 0 & 0 & 0 & 0 \end{bmatrix}$.

2. $A = \begin{bmatrix} 1 & 2 & 5 \\ 0 & 4 & 3 \\ 0 & 0 & -1 \end{bmatrix}$.

3. $A = \begin{bmatrix} 1 & 2 & -1 \\ 2 & -1 & 3 \\ 5 & 5 & 0 \end{bmatrix}$.

4. $A = \begin{bmatrix} 4 & -1 & 1 \\ 1 & 2 & -1 \\ -1 & 8 & -7 \\ 2 & 14 & 13 \end{bmatrix}$.

自测题 10

一、计算下列行列式的值:

$$\begin{vmatrix} 2 & 0 & 1 \\ 1 & -4 & -1 \\ -1 & 8 & 3 \end{vmatrix}; \quad \begin{vmatrix} 1 & 1 & 1 \\ a & b & c \\ a^2 & b^2 & c^2 \end{vmatrix}; \quad \begin{vmatrix} a^2 & ab & b^2 \\ 2a & a+b & 2b \\ 1 & 1 & 1 \end{vmatrix}.$$

二、问 λ, μ 取何值时,齐次线性方程组 $\begin{cases} \lambda x_1 + x_2 + x_3 = 0, \\ x_1 + \mu x_2 + x_3 = 0, \\ x_1 + 2\mu x_2 + x_3 = 0 \end{cases}$ 有非零解?

三、问 λ 取何值时,齐次线性方程组 $\begin{cases} (1-\lambda)x_1 - 2x_2 + 4x_3 = 0, \\ 2x_1 + (3-\lambda)x_2 + x_3 = 0, \\ x_1 + x_2 + (1-\lambda)x_3 = 0 \end{cases}$ 只有零解?

四、设 $A=\begin{bmatrix} 3 & 1 & 4 \\ -2 & 0 & 1 \\ 1 & 2 & 2 \end{bmatrix}$，$B=\begin{bmatrix} 1 & 0 & 2 \\ -3 & 1 & 1 \\ 2 & -4 & 1 \end{bmatrix}$.

　　计算：(1) $2A$；　(2) $A+B$；　(3) $(2A)^{\mathrm{T}}-(3B)^{\mathrm{T}}$.

五、设 $A=\begin{bmatrix} 2 & 4 \\ 1 & 3 \end{bmatrix}$，$B=\begin{bmatrix} -2 & 1 \\ 0 & 4 \end{bmatrix}$，$C=\begin{bmatrix} 3 & 1 \\ 2 & 1 \end{bmatrix}$，验算下列结果：

　　(1) $(A+B)+C=A+(B+C)$；　(2) $(AB)C=A(BC)$.

六、判断下列矩阵中哪一些是阶梯形：

$$A_1=\begin{bmatrix} 1 & 4 & 2 \\ 0 & 1 & 3 \\ 0 & 0 & 1 \end{bmatrix}，\quad A_2=\begin{bmatrix} 1 & 2 & 3 \\ 0 & 0 & 1 \\ 0 & 0 & 0 \end{bmatrix}，\quad A_3=\begin{bmatrix} 0 & 1 \\ 1 & 0 \end{bmatrix}，\quad A_4=\begin{bmatrix} 1 & 1 & 0 & 2 \\ 0 & 0 & 2 & 1 \\ 0 & 0 & 0 & 3 \\ 0 & 0 & 0 & 1 \end{bmatrix}.$$

七、用初等行变换求下列矩阵的秩：

$$A_1=\begin{bmatrix} 1 & 2 & 0 \\ 0 & 1 & 2 \\ 0 & 1 & 3 \end{bmatrix}，\quad A_2=\begin{bmatrix} 1 & 2 & 0 & 4 \\ 1 & 0 & 3 & 1 \\ 2 & 2 & 3 & 5 \end{bmatrix}，\quad A_3=\begin{bmatrix} 3 & 1 \\ 1 & 0 \\ 5 & 1 \end{bmatrix}.$$

八、设 $A=\begin{bmatrix} 0 & 1 & 0 \\ 0 & 0 & 1 \\ 0 & 0 & 0 \end{bmatrix}$，计算 A^2,A^3.

九、设 $A=\begin{bmatrix} \lambda & 1 & 1 \\ 1 & \lambda & 1 \\ 1 & 1 & \lambda \end{bmatrix}$，问 λ 取何值，A 为可逆矩阵？

十、若 n 阶矩阵 A 满足方程 $A^2+2A+3E=O$，求 A^{-1}.

十一、用初等变换求下列矩阵的逆矩阵：

$$A_1=\begin{bmatrix} 0 & 0 & 2 \\ 0 & 5 & 0 \\ 8 & 0 & 0 \end{bmatrix}，\quad A_2=\begin{bmatrix} 1 & 2 & 3 \\ 2 & 2 & 1 \\ 3 & 4 & 3 \end{bmatrix}.$$

十二、设 A,B 均为 n 阶方阵，且 $A^2=A,B^2=B,(A-B)^2=A+B$. 证明：

　　$AB=BA=O$.

第 11 章   线性方程组

§11.1   向量的概念

11.1.1 n 维向量的概念

定义 11.1.1   由 n 个实数组成的一个有序数组 $(a_1,a_2,\cdots,a_n)$ 称为一个 n 维向量. 记作 $\boldsymbol{\alpha}=(a_1,a_2,\cdots,a_n)$. 其中,$a_i$ 称为 $\boldsymbol{\alpha}$ 的第 i 个分量(或坐标),分量的个数 n 称为向量 $\boldsymbol{\alpha}$ 的维数.

向量常用希腊字母 α,β,γ 等表示,并且各分量有一定次序,通常写成一行,如 $\boldsymbol{\alpha}=(a_1,a_2,\cdots,a_n)$,称为行向量. 有时也写成一列,称为列向量,如

$$\boldsymbol{\beta}=\begin{bmatrix} b_1 \\ b_2 \\ \vdots \\ b_n \end{bmatrix}.$$ 要把行(列)向量用列(行)向量表示,可采用转置矩阵的记号,如

$$\boldsymbol{\alpha}=(a_1,a_2,\cdots,a_n)=\begin{bmatrix} a_1 \\ a_2 \\ \vdots \\ a_n \end{bmatrix}^{\mathrm{T}}.$$

定义 11.1.2   分量均为零的向量称为零向量,记作 $\boldsymbol{0}$,即 $\boldsymbol{0}=(0,0,\cdots,0)$;向量 $(-a_1,-a_2,\cdots,-a_n)$ 称为向量 $\boldsymbol{\alpha}=(a_1,a_2,\cdots,a_n)$ 的负向量,记作 $-\boldsymbol{\alpha}$;如果 n 维向量 $\boldsymbol{\alpha}=(a_1,a_2,\cdots,a_n)$,$\boldsymbol{\beta}=(b_1,b_2,\cdots,b_n)$ 的对应分量都相等,即 $a_i=b_i(i=1,2,\cdots,n)$,则称这两个向量是相等的,记作 $\boldsymbol{\alpha}=\boldsymbol{\beta}$.

11.1.2   向量的线性运算

一个 n 维行向量就是一个 $1\times n$ 矩阵;一个 n 维列向量就是一个 $n\times 1$ 矩阵. 向量与矩阵一样也有运算.

定义 11.1.3 $\boldsymbol{\gamma}=(a_1+b_1,a_2+b_2,\cdots,a_n+b_n)$ 称为 $\boldsymbol{\alpha}=(a_1,a_2,\cdots,a_n)$ 与向量 $\boldsymbol{\beta}=(b_1,b_2,\cdots,b_n)$ 的和,记为 $\boldsymbol{\gamma}=\boldsymbol{\alpha}+\boldsymbol{\beta}$.

相应地,可定义减法运算 $\boldsymbol{\alpha}-\boldsymbol{\beta}=(a_1-b_1,a_2-b_2,\cdots,a_n-b_n)$.

定义 11.1.4   设 k 为实数,向量 $(ka_1,ka_2,\cdots,ka_n)$ 称为向量 $\boldsymbol{\alpha}=(a_1,a_2,\cdots,a_n)$ 与数 k 的数量乘积,记为 $k\boldsymbol{\alpha}$.

向量的加法和数乘运算统称为向量的线性运算. 根据上述定义,很容易验证,向量的线性运算满足下面的八条运算律:

(1) $\boldsymbol{\alpha}+\boldsymbol{\beta}=\boldsymbol{\beta}+\boldsymbol{\alpha}$.

(2) $\boldsymbol{\alpha}+(\boldsymbol{\beta}+\boldsymbol{\gamma})=(\boldsymbol{\alpha}+\boldsymbol{\beta})+\boldsymbol{\gamma}$.

(3) $\boldsymbol{\alpha}+\boldsymbol{0}=\boldsymbol{\alpha}$.

(4) $\boldsymbol{\alpha}+(-\boldsymbol{\alpha})=\boldsymbol{0}$.

(5) $k(\boldsymbol{\alpha}+\boldsymbol{\beta})=k\boldsymbol{\alpha}+k\boldsymbol{\beta}$.

(6) $(kl)\boldsymbol{\alpha}=k(l\boldsymbol{\alpha})$.

(7) $1\cdot\boldsymbol{\alpha}=\boldsymbol{\alpha}$.

(8) $k\cdot\boldsymbol{0}=\boldsymbol{0}$.

其中,$\boldsymbol{\alpha},\boldsymbol{\beta},\boldsymbol{\gamma},\boldsymbol{0}$ 都是 n 维向量,k,l 是实数.

例 1 已知向量 $\boldsymbol{\alpha}=(1,1,0,1),\boldsymbol{\beta}=(1,1,1,-1),\boldsymbol{\gamma}=(1,1,0,-1)$,计算 $\boldsymbol{\alpha}+\boldsymbol{\beta}-\boldsymbol{\gamma}$.

解:$\boldsymbol{\alpha}+\boldsymbol{\beta}-\boldsymbol{\gamma}=(1,1,0,1)+(1,1,1,-1)-(1,1,0,-1)=(1,1,1,1)$.

例 2 设向量 $\boldsymbol{\alpha}=(-1,3,1),\boldsymbol{\beta}=(1,3,1),\boldsymbol{\alpha}+\boldsymbol{\gamma}=2\boldsymbol{\beta}$,求 $\boldsymbol{\gamma}$.

解:$\boldsymbol{\gamma}=2\boldsymbol{\beta}-\boldsymbol{\alpha}=2(1,3,1)-(-1,3,1)=(3,3,1)$.

定义 11.1.5 在所有 n 维向量组成的集合上定义向量的线性运算,如果满足上述的八条运算律,那么称此集合为 n 维向量空间.

习题 11.1

1. 已知向量 $\boldsymbol{\alpha}_1=(-1,1,0,1),\boldsymbol{\alpha}_2=(0,1,1,0),\boldsymbol{\alpha}_3=(3,4,0,2)$,计算 $\boldsymbol{\alpha}_1-\boldsymbol{\alpha}_2+2\boldsymbol{\alpha}_3$ 与 $\boldsymbol{\alpha}_2+\boldsymbol{\alpha}_3-2\boldsymbol{\alpha}_1$.

2. 设向量 $\boldsymbol{\alpha}_1=(2,-3,2),\boldsymbol{\alpha}_2=(1,1,1)$,且 $\boldsymbol{\beta}=3\boldsymbol{\alpha}_2-\boldsymbol{\alpha}_1$,求 $\boldsymbol{\beta}$..

3. 设向量 $\boldsymbol{\alpha}_1=(5,1,3),\boldsymbol{\alpha}_2=(1,5,10),\boldsymbol{\alpha}_3=(1,-1,1)$,且 $3(\boldsymbol{\alpha}_1-\boldsymbol{\beta})+2(\boldsymbol{\alpha}_2+\boldsymbol{\beta})=5(\boldsymbol{\alpha}_3+\boldsymbol{\beta})$,求 $\boldsymbol{\beta}$.

4. 设向量 $\boldsymbol{\alpha}_1=(4,0,1),\boldsymbol{\alpha}_2=(1,2,-1),\boldsymbol{\alpha}_3=(-7,2,-3)$,且 $x\boldsymbol{\alpha}_1+y\boldsymbol{\alpha}_2+\boldsymbol{\alpha}_3=\boldsymbol{0}$,求 x,y.

5. 证明:向量 $\boldsymbol{\alpha},\boldsymbol{\beta}$ 满足运算律 $k(\boldsymbol{\alpha}+\boldsymbol{\beta})=k\boldsymbol{\alpha}+k\boldsymbol{\beta}$ 与 $(k+l)\boldsymbol{\alpha}=k\boldsymbol{\alpha}+l\boldsymbol{\alpha}$.

§11.2 线性相关性

向量组的线性相关性是深入研究线性方程组的基础.本节将给出向量组的相关性的概念,并介绍线性相关与线性无关的有关性质.

11.2.1 向量的线性组合

定义 11.2.1 设 $\boldsymbol{\alpha}_1,\boldsymbol{\alpha}_2,\cdots,\boldsymbol{\alpha}_m$ 是一组 n 维向量,$k_1,k_2,\cdots,k_m$ 是一组常数,$k_1\boldsymbol{\alpha}_1+k_2\boldsymbol{\alpha}_2+\cdots+k_m\boldsymbol{\alpha}_m$ 为 $\boldsymbol{\alpha}_1,\boldsymbol{\alpha}_2,\cdots,\boldsymbol{\alpha}_m$ 的一个线性组合,常数 $k_1,k_2,\cdots,k_m$ 为组合系数,若一个向量 $\boldsymbol{\beta}$ 可以表示成 $\boldsymbol{\beta}=k_1\boldsymbol{\alpha}_1+k_2\boldsymbol{\alpha}_2+\cdots+k_m\boldsymbol{\alpha}_m$,则称 $\boldsymbol{\beta}$ 是 $\boldsymbol{\alpha}_1,\boldsymbol{\alpha}_2,\cdots,\boldsymbol{\alpha}_m$ 的线性组合,或 $\boldsymbol{\beta}$ 可用 $\boldsymbol{\alpha}_1,\boldsymbol{\alpha}_2,\cdots,\boldsymbol{\alpha}_m$ 线性表出(或线性表示).

设 A 为一个 $m \times n$ 矩阵,若把 A 按列分块,可得一个 m 维列向量组,称之为 A 的列向量组;若把矩阵 A 按行分块,可得一个 n 维行向量组,称之为 A 的行向量组.

$x_1 \boldsymbol{\alpha}_1 + x_2 \boldsymbol{\alpha}_2 + \cdots + x_m \boldsymbol{\alpha}_m = \boldsymbol{\beta}$ 是向量形式的线性方程组,其中 $\boldsymbol{\alpha}_1, \boldsymbol{\alpha}_2, \cdots, \boldsymbol{\alpha}_m, \boldsymbol{\beta}$ 为向量,$x_1, x_2, \cdots, x_m$ 为未知数.

向量 $\boldsymbol{\beta}$ 能用 $\boldsymbol{\alpha}_1, \boldsymbol{\alpha}_2, \cdots, \boldsymbol{\alpha}_m$ 线性表出的充要条件是线性方程组 $x_1 \boldsymbol{\alpha}_1 + x_2 \boldsymbol{\alpha}_2 + \cdots + x_m \boldsymbol{\alpha}_m = \boldsymbol{\beta}$ 有解,且每一个解就是一个组合系数.

例1 问 $\boldsymbol{\beta} = (-1, 1, 5)$ 能否表示成 $\boldsymbol{\alpha}_1 = (1, 2, 3)$,$\boldsymbol{\alpha}_2 = (0, 1, 4)$,$\boldsymbol{\alpha}_3 = (2, 3, 6)$ 的线性组合?

解: 设线性方程组为 $x_1 \boldsymbol{\alpha}_1 + x_2 \boldsymbol{\alpha}_2 + x_3 \boldsymbol{\alpha}_3 = \boldsymbol{\beta}$,即

$$\begin{cases} x_1 + 2x_3 = -1, \\ 2x_1 + x_2 + 3x_3 = 1, \\ 3x_1 + 4x_2 + 6x_3 = 5, \end{cases}$$

解方程组得到 $x_1 = 1, x_2 = 2, x_3 = -1$.

所以 $\boldsymbol{\beta}$ 可以表示成 $\boldsymbol{\alpha}_1, \boldsymbol{\alpha}_2, \boldsymbol{\alpha}_3$ 的线性合组合,且 $\boldsymbol{\beta} = \boldsymbol{\alpha}_1 + 2\boldsymbol{\alpha}_2 - \boldsymbol{\alpha}_3$.

11.2.2　向量组的线性相关与线性无关

定义 11.2.2 设 $\boldsymbol{\alpha}_1, \boldsymbol{\alpha}_2, \cdots, \boldsymbol{\alpha}_m$ 是 m 个 n 维向量,如果存在 m 个不全为零的 $k_1, k_2, \cdots, k_m$,使得

$$k_1 \boldsymbol{\alpha}_1 + k_2 \boldsymbol{\alpha}_2 + \cdots + k_m \boldsymbol{\alpha}_m = \boldsymbol{0},$$

则称向量组 $\boldsymbol{\alpha}_1, \boldsymbol{\alpha}_2, \cdots, \boldsymbol{\alpha}_m$ 线性相关,称 $k_1, k_2, \cdots, k_m$ 为相关系数,若当且仅当 $k_1 = k_2 = \cdots = k_m = 0$ 时,$k_1 \boldsymbol{\alpha}_1 + k_2 \boldsymbol{\alpha}_2 + \cdots + k_m \boldsymbol{\alpha}_m = \boldsymbol{0}$ 才成立,则称向量组 $\boldsymbol{\alpha}_1, \boldsymbol{\alpha}_2, \cdots, \boldsymbol{\alpha}_m$ 线性无关.

定理 11.2.1 m 个 n 维向量 $\boldsymbol{\alpha}_1, \boldsymbol{\alpha}_2, \cdots, \boldsymbol{\alpha}_m$ 线性相关的充要条件为线性方程组 $x_1 \boldsymbol{\alpha}_1 + x_2 \boldsymbol{\alpha}_2 + \cdots + x_m \boldsymbol{\alpha}_m = \boldsymbol{0}$ 有非零解,且每一个非零解就是一个相关系数.

例2 设向量组 $\boldsymbol{\alpha}_1 = (1, 1, 1)$,$\boldsymbol{\alpha}_2 = (3, 3, 3)$,$\boldsymbol{\alpha}_3 = (6, 6, 6)$,试讨论其线性相关性.

解: 设方程组为 $x_1 \boldsymbol{\alpha}_1 + x_2 \boldsymbol{\alpha}_2 + x_3 \boldsymbol{\alpha}_3 = \boldsymbol{0}$,即

$$\begin{cases} x_1 + 3x_2 + 6x_3 = 0, \\ x_1 + 3x_2 + 6x_3 = 0, \\ x_1 + 3x_2 + 6x_3 = 0. \end{cases}$$

与此方程组同解的方程组为

$$x_1 + 3x_2 + 6x_3 = 0.$$

令 $x_3 = -1$,得一个非零解为 $x_1 = 3, x_2 = 1, x_3 = -1$. 即 $3\boldsymbol{\alpha}_1 + \boldsymbol{\alpha}_2 - \boldsymbol{\alpha}_3 = \boldsymbol{0}$,所以 $\boldsymbol{\alpha}_1, \boldsymbol{\alpha}_2, \boldsymbol{\alpha}_3$ 线性相关.

例3 证明 n 维单位向量组 $\boldsymbol{\varepsilon}_1 = (1, 0, \cdots, 0)$,$\boldsymbol{\varepsilon}_2 = (0, 1, \cdots, 0)$,$\cdots$,$\boldsymbol{\varepsilon}_n = (0, 0, \cdots, 1)$ 线性无关.

证明: 设 n 个数 $k_1, k_2, \cdots, k_n$,使得 $k_1 \boldsymbol{\varepsilon}_1 + k_2 \boldsymbol{\varepsilon}_2 + \cdots + k_n \boldsymbol{\varepsilon}_n = \boldsymbol{0}$,即

$$k_1(1,0,\cdots,0)+k_2(0,1,\cdots,0)+\cdots+k_n(0,0,\cdots,1)=\boldsymbol{0},$$

于是 $k_1=k_2=\cdots=k_n=0$，即 $\boldsymbol{\varepsilon}_1,\boldsymbol{\varepsilon}_2,\cdots,\boldsymbol{\varepsilon}_n$ 线性无关.

11.2.3 线性相关与线性无关的性质

线性相关与线性无关有如下性质：

定理 11.2.2 n 维向量 $\boldsymbol{\alpha}_1,\boldsymbol{\alpha}_2,\cdots,\boldsymbol{\alpha}_m$ 线性相关 $\Leftrightarrow$ 至少有一个向量是其余向量的线性组合，即 $\boldsymbol{\alpha}_1,\boldsymbol{\alpha}_2,\cdots,\boldsymbol{\alpha}_m$ 线性无关 $\Leftrightarrow$ 任一个向量都不能表示为其余向量的线性组合.

定理 11.2.3 如果向量组 $\boldsymbol{\alpha}_1,\boldsymbol{\alpha}_2,\cdots,\boldsymbol{\alpha}_m$ 线性无关，又 $\boldsymbol{\alpha}_1,\boldsymbol{\alpha}_2,\cdots,\boldsymbol{\alpha}_m,\boldsymbol{\beta}$ 线性相关，则 $\boldsymbol{\beta}$ 可以用 $\boldsymbol{\alpha}_1,\boldsymbol{\alpha}_2,\cdots,\boldsymbol{\alpha}_m$ 线性表出，且表示法是唯一的.

定理 11.2.4 若向量组中有部分向量组线性相关，则整体向量组也必相关；若整体向量组无关，则部分向量组必无关.

习题 11.2

1. 设向量 $\boldsymbol{\beta}=(6,6,10),\boldsymbol{\alpha}_1=(1,3,2),\boldsymbol{\alpha}_2=(3,-1,1),\boldsymbol{\alpha}_3=(-1,5,2)$，判断 $\boldsymbol{\beta}$ 是否可以表示成 $\boldsymbol{\alpha}_1,\boldsymbol{\alpha}_2,\boldsymbol{\alpha}_3$ 的线性组合.

2. 判断向量组 $\boldsymbol{\alpha}_1=(2,3,0),\boldsymbol{\alpha}_2=(-1,4,0),\boldsymbol{\alpha}_3=(0,0,2)$ 的线性相关性.

3. 判断向量组 $\boldsymbol{\alpha}_1=(1,3,6,2),\boldsymbol{\alpha}_2=(2,1,2,-1),\boldsymbol{\alpha}_3=(1,-1,-2,-2)$ 的线性相关性.

4. 判断向量组 $\boldsymbol{\alpha}_1=(2,-1,1,3),\boldsymbol{\alpha}_2=(1,0,4,2),\boldsymbol{\alpha}_3=(-4,2,-2,-6)$ 的线性相关性.

5. 若向量组 $\boldsymbol{\alpha}_1=(1,0,2)^{\mathrm{T}},\boldsymbol{\alpha}_2=(-1,2,2)^{\mathrm{T}},\boldsymbol{\alpha}_3=(3,k,8)^{\mathrm{T}}$ 线性相关，求 k 的值.

§11.3 线性方程组解的结构

11.3.1 线性方程组的相关概念

设线性方程组为

$$\begin{cases} a_{11}x_1+a_{12}x_2+\cdots+a_{1n}x_n=b_1, \\ a_{21}x_1+a_{22}x_2+\cdots+a_{2n}x_n=b_2, \\ \qquad\qquad\vdots \\ a_{m1}x_1+a_{m2}x_2+\cdots+a_{mn}x_n=b_m, \end{cases}$$

它的系数矩阵为

$$\boldsymbol{A}=\begin{bmatrix} a_{11} & a_{12} & \cdots & a_{1n} \\ a_{21} & a_{22} & \cdots & a_{2n} \\ \vdots & \vdots & \vdots & \vdots \\ a_{m1} & a_{m2} & \cdots & a_{mn} \end{bmatrix},$$

增广矩阵为

$$
\bar{A}=\begin{bmatrix}
a_{11} & a_{12} & \cdots & a_{1n} & b_1 \\
a_{21} & a_{22} & \cdots & a_{2n} & b_2 \\
\vdots & \vdots & \vdots & \vdots & \vdots \\
a_{m1} & a_{m2} & \cdots & a_{mn} & b_m
\end{bmatrix},
$$

向量形式为

$$
Ax = \beta,
$$

其中 $x=\begin{bmatrix} x_1 \\ x_2 \\ \vdots \\ x_n \end{bmatrix}$，$\beta=\begin{bmatrix} b_1 \\ b_2 \\ \vdots \\ b_m \end{bmatrix}$.

如果有一个 n 维列向量 α 使得 $A\alpha=\beta$，就称 α 是线性方程组 $Ax=\beta$ 的一个解向量.

当 $\beta=0$ 时，方程组 $Ax=0$ 就成为齐次线性方程组

$$
\begin{cases}
a_{11}x_1 + a_{12}x_2 + \cdots + a_{1n}x_n = 0, \\
a_{21}x_1 + a_{22}x_2 + \cdots + a_{2n}x_n = 0, \\
\quad\quad\quad\quad\quad\quad\quad\vdots \\
a_{m1}x_1 + a_{m2}x_2 + \cdots + a_{mn}x_n = 0.
\end{cases}
$$

齐次线性方程组 $Ax=0$ 称为 $Ax=\beta$ 的导出方程组，简称导出组.

11.3.2　齐次线性方程组

下面来讨论齐次线性方程组解向量的性质.

性质 1　设 α_1,α_2 是齐次线性方程组 $Ax=0$ 的解向量，则 $\alpha_1+\alpha_2$ 也是齐次线性方程组 $Ax=0$ 的解向量.

性质 2　设 α 是齐次线性方程组 $Ax=0$ 的解向量，k 是任意一个常数，则 $k\alpha$ 也是齐次线性方程组 $Ax=0$ 的解向量.

性质 3　设 $\alpha_1,\alpha_2,\cdots,\alpha_k$ 是齐次线性方程组 $Ax=0$ 的解向量，则对任意 k 个数 $\lambda_1,\lambda_2,\cdots,\lambda_k$，向量 $\lambda_1\alpha_1+\lambda_2\alpha_2+\cdots+\lambda_k\alpha_k$ 也是齐次线性方程组 $Ax=0$ 的解向量.

这个性质说明，如果齐次线性方程组有几个解，那么这些解的所有可能的线性组合就给出了很多的解. 齐次线性方程组的全部解是否能够通过它的有限的几个解的线性组合给出呢？答案是肯定的. 这几个解就是要定义的基础解系.

定义 11.3.1　如果齐次线性方程组 $Ax=0$ 的一组解 $\eta_1,\eta_2,\cdots,\eta_t$ 满足：

（1）$Ax=0$ 的任一个解都能表成 $\eta_1,\eta_2,\cdots,\eta_t$ 的线性组合；

（2）$\eta_1,\eta_2,\cdots,\eta_t$ 线性无关，

则称 $\eta_1,\eta_2,\cdots,\eta_t$ 为 $Ax=0$ 的一个基础解系.

定理 11.3.1　在齐次线性方程组有非零解的情况下，它有基础解系，

并且基础解系所含解的个数等于 $n-r$，这里 n 表示未知数的个数，r 表示系数矩阵的秩.

证明略.

下面通过例题介绍找基础解系的方法.

例 1　求齐次线性方程组 $\begin{cases} 2x_1+x_2-2x_3+3x_4=0, \\ 3x_1+2x_2-x_3+2x_4=0, \\ x_1+x_2+x_3-x_4=0 \end{cases}$ 的一个基础解系和通解.

解：$A=\begin{bmatrix} 2 & 1 & -2 & 3 \\ 3 & 2 & -1 & 2 \\ 1 & 1 & 1 & -1 \end{bmatrix} \rightarrow \begin{bmatrix} 0 & -1 & -4 & 5 \\ 0 & -1 & -4 & 5 \\ 1 & 1 & 1 & -1 \end{bmatrix}$

$\rightarrow \begin{bmatrix} 1 & 1 & 1 & -1 \\ 0 & -1 & -4 & 5 \\ 0 & 0 & 0 & 0 \end{bmatrix} \rightarrow \begin{bmatrix} 1 & 0 & -3 & 4 \\ 0 & 1 & 4 & -5 \\ 0 & 0 & 0 & 0 \end{bmatrix}$.

得 $R(A)=2<n\,(=4)$，因此有基础解系，并且基础解系中含有 $n-r=2$ 个线性无关的解向量. 此时，原方程组可同解地变形为 $\begin{cases} x_1=3x_3-4x_4, \\ x_2=-4x_3+5x_4, \end{cases}$

x_3,x_4 为自由变量. 分别取 $\begin{bmatrix} x_3 \\ x_4 \end{bmatrix}=\begin{bmatrix} 1 \\ 0 \end{bmatrix}$ 以及 $\begin{bmatrix} x_3 \\ x_4 \end{bmatrix}=\begin{bmatrix} 0 \\ 1 \end{bmatrix}$，得基础解系为

$$\boldsymbol{\eta}_1=\begin{bmatrix} 3 \\ -4 \\ 1 \\ 0 \end{bmatrix}, \quad \boldsymbol{\eta}_2=\begin{bmatrix} -4 \\ 5 \\ 0 \\ 1 \end{bmatrix},$$

所以原方程组的通解为 $\boldsymbol{\eta}=k_1\boldsymbol{\eta}_1+k_2\boldsymbol{\eta}_2$，其中 k_1,k_2 为任意常数.

11.3.3　非齐次线性方程组

非齐次线性方程组的解与齐次线性方程组的解之间有密切关系.

性质 1　线性方程组 $Ax=\boldsymbol{\beta}$ 的两个解的差是它的导出方程组 $Ax=\mathbf{0}$ 的解.

性质 2　线性方程组 $Ax=\boldsymbol{\beta}$ 的一个解和它的导出方程组 $Ax=\mathbf{0}$ 的一个解之和是线性方程组 $Ax=\boldsymbol{\beta}$ 的一个解.

由这两个性质，很容易得到下面定理.

定理 11.3.2　非齐次线性方程组 $Ax=\boldsymbol{\beta}$ 的系数矩阵的秩与增广矩阵的秩相等且都等于 r，它的导出方程组 $Ax=\mathbf{0}$ 的基础解系为 $\boldsymbol{\eta}_1,\boldsymbol{\eta}_2,\cdots,$ $\boldsymbol{\eta}_{n-r}$，$\boldsymbol{\gamma}$ 是方程组 $Ax=\boldsymbol{\beta}$ 的一个特解，则线性方程组 $Ax=\boldsymbol{\beta}$ 的所有解都可表示为

$$k_1\boldsymbol{\eta}_1+k_2\boldsymbol{\eta}_2+\cdots+k_{n-r}\boldsymbol{\eta}_{n-r}+\boldsymbol{\gamma},$$

其中 $k_1,k_2,\cdots,k_{n-r}$ 可取任意实数.

由定理 11.3.2 可知，可找出非齐次线性方程组的全部解，即通解，只

要找到它的一个特殊解和它的导出方程组的全部解. 找通解步骤为:

第一步,用初等行变换把增广矩阵化为阶梯形矩阵,判断线性方程组是否有解.

第二步,若有解,求出非齐次线性方程组 $Ax=\beta$ 的一个特解. 一般地,令所有自由变量为零,就可以得到特解 γ.

第三步,求出相应导出方程组的基础解系,得到导出方程组的通解,并写出非齐次线性方程组的通解.

例 2 求线性方程组 $\begin{cases} x_1+x_2-3x_3-x_4=1, \\ 3x_1-x_2-3x_3+4x_4=4, \\ x_1+5x_2-9x_3-8x_4=0 \end{cases}$ 的通解.

解: 第一步,用初等行变换把增广矩阵化为阶梯形矩阵,

$$\bar{A}=\begin{bmatrix} 1 & 1 & -3 & -1 & 1 \\ 3 & -1 & -3 & 4 & 4 \\ 1 & 5 & -9 & -8 & 0 \end{bmatrix} \rightarrow \begin{bmatrix} 1 & 1 & -3 & -1 & 1 \\ 0 & -4 & 6 & 7 & 1 \\ 0 & 4 & -6 & -7 & -1 \end{bmatrix}$$

$$\rightarrow \begin{bmatrix} 1 & 1 & -3 & -1 & 1 \\ 0 & -4 & 6 & 7 & 1 \\ 0 & 0 & 0 & 0 & 0 \end{bmatrix} \rightarrow \begin{bmatrix} 1 & 1 & -3 & -1 & 1 \\ 0 & 1 & -\dfrac{3}{2} & -\dfrac{7}{4} & -\dfrac{1}{4} \\ 0 & 0 & 0 & 0 & 0 \end{bmatrix}$$

$$\rightarrow \begin{bmatrix} 1 & 0 & -\dfrac{3}{2} & \dfrac{3}{4} & \dfrac{5}{4} \\ 0 & 1 & -\dfrac{3}{2} & -\dfrac{7}{4} & -\dfrac{1}{4} \\ 0 & 0 & 0 & 0 & 0 \end{bmatrix}.$$

$R(\bar{A})=R(A)=2$,方程组有解,并且有 $\begin{cases} x_1=\dfrac{3}{2}x_3-\dfrac{3}{4}x_4+\dfrac{5}{4}, \\ x_2=\dfrac{3}{2}x_3+\dfrac{7}{4}x_4-\dfrac{1}{4}. \end{cases}$

第二步,令 $x_3=x_4=0$,得方程组的一个特解为

$$\gamma=\begin{bmatrix} \dfrac{5}{4} \\ -\dfrac{1}{4} \\ 0 \\ 0 \end{bmatrix}.$$

第三步,在对应的齐次线性方程组 $\begin{cases} x_1=\dfrac{3}{2}x_3-\dfrac{3}{4}x_4, \\ x_2=\dfrac{3}{2}x_3+\dfrac{7}{4}x_4 \end{cases}$ 中取 $(x_3,x_4)^{\mathrm{T}}$

$=(1,0)^{\mathrm{T}}$ 及 $(x_3,x_4)^{\mathrm{T}}=(0,1)^{\mathrm{T}}$,得导出方程组的基础解系

$$\boldsymbol{\eta}_1 = \begin{bmatrix} \dfrac{3}{2} \\ \dfrac{3}{2} \\ 1 \\ 0 \end{bmatrix}, \quad \boldsymbol{\eta}_2 \begin{bmatrix} -\dfrac{3}{4} \\ \dfrac{7}{4} \\ 0 \\ 1 \end{bmatrix}.$$

所以原方程组的通解为 $\boldsymbol{\eta} = k_1 \boldsymbol{\eta}_1 + k_2 \boldsymbol{\eta}_2 + \boldsymbol{\gamma}$，其中 k_1, k_2 为任意常数.

例 3 设 $\boldsymbol{\eta}$ 为 $\boldsymbol{AX} = \boldsymbol{B}$ 的解，$\boldsymbol{\lambda}, \boldsymbol{\xi}$ 为 $\boldsymbol{AX} = \boldsymbol{O}$ 的解，证明 $\boldsymbol{\eta} + \boldsymbol{\lambda} + \boldsymbol{\xi}$ 为 $\boldsymbol{AX} = \boldsymbol{B}$ 的解.

证明：因为 $\boldsymbol{\eta}$ 为 $\boldsymbol{AX} = \boldsymbol{B}$ 的解，所以 $\boldsymbol{A\eta} = \boldsymbol{B}$.

又 $\boldsymbol{\lambda}, \boldsymbol{\xi}$ 为 $\boldsymbol{AX} = \boldsymbol{O}$ 的解，所以 $\boldsymbol{A\lambda} = \boldsymbol{O}, \boldsymbol{A\xi} = \boldsymbol{O}$.

$$\boldsymbol{A}(\boldsymbol{\eta} + \boldsymbol{\lambda} + \boldsymbol{\xi}) = \boldsymbol{O} + \boldsymbol{O} + \boldsymbol{B} = \boldsymbol{B},$$

故 $\boldsymbol{\eta} + \boldsymbol{\lambda} + \boldsymbol{\xi}$ 为 $\boldsymbol{AX} = \boldsymbol{B}$ 的解.

习题 11.3

1. 求齐次线性方程组 $\begin{cases} x_1 + x_2 - x_3 + 2x_4 + x_5 = 0, \\ x_3 + 3x_4 - x_5 = 0, \\ 2x_3 + x_4 - 2x_5 = 0 \end{cases}$ 的通解.

2. 求齐次线性方程组 $\begin{cases} x_1 + x_2 + 2x_3 - x_4 = 0, \\ 2x_1 + x_2 + x_3 - x_4 = 0, \\ 2x_1 + 2x_2 + x_3 + 2x_4 = 0 \end{cases}$ 的通解.

3. 解线性方程组 $\begin{cases} x_1 - x_2 - x_3 + x_4 = 0, \\ x_1 - x_2 + x_3 - 3x_4 = 1, \\ x_1 - x_2 - 2x_3 + 3x_4 = -0.5. \end{cases}$

4. 解线性方程组 $\begin{cases} x_1 + 2x_2 - x_3 + 3x_4 + x_5 = 2, \\ 2x_1 + 4x_2 - 2x_3 + 6x_4 + 3x_5 = 6, \\ x_1 + 2x_2 - x_3 + x_4 - 3x_5 = -4. \end{cases}$

5. 当 λ 为何值时，非齐次线性方程组

$$\begin{cases} x_1 - x_2 - 5x_3 + 4x_4 = 2, \\ 2x_1 - x_2 + 3x_3 - x_4 = 1, \\ 3x_1 - 2x_2 - 2x_3 + 3x_4 = 3, \\ 7x_1 - 5x_2 - 9x_3 + 10x_4 = \lambda, \end{cases}$$

有解？有解时，求出它的通解.

自测题 11

一、已知向量 $\boldsymbol{\alpha}_1=(2,-1,0,3),\boldsymbol{\alpha}_2=(-1,2,5,0),\boldsymbol{\alpha}_3=(1,0,-2,5)$,计算 $2\boldsymbol{\alpha}_1-\boldsymbol{\alpha}_2+\boldsymbol{\alpha}_3$ 与 $\boldsymbol{\alpha}_1+3\boldsymbol{\alpha}_2-2\boldsymbol{\alpha}_3$.

二、设向量 $\boldsymbol{\alpha}_1=(1,0,3,-2),\boldsymbol{\alpha}_2=(5,-5,3,4),\boldsymbol{\alpha}_3=(-1,0,-2,0)$ 且 $\boldsymbol{\alpha}_1+\boldsymbol{\alpha}_2+3\boldsymbol{\alpha}_3+2\boldsymbol{\beta}=\boldsymbol{0}$,求 $\boldsymbol{\beta}$.

三、判断下列各向量组的线性相关性:

(1) $\boldsymbol{\alpha}_1=(1,1,1),\boldsymbol{\alpha}_2=(0,2,5),\boldsymbol{\alpha}_3=(1,3,6)$;

(2) $\boldsymbol{\alpha}_1=(1,-2,1),\boldsymbol{\alpha}_2=(2,2,-5),\boldsymbol{\alpha}_3=(-2,0,4)$;

(3) $\boldsymbol{\alpha}_1=(1,0,3,1,2),\boldsymbol{\alpha}_2=(-1,3,0,-1,1),\boldsymbol{\alpha}_3=(2,1,7,2,5),$
$\boldsymbol{\alpha}_4=(2,1,8,0,3)$.

四、若 $\boldsymbol{\alpha}_1,\boldsymbol{\alpha}_2$ 线性相关,$\boldsymbol{\beta}_1,\boldsymbol{\beta}_2$ 线性相关,那么 $\boldsymbol{\alpha}_1+\boldsymbol{\beta}_1$ 与 $\boldsymbol{\alpha}_2+\boldsymbol{\beta}_2$ 一定线性相关吗?

五、把向量 $\boldsymbol{\beta}=(2,3,-1)$ 表示成向量 $\boldsymbol{\alpha}_1=(1,-1,2),\boldsymbol{\alpha}_2=(-1,2,-3),$
$\boldsymbol{\alpha}_3=(2,-3,5)$ 的线性组合.

六、当 a,b 为何值时,线性方程组

$$\begin{cases} x_1-x_2+x_3+x_4+x_5=1, \\ 3x_1+2x_2+x_3+x_4-3x_5=a, \\ x_2+2x_3+2x_4+6x_5=3, \\ 5x_1+4x_2+3x_3+3x_4-x_5=b \end{cases}$$

有解? 有解时,求通解.

七、齐次线性方程组 $\begin{cases} \lambda x_1+x_2+x_3=0, \\ x_1+\lambda x_2+x_3=0, \\ x_1+x_2+x_3=0 \end{cases}$,有非零解,求 λ 的值.

八、求下列齐次线性方程组的一个基础解系:

(1) $\begin{cases} x_1+x_2+x_3+4x_4-3x_5=0, \\ x_1-x_2+3x_3-2x_4-x_5=0, \\ 2x_1+x_2+3x_3+5x_4-5x_5=0, \\ 3x_1+x_2+5x_3+6x_4-7x_5=0; \end{cases}$

(2) $\begin{cases} x_1+x_2+x_3+x_4=0, \\ x_1+2x_2+3x_3+4x_4=0, \\ x_1+3x_2+6x_3+10x_4=0, \\ x_1+4x_2+10x_3+20x_4=0. \end{cases}$

九、求下列齐次线性方程组的通解:

(1) $\begin{cases} x_1+x_2+x_3-x_4=0, \\ 2x_1+x_2-2x_3+3x_4=0, \\ 3x_1+2x_2-x_3+2x_4=0; \end{cases}$

(2) $\begin{cases} x_1 + 2x_2 - 9x_3 - 5x_4 = 0, \\ x_1 + 2x_2 + 3x_3 + x_4 = 0, \\ 2x_1 + 4x_2 - x_4 = 0, \\ -x_1 - 2x_2 + 3x_3 + 2x_4 = 0. \end{cases}$

十、求下列非齐次线性方程组的解：

(1) $\begin{cases} x_1 + 3x_2 - x_3 + x_4 = 2, \\ 2x_1 - x_2 + x_3 - x_4 = 3, \\ -x_1 - 2x_2 + 4x_4 = 1; \end{cases}$

(2) $\begin{cases} x_1 + 2x_2 + 3x_3 = 4, \\ 3x_1 + 5x_2 + 7x_3 = 9, \\ 2x_1 + 3x_2 + 4x_3 = 5; \end{cases}$

(3) $\begin{cases} x_1 - 2x_2 + 3x_3 + 3x_4 = 1, \\ x_1 + x_2 - 3x_3 = 1, \\ x_1 - x_2 + x_3 + 2x_4 = 1; \end{cases}$

(4) $\begin{cases} x_1 + 2x_2 + 3x_3 + 4x_4 = 5, \\ x_1 - x_2 + x_3 + x_4 = 1, \\ 2x_1 + x_2 + 4x_3 + 5x_4 = 6. \end{cases}$

第12章 随机事件与概率

§12.1 随机事件

12.1.1 随机现象与随机试验

1. 随机现象

在自然界和社会中常遇到两类不同的现象,一类是在一定条件下,事先可以断定必然会发生某种结果的现象,称为确定性现象(或必然现象).例如:在标准大气压下,纯水加热到100℃,必然沸腾;每天早晨太阳从东方升起;带同种电荷的两个小球必互相排斥,等等.另一类是在一定条件下,事先不能断定会发生哪种结果的现象,称为随机现象(或偶然现象).例如:往桌子上掷一枚硬币,出现正面向上或反面向上;掷一枚均匀的骰子出现的点数可能有 6 种;从含有 10 个次品的一批产品中任意抽取 3 件,抽出的 3 件产品中,次品件数可能是 0,1,2,3 件,等等.

对于随机现象,虽然事先不能判定它将发生哪一种结果.但人们发现在大量的重复试验或观察的基础上,随机现象的结果呈现出某种规律性.

例如:在相同条件下,多次抛掷质地均匀的同一枚硬币,可以观察到正面向上的次数约占一半.同一门炮射击目标的弹道点按照一定的规律分布,等等.

2. 随机试验

对随机现象的一次观察称为一次随机试验(简称试验).通常用 E 表示.如:

(1) 掷一枚骰子,观察出现的点数;

(2) 记录 110 报警台一天接到的报警次数;

(3) 在一批灯泡中任意抽取一个,测试它的寿命,等等.

可见,随机现象有以下三个显著特性:

(1) 随机性:一次试验前,不能预见发生哪一种结果;

(2) 全部试验结果的可知性:所有可能的试验结果预先是已知的;

(3) 可重复性:试验在相同条件下可重复进行;且呈现统计规律性.

12.1.2 随机事件

定义 12.1.1 把一个随机试验的任一个可能的结果称为这个试验的随机事件,简称事件,常用大写字母 A,B,C 等来表示.

随机试验的每一个不能再分的结果称为基本事件(或样本点),并用 ω

表示;由基本事件组成的事件称为复合事件,包含所有基本事件的复合事件称为样本空间,并用 Ω 表示.随机事件可以由集合来表示,从集合论观点来看,随机事件就是样本空间的子集.

组成复合事件的任何一个基本事件发生,称该复合事件发生;因而,在每次试验中,包含所有基本事件的样本空间是必然发生的,称为必然事件,记作 Ω,而不包含任何基本事件的事件是不可能发生的,称为不可能事件,记为 $\varnothing$.

例 1　做试验:投掷一枚均匀的骰子,那么

(1) 这个试验共有 6 个基本事件,设基本事件 ω_i 表示出现 i 点 $(i=1, 2,3,4,5,6)$,则样本空间 $\Omega=\{\omega_1,\omega_2,\omega_3,\omega_4,\omega_5,\omega_6\}$;

(2) 设事件 A 表示出现偶数点的事件,则 $A=\{\omega_2,\omega_4,\omega_6\}$;

(3) 设事件 B 表示出现点数大于 4 的事件,则 $B=\{\omega_5,\omega_6\}$.

在例 1 中,设事件 C 表示出现点数为小于 7 的事件,则 $C=\{\omega_1,\omega_2,\omega_3, \omega_4,\omega_5,\omega_6\}$,它是由全体基本事件组成的事件为必然事件,设事件 D 表示出现点数大于 6 的事件,这个事件一定不发生,它是不可能事件,即 $D=\varnothing$.

必然事件和不可能事件实质上都是必然现象的表现,它们不是随机事件,但为了研究方便,将它们看成随机事件的两个特例.

12.1.3　随机事件间的关系及运算

因为随机事件可以看作是样本空间 Ω 的一个子集,因此,可以用集合的观点讨论事件之间的关系及其运算.为直观起见,用文氏图的方法来表示事件之间的关系及运算;即用矩形表示样本空间,用矩形中的圆、椭圆表示包含某些基本事件的随机事件.

1. 事件之间的关系主要有两种

(1) 包含关系.

若事件 A 发生必导致事件 B 发生,则称事件 B 包含事件 A,记作 $B \supset A$ 或 $A \subset B$.如图 12.1—1,也就是 A 中的每一个基本事件都属于 B.

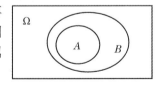

显然:$\varnothing \subset A \subset \Omega$.

图 12.1—1

(2) 相等关系.

若事件 A 包含事件 B,且事件 B 也包含事件 A,则称事件 A 与事件 B 相等,记作 $A=B$.如图 12.1—2,即事件 A 与事件 B 所包含的基本事件是一样的.

2. 事件的运算主要有以下四种

(1) 事件的和(并).

在试验中事件 A 与事件 B 至少有一个发生的事件称为事件 A 与事件 B 的和(或并),

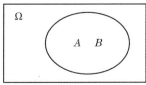

图 12.1—2

记作 $A+B$(或 $A\cup B$). 如图 12.1—3 阴影部分,表示 $A+B$ 事件. $A+B$ 的基本事件就是属于事件 A 或事件 B 的全部基本事件.

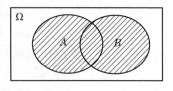

图 12.1—3

显然:

① $A\subset A\cup B, B\subset A\cup B$;

② 若 $A\subset B$,则 $A\cup B=B$;

③ $A\cup\Omega=\Omega, A\cup\varnothing=A$.

(2) 事件的积(交).

在试验中事件 A 与事件 B 同时发生的事件称为事件 A 与事件 B 的积(或交),记作 AB(或 $A\cap B$). 如图 12.1—4 阴影部分,表示 AB 事件. AB 的基本事件就是既属于 A 又属于 B 的全部基本事件.

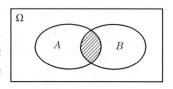

图 12.1—4

显然:

① $AB\subset A, AB\subset B$;

② 若 $A\subset B$,则 $AB=A$;

③ $A\cap\Omega=A$,则 $A\cap\varnothing=\varnothing$.

在一次试验中,若事件 A 与 B 不能同时发生,则称事件 A,B 互斥(或称互不相容)记作 $AB=\varnothing$. 如图 12.1—5,即互斥事件没有公有的基本事件.

一般地,事件的并、交的概念可以推广到多个事件之间的运算.

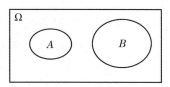

图 12.1—5

n 个事件 $A_1, A_2, \cdots, A_n$,在试验中至少有一个发生的事件称为 n 个事件的和(或并). 记作

$$\sum_{i=1}^{n} A_i = A_1 + A_2 + \cdots + A_n.$$

n 个事件 $A_1, A_2, \cdots, A_n$,在试验中同时发生的事件称为这 n 个事件的积(或交).

$$\prod_{i=1}^{n} A_i = A_1 A_2 \cdots A_n.$$

对于 n 个事件 $A_1, A_2, \cdots, A_n$,如果它们两两互不相容,即 $A_i A_j = \varnothing$ $(i\neq j, i,j=1,2,\cdots,n)$,则称 $A_1, A_2, \cdots, A_n$ 互不相容.

(3) 事件的差.

在试验中,事件 A 发生而事件 B 不发生的事件 ,称为事件 A 与事件 B 的差,记作 $A-B$.如图 12.1—6 阴影部分表示 $A-B$ 事件.$A-B$ 的基本事件就是属于事件 A 而不

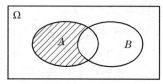

图 12.1—6

属于事件 B 的全部基本事件.

显然:

① $A-B \subset A$;

② 若 $A \subset B$,则 $A-B=\varnothing$.

(4) 事件的逆.

如果事件 A 与事件 B 满足:$AB=\varnothing$,且 $A \cup B=\Omega$,则称事件 A,B 互为对立事件 (简称互逆). A 事件的对立事件记作 $\overline{A}$,如图 12.1—7 阴影部分,即 $\overline{A}=\Omega-A$.

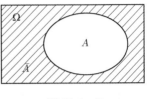

图 12.1—7

显然:

① $\overline{\overline{A}}=A$;

② $\overline{\Omega}=\varnothing,\overline{\varnothing}=\Omega$;

③ $A \cup \overline{A}=\Omega, A \cap \overline{A}=\varnothing$;

④ $A-B=A-AB=A\overline{B}$.

例 2 掷一个骰子,观察出现的点数,找出下列各事件间的包含关系,互斥关系,对立关系.

$$A=\{出现点数小于 6\}, \qquad B=\{出现 4 点以上\},$$
$$C=\{出现点数不超过 3\}, \qquad D=\{出现 6 点\}.$$

解:因为

$$\Omega=\{1,2,3,4,5,6\},$$
$$A=\{1,2,3,4,5\}, \quad B=\{5,6\}, \quad C=\{1,2,3\}, \quad D=\{6\},$$

所以 $C \subset A, D \subset B, B \cdot C=\varnothing, C \cdot D=\varnothing, A \cdot D=\varnothing$,即事件 A 包含事件 C,事件 B 包含事件 D.

又因为 $B \cup C \neq \Omega, C \cup D \neq \Omega, A \cup D=\Omega$,所以事件 B 与 C、事件 C 与 D、事件 A 与 D 是互斥事件,且事件 A 与 D 是对立事件.

从上例看出:对立事件一定互斥,反之,不一定成立.

例 3 设 A,B,C 表示 3 个事件,试以 A,B,C 的运算来表示以下事件:

(1) 仅 A 发生;

(2) A,B,C 都发生;

(3) A,B,C 都不发生;

(4) A,B,C 不全发生;

(5) A,B,C 恰有一个发生.

解:(1) $A\overline{BC}$; (2) ABC; (3) $\overline{ABC}$; (4) $\overline{ABC}$;

(5) $A\overline{B}\overline{C} \cup \overline{A}B\overline{C} \cup \overline{A}\overline{B}C$.

事件运算与集合的运算一致,凡集合运算所满足的运算律,事件运算同样满足.常用的有以下运算律.

交换律:$A \cup B=B \cup A, A \cap B=B \cap A$.

结合律:$A \cup(B \cup C)=(A \cup B) \cup C, A \cap(B \cap C)=(A \cap B) \cap C$.

分配律:$A\cup(B\cap C)=(A\cup B)\cap(A\cup C)$;

$\qquad A\cap(B\cup C)=(A\cap B)\cup(A\cap C)$.

对偶律:$\overline{A\cup B}=\bar{A}\cap\bar{B}$,$\overline{A\cap B}=\bar{A}\cup\bar{B}$.

习题 12. 1

1.写出下列试验的样本空间:

(1) 抛三枚硬币,观察朝上正反面的情况;

(2) 一射手向某目标射击 3 次,观察命中目标的次数;

(3) 某射手直到命中目标为止所需射击次数;

(4) 某城市一天的用电量.

2.指出下列各组事件之间的包含关系:

(1) $A=\{$天晴$\}$,$B=\{$不下雨$\}$;

(2) $A=\{$某圆柱形产品的长度合格$\}$,$B=\{$某圆柱形产品合格$\}$;

(3)$A=\{$抽三件产品中至少有一件废品$\}$,

　　$B=\{$抽三件产品中恰好有两件废品$\}$,

　　$C=\{$抽三件产品中废品数$\geqslant2\}$.

3.写出下列事件的逆事件:

(1)$A=\{$零件合格$\}$;

(2)$B=\{3$件产品中至少有一件是次品$\}$;

(3)$C=\{$灯泡的寿命大于 1 000 小时$\}$.

4.设 A,B,C 表示三个事件,利用 A,B,C 表示下列事件:

(1) A 发生,B、C 不发生;

(2) A、B 至少一个发生,C 不发生;

(3) 三个事件中不多于两个事件发生;

(4) 三个事件中不多于一个事件发生.

5.向指定的目标射三枪,以 $A_i(i=1,2,3)$分别表示"第 i 枪击中目标",试用 A_1,A_2,A_3 表示下列事件:

(1) 只击中第一枪;　　　　(2)只击中一枪;

(3) 三枪都未击中;　　　　(4)至少击中一枪.

6.A,B,C 三事件互不相容与 $ABC=\varnothing$ 是否一回事? 为什么? 试举例说明.

7.试问事件 A 与事件$\overline{A\cup B}$是否互不相容? 是否互逆?

8.试用事件的关系及运算证明:

(1) $(AB)\cap(\bar{A}B)=\varnothing$;　　(2) $(AB)\cup(A\bar{B})=A$;

(3)$A\cup B=A\cup\bar{A}B$, A 与 $\bar{A}B$ 互不相容.

§12.2　事件的概率　古典概型

12.2.1　概率的概念

研究随机试验不仅要知道它可能发生什么事件,而且要进一步去分析研究各种事件发生的可能性大小;度量随机事件发生可能性大小的数量指标就叫事件的概率. 当然,这只是概率的通俗定义,在正式给出概率的定义之前,先阐述事件概率的实际背景:事件的频率和古典概型.

1. 事件的频率

在相同条件下进行 n 次试验,在这 n 次试验中,事件 A 发生的次数 n_A 称为事件 A 发生的频数,而比值 $\frac{n_A}{n}$ 称为事件发生的频率,并记作 $f_n(A)$.

有人做过抛硬币的试验,记 $A=\{正面向上\}$,结果是:

试验者	n	n_A	$f_n(A)$
德·摩根	2048	1061	0.5181
蒲丰	4040	2048	0.5069
皮尔逊	12000	6019	0.5016
皮尔逊	24000	12012	0.5005

可见,不管什么人去投掷,当试验的次数逐渐增多时,事件"正面朝上"发生的频率总是在 0.5 附近摆动而逐渐稳定于 0.5. 由此,得到概率的统计定义.

定义 12.2.1　在相同条件下所作的大量重复试验中,事件 A 发生的频率 $f_n(A)$ 总是在一个常数附近摆动,并逐渐稳定于这个常数,称这个频率的稳定值为事件 A 发生的概率,记作 $P(A)$.

通过频率的稳定值去描述事件的概率有它的缺点,因为现实世界中,人们无法将一个试验无限次的重复下去,所以精确获得频率的稳定值是困难的,只能作大量的重复试验,给出概率的一个近似值.

然而,在某些特殊类型的随机试验中,并不需要进行反复试验,可根据所讨论事件的特点直接得出它的概率.

2. 古典概型

如果随机试验满足下列两个条件:

(1) 有限性:基本事件的总数是有限的;

(2) 等可能性:每一个基本事件发生的可能性是相等的.

满足这两个条件的随机试验模型称为古典概型. 由此,给出概率的古典定义:

定义 12.2.2 如果随机试验有 n 个基本事件,且每个基本事件发生的可能性相等.其中事件 A 包含的基本事件个数为 r,那么事件 A 发生的概率为 $\dfrac{r}{n}$,记作 $P(A)$,即

$$P(A) = \frac{r}{n}.$$

由定义可知,在古典概型中,只要求出基本事件的总数以及事件 A 所包含的基本事件的个数,就可确定事件 A 的概率.

例1 掷一枚质地均匀的骰子,求出现奇数点的概率.

解:设 $A = \{$出现奇数点$\}$.

基本事件总个数为 $n = 6$.

有利于事件 A 发生的基本事件只有 3 个(掷出 1、3、5),即 $r = 3$,于是

$$P(A) = \frac{3}{6} = \frac{1}{2}.$$

例2 袋中有 18 个白球,两个红球,从中随机地接连取出 3 个球,取后不放回,求第三个球是红球的概率.

解:设 $A = \{$第三个球是红球$\}$.

基本事件个数 $n = A_{20}^3 = 20 \times 19 \times 18 = 6840$.

要求第三个球是红球,有 C_2^1 种取法.其余两个球应在 19 个球中取两个球,即 A_{19}^2.所以有利于 A 发生的基本事件个数

$$r = C_2^1 \cdot A_{19}^2 = 684,$$

于是

$$P(A) = \frac{684}{6840} = 0.1.$$

例3 在 20 件产品中,有 15 件是一级品,5 件是二级品,从中任取 3 件,求:

(1) 恰有 1 件是二级品的概率;

(2) 至少有 1 件是二级品的概率.

解:设事件 $A = \{$抽取 3 件产品中恰有 1 件为二级品$\}$,$B = \{$抽取的 3 件产品中至少有 1 件为二级品$\}$,则基本事件的总数 $n = C_{20}^3$.

(1) 有利于 A 发生的基本事件数 $r = C_5^1 C_{15}^2$,所以

$$P(A) = \frac{C_5^1 C_{15}^2}{C_{20}^3} = \frac{105}{228} = \frac{35}{76};$$

(2) 有利于 B 发生的基本事件数 $r = C_5^1 C_{15}^2 + C_5^2 C_{15}^1 + C_5^3$,所以

$$P(B) = \frac{C_5^1 C_{15}^2}{C_{20}^3} + \frac{C_5^2 C_{15}^1}{C_{20}^3} + \frac{C_5^3}{C_{20}^3} = \frac{137}{228}.$$

12.2.2 概率的性质

由概率的定义可以推出概率 $P(A)$ 的一些重要性质.

性质1 $0 \leqslant P(A) \leqslant 1$.

性质2 必然事件 Ω 的概率为 1,即 $P(\Omega) = 1$,

不可能事件∅的概率为 0,即 $P(\varnothing)=0$.

性质 3　若事件 A,B 互斥(互不相容),则
$$P(A+B)=P(A)+P(B).$$

一般地,如果事件 $A_1,A_2,\cdots,A_n$ 互斥,那么事件"$A_1+A_2+\cdots+A_n$"发生的概率等于这 n 个事件分别发生的概率之和.即
$$P(A_1+A_2+\cdots+A_n)=P(A_1)+P(A_2)+\cdots+P(A_n).$$

例 4　在打靶中,若命中 10 环的概率是 0.40,命中 8 环或 9 环的概率是 0.45,求至少命中 8 环的概率.

解：设 $A=\{$命中 10 环$\},B=\{$命中 8 环或 9 环$\},C=\{$至少命中 8 环$\}$,则
$$C=A+B,\quad 且\quad AB=\varnothing.$$

由性质 3 知
$$P(C)=P(A+B)=P(A)+P(B)=0.40+0.45=0.85,$$
即"至少命中 8 环"的概率为 0.85.

性质 4　$P(A-B)=P(A)-P(AB)$.

特别地,$B{\subset}A$ 时,$P(A-B)=P(A)-P(B)$.

性质 5　$P(\overline{A})=1-P(A)$.

即互为对立的两个事件发生的概率之和为 1.在应用时,若一个事件包含的情况较多,直接计算其发生的概率比较麻烦,而它的对立事件包含的情况又较少,其发生的概率计算比较简单,通过计算它的对立事件发生的概率,然后用 1 减去其对立事件发生的概率,就得到所求事件发生的概率.

例 5　某班级有 35 名男生,15 名女生,现从中任意选出两名学生参加学校举办的法律知识竞赛,求选出这两名学生中至少有一名女生的概率.

解：设 $A=\{$两名学生中恰有一名女生$\},B=\{$两名学生都是女生$\}$,$C=\{$两名学生中至少有一名女生$\}$,则 $C=A+B$,且 A,B 互不相容.

解法一：由性质 3 得
$$P(C)=P(A+B)=P(A)+P(B)=\frac{C_{15}^1 C_{35}^1}{C_{50}^2}+\frac{C_{15}^2}{C_{50}^2}=\frac{18}{35}.$$

解法二：因为 $\overline{C}=\{$两名学生都是男生$\}$,$P(\overline{C})=\frac{C_{35}^2}{C_{50}^2}=\frac{17}{35}$,

所以由性质 5 得
$$P(C)=1-P(\overline{C})=1-\frac{17}{35}=\frac{18}{35}.$$

又如在例 3 中,事件 B 的对应事件 $\overline{B}=\{$抽取的 3 件产品全为一级品$\}$,直接求 $P(A)$ 比较麻烦,可以转化为求其对立事件的概率,则较为简便.
$$P(A)=1-P(\overline{A})=1-\frac{C_{15}^3}{C_{20}^3}=\frac{137}{228}.$$

例 6　已知某飞机炸仓库,命中第 1,2,3 仓库的概率分别为 0.01,0.02,0.03,求飞机投一弹没有命中仓库的概率.

解：设 $A=\{$命中仓库$\}$,$\overline{A}=\{$没有命中仓库$\}$,$A_i=\{$命中第 i 仓库$\}$

$(i=1,2,3)$. 由题意

$$A=A_1+A_2+A_3,$$

其中 A_1,A_2,A_3 两两互不相容. 所以

$$P(A)=P(A_1)+P(A_2)+P(A_3)=0.01+0.02+0.03=0.06.$$

再由公式得

$$P(\overline{A})=1-P(A)=1-0.06=0.94.$$

即飞机投一弹没有命中仓库的概率为 0.94.

对于任意事件 A 与 B，$P(A+B)$ 怎么计算呢？为此给出概率的加法公式.

12.2.3 概率的加法公式

若事件 A 与事件 B 发生的概率分别为 $P(A)$ 与 $P(B)$，则

$$P(A+B)=P(A)+P(B)-P(AB).$$

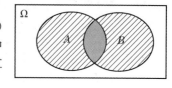

如图 12.2-1，形象地解释为：$P(A+B)$ 是图中阴影部分面积，$P(A)+P(B)$ 是图中 A 的面积与 B 的面积之和，它减去重复计算了的 AB 的面积，就是图中阴影部分的面积.

上式中若 A,B 互斥，则 $AB=\varnothing$，$P(AB)$ $=0$，此时为概率的性质 3.

图 12.2-1

可以证明：概率的加法公式可以推广到有限个事件和的情形。下面给出三个事件和的概率加法公式：

$$P(A+B+C)=P(A)+P(B)+P(C)-P(AB)-P(AC)$$
$$-P(BC)+P(ABC).$$

例 7 如图 12.2-2 所示的线路中，元件 a 发生故障的概率为 0.08；元件 b 发生故障的概率为 0.05，而元件 a,b 同时发生故障的概率为 0.004，求线路中断的概率.

图 12.2-2

解：设 $A=\{$元件 a 发生故障$\}$，$B=\{$元件 b 发生故障$\}$，$AB=\{$元件 a,b 同时发生故障$\}$.

此为串联电路，所以 $\{$线路中断$\}=\{a,b$ 中至少有一个发生故障$\}$ $=A+B$. 由题意可知，$P(A)=0.08$，$P(B)=0.05$，$P(AB)=0.004$. 由概率加法公式得

$$P(A+B)=P(A)+P(B)-P(AB)$$
$$=0.08+0.05-0.004=0.126.$$

例 8 设 A,B,C 为 3 个随机事件，且 $P(A)=P(B)=P(C)=\dfrac{1}{4}$，

$P(AB)=P(AC)=\dfrac{1}{16}$，$P(BC)=0$，求：

(1) A,B,C 中至少有一个发生的概率；

(2) A,B,C 全不发生的概率.

解：因为 $P(BC)=0$，所以 $P(ABC)=0$，

$\{A,B,C$ 至少有一个发生$\}=A+B+C$, $\{A,B,C$ 全不发生$\}=\overline{A+B+C}$.

由加法公式得

$$P(A+B+C)=P(A)+P(B)+P(C)-P(AB)-P(AC)$$
$$-P(BC)+P(ABC)$$
$$=\frac{1}{4}\times 3-\frac{1}{16}\times 2=\frac{5}{8}.$$

于是

$$P(\overline{A+B+C})=1-P(A+B+C)=\frac{3}{8}.$$

习题 12. 2

1. 将一枚均匀硬币连续抛三次,求恰好出现一次正面的概率与恰好出现两次正面的概率.

2. 掷两枚均匀骰子,求出现点数之和等于 7 点的概率.

3. 10 个产品中有 7 个正品,3 个次品.
   (1)不放回地接连取 3 件,求取到 3 件次品的概率;
   (2)有放回地接连取 3 件,求取到 3 件次品的概率.

4. 把 10 本书任意放在书架的一排上,求其中指定的 3 本书放在一起的概率.

5. 已知袋中装有大小相同的 4 个白球和 3 个红球,求从中任意取出的两个都是白球的概率.

6. 一批 20 件产品中有 18 件合格品,2 件次品,随机抽取 3 件,求
   (1)抽取 3 件中恰有 1 件是次品的概率;
   (2)抽取 3 件中至少有 1 件是次品的概率.

7. 一个电路上装有甲、乙两根保险丝,甲熔断的概率为 0.85,乙熔断的概率为 0.74,两根同时熔断的概率为 0.63.问至少有一根熔断的概率是多少?

8. 设 A,B 两个事件,已知 $P(\overline{A})=0.7,P(B)=0.6$,若事件 A,B 是互斥的,求 $P(A+B)$.

9. 试按由小到大的次序排列下列四个数,
   $$P(A),\quad P(A+B),\quad P(AB),\quad P(A)+P(B).$$

10. 设 $P(A)=0.7,P(B)=0.6,P(A-B)=0.3$,求 $P(A\overline{B}),P(A+B)$, $P(\overline{A}\overline{B})$.

§12.3 条件概率

12.3.1 条件概率

前面所述的概率 $P(A)$ 是相对某些固定条件下事件 A 发生的概率(为简略起见,固定条件通常不提,称这种概率为无条件概率),但在实际问题中往往除这些固定条件外,还要提出某些附加的限制条件,也就是要求在"事件 B 已经发生"的前提下"事件 A 发生"的概率,称这种概率为条件概率.

例如,在掷一颗骰子中,求(1)出现 4 点的概率,(2)在已知出现偶数点的情况下,出现 4 点的概率.

分析:以上两个问题都是求出现 4 点的概率.但问题(1)是求在 6 个等可能基本事件情况下其中一个基本事件发生的概率,应为 $\frac{1}{6}$;问题(2)是在前提条件已知出现偶数点的情况下,即在 3 个等可能基本事件下其中一个基本事件发生的概率,应为 $\frac{1}{3}$.问题(2)就是条件概率.

定义 12.3.1 在某一随机试验中,设 A、B 是任意两个事件,那么在事件 B 已发生的情况下,事件 A 发生的概率称为事件 B 发生条件下事件 A 发生的条件概率,记为 $P(A|B)$.

下面利用概率的古典定义分析推出条件概率的计算公式:

设某随机试验的基本事件总数为 n 个,事件 A,B 分别包含了 m_1 和 m_2 个基本事件,事件 AB 包含了 r 个基本事件(即 A 与 B 公共部分有 r 个).如果附加"事件 B 已经发生"这个限制条件,这时总的基本事件就是 B 中包含的 m_2 个基本事件,在这 m_2 个基本事件中,有利于 A 发生的基本事件必然是 AB 的 r 个基本事件.由概率的古典定义得

$$P(A|B)=\frac{r}{m_2},$$

从而有

$$P(A|B)=\frac{r}{m_2}=\frac{\frac{r}{n}}{\frac{m_2}{n}}=\frac{P(AB)}{P(B)}. \qquad (1)$$

同理可得

$$P(B|A)=\frac{P(AB)}{P(A)}. \qquad (2)$$

公式(1),(2)称为条件概率的计算公式.

例 1 某种元件用满 6000 小时未坏的概率是 0.8,用满 10000 小时的概率是 0.4,现有 1 个此元件,已经用过 6000 小时未坏,问它能用到 10000 小时的概率是多少?

解：设 $A=\{$用到 6000 小时$\},B=\{$用到 10000 小时$\}$.显然

$$B|A=\{用到 6000 小时后,还能用到 10000 小时\},$$

因为"用到 10000 小时"一定是"用到 6000 小时未坏",所以 $B\subset A$,于是 $AB=B$,由上述公式得

$$P(B|A)=\frac{P(AB)}{P(A)}=\frac{P(B)}{P(A)}=\frac{0.4}{0.8}=\frac{1}{2}.$$

例 2　某地区一年内刮风的概率为 $\frac{4}{15}$,下雨的概率为 $\frac{2}{15}$,既刮风又下雨的概率为 0.1,求:

(1) 在刮风的条件下,下雨的概率;

(2) 在下雨的条件下,刮风的概率.

解：设 $A=\{$刮风$\},B=\{$下雨$\}$,则 $AB=\{$既刮风又下雨$\}$.由题意知

$$P(A)=\frac{4}{15},\quad P(B)=\frac{2}{15},\quad P(AB)=0.1,$$

则

(1) $P(B|A)=\dfrac{P(AB)}{P(A)}=\dfrac{0.1}{\dfrac{4}{15}}=\dfrac{3}{8}$;

(2) $P(A|B)=\dfrac{P(AB)}{P(B)}=\dfrac{0.1}{\dfrac{2}{15}}=\dfrac{3}{4}$.

12.3.2　概率的乘法公式

根据条件概率公式(1),(2)可得出:

$$P(AB)=P(B)\cdot P(A|B),$$
$$或=P(A)\cdot P(B|A),$$

称为概率的乘法公式.

例 3　设在一盒子中装有 10 只小球,4 只是白球,6 只是黑球,从中接连地取两次,每次任取一只,取后不再放回,问两次都拿到白球的概率是多少?

解：设 $A=\{$第一次拿到的是白球$\},B=\{$第二次拿到的是白球$\}$,显然 $AB=\{$两次都拿到白球$\}$.因为

$$P(A)=\frac{6}{10},\quad P(B|A)=\frac{5}{9},$$

所以由公式得:

$$P(AB)=P(A)\cdot P(B|A)=\frac{6}{10}\times\frac{5}{9}=\frac{1}{3}.$$

例 4　设某光学仪器厂生产的透镜,第一次落地时摔破的概率为 0.4,若第一次未摔破,第二次落地摔破的概率为 0.7,试求此透镜落地两次而未摔破的概率.

解：设 $A_1=\{$第一次落地摔破$\},A_2=\{$第二次落地摔破$\},B=\{$两次落

地而未摔破}. 由题意得,
$$P(A_1)=0.4, \quad P(A_2|\overline{A}_1)=0.7,$$
$$P(B)=P(\overline{A}_1 \cdot \overline{A}_2)=P(\overline{A}_1)P(\overline{A}_2|\overline{A}_1)$$
$$=(1-0.4)\times(1-0.7)=0.18.$$

概率的乘法公式可以推广到有限个事件积的情形. 下面给出三个事件积的概率公式:
$$P(A_1 \cdot A_2 \cdot A_3)=P(A_1)P(A_2|A_1)P(A_3|A_1 \cdot A_2).$$

例5 一批产品共100件,有5件次品,从中连续不放回地取3件,每次取一件,求在第三次才取得正品的概率.

解: 设 $A_i=\{$第 i 次取出的产品是正品$\}$,$(i=1,2,3)$,则所求的概率为 $P(\overline{A}_1 \cdot \overline{A}_2 \cdot A_3)$. 由上述公式得
$$P(\overline{A}_1 \cdot \overline{A}_2 \cdot A_3)=P(\overline{A}_1)P(\overline{A}_2|\overline{A}_1)P(A_3|\overline{A}_1 \cdot \overline{A}_2).$$
因为 $P(\overline{A}_1)=\dfrac{5}{100}$, $\quad P(\overline{A}_2|\overline{A}_1)=\dfrac{4}{99}$, $\quad P(A_3|\overline{A}_1 \cdot \overline{A}_2)=\dfrac{95}{98}$,所以
$$P(\overline{A}_1 \cdot \overline{A}_2 \cdot A_3)=\dfrac{5}{100} \cdot \dfrac{4}{99} \cdot \dfrac{95}{98} \approx 0.0020.$$

12.3.3 全概率公式

定义 12.3.2 设事件 $A_1,A_2,\cdots,A_n$ 满足如下两个条件:

(1) $A_1,A_2,\cdots,A_n$ 互不相容,且 $P(A_i)>0$, $i=1,2,\cdots,n$;

(2) $A_1+A_2+\cdots+A_n=\Omega$,即 $A_1,A_2,\cdots,A_n$ 至少有一个发生.

则称 $A_1,A_2,\cdots,A_n$ 为样本空间 Ω 的一个划分(或完备事件组).

事实上,若 $A_1,A_2,\cdots,A_n$ 是样本空间 Ω 的一个划分,且 $P(A_i)>0$, $i=1,2,\cdots,n$,设 B 为任意一个事件,则
$$B=B\Omega=B(A_1+A_2+\cdots+A_n)=BA_1+BA_2+\cdots+BA_n.$$
由于 $A_1,A_2,\cdots,A_n$ 互斥,而 $BA_i \subset A_i$,故 $BA_1,BA_2,\cdots,BA_n$ 也互斥,则
$$P(B)=\sum_{i=1}^{n}P(A_iB)=\sum_{i=1}^{n}P(A_i)P(B|A_i). \tag{3}$$
公式(3)称为全概率公式.

例6 盒子中有5个白球3个黑球,连续不放回地从中取两次球,每次取一个,求第二次取到白球的概率.

解: 设 $A=\{$第一次取到的是白球$\}$,$B=\{$第二次取到的是白球$\}$,则
$$B=AB+\overline{A}B,\text{且} P(A)=\dfrac{5}{8},P(\overline{A})=\dfrac{3}{8},P(B|A)=\dfrac{4}{7},P(B|\overline{A})=\dfrac{5}{7}.$$

由全概率公式得
$$P(B)=P(A)P(B|A)+P(\overline{A})P(B|\overline{A})=\dfrac{5}{8}\times\dfrac{4}{7}+\dfrac{3}{8}\times\dfrac{5}{7}=\dfrac{5}{8}.$$

可以证明,不论先后,每次取到白球的概率都是相同的,这就是所谓的"抽签公平性".

例7 某工厂有甲、乙、丙3个车间生产同一种产品,每个车间的产量

分别占全厂的 30%,35%,35%,并且各车间产品的次品率分别为 5%,4%,3%,现将 3 个车间的产品放在一起,从中任意抽取一件,求该件产品是次品的概率.

解: 设 $A_1 = \{该件产品是甲车间生产的\}$, $A_2 = \{该件产品是乙车间生产的\}$, $A_3 = \{该件产品是丙车间生产的\}$, $B = \{该件产品是次品\}$, 则

$B = A_1B + A_2B + A_3B$, 且 $P(A_1) = 0.3$, $P(A_2) = 0.35$, $P(A_3) = 0.35$,

$P(B|A_1) = 0.05$, $P(B|A_2) = 0.04$, $P(B|A_3) = 0.03$.

由全概率公式得

$$P(B) = \sum_{i=1}^{3} P(A_i)P(B|A_i)$$
$$= 0.3 \times 0.05 + 0.35 \times 0.04 + 0.35 \times 0.03 = 0.0395.$$

12.3.4 贝叶斯公式

一个"结果"可能是多种"原因"引起的,贝叶斯公式就是考虑这种"结果"由某一种"原因"引起的可能性大小.

事实上,设 $A_1, A_2, \cdots, A_n$ 是样本空间的一个划分,B 是任一事件,且 $P(B) > 0$,则

$$P(A_i|B) = \frac{P(A_iB)}{P(B)} = \frac{P(A_i)P(B|A_i)}{\sum_{i=1}^{n} P(A_i)P(B|A_i)}. \tag{4}$$

公式(4)称为贝叶斯公式.

贝叶斯公式求的是条件概率,在使用贝叶斯公式时往往先利用全概率公式求出 $P(B)$.

例 8 在例 7 的假设下,若任取一件是次品,求该次品是甲车间生产的概率.

解: 由贝叶斯公式,

$$P(A_1|B) = \frac{P(A_1)P(B|A_1)}{P(B)} = \frac{0.3 \times 0.05}{0.0395} \approx 0.3797.$$

例 9 某人到某地参加一个会议,他坐火车、汽车和飞机的概率分别为 0.5, 0.3, 0.2,如果他坐火车,迟到的概率为 0.2,坐汽车,迟到的概率为 0.1,坐飞机不会迟到,则他迟到的概率是多少? 若已知他迟到,能否推测他最可能乘坐什么交通工具?

解: 设 $B = \{迟到\}$,用 A_1, A_2, A_3 分别表示"坐火车"、"坐汽车"、"坐飞机". 则

$$P(A_1) = 0.5, \quad P(A_2) = 0.3, \quad P(A_3) = 0.2,$$
$$P(B|A_1) = 0.2, \quad P(B|A_2) = 0.1, \quad P(B|A_3) = 0.$$

由全概率公式得

$$P(B) = \sum_{i=1}^{3} P(A_i)P(B|A_i) = 0.5 \times 0.2 + 0.3 \times 0.1 + 0.2 \times 0 = 0.13.$$

由贝叶斯公式得

$$P(A_1 \mid B) = \frac{P(A_1)P(B \mid A_1)}{P(B)} = \frac{0.5 \times 0.2}{0.13} \approx 0.7692,$$

$$P(A_2 \mid B) = \frac{P(A_2)P(B \mid A_2)}{P(B)} = \frac{0.3 \times 0.1}{0.13} \approx 0.2308,$$

$$P(A_3 \mid B) = \frac{P(A_3)P(B \mid A_3)}{P(B)} = 0.$$

因为 $P(A_1 \mid B)$ 远大于其他两个,故他最可能是乘火车去开会的.

习题 12.3

1. 甲、乙两城市都位于长江下游.根据一百年来的气象记录,知道甲乙两城市一年中下雨天分别占 20% 和 18%,而两地同时下雨占 12%,问:

   (1) 乙市下雨,甲市也下雨的概率是多少?

   (2) 甲市下雨,乙市也下雨的概率是多少?

2. 设全校学生中有 $\frac{1}{3}$ 是一年级学生,而一年级学生中男生占 $\frac{1}{2}$,将全校学生逐一登记在学籍管理卡上,从中任意抽取一张学籍管理卡,求这张学籍管理卡上登记的学生是一年级男生的概率.

3. 设某种动物活到 20 岁的概率为 0.8,活到 25 岁的概率为 0.4,求年龄为 20 岁的这种动物活到 25 岁的概率.

4. 一批零件共 50 个,次品率为 10%,每次从中任取一个零件,取后不放回.求第三次才取得正品的概率.

5. 已知 $P(A) = \frac{1}{4}$,$P(B \mid A) = \frac{1}{3}$,$P(A \mid B) = \frac{1}{2}$,求 $P(A + B)$.

6. 已知当自动车床调整良好时,产品的合格率为 90%,调整得不够好时,产品的合格率为 30%。如果每天早晨开动机床时,调整良好的概率为 80%,求每天加工的第一件产品是合格品的概率.

7. 针对某种疾病进行一种化验,患该病的人中有 90% 呈阳性反应,而未患该病的人中有 5% 呈阳性反应,设人群中有 1% 的人患这种病,若某人做这种化验呈阳性反应,则他患这种疾病的概率是多少?

8. 某工厂有甲、乙、丙三台机器生产同一批产品的 25%,35%,40%,各自产品中有 5%,4%,2% 是次品,则这批产品的次品率为多少? 如果从这批产品中任取一件是次品,则最可能是哪台机器生产的?

§12.4　事件的独立性

12.4.1　事件的独立性

前面讨论了事件 A 在事件 B 发生的条件下的条件概率,一般情况下,$P(A) \neq P(A|B)$,称 B 发生对 A 发生的概率有影响. 在有些实际问题中,两个事件的发生并不相互影响. 例如,两人在同一条件下打靶,一般来说,各人中靶与否并不相互影响;又如,在一批含有次品的产品中,有放回地连续抽取两件产品,则每次抽到什么样的产品也并不相互影响.

定义 12.4.1　如果事件 A 的发生不影响事件 B 发生的概率,即 $P(B|A) = P(B)$,则称事件 B 对事件 A 是独立的,否则称为是不独立的.

事件的独立性具有以下性质:

性质 1　如果事件 B 对事件 A 是独立的,则事件 A 对事件 B 也是独立的,即 A 与 B 相互独立.

事实上,因为

$$P(A|B) = \frac{P(AB)}{P(B)} = \frac{P(A)P(B|A)}{P(B)},$$

所以由 $P(B|A) = P(B)$ 得,$P(A|B) = P(A)$.

性质 2　如果事件 A 与 B 独立,则事件 $\overline{A}$ 与 $\overline{B}$,事件 A 与 $\overline{B}$,事件 $\overline{A}$ 与 B 均相互独立.

性质 3　两事件 A, B 相互独立的充要条件是

$$P(AB) = P(A)P(B).$$

定义 12.4.2　如果事件 $A_1, A_2, \cdots, A_n$ 中的任一事件 $A_i (i = 1, 2, \cdots, n)$ 发生的概率都不受其他 $k (1 \leqslant k \leqslant n-1)$ 个事件发生的影响,称事件 $A_1, A_2, \cdots, A_n$ 是相互独立的.

由性质 3 可以得到,如果 n 个事件 $A_1, A_2, \cdots, A_n$ 是相互独立的,则

$$P(A_1, A_2, \cdots, A_n) = P(A_1)P(A_2) \cdots P(A_n).$$

例 1　有 100 件产品,其中有 5 件不合格品,从中连续抽取两次,每次抽取一件,

(1) 如果取后不放回,求两次都取得合格品的概率;

(2) 如果取后放回,求两次都取得合格品的概率.

解：设 $A_i = \{$第 i 次取得合格品$\}$,$(i = 1, 2)$,

(1) 如果取后不放回,则有

$$P(A_1) = \frac{95}{100}, \quad P(A_2|A_1) = \frac{94}{99}.$$

于是两次都取得合格品的概率为

$$P(A_1 A_2) = P(A_1)P(A_2|A_1) = \frac{95}{100} \times \frac{94}{99} \approx 0.902;$$

(2) 如果取后放回,则事件 A, B 是相互独立的,于是两次都取得合格品的概率为

$$P(A_1A_2)=P(A_1)P(A_2)=\frac{95}{100}\times\frac{95}{100}\approx0.9025.$$

例 2 如图 12.4−1 所示的线路中,元件 a 发生故障的概率为 0.08;元件 b 发生故障的概率为 0.05,而元件 a,b 发生故障是相互独立的,求线路中断的概率.

解法一:设 $A=\{$元件 a 发生故障$\}$,$B=\{$元件 b 发生故障$\}$,$C=\{$线路中断$\}$,则 $C=A+B$,且事件 A,B 相互独立,由公式得

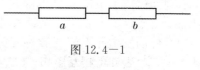

图 12.4−1

$$P(C)=P(A+B)=P(A)+P(B)-P(AB)$$
$$=P(A)+P(B)-P(A)P(B)$$
$$=0.08+0.05-0.08\times0.05=0.126.$$

解法二:$\overline{C}=\overline{A+B}=\overline{A}\ \overline{B}$,且事件 $\overline{A}$ 与 $\overline{B}$ 相互独立,
$$P(C)=1-P(\overline{C})=1-P(\overline{A}\ \overline{B})=1-P(\overline{A})P(\overline{B})$$
$$=1-(1-0.08)\times(1-0.05)=0.126.$$

12.4.2　贝努利概型

对许多随机试验来说,关心的是某事件 A 是否发生,例如,射手向目标射击,注意的是目标是否被击中,产品抽样检查时,注意的是抽出的产品是否是次品,等等.这类试验有其共同点:每次试验只有两个结果 A 和 $\overline{A}$,将试验独立地进行 n 次,则称为 n 重贝努利试验,此类试验的概率模型称为贝努利概型.

定理 12.4.1 若已知 $P(A)=p$,$0<p<1$,则 n 重贝努利试验中事件 A 发生 k 次的概率为
$$P_n(k)=C_n^k p^k q^{n-k},\quad(k=0,1,\cdots,n),\ p+q=1.$$

事实上,A 在指定的 k 次试验中发生,在其余 $n-k$ 次试验中不发生的概率为 $p^k(1-p)^{n-k}$,又 A 发生可以是 n 次试验中的任意 k 次,有 C_n^k 种情况,所以 n 次贝努利试验中事件 A 发生 k 次的概率为 $C_n^k p^k(1-p)^{n-k}$.

例 3 一射手对一目标射击 5 次,每次射击的命中率为 0.8,求恰好命中 2 次的概率.

解:设 $A=\{$恰好命中 2 次$\}$.因为每次射击是独立的,所以此问题为 5 重贝努利概型,则
$$P(A)=P_5(2)=C_5^2(0.8)^2(0.2)^3=0.0512.$$

例 4 设每个人血清中含有肝炎病毒的概率为 0.4%,混合 100 人的血清,问血清中含有肝炎病毒的概率是多少?

解:$A=\{$血清中含有肝炎病毒$\}$
$$=\{100 人中至少有一人血清中含有肝炎病毒\},$$
$$\overline{A}=\{100 人中没有人血清中含有肝炎病毒\}.$$
因每人血清中是否含有肝炎病毒是独立的,故此问题是 100 重贝努利概型,则

$$P(A)=1-P(\overline{A})=1-P_{100}(0)=1-C_{100}^0(0.004)^0(0.996)^{100}\approx0.33.$$

可见,虽然每个人有肝炎病毒的概率很小,但是很多人的血清混合后有肝炎病毒的概率却很大.俗话说,"常在河边走,哪有不湿鞋".在实际工作中,这种效应值得充分重视.

例 5　已知每枚地对空导弹击中来犯敌机的概率为 0.96,问需要多少枚导弹才能保证至少有一枚导弹击中敌机的概率大于 0.999?

解:设有 n 枚导弹同时发射,各枚导弹是否击中敌机是独立的,可看作 n 重贝努利试验,则至少有一枚导弹击中敌机的概率为

$$1-P_n(0)=1-C_n^0(0.96)^0(0.04)^n=1-(0.04)^n.$$

由题意,要求 $1-(0.04)^n\geqslant0.999$,即 $(0.04)^n\leqslant0.001$,则 $n\geqslant3$.故需要 3 枚导弹才能有 99.9% 的概率至少有一枚击中敌机.

习题 12.4

1. 设 A,B 为两个事件,若概率 $P(A)=0.5$,$P(A+B)=0.7$,且事件 A,B 相互独立,求 $P(B)$.

2. 两射手彼此独立地同时射击同一目标,设甲射中的概率为 0.9,乙射中的概率为 0.8,求两人各发射一弹而射中目标的概率.

3. 三人独立地破译一个密码,他们能译出的概率分别为 0.2,0.3 和 0.25,问能将此密码译出的概率是多少?

4. 如图 12.4-2 三个元件 a,b,c 安置在线路中,各个元件发生故障是相互独立的,且概率分别是 0.3,0.2,0.1,求该线路由于元件发生故障而中断的概率.

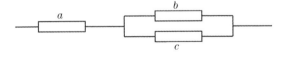

图 12.4-2

5. 一车间有 5 台同类型的且独立工作的机器,假设在任一时刻,每台机器发生故障的概率为 0.1,问在同一时刻
(1)恰有两台机器出故障的概率是多少?
(2) 至少有一台机器出故障的概率是多少?

6. 电灯泡使用寿命在 1000 小时以上的概率为 0.2,求 3 个灯泡在使用 1000 小时后,最多只有一个坏了的概率.

7. 一射手对一目标独立地射击 4 次,若至少命中一次的概率为 $\dfrac{80}{81}$,求射手每次射击的命中率.

8. 转炉炼钢,每一炉钢的合格率为 0.7,现有若干台转炉同时冶炼,若要求至少能够炼出一炉合格钢的把握为 99%,问至少要几台转炉同时炼钢?

自测题 12

一、选择题：

1.下列说法正确的是(   )；

    A. 对立事件一定是互斥事件   B. 互斥事件一定是对立事件

    C. 随机事件不能分解成其他事件的组合   D. 必然事件没有对立事件

2.设 A,B 为任意两事件，则下列说法正确的是(   )；

    A. $P(A)>0$ B. 若 $A\subset B$，则 $P(B|A)=1$

    C. 若 $A\subset B$，则 $P(A|B)=1$ D. $P(A+B)=P(A)+P(B)$

3.随意掷一枚均匀的骰子两次，则这两次出现的点数之和为 3 的概率为

    (   )；

    A. $\dfrac{2}{36}$ B. $\dfrac{3}{36}$ C. $\dfrac{4}{36}$ D. $\dfrac{5}{36}$

4.100 件产品中有 5 件次品，现从中任取 3 件，则 3 件全为正品的概率为

    (   )；

    A. $\dfrac{3}{100}$ B. $\dfrac{3}{95}$ C. $\dfrac{C_{95}^3}{C_{100}^3}$ D. $\dfrac{C_5^3}{C_{100}^3}$

5.设随机事件 A,B 互不相容，$P(A)=0.4,P(B)=0.2$，则 $P(A|B)$

    $=($)；

    A. 0   B. 0.2   C. 0.4   D. 0.5

6.设随机事件 A,B 互不相容，且 $P(A)>0,P(B)>0$，则(   )；

    A. $P(A)=1-P(B)$ B. $P(AB)=P(A)P(B)$

    C. $P(A+B)=1$ D. $P(\overline{AB})=1$

7.设随机事件 A 与 B 相互独立，$P(A)>0,P(B)>0$，则 $P(A+B)$

    $=($)；

    A. $P(A)+P(B)$ B. $P(A)P(B)$

    C. $1-P(\overline{A})P(\overline{B})$ D. $1-P(\overline{A})P(B)$

8.设甲乙两人同时向某一目标射击一次，他们的命中率分别为 $\dfrac{1}{3}$ 和 $\dfrac{1}{2}$，已

    知目标被击中，则它由甲击中的概率为(   )；

    A. $\dfrac{1}{3}$ B. $\dfrac{2}{5}$ C. $\dfrac{1}{2}$ D. $\dfrac{2}{3}$

9.某人连续向一目标射击，每次命中目标的概率为 $\dfrac{3}{4}$，他连续射击直到命

    中为止，则射击次数为 3 的概率是(   )；

    A. $\left(\dfrac{3}{4}\right)^3$ B. $\left(\dfrac{3}{4}\right)^2\times\dfrac{1}{4}$ C. $\left(\dfrac{1}{4}\right)^2\times\dfrac{3}{4}$ D. $C_4^2\left(\dfrac{1}{4}\right)^2\left(\dfrac{3}{4}\right)$

10.抛一枚不均匀的硬币，正面朝上的概率为 $\dfrac{2}{3}$，将此硬币连续抛 4 次，则

     恰好 3 次正面朝上的概率为(   )．

A. $\dfrac{8}{81}$ B. $\dfrac{32}{81}$ C. $\dfrac{8}{27}$ D. $\dfrac{3}{4}$

二、填空题:

1. 从 1,2,3,4,5 这五个数码中,任取三个排成三位数,则所得三位数是奇数的概率为_____;

2. 设袋中有 4 个白球,2 个黑球,从袋中任取 2 个球,则取得的 2 个球都是白球的概率是_____;

3. 把 3 个不同的球随机地放入 3 个不同的盒中,则出现两个空盒的概率为_____;

4. 一道数学题,甲、乙两同学各自能解出的概率分别为 0.7 和 0.8,则此题能解出的概率为_____;

5. 从一批乒乓球产品中任取 1 个,如果其质量小于 2.45g 的概率是 0.22,质量不小于 2.50g 的概率是 0.20,那么质量在 $[2.45,2.50)$g 范围内的概率为_____;

6. 设袋中有 10 个白球,3 个黑球,从袋中接连取 2 次球,每次取一个,取后不放回,则第二次取得白球的概率是_____;

7. 设 A,B 为两个事件,若概率 $P(A)=0.4,P(B)=0.3$,若事件 A,B 互斥,则 $P(A+B)=$_____;

8. 设 A,B 为两个事件,若概率 $P(A)=\dfrac{1}{4}$,$P(B)=\dfrac{2}{3}$,$P(AB)=\dfrac{1}{6}$,则 $P(A+B)=$_____;

9. 若设 A,B 为两个事件,若概率 $P(A)=0.8,P(B)=0.4,P(B|A)=0.3$,则条件概率 $P(A|B)=$_____;

10. 若 A 与 B 相互独立,且 $P(\bar{A})=0.7,P(B)=0.4$,则 $P(AB)=$_____.

三、计算题:

1. 从 20 件一等品,6 件二等品中任取 3 件产品,分别利用概率定义和概率计算公式,求其中至少有 1 件为二等品的概率.

2. 设某种产品寿命达到 2 年的概率为 0.8,寿命达到 3 年的概率为 0.4. 求该产品用到 2 年后能达到 3 年的概率.

3. 甲、乙两射手进行射击,甲击中目标的概率为 0.8,乙击中目标的概率为 0.85,甲、乙两人同时击中目标的概率为 0.68,求

   (1)至少有一人击中目标的概率;

   (2)都不命中目标的概率.

4. 设 $P(A)=0.5,P(B)=0.6,P(B|\bar{A})=0.4$,求 $P(AB)$.

四、应用题:

已知一批产品有 95% 是合格品,检查产品质量时,一个合格品被误判为次品的概率为 0.02,一个次品被误判为合格品的概率为 0.03,求:

(1)任意抽查一个产品,它被判为合格品的概率;

(2) 一个经检查被判为合格品的产品确实是合格品的概率.

第13章 随机变量及其数字特征

§13.1 离散型随机变量

13.1.1 随机变量的概念

在随机试验中,其基本事件很多都与数量有关. 例如:一次射击中,观察命中的环数,其可能结果是"中 0 环","中 1 环",…,"中 10 环",可以用变量 X 来表示这些出现的"命中环数". 即可以用 $\{X=i\}$ 表示事件"中 i 环"($i=0,1,2,\cdots,10$). "命中环数不超过 3"这一事件 A 也可以用变量 X 来表示:

$$A=\{X\leqslant3\} \text{或} A=\{X=0\}\bigcup\{X=1\}\bigcup\{X=2\}\bigcup\{X=3\}.$$

又如:在一批灯泡中任取一只,测试它的寿命,可以用变量 X 来表示灯泡的寿命,$\{X>2000\}$ 表示"灯泡寿命超过 2000 小时",可以看出 X 的可取值范围为不小于零的实数.

还有许多随机试验的基本事件,本身不表现为数量,但仍可以建立试验结果与数量的对应关系,如:"打靶的中与不中"可以约定用随机变量 $\{X=1\}$ 表示"命中",$\{X=0\}$ 表示"没命中". "观察种子发芽情况"这个随机试验可以约定用随机变量 $\{X=1\}$ 表示"发芽",$\{X=0\}$ 表示"没发芽".

这样,就把随机试验的各种结果(基本事件)和数对应起来了. 也就是说,可以用一个变量取不同的值(或范围)表示随机现象的各种结果.

定义 13.1.1 设随机试验的样本空间为 Ω,如果对于每一个结果(样本点)$\omega\in\Omega$,有一个实数 $X(\omega)$ 与之对应,这样就得到一个定义在 Ω 上的实值函数 $X=X(\omega)$,称为随机变量,随机变量通常用大写英文字母 X,Y,Z 等或用希腊字母 ξ,η 等来表示.

随机变量与普通函数有着本质的差异,它的特点是:

(1) 偶然性:在试验之前只知道它可能取值的范围,而不能预言它取什么值;

(2) 必然性:由于试验的各个结果的出现有一定的概率,于是随机变量取值可能性大小是确定的.

引入随机变量后,可以用变量、函数以及微积分等工具更深入地研究随机试验了.

例1 "掷一枚均匀骰子"是随机现象,用随机变量 X 表示出现的点数,求:

(1) X 的取值范围;

(2) $P(X\leqslant4)$ 及 $P(X<4)$;

(3) $P(X>4)$ 及 $P(2{\leqslant}X<4)$.

解:(1) X 的取值范围为 $\{1,2,3,4,5,6\}$;

(2) $\{X{\leqslant}4\}$ 表示出现的点数不超过 4,即

$$\{X{\leqslant}4\}=\{X=1\}\bigcup\{X=2\}\bigcup\{X=3\}\bigcup\{X=4\}.$$

根据概率的加法公式得

$$P(X{\leqslant}4)=P(X=1)+P(X=2)+P(X=3)+P(X=4)$$
$$=\frac{1}{6}+\frac{1}{6}+\frac{1}{6}+\frac{1}{6}=\frac{2}{3}.$$

同样

$$P(X<4)=P(X=1)+P(X=2)+P(X=3)=\frac{1}{2}.$$

(3) $P(X>4)=1-P(X{\leqslant}4)=1-\frac{2}{3}=\frac{1}{3},$

$$P(2{\leqslant}X<4)=P(X=2)+P(X=3)=\frac{1}{3}.$$

由此看来,引进随机变量就可以把对随机事件及其概率的研究转化为对随机变量的取值及其概率的研究,便于讨论随机现象的数量规律.

随机变量按其取值的情况分成两类:如果随机变量的所有可能取值能够一一列举,即所有可能取值为有限个或无限可列个,则称这种随机变量为离散型随机变量,否则称它为非离散型随机变量.

例如:用随机变量 X 表示"掷一枚均匀骰子"出现的点数,则 X 的取值范围为 $\{1,2,3,4,5,6\}$,用 Y 表示 110 报警台一天接到的报警次数,则 Y 的取值范围为 $\{0,1,2,\cdots\}$,等等,都是离散型随机变量;而如:表示"灯泡寿命"、"用电量"、"测量误差"、"候车时间"等的随机变量,它们的取值范围为某个区间,不能一一列举,都是非离散型随机变量.

13.1.2 离散型随机变量及其分布列

对于离散型随机变量 X,只知道它的所有可能取值是不够的,要掌握 X 的统计规律,还要知道 X 取每一个可能值的概率,例如,了解一名战士的实弹射击水平,用 X 表示 1 次射击命中的环数,则 X 的取值范围为 $\{0,1,2,3,4,5,6,7,8,9,10\}$,但只有这些是无法知道这名战士的射击水平的,还需知道他命中各环的可能性大小,若经过一段时间的统计得到下表:

X	0	1	2	3	4	5	6	7	8	9	10
P	0	0	0.01	0.01	0.01	0.02	0.1	0.3	0.35	0.15	0.5

则这名战士的射击水平就清楚地表示出来了.这种从概率的角度指出随机变量在随机试验中取值的分布情况,称为随机变量的概率分布.

定义 13.1.2 设 X 是离散型随机变量,如果 X 可能取的值为 x_1, $x_2,\cdots,x_n,X$ 取每一个值 x_i 的概率为 $P(X=x_i)=p_i(i=1,2,\cdots,n)$,则

X	x_1	x_2	$\cdots$	x_i	$\cdots$	x_n
P	p_1	p_2	$\cdots$	p_i	$\cdots$	p_n

称为离散型随机变量 X 的概率分布列,简称分布列(或分布律). 分布列也可简写成

$$P(X=x_i)=p_i \quad (i=1,2,\cdots,n).$$

根据概率的性质,不难得出,任意一个离散型随机变量的分布列都具有下面两个基本性质:

(1) $p_i \geqslant 0 \quad (i=1,2,\cdots,n)$;

(2) $\displaystyle\sum_{i=1}^{n} p_i=p_1+p_2+\cdots+p_n=1$ 或 $\displaystyle\sum_{i=1}^{\infty} p_i=1$.

例 2 设离散型随机变量 X 的分布列为

X	0	1	2
P	0.3	t	0.2

求常数 t.

解：由性质 2 得

$$\sum_{k=1}^{3} p_k=P(X=0)+P(X=1)+P(X=2)=0.3+t+0.2=1,$$

从而 $t=0.5$.

例 3 袋子里有 5 个同样大小的小球,编号为 $1,2,3,4,5$. 从中同时取出 3 个球,记 X 为取出球的最大编号,求 X 的分布列.

解：X 的取值范围为 $\{3,4,5\}$,且

$$P(X=3)=\frac{1}{C_5^3}=0.1（取出的为 1,2,3 号球）$$

$$P(X=4)=\frac{C_3^2}{C_5^3}=0.3（取出一个 4 号球,再从 1,2,3 号球中任取 2 个球）$$

$$P(X=5)=\frac{C_4^2}{C_5^3}=0.6（取出一个 5 号球,再从 1,2,3,4 号球中任取 2 个球）$$

则 X 的分布列为

X	3	4	5
P	0.1	0.3	0.6

例 4 已知离散型随机变量的分布列为

X	-1	0	2	3
P	0.2	0.3	0.4	0.1

求 $P\left(X \leqslant \dfrac{1}{2}\right), P\left(0<X<\dfrac{2}{5}\right), P\left(0 \leqslant X \leqslant \dfrac{5}{2}\right)$.

解：$P\left(X\leqslant\dfrac{1}{2}\right)=P(X=-1)+P(X=0)=0.2+0.3=0.5$,

$\qquad P\left(0<X<\dfrac{5}{2}\right)=P(X=2)=0.4$,

$\qquad P\left(0\leqslant X\leqslant\dfrac{5}{2}\right)=P(X=0)+P(X=2)=0.3+0.4=0.7$.

13.1.3　常见离散型随机变量的分布

1. 0−1 分布（两点分布）

如果随机变量的分布列为

X	0	1
P	q	p

其中 $0<p<1$，$p+q=1$，则称 X 服从 0−1 分布，记作 $X\sim(0,1)$ 分布，又称两点分布.

0−1 分布适用于一次试验仅有两个结果的随机现象，如一个新生儿是男是女；一次射击是否命中目标；抽一件产品是合格还是不合格等，随机变量都服从 0−1 分布.

例 5　一射手对某一目标进行射击，一次命中的概率是 0.6，求一次射击的分布列.

解：一次射击的随机现象，用 $X=1$ 表示击中目标，$X=0$ 表示没有击中目标，则 $p_1=P(X=0)=0.4$，$p_2=P(X=1)=0.6$，所以分布列为

X	0	1
P	0.4	0.6

2. 二项分布

如果随机变量 X 的分布列为

X	0	1	2	$\cdots$	k	$\cdots$	n
P	$C_n^0 q^n$	$C_n^1 pq^{n-1}$	$C_n^2 p^2 q^{n-2}$	$\cdots$	$C_n^k p^k q^{n-k}$	$\cdots$	$C_n^n p^n$

或 $p_{k+1}=P(X=k)=C_n^k p^k q^{n-k}(k=0,1,2,\cdots,n)$，其中 $0<p<1$，$p+q=1$，则称 X 服从二项分布，记为 $X\sim B(n,p)$.

二项分布适用于 n 次独立试验（贝努利概型），特别是在产品的抽样检验中有着广泛应用. 当二项分布 $n=1$ 时，即为（0−1）分布.

例 6　某人一次射击的命中率为 0.6，在 10 次射击中，求：

（1）恰有 4 次命中的概率；　　（2）最多命中 8 次的概率.

解：设 X 表示 10 次射击命中的次数，他每次射击只有两种可能："中"与"不中"，故 $X\sim B(10,0.6)$.

（1）恰有 4 次命中的概率为

$$P(X=4)=C_{10}^4(0.6)^4(1-0.6)^{10-4}\approx0.1115;$$

(2) 最多命中 8 次的概率为

$$P(0 \leqslant X \leqslant 8) = 1 - P(X > 8) = 1 - P(X = 9) - P(X = 10)$$
$$= 1 - C_{10}^9 \times 0.6^9 \times 0.4 - C_{10}^{10} \times 0.6^{10} \approx 0.9536.$$

3. 泊松(Poisson)分布

泊松定理 如果设 $\lambda > 0$ 是常数，n 是任意正整数，且 $np = \lambda$，则对于任意给定的非负整数 k，有

$$\lim_{n \to \infty} C_n^k p^k (1-p)^{n-k} = \frac{\lambda^k}{k!} e^{-\lambda}.$$

事实上，试验次数无穷大是不现实的. 不过，由泊松定理可知，当 n 很大，p 很小时，有近似计算公式

$$C_n^k p^k (1-p)^{n-k} \approx \frac{\lambda^k}{k!} e^{-\lambda},$$

其中 $\lambda = np$.

实际计算中，当 $n \geqslant 20$，$p \leqslant 0.05$ 时用上述近似公式效果颇佳，$\frac{\lambda^k}{k!} e^{-\lambda}$ 的值还可以通过查泊松分布表得到.

如果随机变量 X 的分布列为

$$P(X = k) = \frac{\lambda^k}{k!} e^{-\lambda} \quad (k = 0, 1, 2, \cdots; \lambda > 0),$$

那么则称 X 服从参数为 λ 的泊松分布，记为 $X \sim P(\lambda)$.

泊松分布适用于随机试验的次数 n 很大，每次试验事件 A 发生的概率 p 很小的情况. 例如：电话总机某段时间内的呼唤数；某段时间内进出商店的顾客数；一天内某市 110 报警台接到的报警次数等随机变量都服从泊松分布.

由泊松定理知，泊松分布是二项分布的极限分布.

例 7 电话交换台每分钟接到的呼叫次数 X 为随机变量，设 $X \sim P(3)$，求一分钟内呼叫次数不超过 1 次的概率.

解：由题意知，$\lambda = 3$，所以

$$P(X = k) = \frac{3^k}{k!} e^{-3} \quad (k = 0, 1, 2, \cdots),$$

于是

$$P(X \leqslant 1) = P(X = 0) + P(X = 1) = \frac{3^0}{0!} e^{-3} + \frac{3^1}{1!} e^{-3} \approx 0.199.$$

例 8 已知某厂生产的螺钉次品率为 1%. 任取 200 只螺钉，求其中至少有 5 只次品的概率.

解：设抽到的次品数为随机变量 X，根据实际情况，生产的螺钉数量是相当大的，抽 200 只螺钉，可以看作为 200 次独立试验，所以 $X \sim B(200, 0.01)$，这时：

$$P(X = k) = C_{200}^k (0.01)^k (0.99)^{200-k}.$$

设事件 $A = \{$抽取 200 只螺钉中，至少有 5 只次品$\}$，则

$$P(A) = P(X \geqslant 5) = 1 - P(X < 5) = 1 - \sum_{k=0}^{4} C_{200}^{k}(0.01)^k(0.99)^{200-k}.$$

可见当 n 很大时,计算二项分布 $P(X=k)=C_n^k p^k q^{n-k}$ 是十分麻烦的.

当 n 很大,p 很小时,可应用上述近似公式计算,即

$$P(A) = 1 - \sum_{k=0}^{4} \frac{(200 \times 0.01)^k}{k!} e^{-200 \times 0.01}$$

$$= 1 - e^{-2}\left(1 + 4 + \frac{4}{3} + \frac{2}{3}\right) \approx 0.052652.$$

习题 13.1

1. 设 X 表示单位时间内通过某高速收费站的汽车数量,则 X 是一个随机变量,试描述:

(1) X 的取值范围;

(2) 在单位时间内没有一辆汽车通过;

(3) 在单位时间内至少有一辆汽车通过;

(4) $X \leqslant 10$ 表示什么事件?

2. 下列表格是否满足分布列的两条性质?

(1)

X	-1	0	1	3
P	$\frac{1}{6}$	$\frac{1}{5}$	$\frac{1}{15}$	$\frac{17}{30}$

(2)

X	1	2	3	$\cdots$	k	$\cdots$
P	p	qp	$q^2 p$	$\cdots$	$q^{k-1} p$	$\cdots$

3. 设随机变量的分布列为 $P(X=k) = \dfrac{a}{N}$, $k = 1, 2, \cdots, N$,求常数 a.

4. 已知随机变量 X 的分布列为

X	-1	2	3
P	$\frac{1}{4}$	$\frac{1}{2}$	$\frac{1}{4}$

求(1) $P(X=2)$;(2) $P(X \leqslant 2)$;(3) $P(X < 2)$;(4) $P(-2 \leqslant X \leqslant 2.5)$.

5. 已知 15 件产品中有 2 件次品,现从中接连抽取三次,每次取一件,取后不放回,以 X 表示取出的次品的个数,求 X 的分布列.

6. 设事件 A 在每一次试验中发生的概率均为 0.3,当 A 发生不少于 3 次时,指示灯发出信号,

(1) 进行 5 次独立试验,求指示灯发出信号的概率;

(2) 进行 7 次独立试验,求指示灯发出信号的概率.

7. 一电话交换台每分钟收到的呼唤次数服从参数为 4 的泊松分布,求:

(1) 每分钟恰好呼唤 3 次的概率;

(2) 每分钟至少呼唤一次的概率.

8. 设 $X \sim P(\lambda)$, 已知 $P(X=1)=P(X=2)$, 求 $P(X=4)$.

§13.2 连续型随机变量

13.2.1 连续型随机变量与概率密度函数

先看一个实例.

例1 在自动车床精加工零件的外圆的过程中,随机地抽取一些样品,测量外圆直径并计算出误差;设每次取 5 个零件,共取 50 次,记录数据并分析.

用随机变量 X 表示误差值,显然 X 的取值为某个区间内的一切实数,不能一一列举.因此不能用给出分布列的方法来表示 X 的概率分布,下面从作频率直方图的方法入手来研究 X 的概率分布.

(1) 把数据分组:先找出数据中的最小值和最大值,确定组距 $=\dfrac{最大值-最小值}{n}$.为使组距取整,可用略小于最小值和略大于最大值的数值作为起止点,得到区间 $[a,b]$,再将区间 $[a,b]$ 等分成 n 组, $\dfrac{b-a}{n}$ 称为组距,若数据恰好为分点,把数据归为下一组.本例中,选取 $a=-30, b=30$,将数据分为12组,组距为5.

(2) 计算频率、频率密度:每一组区间包含的数据数称为频数,频数除以总数称为频率,频率除以组距称为频率密度.本例中,将各组的频率、频率密度列成表13.2-1.

表 13.2-1

组序	区间(单位:微米)	频数	频率 $\left(\dfrac{频数}{总数}\right)$	频率密度 $\left(\dfrac{频率}{组距}\right)$
1	$(-30, -25)$	2	0.008	0.0016
2	$[-25, -20)$	6	0.024	0.0048
3	$[-20, -15)$	11	0.044	0.0088
4	$[-15, -10)$	23	0.092	0.0184
5	$[-10, -5)$	35	0.140	0.0280
6	$[-5, 0)$	47	0.188	0.0376
7	$[0, 5)$	45	0.180	0.0360
8	$[5, 10)$	36	0.144	0.0288
9	$[10, 15)$	26	0.104	0.0208
10	$[15, 20)$	13	0.052	0.0104
11	$[20, 25)$	5	0.020	0.0040
12	$(25, 30)$	1	0.004	0.0008
总计	$(-30, 30)$	250	1.000	

（3）画出频率直方图：在直角坐标系中，以随机变量的可能取值作为横坐标，以频率密度作为纵坐标画出一系列矩形，每个矩形的底长为组距，高为频率密度；这就是频率直方图．

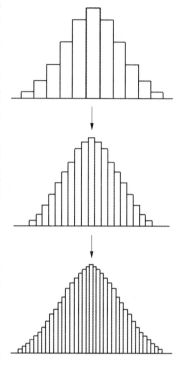

如图 13.2－1 的频率直方图中，每个矩形的面积表示随机变量落在相应那个区间内的频率，可以用来估计随机变量在那个区间内取值的概率．

把图 13.2－1 中各个小矩形的顶部中点用折线连接起来，设想如果试验的次数不断增加，并且分组愈来愈细时直方图顶部的折线便转化成一条确定的曲线 $f(x)$，$f(x)$ 表示了随机变量 X 在各个取值范围内的概率分布情况，即 X 在任意区间 $[a,b)$ 内取值的概率等于曲线在这个区间上的曲边梯形的面积，即

$$P(a \leqslant X < b) = \int_a^b f(x) \mathrm{d}x.$$

定义 13.2.1　一般地，对于随机变量 X，如果存在一个非负函数 $f(x)$，使 X 在任一区间 $[a,b)$ 内取值的概率为

$$P(a \leqslant X < b) = \int_a^b f(x) \mathrm{d}x,$$

就称 X 为连续型随机变量，$f(x)$ 为 X 的概率分布密度（简称分布密度或密度函数）．

图 13.2－1

由于频率密度的值是大于或等于零的实数，以及频率之和等于 1，因此可推得密度函数有以下两个性质：

（1）密度函数是非负函数，即 $f(x) \geqslant 0$；

（2）$\displaystyle\int_{-\infty}^{+\infty} f(x) \mathrm{d}x = 1$．

应当指出，对于连续型随机变量 X，当它取任意值 a 时，它的概率 $P(X = a) = 0$．

因为

$$0 \leqslant P(X = a) \leqslant P(a \leqslant X < a + \Delta x) = \int_a^{a+\Delta x} f(t) \mathrm{d}t,$$

两边取极限，得

$$0 \leqslant P(X = a) \leqslant \lim_{\Delta x \to 0} \int_a^{a+\Delta x} f(t) \mathrm{d}t,$$

其中 $\displaystyle\lim_{\Delta x \to 0} \int_a^{a+\Delta x} f(t) \mathrm{d}t = 0$．根据极限的存在定理，可得

$$P(X = a) = 0.$$

由此可以得到

$$P(a{\leqslant}X{<}b)=P(a{\leqslant}X{\leqslant}b)=P(a{<}X{\leqslant}b)=P(a{<}X{<}b)=\int_a^b f(x)\mathrm{d}x.$$

注:这个性质离散型随机变量没有.

例2 设连续型随机变量 X 的密度函数为 $f(x)=\begin{cases}Ae^{-5x}, & x{>}0, \\ 0, & x{\leqslant}0.\end{cases}$

求:(1) 常数 A； (2) $P(X{>}0.2)$.

解:(1) 因为 $\int_{-\infty}^{+\infty}f(x)\mathrm{d}x=1$,所以有

$$\int_{-\infty}^{+\infty}f(x)\mathrm{d}x=\int_{-\infty}^0 0\mathrm{d}x+\int_0^{+\infty}Ae^{-5x}\mathrm{d}x=0+\left[-\frac{A}{5}e^{-5x}\right]_0^{+\infty}=\frac{A}{5}=1,$$

即 $A=5$；

(2) $P(X{>}0.2)=\int_{0.2}^{+\infty}5e^{-5x}\mathrm{d}x=\left[-e^{-5x}\right]_{0.2}^{+\infty}=e^{-1}{\approx}0.368.$

13.2.2 常见连续型随机变量的分布

1. 均匀分布

如果随机变量 X 的可取值范围是有限区间 $[a,b]$,并且落在区间 $[a,b]$ 中的任一子区间的概率与这个子区间的长度成正比,而与该子区间的位置无关.则称这个随机变量 X 在 $[a,b]$ 上服从均匀分布,简记为 $X{\sim}U(a,b)$.

它的密度函数为

$$f(x)=\begin{cases}\dfrac{1}{b-a}, & a{\leqslant}x{\leqslant}b, \\ 0, & \text{其他}.\end{cases}$$

均匀分布适用于概率密度相等的连续型随机变量分布.

例3 设电阻的阻值 X 是一个随机变量,均匀分布在 $90\sim110\Omega$ 上,求 X 的密度函数及 X 落在 $[95,105]$ 内的概率.

解:根据题意,电阻值 X 的密度函数为

$$f(x)=\begin{cases}\dfrac{1}{110-90}, & 90{\leqslant}x{\leqslant}110, \\ 0, & \text{其他},\end{cases}$$

即

$$f(x)=\begin{cases}\dfrac{1}{20}, & 90{\leqslant}x{\leqslant}110, \\ 0, & \text{其他},\end{cases}$$

所以

$$P(95{\leqslant}x{\leqslant}110)=\int_{95}^{105}\frac{1}{20}\mathrm{d}x=0.5.$$

2. 指数分布

若随机变量 X 的密度函数为 $f(x)=\begin{cases}\lambda e^{-\lambda x}, & x{>}0, \\ 0, & x{\leqslant}0,\end{cases}$ 其中 $\lambda{>}0$ 为常数,则称 X 服从参数为 λ 的指数分布,简记为 $X{\sim}E(\lambda)$.

指数分布常被用作各种"寿命"的分布,如动物的寿命、电子元件的使

用寿命. 另外, 顾客在某一服务系统接受服务的时间、电话的通话时间等都可假定服从指数分布.

例 4 某灯泡寿命 X 服从参数 $\lambda\left(\dfrac{1}{\lambda}=1000\text{ 小时}\right)$ 的指数分布, 若随机抽取三个这样的灯泡, 问使用 1000 小时后, 都没有损坏的概率是多少?

解: 因为 $X \sim E\left(\dfrac{1}{1000}\right)$, 所以一只灯泡使用 1000 小时后没有损坏的概率为

$$P(X>1000)=\int_{1000}^{+\infty}\frac{1}{1000}\mathrm{e}^{-\frac{1}{1000}x}\mathrm{d}x=\left[-\mathrm{e}^{-\frac{1}{1000}x}\right]_{1000}^{+\infty}=\mathrm{e}^{-1}.$$

各灯泡寿命是相互独立的, 所以都没有损坏的概率为

$$P_3(3)=\mathrm{C}_3^3(\mathrm{e}^{-1})^3(1-\mathrm{e}^{-1})^0=\mathrm{e}^{-3}.$$

3. 正态分布

如果连续型随机变量 X 的密度函数为

$$f(x)=\frac{1}{\sqrt{2\pi}\sigma}\mathrm{e}^{-\frac{(x-\mu)^2}{2\sigma^2}}\quad(-\infty<x<+\infty),$$

其中 $-\infty<\mu<+\infty, \sigma>0$ 为常数, 则称随机变量 X 服从参数为 μ 和 σ^2 的正态分布, 简记为 $X \sim N(\mu,\sigma^2)$.

正态分布的密度函数 $f(x)$ 的图像简称为正态曲线. 图 13.2-2 中绘出的三条正态曲线, 它们的 μ 都等于零, σ 分别大于 1, 等于 1, 小于 1; 图 13.2-3 中绘出的三条正态曲线, 它们的 μ 都等于 3, σ 分别大于 1, 等于 1, 小于 1.

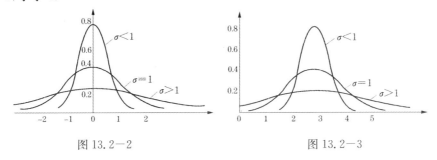

图 13.2-2　　　　　　　　　　　图 13.2-3

从图中可以看出, 正态曲线具有以下的特点:

(1) 曲线位于 x 轴的上方, 关于直线 $x=\mu$ 轴对称, 它向左向右对称地无限伸延, 并且以 x 轴为渐近线;

(2) 当 $x=\mu$ 时取得最大值 $\dfrac{1}{\sqrt{2\pi}\sigma}$, 当 x 向左右远离 μ 时, 曲线逐渐降低, 整条曲线呈现"中间高, 两边低"的"钟形";

(3) 当 μ 一定时, σ 愈小, 曲线愈"高瘦"(即分布愈集中于 μ 的附近); σ 愈大, 曲线愈"矮胖"(即分布愈分散).

正态分布是最常见的一种分布, 在实际问题中, 许多随机变量服从或近似服从正态分布. 例如, 测量的误差、某地区成年人的身高、某地区的年

降水量等都服从正态分布.

参数 $\mu=0,\sigma=1$ 的正态分布称为标准正态分布,简记为 $X\sim N(0,1)$.

标准正态分布的密度函数为

$$\varphi(x)=\frac{1}{\sqrt{2\pi}}e^{-\frac{x^2}{2}} \quad (-\infty<x<+\infty).$$

记

$$\Phi(x)=P(X<x)=\int_{-\infty}^{x}\varphi(t)\mathrm{d}t=\int_{-\infty}^{x}\frac{1}{\sqrt{2\pi}}e^{-\frac{t^2}{2}}\mathrm{d}t,$$

故由定积分的性质知,对任意 $a<b$,有公式

$$P(a<X<b)=\int_{a}^{b}\frac{1}{\sqrt{2\pi}}e^{-\frac{x^2}{2}}\mathrm{d}x=\int_{-\infty}^{b}\frac{1}{\sqrt{2\pi}}e^{-\frac{x^2}{2}}\mathrm{d}x-\int_{-\infty}^{a}\frac{1}{\sqrt{2\pi}}e^{-\frac{x^2}{2}}\mathrm{d}x$$

$$=\Phi(b)-\Phi(a).$$

作为这个公式的特殊情况,有

$$P(X<b)=\int_{-\infty}^{b}\frac{1}{\sqrt{2\pi}}e^{-\frac{x^2}{2}}\mathrm{d}x=\Phi(b),$$

$$P(X>a)=\int_{a}^{+\infty}\frac{1}{\sqrt{2\pi}}e^{-\frac{x^2}{2}}\mathrm{d}x=1-\Phi(a).$$

为了计算方便,人们编制了标准正态分布表(参见书后附表 1),通过查表就可获得 $\Phi(x)=\int_{-\infty}^{x}\frac{1}{\sqrt{2\pi}}e^{-\frac{t^2}{2}}\mathrm{d}t$ 的数值.

例 5 已知 X 服从标准正态分布 $N(0,1)$,查表求:

(1) $P(X\leqslant1.5)$;　　(2) $P(0.5<X\leqslant0.9)$;　　(3) $P(X>1.5)$.

解:(1) $P(X\leqslant1.5)=\Phi(1.5)=0.9932$;

(2) $P(0.5<X\leqslant0.9)=P(X\leqslant0.9)-P(X\leqslant0.5)$

$=\Phi(0.9)-\Phi(0.5)=0.8159-0.6915=0.1244$;

(3) $P(X>1.5)=1-P(X\leqslant1.5)=1-\Phi(1.5)=0.0668$.

标准正态分布表中,x 的取值范围为 $0\sim3.9$,可见 $\Phi(3)=0.9987$,说明服从标准正态分布的随机变量的取值落在 $[-3,3]$ 内几乎是肯定的,这个性质称为正态分布的"3σ 原则".

当 X 的取值为负时,可利用以下公式计算

$$\Phi(-a)=1-\Phi(a).$$

这个性质从几何上看是非常明显的,从图 13.2—4 中可看出,$X=-a$ 左边曲边梯形面积为

$$S_1=\int_{-\infty}^{a}f(x)\mathrm{d}x=\Phi(-a),$$

$X=a$ 右边曲边梯形的面积为

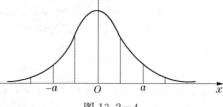

图 13.2—4

$$S_2=\int_{a}^{+\infty}f(x)\mathrm{d}x=1-\Phi(a).$$

由于概率密度函数 $\varphi(x)$ 关于 y 轴对称,所以 $S_1=S_2$,即

$$\Phi(-a)=1-\Phi(a).$$

定理 13.2.1 如果 $X \sim N(\mu, \sigma^2)$,设 $Y = \dfrac{X-\mu}{\sigma}$,则 $Y \sim N(0,1)$.

随机变量 $Y = \dfrac{X-\mu}{\sigma}$ 称为 X 的标准化,对于任何一个服从正态分布的随机变量都可以通过此式转化为服从标准正态分布的随机变量,进而利用标准正态分布表计算.

即:如果 $X \sim N(\mu, \sigma^2)$,对任意的 $x_1 < x_2$,有

$$P(x_1 < X < x_2) = P\left(\frac{x_1-\mu}{\sigma} < \frac{X-\mu}{\sigma} < \frac{x_2-\mu}{\sigma}\right)$$

$$= P\left(\frac{x_1-\mu}{\sigma} < Y < \frac{x_2-\mu}{\sigma}\right) = \Phi\left(\frac{x_2-\mu}{\sigma}\right) - \Phi\left(\frac{x_1-\mu}{\sigma}\right).$$

例 6 设 $X \sim N(1, 2^2)$,求 $P(-2 < X < 2)$.

解:令 $Y = \dfrac{X-1}{2}$,则 $Y \sim N(0,1)$,所以

$$P(-2 < X < 2) = P\left(\frac{-2-1}{2} < Y < \frac{2-1}{2}\right)$$

$$= \Phi(0.5) - \Phi(-1.5) = \Phi(0.5) - [1 - \Phi(1.5)] = 0.6247.$$

例 7 如果 $X \sim N(0,1)$,且 $P(X < a) = 0.025$,求 a.

解:因为概率小于 0.5,则 $a < 0$. 由

$$\Phi(-a) = 1 - \Phi(a) = 1 - 0.025 = 0.975.$$

反查正态分布表得 $-a = 1.96$,故 $a = -1.96$.

例 8 测量距离时产生的随机误差 X(单位:m)服从正态分布 $N(20, 40^2)$,进行 3 次独立测量,求只有一次误差绝对值不超过 30m 的概率.

解:误差绝对值不超过 30m 的概率为

$$P(|X| \leqslant 30) = P(-30 \leqslant X \leqslant 30) = \Phi\left(\frac{30-20}{40}\right) - \Phi\left(\frac{-30-20}{40}\right)$$

$$= \Phi(0.25) - \Phi(-1.25) = \Phi(0.25) + \Phi(1.25) - 1 = 0.4931.$$

于是,3 次中只有 1 次误差绝对值不超过 30m 的概率为

$$P = C_3^1 \times 0.4931 \times (1 - 0.4931)^2 = 3 \times 0.4931 \times (0.5069)^2 = 0.3801.$$

习题 13.2

1. 当 A 为何值时,函数 $f(x) = \begin{cases} A\cos x, & -\dfrac{\pi}{2} \leqslant x \leqslant \dfrac{\pi}{2}, \\ 0, & \text{其他} \end{cases}$ 为随机变量的密度函数.

2. 若函数 $f(x) = \begin{cases} x, & 0 \leqslant x < 1, \\ 2-x, & 1 \leqslant x \leqslant 2, \\ 0, & \text{其他}. \end{cases}$

　　(1) 验证 $f(x)$ 是某个随机变量 X 的密度函数；

　　(2) 求 $P(X{\leqslant}1.5)$.

3. 已知连续型随机变量 X 服从区间 $[3,8]$ 上的均匀分布，求 $P(4{\leqslant}X{\leqslant}6)$.

4. 设 $X{\sim}U(2,5)$，现在对 X 进行 3 次独立观测，求至少有两次观测值大于 3 的概率.

5. 设修理某机器所用的时间 X 服从参数为 $\lambda=0.5$（小时）的指数分布，求当机器出现故障时，在一小时内可以修好的概率.

6. 已知连续型随机变量 $X{\sim}N(0,1)$，函数 $\varPhi(2)=0.9772$，求：

　　(1) $P(0{<}X{<}2)$；　(2) $P(X{>}2)$；　(3) $P(X{<}-2)$；　(4) $P(|X|{<}2)$.

7. 已知连续型随机变量 $X{\sim}N(1.5,4)$，求：

　　(1) $P(X{<}3.5)$；　　(2) $P(1.5{<}X{<}3.5)$；　　(3) $P(|X|{>}3)$.

8. 设 $X{\sim}N(10,2^2)$，

　　(1) 求常数 c，使得 $P(X{>}c)=P(X{\leqslant}c)$；

　　(2) 若 $P(|X-10|{>}d){<}0.1$，求常数 d 的范围.

§13.3　随机变量的分布函数

13.3.1　分布函数的概念

　　前两节，利用分布列来反映离散型随机变量的概率分布，用密度函数来反映连续型随机变量的概率分布.事实上，研究随机变量 X 的概率分布，就是分析事件 $\{a{\leqslant}X{<}b\}$ 的概率 $P\{a{\leqslant}X{<}b\}$ 的分布情况.

　　由于，

$$P(a{\leqslant}X{<}b)=P(X{<}b)-P(X{<}a),$$

并且

$$P(X{\geqslant}b)=1-P(X{<}b).$$

这样，研究 X 的概率分布规律只需研究事件 $\{X{<}x\}$ $(x\in\mathbb{R})$ 的概率

$$P(X{<}x).$$

显然，这个概率随 x 的变化而变化，所以 $P(X{<}x)$ 是 x 的一个函数.对于这样的函数给出如下的定义.

　　定义 13.3.1　设 X 为一随机变量，对每一实数 x，令

$$F(x)=P(X{<}x),　(-\infty{<}x{<}+\infty),$$

则称函数 $F(x)$ 为随机变量 X 的概率分布函数（简称 X 的分布函数）.

　　如果离散型随机变量 X 的分布列为

X	x_1	x_2	$\cdots$	x_n
P	p_1	p_2	$\cdots$	p_n

则随机变量 X 的分布函数

$$F(x)=P(X{<}x)=\sum_{x_i{<}x}p_i,$$

其中 i 是满足 $x_i < x$ 的一切 i 值.

同样,如果连续型随机变量 X 的密度函数为 $f(x)$,则随机变量 X 的分布函数为

$$F(x) = P(X < x) = \int_{-\infty}^{x} f(t)\,\mathrm{d}t.$$

例 1　设随机变量 X 的分布列为

X	0	1	2
P	0.3	0.2	0.5

求 X 的分布函数.

解:当 $x \leqslant 0$ 时,

$$F(x) = P(X < x) = 0;$$

当 $0 < x \leqslant 1$ 时,

$$F(x) = F(X < x) = P(X = 0) = 0.3;$$

当 $1 < x \leqslant 2$ 时,

$$F(x) = F(X < x) = P(X = 0) + P(X = 1) = 0.3 + 0.2 = 0.5;$$

当 $x > 2$ 时,

$$F(x) = F(X < x) = P(X = 0) + P(X = 1) + P(X = 2) = 1.$$

所以,

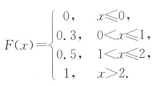

$$F(x) = \begin{cases} 0, & x \leqslant 0, \\ 0.3, & 0 < x \leqslant 1, \\ 0.5, & 1 < x \leqslant 2, \\ 1, & x > 2. \end{cases}$$

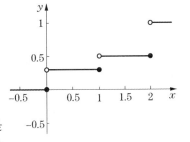

函数图像如图 13.3—1.

可见,离散型随机变量的分布函数是左连续函数,其图像呈"阶梯状",在每个分段点图像都有向上的一个"跳跃",其"跃度"恰为随机变量取该分段点值的概率.

图 13.3—1

例 2　已知连续型随机变量 X 服从 $[a, b]$ 上的均匀分布,求 X 的分布函数 $F(x)$.

解:因为 $X \sim U(a, b)$,其密度函数为

$$f(x) = \begin{cases} \dfrac{1}{b-a}, & a \leqslant x \leqslant b, \\ 0, & 其他. \end{cases}$$

当 $x < a$ 时,

$$F(x) = \int_{-\infty}^{x} f(t)\,\mathrm{d}t = \int_{-\infty}^{x} 0\,\mathrm{d}t = 0;$$

当 $a \leqslant x \leqslant b$ 时,

$$F(x) = \int_{-\infty}^{x} f(t)\,\mathrm{d}t = \int_{-\infty}^{a} f(t)\,\mathrm{d}t + \int_{a}^{x} f(t)\,\mathrm{d}t = \int_{a}^{x} \frac{1}{b-a}\,\mathrm{d}t = \frac{x-a}{b-a};$$

当 $x > b$ 时,

$$F(x) = \int_{-\infty}^{x} f(t)dt = \int_{-\infty}^{a} f(t)dt + \int_{a}^{b} \frac{1}{b-a}dt + \int_{b}^{x} f(t)dt = \int_{a}^{b} \frac{1}{b-a}dt = 1.$$

于是所求分布函数为

$$F(x) = \begin{cases} 0, & x < a, \\ \dfrac{x-a}{b-a}, & a \leqslant x \leqslant b, \\ 1, & x > b. \end{cases}$$

13.3.2　分布函数的性质

分布函数 $F(x)$ 有以下基本性质:

(1) $F(x)$ 是非减函数,即当 $x_1 < x_2$ 时,$F(x_1) \leqslant F(x_2)$. 事实上,由于 $F(x_2) - F(x_1) = P(x_1 \leqslant X < x_2) \geqslant 0$;

(2) $0 \leqslant F(x) \leqslant 1$ 且 $F(-\infty) = \lim\limits_{x \to -\infty} F(X) = 0$,$F(+\infty) = \lim\limits_{x \to +\infty} F(X) = 1$. 事实上,由于 $F(x) = P(X < x)$,所以 $0 \leqslant F(x) \leqslant 1$;

(3) $F(x)$ 是左连续的,即 $F(x_0 - 0) = F(x_0)$. 事实上,当 $x < x_0$ 时,

$$\lim_{x \to x_0^-} P(x \leqslant X < x_0) = \lim_{x \to x_0^-} [F(x_0) - F(x)] = F(x_0) - \lim_{x \to x_0^-} F(x),$$

上式当 $x \to x_0^-$ 时,区间 $[x, x_0]$ 的长度趋于零,X 落入这个区间的概率趋向于 0. 即 $\lim\limits_{x \to x_0^-} P(x \leqslant X < x_0) = 0$,所以

$$F(x_0) = \lim_{x \to x_0^-} F(x) = F(x-0);$$

(4) 若 X 是连续型随机变量,其密度函数 $f(x)$ 在 x 处连续,则变上限积分 $\int_{-\infty}^{x} f(t)dt$ 的导数存在,且等于 $f(x)$,所以

$$F'(x) = f(x).$$

因而,$P(a \leqslant X < b) = \int_{a}^{b} f(x)dx = F(b) - F(a)$,利用此公式在已知随机变量 X 的分布函数时,可以直接利用分布函数值求概率,从而避免了求积分. 尤其是标准正态分布,人们已经制作了标准正态分布表供查阅分布函数值 $\Phi(x)$. 另外应该熟记均匀分布和指数分布的分布函数.

例 3　已知随机变量 X 的分布函数为 $F(x) = \begin{cases} 1 - e^{-\lambda x}, & x > 0, \\ 0, & x \leqslant 0, \end{cases}$ 求其密度函数.

解:由于 X 为连续型随机变量,所以 $F'(x) = f(x)$.

当 $x \leqslant 0$ 时,$F'(x) = 0$;

当 $x > 0$ 时,$F'(x) = (1 - e^{-\lambda x})' = -e^{-\lambda x} \times (-\lambda) = \lambda e^{-\lambda x}$,

即 X 的密度函数为 $f(x) = \begin{cases} \lambda e^{-\lambda x}, & x > 0, \\ 0, & x \leqslant 0. \end{cases}$

可见,该题的 $F(x)$ 就是指数分布的分布函数.

例 4 已知随机变量 X 的分布函数为

$$F(x) = A + B \arctan x \quad (-\infty < x < +\infty),$$

求:(1) 系数 A 和 B;(2) X 落在区间 $[-1, 1)$ 内的概率;(3) 随机变量 X 的密度函数.

解:(1) 由 $F(-\infty) = 0$ 及 $F(+\infty) = 1$,得

$$\begin{cases} A + B \times \left(-\dfrac{\pi}{2}\right) = 0, \\ A + B \times \left(\dfrac{\pi}{2}\right) = 1, \end{cases} \Rightarrow \begin{cases} A = \dfrac{1}{2}, \\ B = \dfrac{1}{\pi}, \end{cases}$$

所以

$$F(x) = \frac{1}{2} + \frac{1}{\pi} \arctan x \quad (-\infty < x < +\infty);$$

(2) $P(-1 \leqslant X < 1) = F(1) - F(-1) = \dfrac{1}{\pi}[\arctan 1 - \arctan(-1)] = \dfrac{1}{2};$

(3) X 的密度函数

$$f(x) = F'(x) = \frac{1}{\pi} \cdot \frac{1}{1 + x^2} \quad (-\infty < x < \infty).$$

习题 13.3

1. 已知离散型随机变量 X 的分布列为

X	-1	0	1
P	$\dfrac{1}{6}$	$\dfrac{1}{3}$	$\dfrac{1}{2}$

求 X 的分布函数 $F(x)$.

2. 已知连续型随机变量 X 的密度函数为 $f(x) = \begin{cases} \dfrac{1}{2}\cos x, & -\dfrac{\pi}{2} \leqslant x \leqslant \dfrac{\pi}{2}, \\ 0, & \text{其他,} \end{cases}$

求 X 的分布函数 $F(x)$.

3. 已知随机变量 X 的密度函数为 $f(x) = \begin{cases} x, & 0 \leqslant x < 1, \\ 2 - x, & 1 \leqslant x < 2, \\ 0, & \text{其他,} \end{cases}$ 求 X 的分布函数 $F(x)$.

4. 已知随机变量 X 的分布函数为 $F(x) = \begin{cases} 0, & x \leqslant -a, \\ A + B \arcsin \dfrac{x}{a}, & -a < x \leqslant a, \\ 1, & x > a, \end{cases}$

求(1) 常数 A, B;(2) $P\left(-\dfrac{a}{2} < X < \dfrac{a}{2}\right)$.

5.已知随机变量 X 的分布函数为 $F(x)=\begin{cases} 0, & x<0, \\ x^2, & 0\leqslant x\leqslant 1, \\ 1, & x>1, \end{cases}$

求(1) X 的密度函数 $f(x)$; (2) $P(0.3<X<0.7)$.

§13.4 随机变量的数字特征

随机变量的概率分布完整地描述了随机变量的统计规律,但在实际问题中寻求随机变量的分布往往是很麻烦的,而且在某些情况下,只要知道某些反映随机变量概率特征的数值就够了.把表示随机变量某些概率特征的数字称为随机变量的数字特征,本节将讨论两种常用的数字特征:数学期望(又称均值)和方差.

13.4.1 随机变量的数学期望

1. 离散型随机变量的数学期望

定义 13.4.1 如果离散型随机变量 X 的分布列是

X	x_1	x_2	$\cdots$	x_n
P	p_1	p_2	$\cdots$	p_n

则

$$x_1 p_1 + x_2 p_2 + \cdots + x_n p_n = \sum_{i=1}^{n} x_i p_i$$

称为随机变量 X 的数学期望,简称期望或均值,记为 $E(X)$,即

$$E(X) = \sum_{k=1}^{n} x_k p_k.$$

随机变量 X 的数学期望反映了 X 取值的平均状况.

从定义可知,随机变量 X 的均值是和 X 的可取值有相同的单位.

例 1 计算 $0-1$ 分布的均值.

解:因为 $0-1$ 分布的分布列为

X	0	1
P	$1-p$	p

所以 $E(X)=0\times(1-p)+1\times p=p$.

例 2 甲、乙两人打靶,所得分数各用 X,Y 表示,经过一段时间的考察,X,Y 的分布列如下:

X	1	2	3
$P(X=k)$	0.5	0.1	0.4
Y	1	2	3
$P(Y=k)$	0.1	0.6	0.3

试比较他们成绩的好坏.

解：成绩好坏,可以用随机变量 X 和 Y 的均值来比较. 因为

$$E(X)=1\times0.5+2\times0.1+3\times0.4=1.9(分)$$
$$E(Y)=1\times0.1+2\times0.6+3\times0.3=2.2(分)$$
$$E(X)<E(Y).$$

所以从均值这个意义看,甲的成绩比乙差些.

2. 连续型随机变量的数学期望

定义 13. 4. 2　如果连续型随机变量 X 的密度函数为 $f(x)$,则称广义

积分 $\int_{-\infty}^{+\infty} xf(x)\mathrm{d}x$ 为随机变量 X 的数学期望(简称期望或均值),记作

$E(X)$,即

$$E(X)=\int_{-\infty}^{+\infty} xf(x)\mathrm{d}x.$$

例 3　设 X 服从 $[a,b]$ 上的均匀分布,求 $E(X)$.

解：X 的密度函数为 $f(x)=\begin{cases}\dfrac{1}{b-a}, & a\leqslant x\leqslant b,\\ 0, & 其他.\end{cases}$

由数学期望定义,得

$$E(X)=\int_{-\infty}^{+\infty} xf(x)\mathrm{d}x=\int_a^b \frac{x}{b-a}\mathrm{d}x=\frac{1}{b-a}\left[\frac{x^2}{2}\right]_a^b=\frac{a+b}{2}.$$

例 4　如果 X 的密度函数为 $f(x)=\begin{cases}\lambda\mathrm{e}^{-\lambda x}, & x>0,\\ 0, & x\leqslant0,\end{cases}(\lambda>0)$,求 $E(X)$.

解：$E(X)=\int_{-\infty}^{+\infty} xf(x)\mathrm{d}x=0+\int_0^{+\infty} x\lambda\mathrm{e}^{-\lambda x}\mathrm{d}x=\int_0^{+\infty} x\mathrm{d}(-\mathrm{e}^{-\lambda x})$

$$=\left[-x\mathrm{e}^{-\lambda x}\right]_0^{+\infty}+\int_0^{+\infty} \mathrm{e}^{-\lambda x}\mathrm{d}x=0+\left[-\frac{1}{\lambda}\mathrm{e}^{-\lambda x}\right]_0^{+\infty}$$

$$=0+\frac{1}{\lambda}=\frac{1}{\lambda}.$$

例 5　设连续型随机变量 X 的密度函数为 $f(x)=\begin{cases}a+bx^2, & 0\leqslant x\leqslant1,\\ 0, & 其他,\end{cases}$

已知其数学期望 $E(X)=\dfrac{3}{5}$,求常数 a,b.

解：由密度函数的性质有 $\int_{-\infty}^{+\infty} f(x)\mathrm{d}x=1$,得

$$\int_{-\infty}^{+\infty} f(x)\mathrm{d}x=\int_0^1 (a+bx^2)\mathrm{d}x=a+\frac{1}{3}b=1.$$

再计算数学期望

$$E(X)=\int_{-\infty}^{+\infty} xf(x)\mathrm{d}x=\int_0^1 x(a+bx^2)\mathrm{d}x=\frac{1}{2}a+\frac{1}{4}b,$$

所以有 $\begin{cases}a+\dfrac{1}{3}b=1,\\ \dfrac{1}{2}a+\dfrac{1}{4}b=\dfrac{3}{5},\end{cases}$　解得:$a=\dfrac{3}{5},b=\dfrac{6}{5}.$

3. 随机变量函数的数学期望

定理 13.4.1 设 $Y=g(X)$ 为随机变量 X 的函数,且 $g(X)$ 的数学期望存在,若 X 为离散型随机变量,则

$$E(Y)=\sum_{i=1}^{n} g(X_i)p_i;$$

若 X 为连续型随机变量,则

$$E(Y)=\int_{-\infty}^{+\infty} g(x)f(x)\mathrm{d}x,$$

其中 $f(x)$ 为 X 的密度函数.(证明略)

利用以上公式可以不必求出随机变量 Y 的概率分布(分布列或密度函数),而直接由 X 的概率分布来计算随机变量 Y 的数学期望,应用起来比较方便.

特别地,

$$E(X^2)=\sum_{i=1}^{n} x_i^2 p_i \quad 或 \quad E(X^2)=\int_{-\infty}^{+\infty} x^2 f(x)\mathrm{d}x.$$

4. 数学期望的性质

随机变量的数学期望都具有如下的性质:(证明略)

(1) 常数的均值仍是该常数,即

$$E(C)=C, \quad C\ 为常数;$$

(2) 常数与随机变量乘积的均值等于随机变量的均值与常数的乘积,即

$$E(CX)=CE(X), \quad C\ 为常数;$$

(3) 两随机变量和的均值等于它们均值的和,即

$$E(X+Y)=E(X)+E(Y).$$

这个性质可以推广到 n 个变量的情形中去,即对任意 n 个随机变量 $X_1,X_2,\cdots,X_n$ 都有

$$E\left(\sum_{i=1}^{n} X_i\right)=\sum_{i=1}^{n} E(X);$$

(4) 两个相互独立的随机变量积的均值等于各随机变量均值的积,即若 X,Y 是相互独立的随机变量,则 $E(XY)=E(X)E(Y).$

注:$E(XY)=E(X)E(Y)$ 是 X,Y 相互独立的必要非充分条件.

例 6 离散型随机变量 X 的概率分布如下表:

X	2	3	4
P	0.2	0.5	0.3

求随机变量 $Y=2X+3$ 的数学期望.

解法一:由定理 13.4.1,得

$$E(Y)=\sum_{i=1}^{3} (2x_i+3)p_i$$

$$= (2 \times 2 + 3) \times 0.2 + (2 \times 3 + 3) \times 0.5 + (2 \times 4 + 3) \times 0.3 = 9.2.$$

解法二: 根据数学期望的性质,得

$$E(X) = 2 \times 0.2 + 3 \times 0.5 + 4 \times 0.3 = 3.1$$

所以

$$E(Y) = E(2X + 3) = 2E(X) + 3 = 2 \times 3.1 + 3 = 9.2.$$

13.4.2　随机变量的方差

随机变量的数学期望描述其取值的集中位置,但这只是问题的一个方面,许多问题中,还要了解随机变量取值偏离其中心(均值 $E(X)$)的偏离程度,这就要研究它的方差.

1. 随机变量的方差

对任一随机变量 X,记其期望为 $E(X)$,设 $Y = X - E(X)$,称为随机变量 X 的离差,由于随机变量的离差可正可负,从总体上说正负相抵,事实上 $E(Y) = E[X - E(X)] = E(X) - E(X) = 0$,故离差的期望无法描述 X 的偏离程度,进而考虑离差平方的期望.

定义 13.4.3　如果随机变量 $[X - E(X)]^2$ 的数学期望存在,则称 $E[X - E(X)]^2$ 为随机变量 X 的方差,记为 $D(X)$.同时,称 $\sqrt{D(X)}$ 为 X 的均方差(或称标准差).

方差(或均方差)是描述随机变量取值离散程度的一个数字特征.方差小,取值集中;方差大,取值分散.

均方差的单位与随机变量的单位相同.

如果离散型随机变量 X 的分布列是 $P(X = x_k) = p_k (k = 1, 2, \cdots, n)$,则

$$D(X) = E[X - E(X)]^2 = \sum_{k=1}^{n} [x_k - E(X)]^2 p_k.$$

如果连续型随机变量 X 的密度函数为 $f(x)$,则

$$D(X) = E[X - E(X)]^2 = \int_{-\infty}^{+\infty} [x_k - E(X)]^2 f(x) \mathrm{d}x.$$

例 7　在相同的条件下,用两种方法测量某零件长度(单位:毫米),由大量测量结果得到它们的分布列如下:

长度 L	48	49	50	51	52
方法 1 的概率	0.1	0.1	0.6	0.1	0.1
方法 2 的概率	0.2	0.2	0.2	0.2	0.2

试比较哪一种方法的精确度较好?

解: 用方法 1 与方法 2 所测得的结果分别记作随机变量 X_1 与 X_2.

容易算出它们的均值都等于 50,为了比较这两种方法的精确度,就需要看哪一种方法测量的结果更集中于数学期望的附近,现在计算它们的方差

$$D(X_1) = (48-50)^2 \times 0.1 + (49-50)^2 \times 0.1 + (50-50)^2 \times 0.6$$
$$+ (51-50)^2 \times 0.1 + (52-50)^2 \times 0.1$$
$$= 1,$$
$$D(X_2) = (48-50)^2 \times 0.2 + (49-50)^2 \times 0.2 + (50-50)^2 \times 0.2$$
$$+ (51-50)^2 \times 0.2 + (52-50)^2 \times 0.2$$
$$= 2.$$

因为使用方法 1 所测得的数值与均值的偏离较小,故方法 1 较精密.

在计算方差时,用下面公式进行计算往往更为简便.

$$D(X) = E(X^2) - [E(X)]^2. \tag{1}$$

事实上,

$$E[X-E(X)]^2 = E[X^2 - 2XE(X) + (E(X))^2]$$
$$= E(X)^2 - 2E[XE(X)] + E[E(X)]^2.$$

因为 $E(X)$ 是常数,所以

$$E[E(X)] = E(X),$$

于是

$$E[X-E(X)]^2 = E(X^2) - 2E(X)E(X) + [E(X)]^2$$
$$= E(X^2) - 2[E(X)]^2 + [E(X)]^2$$
$$= E(X^2) - [E(X)]^2.$$

例 8 若 $X \sim (0-1)$ 分布,求 $D(X)$.

解:因为

$$E(X) = p, \quad E(X^2) = 0^2 \times q + 1^2 \times p = p,$$

所以根据公式(1)得

$$D(X) = E(X^2) - [E(X)]^2 = p - p^2 = p(1-p) = pq.$$

例 9 若 $X \sim U(a,b)$,求 $D(X)$.

解:因为 X 的密度函数为

$$f(x) = \begin{cases} \dfrac{1}{b-a}, & a \leqslant x \leqslant b, \\ 0, & 其他, \end{cases}$$

且已知 $E(X) = \dfrac{a+b}{2}$,又

$$E(X^2) = \int_{-\infty}^{+\infty} x^2 f(x) \mathrm{d}x = \int_a^b \frac{x^2}{b-a} \mathrm{d}x = \frac{1}{3(b-a)} x^3 \Big|_a^b$$
$$= \frac{1}{3}(a^2 + ab + b^2),$$

所以由公式(1)得

$$D(X) = E(X^2) - [E(X)]^2 = \frac{(b-a)^2}{12}.$$

几种重要的随机变量的分布及其数字特征汇总于表 13.4-1.

表 13.4－1

	分布	分布列或密度函数	期望	方差
离散型	(0－1)分布 $X \sim (0-1)$分布	$P(X=0)=q$, $P(X=1)=p$ $0<p<1$, $q=1-p$	p	pq
	二项分布 $X \sim B(n,p)$	$P(X=k)=C_n^k p^k q^{n-k}$ $p+q=1$, $k=0,1,2,\cdots$	np	npq
	泊松分布 $X \sim P(\lambda)$	$P(X=k)=\dfrac{\lambda^k}{k!}e^{-\lambda}$ $\lambda>0$, $k=0,1,2,\cdots$	λ	λ
连续型	均匀分布 $X \sim U(a,b)$	$f(x)=\begin{cases} \dfrac{1}{b-a}, & a\leqslant x\leqslant b, \\ 0, & 其他 \end{cases}$	$\dfrac{a+b}{2}$	$\dfrac{(b-a)^2}{12}$
	指数分布 $X \sim E(\lambda)$	$f(x)=\begin{cases} \lambda e^{-\lambda x}, & x>0, \\ 0, & x\leqslant 0 \end{cases}$ $\lambda>0$	$\dfrac{1}{\lambda}$	$\dfrac{1}{\lambda^2}$
	正态分布 $X \sim N(\mu,\sigma^2)$	$f(x)=\dfrac{1}{\sqrt{2\pi}\sigma}e^{-\frac{(x-\mu)^2}{2\sigma^2}}$ $-\infty<\mu<+\infty$, $\sigma>0$	μ	σ^2

2. 方差的性质

离散型或连续型随机变量的方差都具有以下性质:(证明略)

(1) $D(C)=0$, $D(X+C)=D(X)$, (C 为常数);

(2) $D(CX)=C^2 D(X)$, (C 为常数);

(3) $D(X+Y)=D(X)+D(Y)$, (X,Y 相互独立).

这个性质也可以推广到 n 个变量的情形中去,即对任意 n 个相互独立的随机变量 $X_1,X_2,\cdots,X_n$,都有

$$D\left(\sum_{i=1}^{n} X_i\right) = \sum_{i=1}^{n} D(X_i).$$

例 10 已知 $X \sim N(1,2)$, $Y \sim N(2,2)$, X,Y 为相互独立,求 $X-2Y+3$ 的均值和方差.

解:因为

$$E(X)=1, \quad E(Y)=2, \quad D(X)=2, \quad D(Y)=2,$$
$$E(X-2Y+3)=E(X)-2E(Y)+3=1-4+3=0,$$
$$D(X-2Y+3)=D(X)+4D(Y)+0=2+8=10.$$

习题 13.4

1.已知离散型随机变量 X 的概率分布列为

X	1	2	3
P	0.5	0.25	0.25

求 $E(X),D(X)$.

2.设随机变量 X 的分布律为

X	-1	0	1
P	$\frac{1}{3}$	$\frac{1}{3}$	$\frac{1}{3}$

记 $Y=X^2$,求(1) $E(X),E(Y)$;　(2) $D(X),D(Y)$.

3.设随机变量 X 的概率密度为 $f(x)=\begin{cases} 2\mathrm{e}^{-2x}, & x>0, \\ 0, & x\leqslant 0, \end{cases}$ 求 $E(X),D(X)$.

4.已知随机变量 X 的分布函数为 $F(x)=\begin{cases} 0, & x<0, \\ \dfrac{x}{4}, & 0\leqslant x<4, \\ 1, & x\geqslant 4, \end{cases}$ 求 $E(X)$, $D(X)$.

5.若连续型随机变量 X 的密度函数为 $f(x)=\begin{cases} 2x, & 0<x<1, \\ 0, & \text{其他}, \end{cases}$

(1) 求 $E(X),D(X)$;　(2) 令 $Y=\dfrac{X-E(X)}{\sqrt{D(X)}}$,求 $E(Y),D(Y)$.

6.设随机变量 X 的概率密度 $f(x)=\begin{cases} x, & 0\leqslant x<1, \\ 2-x, & 1\leqslant x<2, \\ 0, & \text{其他}, \end{cases}$

求:(1) $E(X)$, $D(X)$;　(2) $E(X^n)$,其中 n 为正整数.

7.已知随机变量 X 的数学期望 $E(X)=-2$,方差 $D(X)=5$.求 $E(5X-2)$, $D(-2X+5)$.

8.已知 $X\sim N(1,2),Y\sim N(2,1)$,且 X 与 Y 相互独立.求 $E(3X-Y+4)$ 和 $D(X-Y)$.

自测题 13

一、选择题:

1.设随机变量 $X\sim B(4,0.2)$,则 $P(X>3)=($ 　　);
　A. 0.0016　　B. 0.0272　　C. 0.406　　　　D. 0.8192

2.设随机变量 X 的概率密度 $f(x)=\begin{cases} \dfrac{a}{x^2}, & x>10, \\ 0, & x\leqslant 10, \end{cases}$ 则常数 $a=($ 　　);

　A. -10　　B. $-\dfrac{1}{500}$　　C. $\dfrac{1}{500}$　　D. 10

3.如果函数 $f(x)=\begin{cases} x, & a\leqslant x\leqslant b, \\ 0, & \text{其他} \end{cases}$ 是某连续型随机变量 X 的概率密度,则区间 $[a,b]$ 可以是(　　);

　A. $[0,1]$　　B. $[0,2]$　　　C. $[0,\sqrt{2}]$　　D. $[1,2]$

4. 设随机变量 X 的取值范围是 $[-1,1]$, 以下函数可以作为 X 的概率密度的是(　　);

A. $f(x)=\begin{cases}\dfrac{1}{2}, & -1<x<1,\\ 0, & 其他\end{cases}$　　　　B. $f(x)=\begin{cases}2 & -1<x<1,\\ 0, & 其他\end{cases}$

C. $f(x)=\begin{cases}x, & -1<x<1,\\ 0, & 其他\end{cases}$　　　　D. $f(x)=\begin{cases}x^2 & -1<x<1,\\ 0, & 其他\end{cases}$

5. 设连续型随机变量 X 的概率密度为 $f(x)=\begin{cases}\dfrac{x}{2}, & 0<x<2,\\ 0, & 其他,\end{cases}$

则 $P\{-1<X<1\}=(\quad)$;

A. 0　　　　　　B. 0.25　　　　　　C. 0.5　　　　　　D. 1

6. 设随机变量 X 的分布律为

X	1	2	3
P	0.2	0.3	0.5

记 X 的分布函数为 $F(x)$, 则 $F(2)=(\quad)$;

A. 0.2　　　　　B. 0.3　　　　　C. 0.5　　　　　D. 1

7. 下列各函数中是随机变量分布函数的为(　　);

A. $F_1(x)=\dfrac{1}{1+x^2}$, $-\infty<x<+\infty$

B. $F_2(x)=\begin{cases}0, & x\leqslant 0,\\ \dfrac{x}{1+x}, & x>0\end{cases}$

C. $F_3=\mathrm{e}^{-x}$, $-\infty<x<\infty$

D. $F_4(x)=\dfrac{3}{4}+\dfrac{1}{2\pi}\arctan x$, $-\infty<x<\infty$

8. 设随机变量 X 的概率密度为 $f(x)=\dfrac{1}{2\sqrt{2\pi}}\mathrm{e}^{-\frac{(x+1)^2}{8}}$, 则 $X\sim(\quad)$;

A. $N(-1,2)$　　B. $N(-1,4)$　　　C. $N(-1,8)$　　　　D. $N(-1,16)$

9. 设随机变量 X 服从参数为 0.5 的指数分布,则下列各项中正确的是(　　);

A. $E(X)=0.5, D(X)=0.25$　　B. $E(X)=2, D(X)=4$

C. $E(X)=0.5, D(X)=4$　　　　D. $E(X)=2, D(X)=0.25$

10. 设随机变量 X,Y 相互独立,且 $X\sim B(16,0.5)$, Y 服从参数为 9 的泊松分布,则 $D(X-2Y+1)=(\quad)$.

A. -14　　　　B. 13　　　　　C. 40　　　　　D. 41

二、填空题:

1. 一个袋中装有 5 个白球和 5 个黑球,从中任取 3 个,其中所含白球的个数记作 X;则 X 的取值范围是_____.

2. 已知随机变量 X 的分布律为

X	2	3	4	5
Y	0.1	0.3	a	0.3

则常数 $a=$＿＿＿＿＿＿.

3. 抛硬币 5 次,记其中正面朝上的次数为 X,则 $P\{X\leqslant 4\}=$＿＿＿＿＿＿.

4. 设 X 服从参数为 λ $(\lambda>0)$ 的泊松分布,且 $P\{X=0\}=\dfrac{1}{2}P\{X=2\}$,则 $\lambda=$

＿＿＿＿＿＿.

5. 设随机变量 X 的分布函数为 $F(x)=\begin{cases}0, & x<a, \\ 0.4, & a\leqslant x<b, \\ 1, & x\geqslant b,\end{cases}$ 其中 $0<a<b$,则

$P\left\{\dfrac{a}{2}<X<\dfrac{a+b}{2}\right\}=$＿＿＿＿＿＿.

6. 设随机变量 X 的概率密度为 $f(x)=\begin{cases}\dfrac{1}{2a}, & -a<x<a, \\ 0, & 其他,\end{cases}$ 其中 $a>0$,要使

$P\{x>1\}=\dfrac{1}{3}$,则常数 $a=$＿＿＿＿＿＿.

7. 设随机变量 $X\sim N(0,1)$,$\Phi(x)$ 为其分布函数,则 $\Phi(x)+\Phi(-x)$

$=$＿＿＿＿＿＿.

8. 设 $X\sim N(2,4)$,则 $P\{X\leqslant 2\}=$＿＿＿＿＿＿.

9. 设 $X\sim N(5,9)$,已知标准正态分布函数值 $\Phi(0.5)=0.6915$,为使

$P\{X<a\}<0.6915$,则常数 $a<$＿＿＿＿＿＿.

10. 设随机变量的分布律为

X	-1	0	1	2
P	0.1	0.2	0.3	0.4

令 $Y=2X+1$,则 $E(Y)=$＿＿＿＿＿＿.

11. 设随机变量 X,Y 相互独立,且 $D(X)=D(Y)=1$,则 $D(X-Y)$

$=$＿＿＿＿＿＿.

12. 已知随机变量 X 服从参数为 2 的泊松分布,$E(X^2)=$＿＿＿＿＿＿.

三、计算题:

1. 袋子中有 2 个白球 3 个红球,现从袋中随机地抽取 2 个球,以 X 表示取到红球个数,求 X 的分布列.

2. 设离散型随机变量 X 服从参数为 λ $(\lambda>0)$ 的泊松分布,且已知 $P(X=0)$

$=\dfrac{1}{e}$,求(1)参数 λ 的值;(2) 概率 $P(X=3)$.

3. 若 $X\sim f(x)=\begin{cases}2x, & 0<x<1, \\ 0, & 其他,\end{cases}$

求(1) $P(X)<0.5$;(2) $P(0.2\leqslant X\leqslant 0.8)$.

4. 查表求值:

(1) 设 $X \sim N(0,1)$，求 $P(X<2.4)$，$P(X \leqslant 2.4)$，$P(-1<X<2.4)$，$P(X \geqslant -2)$；

(2) 设 $X \sim N(1,4^2)$，求 $P(X<2.4)$，$P(X \leqslant 2.4)$，$P(-1<X<2.4)$，$P(X \geqslant -2)$.

5. 设连续型随机变量 X 的分布函数为 $F(x) = \begin{cases} \dfrac{1}{3}e^x, & x<0, \\ \dfrac{1}{3}(x+1), & 0 \leqslant x < 2, \\ 0, & x \geqslant 2, \end{cases}$

求 X 的概率密度 $f(x)$.

6. 设离散型随机变量 X 的分布列为

X	-1	0	1	2
P	0.2	0.4	0.1	0.3

求：$E(X)$，$D(X)$.

7. 设连续型随机变量 X 的密度函数为

$$f(x) = \begin{cases} 3x^2, & 0 \leqslant x \leqslant 1, \\ 0, & \text{其他}, \end{cases}$$

求：$E(X)$，$D(X)$.

8. 已知离散型随机变量 X 的分布函数为

$$F(x) = \begin{cases} 0, & x \leqslant 0, \\ a, & 0<x \leqslant 1, \\ 0.5 & 1<x \leqslant 2, \\ 1 & x>2, \end{cases} \quad \text{且 } E(X) = \frac{4}{3},$$

求：(1) 常数 a； (2) X 的分布列； (3) $D(X)$.

四、应用题：

1. 某大学男生体重是一个连续型随机变量，它服从参数 $\mu=58\text{kg}$，$\sigma=2\text{kg}$ 的正态分布. 现从该校任选一位男生，求他体重在 $55\sim60\text{kg}$ 之间的概率.

2. 已知某种类型电子元件的寿命 X（单位：小时）服从指数分布，它的概率密度为 $f(x) = \begin{cases} \dfrac{1}{2000}e^{-\frac{x}{2000}}, & x>0, \\ 0, & x \leqslant 0, \end{cases}$ 一台仪器装有 4 个此种类型的电子元件，其中任意一个损坏时仪器便不能正常工作，假设 4 个电子元件损坏与否互相独立，试求：

(1) 一个此种类型电子元件能工作 2000 小时以上的概率 p_1；

(2) 一台仪器能正常工作 2000 小时以上的概率 p_2.

习题参考答案

第1章 函数 极限 连续

习题1.1

1. (1) √； (2) ×； (3) ×； (4) ×； (5)×.
2. (1) $(-\infty,0)\bigcup(0,3]$； (2) 0； (3) $16x-7$； (4) $[-1,0)\bigcup(0,1]$； (5)π.
3. (1) $(-3,3]$； (2) $[-2,1)$； (3) $[-2,1)$； (4) $\left[-\dfrac{1}{3},1\right]$.
4. (1) 略； (2) $(-\infty,0)\bigcup(0,4]$； (3) $-\dfrac{1}{2},\dfrac{3}{4},0,-1$.
5. (1) 非奇非偶函数； (2) 奇函数； (3) 偶函数； (4) 奇函数.
6. 在$[0,+\infty)$上是单调递增的和有界的.
7. (1) $y=\dfrac{1-x}{1+x}$ $(x\neq-1)$； (2) $y=\log_2(x-1)$ $(x>1)$.
8. (1) $y=u^{\frac{1}{2}}$，$u=\ln v$，$v=x^{\frac{1}{2}}$； (2) $y=3^u$，$u=v^2$，$v=4x+1$；

   (3) $y=\sin u,u=\mathrm{e}^v,v=2x$； (4) $y=u^3,u=\cos v,v=\dfrac{x}{2}$.

习题1.2

1. (1) B； (2) D； (3) A； (4) B； (5)A.
2. (1) 0； (2) 1； (3) 1； (4)发散.
3. (1) 4； (2) 不存在； (3) 不存在； (4) 0.
4. 1.
5. $\lim\limits_{x\to3^-}f(x)=3$，$\lim\limits_{x\to3^+}f(x)=0$，$\lim\limits_{x\to3}f(x)$不存在.
6. $\lim\limits_{x\to0}f(x)=-1$，$\lim\limits_{x\to1}f(x)$不存在，$\lim\limits_{x\to2}f(x)$不存在.

习题1.3

1. (1) ×； (2) ×； (3) ×； (4) ×； (5)×.
2. (1) $-\dfrac{3}{2}$； (2) 4； (3) 0； (4) 0； (5) $\dfrac{1}{2}$； (6) 2； (7) -2；

   (8) 1； (9) $\dfrac{1}{2}$.
3. 0,6.
4. (1) a； (2) $\dfrac{1}{2}$； (3) $\dfrac{2}{3}$； (4) 0； (5) 1； (6) 1； (7) $\dfrac{1}{e}$；

   (8) e^2； (9)e^2； (10) $\mathrm{e}^{\frac{5}{3}}$； (11) $-\dfrac{1}{2}$； (12) e^3.

习题 1.4

1. (1) 无穷小； (2) 无穷小； (3) 无穷小； (4) 无穷大；
   (5) 无穷大； (6) 无穷小.

2. $x \to 1$ 时为无穷大，$x \to \infty$ 时为无穷小.

3. (1) 低阶； (2) 同阶； (3) 同阶； (4) 同阶.

4. (1) 1； (2) 0； (3) $\dfrac{m}{n}$； (4) $\dfrac{1}{2}$； (5) $\dfrac{1}{2}$； (6) $\dfrac{1}{2}$； (7) $\dfrac{1}{2}$； (8) 4.

习题 1.5

1. (1) 间断； (2) 间断； (3) 连续； (4) 在 $x=0$ 处间断，在 $x=1$ 处连续.

2. $(-\infty, 1), [1, +\infty)$.

3. (1) $x=-1$，第二类间断点的无穷间断点；
   (2) $x=1$ 和 $x=2$，$x=1$ 是第一类间断点中的可去间断点，$x=2$ 是第二类间断点中的无穷间断点；
   (3) $x=0$，第一类间断点中的跳跃间断点；(4) $x=0$，第一类间断点中的可去间断点.

4. (1) 8； (2) 1.

5. (1) 1； (2) $-\dfrac{1}{3}$； (3) 1； (4) 1.

6. 略.

自测题 1

一、选择题：
1. B； 2. C； 3. D； 4. B； 5. C； 6. A；
7. C； 8. D； 9. B； 10. A； 11. B； 12. C.

二、填空题：
1. $(-1, 0) \bigcup (0, +\infty)$； 2. $-\ln 2$； 3. $2a$； 4. 1； 5. 2； 6. $x=1$.

三、1. $-\dfrac{1}{2}$； 2. -1； 3. e^2； 4. 3

四、$x=-1$ 为第二类间断点中的无穷间断点，$x=2$ 为第一类间断点中的可去间断点.

五、设 $f(x) = \ln(x+1) - 3$ 定义域为 $(-1, +\infty)$，取区间 $[0, e^2]$，根据根的存在性定理，至少有一个正根.

第 2 章　导数与微分

习题 2.1

1. (1) $-f'(x_0)$； (2) 1； (3) $\left(\dfrac{3}{4}, \dfrac{25}{16}\right)$.

2. (1) 连续，不可导； (2) 连续，不可导.

3. (1) $y' = 4x^3$； (2) $y' = \dfrac{2}{3}x^{-\frac{1}{3}}$； (3) $y' = 1.5x^{0.5}$； (4) $y' = -\dfrac{1}{3}x^{\frac{4}{3}}$，

   (5) $y' = -5x^{-6}$； (6) $y' = \dfrac{5}{6}x^{-\frac{1}{6}}$； (7) $y' = 3^x \ln 3$； (8) $y' = -\left(\dfrac{1}{5}\right)^x \ln 5$.

4. $f'\left(\dfrac{\pi}{6}\right)=\dfrac{1}{2}$，$f'\left(\dfrac{\pi}{3}\right)=\dfrac{\sqrt{3}}{2}$.

5. 切线方程：$y-\dfrac{1}{2}=\dfrac{\sqrt{3}}{2}\left(x-\dfrac{\pi}{6}\right)$，法线方程：$y-\dfrac{1}{2}=-\dfrac{2\sqrt{3}}{3}\left(x-\dfrac{\pi}{6}\right)$.

习题 2.2

1. (1) $y'=\dfrac{2}{(1-x)^2}$；　(2) $f'(1)=\dfrac{3}{2}$；　(3) a_{n-1}；　(4) $(-2,3),(0,1)$；

(5) $-2f'(-2x)$；　(6) $\cot x$.

2. (1) $y'=8x-\dfrac{1}{x^2}$；　(2) $y'=\dfrac{3}{2}x^{\frac{1}{2}}-1$；　(3) $y'=2x-\dfrac{5}{2}x^{-\frac{7}{2}}-3x^{-4}$；

(4) $y'=2x\cos x-x^2\sin x$；　(5) $y'=a^x\mathrm{e}^x(\ln a+1)$；　(6) $y'=\dfrac{x\cos x-2\sin x}{x^3}$；

(7) $y'=\cos x-x\sin x-2\csc x\cot x$；　(8) $y'=\dfrac{2}{(\cos x-\sin x)^2}$.

3. (1) $f'(0)=1,f'(1)=2$；　(2) $f'\left(\dfrac{\pi}{2}\right)=0$；　(3) $-\dfrac{4}{9}$；

(4) $f'(1)=\dfrac{19}{16}$，$f'(2)=\dfrac{4}{3}$.

4. (1) $y'=10(2x+1)^4$；　(2) $y'=5\cos(5x+3)$；　(3) $y'=-6x\mathrm{e}^{-3x^2}$；

(4) $y'=\dfrac{2x}{1+x^2}$；　(5) $y'=-\dfrac{x}{\sqrt{a^2-x^2}}$；　(6) $y'=\dfrac{1}{2}\cot\dfrac{x}{2}$；

(7) $y'=\dfrac{2}{\sqrt{1-(2x+3)^2}}$；　(8) $y'=\dfrac{2x+1}{x^2+x+1}$；　(9) $y'=-3\sin(6x+10)$；

(10) $y'=\dfrac{x\cot\sqrt{x^2+1}}{\sqrt{x^2+1}}$；　(11) $y'=-\mathrm{e}^{-\frac{x}{2}}\left(\dfrac{1}{2}\cos 3x-3\sin 3x\right)$；

(12) $y'=2\sin\ln x$；　(13) $y'=\dfrac{\ln(1+x)}{2\sqrt{x}}$.

习题 2.3

1. (1) $y'=-\dfrac{2x+3y}{3x+2y}$；　(2) $y'=\dfrac{\cos y}{x\sin y-2y}$；　(3) $y'=-\dfrac{y^2\mathrm{e}^x}{y\mathrm{e}^x+1}$；　(4) $y'=\dfrac{x+y}{x-y}$，

(5) $y'=-\dfrac{\mathrm{e}^y+1}{x\mathrm{e}^y+1}$；　(6) $y'=\dfrac{-3\sqrt{y}}{2\sqrt{xy}+\sqrt{x}}$.

2. (1) e^{-1}；　(2) $\dfrac{5}{2}$；　(3) $\dfrac{1}{2}-\dfrac{\pi}{8}$.

3. (1) $y'=x^x(\ln x+1)$；　(2) $y'=\sin x^{\tan x}(\sec^2 x\ln x-1)$，

(3) $y'=\dfrac{\sqrt{2x+1}(x+1)^2}{(x+2)^3}\left(\dfrac{1}{2x+1}+\dfrac{2}{x+1}-\dfrac{3}{x+2}\right)$；

(4) $y'=\sqrt[3]{\dfrac{x(x+1)}{(x+2)(x+3)}}\left(\dfrac{1}{x}+\dfrac{1}{1+x}-\dfrac{1}{x+2}-\dfrac{1}{x+3}\right)$.

4. 切线方程：$x-y-2=0$，法线方程：$x+y-6=0$.

习题 2.4

1. (1) 10；　(2) $-\dfrac{1}{x^2}$；　(3) $-\sec^2 x$；　(4) $-\dfrac{1}{y^3}$.

2. (1) $y''=6x+2e^x$；　(2) $y''=4e^{2x+3}-\sin x$；　(3) $y''=\dfrac{1}{(x^2+1)^{\frac{3}{2}}}$；

　　(4) $y''=e^{x^2}(6x+4x^3)$；　(5) $y''=2\ln x+3$；　(6) $y''=2\cos 2x+18x$.

3. (1) 18；　(2) 4；　(3) $\dfrac{1}{2}$.

习题 2.5

1. (1) $f(x_0)+f'(x_0)\Delta x$；　(2) 0.3；　(3) $3\cos 3x\mathrm{d}x$；　(4) 1.02；

　　(5) $-\dfrac{1}{\omega}\cos\omega t$；　(6) $2\sqrt{x}$.

2. (1) $\mathrm{d}y=\left(-\dfrac{1}{x^2}+1\right)\mathrm{d}x$；　(2) $\mathrm{d}y=(2x\ln x+x)\mathrm{d}x$；　(3) $\mathrm{d}y=\dfrac{1}{(x^2+1)^{\frac{3}{2}}}\mathrm{d}x$；

　　(4) $\mathrm{d}y=\cot x\mathrm{d}x$；　(5) $\mathrm{d}y=\dfrac{2\ln(1-x)}{x-1}\mathrm{d}x$；

　　(6) $\mathrm{d}y=-e^x[\sin(2-x)+\cos(2-x)]\mathrm{d}x$；　(7) $\mathrm{d}y=3^{\ln\sin x}\cot x\ln 3\mathrm{d}x$；

　　(8) $\mathrm{d}y=-2\sin(4x+2)\mathrm{d}x$；　(9) $\mathrm{d}y=\dfrac{4x^3 y}{2y^2+1}\mathrm{d}x$；

　　(10) $\mathrm{d}y=-\dfrac{2x+y\cos xy}{x\cos xy+1}\mathrm{d}x$.

3. $\Delta x=0.1$ 时，$\Delta y=1.161$，$\mathrm{d}y=1.1$；$\Delta x=0.01$ 时，$\Delta y=0.110$，$\mathrm{d}y=0.11$.

4. $3.14\mathrm{cm}^2$.

5. (1) 2.72；　(2) 0.8747；　(3) 1.001；　(4) 1.0434.

自测题 2

一、填空题：

1. $2f'(x_0)$；　2. 8；　3. -6；　4. $-\dfrac{1}{1+x^2}$；　5. $\dfrac{1}{e}$；　6. 0.99.

二、选择题：

1. B；　2. D；　3. A；　4. B；　5. B；　6. A；　7. A；　8. B.

三、1. $f'(x)=2x-15\sin 3x$；　2. $-2\tan(2x-3)$；　3. $y'=e^{\sqrt{x}}\left(2\sqrt{x}-\dfrac{1}{\sqrt{x}}-1\right)$.

四、1. $\mathrm{d}y=(6x-\sin x)\mathrm{d}x$；　2. $\mathrm{d}y=\sin 2(x+1)\mathrm{d}x$；

　　3. $\mathrm{d}y=-2e^{-2x}(x^2-x+1)\mathrm{d}x$；　4. $\mathrm{d}y=\dfrac{e^y}{1-xe^y}\mathrm{d}x$.

五、0.001

六、切线方程：$y-3=\dfrac{1}{4}(x-4)$，法线方程：$y-3=-4(x-4)$.

七、$3.14\mathrm{cm}^2$.

第3章　导数的应用

习题 3.1

1. 略　　2. $\xi=4$　　3. $\xi=\dfrac{\sqrt{3}}{3}$　　4. 三个实根，区间分别在 $(0,1)$，$(1,2)$，$(2,3)$

5. 略   6. 略

习题 3.2

1. (1) 2; (2) 2; (3) $\dfrac{7}{5}$; (4) 3; (5) $\dfrac{m}{n}a^{m-n}$; (6) 0.

2. 略.   3. (1) -1; (2) 1; (3) 1; (4) 1.

习题 3.3

1. (1) 单增; (2) 单增; (3) 单减.

2. (1)单增区间:$(-\infty,-1),(3,+\infty)$,单减区间:$(-1,3)$;

   (2)单增区间:$(2,+\infty)$,单减区间:$(0,2)$;

   (3)单增区间:$(2,+\infty)$,单减区间:$(-\infty,2)$;

   (4)单增区间:$(-\infty,0),(1,+\infty)$,单减区间:$(0,1)$.

3. (1) $f_{极大}(-1)=\dfrac{5}{3}$,$f_{极小}(2)=-\dfrac{17}{6}$; (2) $f_{极小}(1)=3$;

   (3) $f_{极大}(0)=-1$; (4) $f_{极小}(e^{-1})=-e^{-1}$; (5)$f_{极大}(1)=1$.

4. (1) 在 $x=-2,x=2$ 时取最大值,$f(2)=f(-2)=13$,在 $x=-1,x=1$ 时取最小值,

   $f(-1)=f(1)=4$;

   (2) $f_{最大}(2)=\sqrt{2}$,$f_{最小}(1)=f_{最小}(3)=0$;

   (3) $f_{最大}(0)=f_{最大}(1)=0$,$f_{最小}(-1)=-2$;

   (4) $f_{最大}\left(-\dfrac{1}{2}\right)=f_{最大}(1)=\dfrac{1}{2}$,$f_{最小}(0)=0$.

5. $a=3,b=9,x=1$ 是极小值点.

6. 边长为 $5,10,5$ 时面积最大.

7. M 距 C 处 2km.

习题 3.4

1. (1) 凹; (2) 凹; (3) 凸; (4) 凹; (5) 凹; (6) 凸.

2. (1) 凹区间:$(1,+\infty)$,凸区间:$(-\infty,1)$,拐点$(1,-6)$;

   (2) 凹区间:$(2,+\infty)$,凸区间:$(-\infty,2)$,拐点$(2,2e^{-2})$;

   (3) 凹区间:$\left(-\infty,-\dfrac{\sqrt{2}}{2}\right),\left(\dfrac{\sqrt{2}}{2},+\infty\right)$,凸区间:$\left(-\dfrac{\sqrt{2}}{2},\dfrac{\sqrt{2}}{2}\right)$,

   拐点:$\left(-\dfrac{\sqrt{2}}{2},e^{-\frac{1}{2}}\right),\left(\dfrac{\sqrt{2}}{2},e^{-\frac{1}{2}}\right)$.

   (4) 凹区间:$(-1,1)$,凸区间:$(-\infty,-1),(1,+\infty)$,拐点$(-1,\ln 2),(1,\ln 2)$;

   (5) 凹区间:$(1,+\infty)$,凸区间:$(-\infty,1)$;

   (6) 凹区间:$(2,+\infty)$,凸区间:$(-\infty,2)$,拐点$(2,0)$.

3. (1)水平渐近线:$y=0$; (2)水平渐近线:$y=0$;

   (3)水平渐近线:$y=0$,铅直渐近线:$x=-\dfrac{1}{2}$;

   (4)水平渐近线:$y=0$,铅直渐近线:$x=2,x=3$.

4. (1) 略; (2) 略; (3) 略; (4) 略.

自测题 3

一、填空题：

1. 0；　2. $\left(\dfrac{1}{2},+\infty\right)$；　3. $(-\infty,-1)$；　4. 3，0；

5. 单调，凹凸；　6. $a=-\dfrac{3}{2},b=\dfrac{9}{2}$.

二、选择题：

1. A；　2. D；　3. B；　4. D；　5. C；　6. A；　7. D；　8. A.

三、1. $\dfrac{4}{3}a$；　2. $\dfrac{7}{3}$；　3. 0.

四、单减区间 $\left(0,\dfrac{1}{2}\right)$，单增区间：$\left(\dfrac{1}{2},+\infty\right)$.

五、(1) 最大值 $f(2)=f(-2)=11$，最小值 $f(0)=3$；
　　(2) 最大值 $f(0)=f(4)=0$，最小值 $f(1)=-1$.

六、略.

七、底边长为 10 米，高为 5 米.

第 4 章　不定积分

习题 4.1

1. (1) C；　(2) D.

2. $y=x^3-2$.

3. (1) $x^3-\dfrac{4}{3}x^{\frac{3}{2}}+\mathrm{e}x+C$；　(2) $3\mathrm{e}^x+2\arcsin x+C$；　(3) $\dfrac{1}{3}x^3-x+\arctan x+C$；

　(4) $\dfrac{3}{11}x^{\frac{11}{3}}+\dfrac{9}{8}x^{\frac{8}{3}}+\dfrac{9}{5}x^{\frac{5}{3}}+\dfrac{3}{2}x^{\frac{2}{3}}+C$；　(5) $\dfrac{\left(\dfrac{3}{7}\right)^u}{\ln\dfrac{3}{7}}-\dfrac{\left(\dfrac{4}{7}\right)^u}{\ln\dfrac{4}{7}}+C$；

　(6) $-\cot x-\tan x+C$；　(7) $x-\cos x+C$；　(8) $\sin x-\cos x+C$；

　(9) $\tan x-x+C$；　(10) $\tan x-\cot x-4x+C$.

习题 4.2

1. (1) $\dfrac{1}{3}$；　(2) $-\dfrac{1}{4}$；　(3) $\dfrac{1}{2}$；　(4) 2；　(5) $\dfrac{1}{2}$；　(6) 1；

　(7) $-\dfrac{1}{x}$；　(8) $-\cot x$；　(9) $-\sqrt{1-2x}$；　(10) $\dfrac{1}{2}\arctan\dfrac{x}{2}$.

2. (1) $\dfrac{1}{2}\sin 2x+C$；　(2) $-\dfrac{1}{3}\mathrm{e}^{-3x}+C$；　(3) $-\dfrac{1}{3}\ln|4-3x|+C$；

　(4) $-\dfrac{1}{2(2x-1)}+C$；　(5) $-\dfrac{1}{2}\cos x^2+C$；　(6) $-\dfrac{1}{2\ln^2 x}+C$；

　(7) $\arctan \mathrm{e}^x+C$；　(8) $\dfrac{1}{2}(\arcsin x)^2+C$；　(9) $\dfrac{1}{2}\tan^2 x+\ln|\cos x|+C$；

　(10) $\dfrac{1}{3}\cos^3 x-\cos x+C$；　(11) $\tan x+\dfrac{1}{3}\tan^3 x+C$；　(12) $-\dfrac{1}{6}\ln|1-6x^2|+C$；

(13) $-2\cos\sqrt{x}+C$;　(14) $\frac{1}{2}x^2-x-8\ln|x+1|+C$;　(15) $\arcsin\frac{x}{2}+C$;

(16) $\frac{1}{2}\arctan\frac{x+1}{2}+C$;　(17) $-\ln|1-\sin x|+C$;　(18) $\tan\frac{x}{2}+C$;

(19) $-\tan\left(\frac{\pi}{4}-\frac{x}{2}\right)+C$;　(20) $-\frac{1}{2}\ln(1+\cos^2 x)+C$.

习题 4.3

1. (1) $\frac{2}{5}(x-2)^{\frac{5}{2}}+\frac{4}{3}(x-2)^{\frac{3}{2}}+C$;　(2) $2(\sqrt{x}-\arctan\sqrt{x})+C$;

(3) $2\sqrt{x}-4\sqrt[4]{x}+4\ln(1+\sqrt[4]{x})+C$;　(4) $-\frac{1}{2}\sqrt[3]{(2-3x)^2}+C$;

(5) $\frac{1}{9}\left[\frac{1}{12}(3x-1)^{12}+\frac{1}{11}(3x-1)^{11}\right]+C$;　(6) $\ln\left|\dfrac{\sqrt{e^x+1}-1}{\sqrt{e^x+1}+1}\right|+C$.

2. (1) $-\arcsin x-\dfrac{\sqrt{1-x^2}}{x}+C$;　(2) $\ln(x+\sqrt{x^2+2})+C$;

(3) $\sqrt{x^2-9}-3\arccos\dfrac{3}{x}+C$;　(4) $-\dfrac{1}{4\sqrt{x^2-4}}+C$;

(5) $\frac{1}{3}\sqrt{(1-x^2)^3}-\sqrt{1-x^2}+C$;　(6) $\frac{1}{2}[x\sqrt{1+x^2}+\ln(x+\sqrt{1+x^2})]+C$.

习题 4.4

1. (1) $-\frac{1}{2}e^{-2x}\left(x+\frac{1}{2}\right)+C$;　(2) $x\sin x+\cos x+C$;

(3) $\frac{1}{3}x^3\ln x-\frac{1}{9}x^3+C$;　(4) $x\ln(1+x^2)-2x+2\arctan x+C$;

(5) $x\arctan x-\frac{1}{2}\ln(1+x^2)+C$;　(6) $\left(\frac{x^2}{2}-\frac{1}{4}\right)\arcsin x+\frac{x}{4}\sqrt{1-x^2}+C$.

2. (1) $\frac{2^x}{\ln 2}\left(9x-1-\frac{1}{\ln 2}\right)+C$;　(2) $2x\sin x+(2-x^2)\cos x+C$;

(3) $\frac{e^{2x}}{13}(2\cos 3x+3\sin 3x)+C$;　(4) $2\sin\sqrt{x}-2\sqrt{x}\cos\sqrt{x}+C$;

(5) $x\ln^2 x-2x\ln x+2x+C$;　(6) $x\arctan\frac{1}{x}+\ln(1+\sqrt{1+x^2})+C$.

自测题 4

一、填空题:

1. $\dfrac{2}{1+4x^2}$;　2. $\frac{1}{2}e^{2x}+\frac{1}{2}e^{-2x}$;　3. $y=2x^2$;　4. $\frac{1}{4}x^4+\dfrac{3^x}{\ln 3}+C$;

5. $\frac{1}{2}f^2(x)+C$;　6. $(3x-2)^{50}$;　7. $2\sin\sqrt{x}+C$;　8. $\ln|x-\cos x|+C$;

9. $-2\sqrt{1-x}+C$;　10. $\frac{1}{2}x^2\ln 2x-\frac{1}{8}x^2+C$.

二、选择题:

1. C;　2. C;　3. D;　4. C;　5. B;

6. A;　7. B;　8. A;　9. D;　10. B.

三、1. $\frac{2}{3}x^3-2\sqrt{x}+\ln|x|+C$;　2. $\sin x-\frac{1}{3}\sin^3 x+C$;

3. $-\dfrac{1}{2}e^{-x^2}+C$； 4. $\dfrac{1}{2}\tan^2 x+\ln|\cos x|+C$；

5. $-\dfrac{2}{9}\sqrt{(1-3\ln x)^3}+C$； 6. $-\ln|1-\tan x|+C$；

7. $\dfrac{1}{2}(\arctan x)^2-\dfrac{1}{2}\ln(1+x^2)+C$； 8. $-\ln|\sin x-\cos x|+C$；

9. $-\dfrac{1}{3}\sqrt{(4-x^2)^3}+C$； 10. $-\dfrac{\sqrt{x^2+1}}{x}+C$；

11. $x-\ln(1+e^x)+C$； 12. $\ln\left(x^2+\dfrac{1}{2}\sqrt{4x^4+9}\right)+C$；

13. $\dfrac{\ln x}{1-x}+\ln\left|\dfrac{x-1}{x}\right|+C$； 14. $(x+1)\arctan\sqrt{x}-\sqrt{x}+C$；

15. $-\dfrac{1}{5}e^{-x}(\sin 2x+2\cos 2x)+C$； 16. $x\ln(x+\sqrt{1+x^2})-\sqrt{1+x^2}+C$.

第5章　定积分及其应用

习题 5.1

1. (1) $\dfrac{5}{2}$； (2) 0； (3) 2π； (4) 0.

2. (1) $>$； (2) $<$； (3) $>$； (4) $<$； (5) $>$； (6) $>$.

3. (1) $\pi\leqslant\displaystyle\int_{\frac{\pi}{4}}^{\frac{5\pi}{4}}(1+\sin^2 x)\mathrm{d}x\leqslant 2\pi$； (2) $\dfrac{1}{2}\leqslant\displaystyle\int_0^1\dfrac{1}{x^2+1}\mathrm{d}x\leqslant 1$.

习题 5.2

1. (1) e^{x^2}； (2) $-\cos 2x$； (3) 0； (4) $2x\sqrt{1+x^4}$；
   (5) $-3x^2\sin x^6$； (6) $5e^{-5x}-2e^{-2x}$.

2. (1) $\dfrac{1}{6}$； (2) 1.

3. (1) 2； (2) $\dfrac{\pi}{4}-\dfrac{2}{3}$； (3) $\dfrac{17}{6}$； (4) $\dfrac{\pi}{3}$； (5) $\sqrt{3}-\dfrac{\pi}{3}$；

   (6) 4； (7) $\dfrac{1}{2}(e^4-1)$； (8) $\sqrt{3}-1-\dfrac{\pi}{12}$.

习题 5.3

1. (1) $\dfrac{38}{15}$； (2) $2\ln 3$； (3) $\dfrac{3}{2}$； (4) $\dfrac{1}{2}(e-1)$； (5) $\dfrac{1}{4}$；

   (6) $\ln\dfrac{1+e}{2}$； (7) $\dfrac{108}{7}$； (8) π； (9) 1； (10) $\dfrac{1}{2}(\sqrt{3}-\sqrt{2})$.

2. (1) 1； (2) $\dfrac{\pi^2}{4}-2$； (3) $2\ln 6-\dfrac{1}{3}$； (4) $\dfrac{1}{2}(e^{\frac{\pi}{2}}+1)$； (5) $\dfrac{1}{4}(e^2-1)$；

   (6) $\dfrac{\sqrt{3}}{3}\pi-\ln 2$； (7) $\dfrac{2}{9}e^3+\dfrac{1}{9}$； (8) $\dfrac{\sqrt{2}}{4}\pi+\dfrac{\sqrt{2}}{2}-1$； (9) $\dfrac{\pi}{8}$； (10) 2.

习题 5.4

1. (1) $\dfrac{1}{2}$； (2) $\dfrac{1}{2}$； (3) 发散； (4) 发散； (5) 1； (6) 分散.

2. (1) 2; (2) 发散; (3)发散; (4) 1; (5) 发散; (6) $\dfrac{4}{3}$.

习题 5.5

1. (1) $\dfrac{4}{3}$; (2) $\dfrac{3}{2}-\ln 2$; (3) $\dfrac{8}{3}$; (4) $\dfrac{1}{3}$; (5) $\dfrac{9}{2}$; (6) 1.

2. (1) $V_x=\dfrac{1}{2}\pi^2, V_y=2\pi^2$; (2) $V_x=\dfrac{15}{2}\pi, V_y=\dfrac{124}{5}\pi$;

   (3) $V_x=2\pi, V_y=\dfrac{8}{5}\pi$; (4) $V_x=\pi(e-2), V_y=\dfrac{\pi}{2}(e^2+1)$.

3. 10(J).

4. (1) $C(q)=\dfrac{1}{3}q^3-2q^2+6q+200$;

   (2) $\Delta C=\dfrac{20}{3}$;

   (3) 当 $q=14$ 时,总利润最大,$L_{\max}=L(14)=\dfrac{3712}{3}$(百元).

自测题 5

一、填空题:

   (1) $\sin 2x$; (2) $\dfrac{1}{2}$; (3) 0; (4) $2(e-1)$; (5) 0; (6) $\dfrac{1}{e-1}$;

   (7) $1-\dfrac{\pi}{4}$; (8) 1; (9) $\dfrac{1}{\pi}$; (10) $\dfrac{1}{6}$.

二、选择题:

(1) B; (2) B; (3) B; (4) D; (5) D;

(6) D; (7) C; (8) D; (9) A; (10) B.

三、(1) $\dfrac{\pi}{4}+\dfrac{1}{2}$;; (2) $\dfrac{8}{3}$;; (3) $1-\ln(2e+1)+\ln 3$;; (4) $-\dfrac{1}{4}(1-e)^4$;

   (5) $2\sqrt{2}-2$; (6) $\arctan e-\dfrac{\pi}{4}$; (7) $\ln\left(\dfrac{\pi}{2}+1\right)$; (8) $2\sqrt{2}$;

   (9) $\dfrac{\pi}{6}$; (10) $\sqrt{2}-\dfrac{2}{3\sqrt{3}}$; (11) 0; (12) $\pi-2$; (13) $2-\dfrac{5}{e}$;

   (14) $\dfrac{\pi}{4}-\ln\dfrac{\sqrt{2}}{2}$; (15) $\dfrac{\pi}{2}-1$; (16) $\dfrac{1}{2}e\sin 1-\cos 1+1$.

四、(1) 18; (2) $\dfrac{3}{2}-2\ln 2$; (3) $2\sqrt{2}-2$; (4) $\dfrac{1}{3}\pi^2+\dfrac{1}{2}\pi^3$.

五、(1) $\dfrac{16}{15}\pi$; (2) $160\pi^2$.

六、1875π(kJ).

七、(1) 66 百台; (2) 150 万元.

第6章 多元函数微分学

习题 6.1

1. (1) 既不是开集也不是闭集,是区域,

聚点：$E=\{(x,y)\mid(x,y)\in[a,b]\times[c,d]\}$，

界点：$\partial E=\{(x,y)\mid(a,y),(b,y),c\leqslant y\leqslant d$ 或 $(x,c),(x,d),a\leqslant x\leqslant b\}$；

(2) 是开集，聚点，$E=R^2$，界点集：$\{(x,y)\mid xy=0\}$；

(3) 是开集，聚点，$E=\{(x,y)\mid xy=0\}$，界点：$\partial E=E$；

(4) 是开集，是区域，聚点，$E=\{(x,y)\mid y\geqslant x^2\}$，界点集：$\{(x,y)\mid y=x^2\}$；

(5) 是开集，是区域，聚点，$E=\{(x,y)\mid x\leqslant 2,y\leqslant 2,x+y\geqslant 2\}$，

界点集：$\{(x,y)\mid x=2,0\leqslant y\leqslant 2\}\bigcup\{(x,y)\mid y=2,0\leqslant x\leqslant 2\}$

$\bigcup\{(x,y)\mid x+y=2,0\leqslant x\leqslant 2\}$；

(6) 是闭集，聚点，$E=\{(x,y)\mid x^2+y^2=1$ 或 $y=0,0\leqslant x\leqslant 1\}$，界点：$\partial E=E$；

(7) 是闭集，聚点，$E=\{(x,y)\mid x^2+y^2\leqslant 1$ 或 $y=0,1\leqslant x\leqslant 2\}$，

界点集：$\partial E=\{(x,y)\mid x^2+y^2=1$ 或 $y=0,1\leqslant x\leqslant 2\}$；

(8) 是闭集，界点集：$\{(x,y)\mid x,y$ 均为整数$\}$.

2. (1) 定义域为 $D=\{(x,y)\mid x^2\geqslant 2$，或 $x^2\leqslant-2,-2\leqslant y\leqslant 2\}$；

(2) 定义域为 $D=\{(x,y)\mid y^2-2x+1>0\}$.

(3) 定义域为 $D=\{(x,y)\mid x\geqslant\sqrt{y}\}$.

(4) 定义域为 $D=\{(x,y)\mid 0<x^2+y^2\leqslant 1,y^2\leqslant 4x\}$.

3. (1) $\lim\limits_{\substack{x\to 1\\y\to 0}}\dfrac{\ln(x+e^y)}{\sqrt{x^2+y^2}}=\dfrac{\ln 2}{1}=\ln 2$；

(2) $\lim\limits_{(x,y)\to(0,1)}\dfrac{1-xy}{x^2+y^2}=\dfrac{\lim\limits_{(x,y)\to(0,1)}(1-xy)}{\lim\limits_{(x,y)\to(0,1)}(x^2+y^2)}=1$；

(3) 令 $x=r\cos\theta,y=r\sin\theta,(x,y)\to(0,0)\Leftrightarrow r\to 0$，

所以 $\lim\limits_{(x,y)\to(0,0)}\dfrac{1+x^2+y^2}{x^2+y^2}=\lim\limits_{r\to 0}\dfrac{1+r^2}{r^2}=+\infty$；

(4) 令 $x=r\cos\theta,y=r\sin\theta,(x,y)\to(0,0)\Leftrightarrow r\to 0$，

所以 $\lim\limits_{(x,y)\to(0,0)}\dfrac{\sin(x^2+y^2)}{x^2+y^2}=\lim\limits_{r\to 0}\dfrac{\sin r^2}{r^2}=1$；

(5) $\lim\limits_{(x,y)\to(0,0)}\dfrac{2-\sqrt{xy+4}}{xy}=\lim\limits_{(x,y)\to(0,0)}\dfrac{-xy}{xy(2+\sqrt{xy+4})}$

$=\lim\limits_{(x,y)\to(0,0)}\dfrac{-1}{2+\sqrt{xy+4}}=-\dfrac{1}{4}$；

(6) 令 $x=r\cos\theta,y=r\sin\theta$，则当 $(x,y)\to(0,0)$时，$r\to 0$ $(0\leqslant\theta\leqslant 2\pi)$

所以 $\lim\limits_{(x,y)\to(0,0)}\dfrac{xy}{\sqrt{x^2+y^2}}=\lim\limits_{r\to 0}\dfrac{r\cos\theta r\sin\theta}{r}=\lim\limits_{r\to 0}r\cos\theta\sin\theta=0$.

4. (1) 取 $y=kx$，则 $\lim\limits_{\substack{(x,y)\to(0,0)\\y=kx}}\dfrac{x+y}{x-y}=\lim\limits_{x\to 0}\dfrac{(1+k)x}{(1-k)x}=\dfrac{1+k}{1-k}$，易见极限会随$k$值的变化而变

化，故原式极限不存在；

(2) $\lim\limits_{\substack{x\to 0\\y\to 0}}(1+xy)^{\frac{1}{x+y}}=\lim\limits_{\substack{x\to 0\\y\to 0}}(1+xy)^{\frac{1}{xy}\cdot\frac{xy}{x+y}}=\lim\limits_{\substack{x\to 0\\y\to 0}}[(1+xy)^{\frac{1}{xy}}]^{\frac{xy}{x+y}}$

现考虑 $\lim\limits_{\substack{x\to 0\\y\to 0}}\dfrac{xy}{(x+y)}$，

若(x,y)沿 x轴趋于$(0,0)$，则上式$=\lim\limits_{\substack{x\to 0\\y=0}}\dfrac{0}{x}=0$，从而 $\lim\limits_{\substack{x\to 0\\y\to 0}}(1+xy)^{\frac{1}{x+y}}=e^0=1$，

若(x,y)沿曲线 $y=\dfrac{x}{x-1}$趋于$(0,0)$，则$\lim\limits_{\substack{x\to 0\\y\to 0}}\dfrac{xy}{(x+y)}=\lim\limits_{\substack{x\to 0\\y=\frac{x}{x-1}}}\dfrac{x\dfrac{x}{x-1}}{x+\dfrac{x}{x-1}}=1$，

从而 $\lim\limits_{\substack{x\to 0 \\ y\to 0}}(1+xy)^{\frac{1}{x+y}}=\mathrm{e}$,

故原式极限不存在.

5. 讨论下列函数在$(0,0)$的连续性.

(1) 取 $y=kx$,则

$$\lim\limits_{(x,y)\to(0,0)}f(x,y)=\lim\limits_{(x,y)\to(0,0)}\frac{x\cdot y}{x^2+y^2}=\lim\limits_{(x,y)\to(0,0)}\frac{x\cdot kx}{x^2+(kx)^2}=\lim\limits_{(x,y)\to(0,0)}\frac{k}{1+k^2},$$

极限不存在,所以 $f(x,y)$ 不连续;

(2) 对任意$(x,0)\in R^2$,因为

$$\lim\limits_{(x,y)\to(x,0)}f(x,y)=\lim\limits_{(x,y)\to(x,0)}\frac{\sin xy}{y}=\lim\limits_{(x,y)\to(x,0)}x\cdot\frac{\sin xy}{xy}=x,$$

所以函数在点集$\{(x,y)\mid x\neq 0,y=0\}$处不连续,而在平面 R^2 上其他点都连续.

6. 若(x,y)沿 x 轴趋于$(0,0)$,则 $\lim\limits_{\substack{x\to 0 \\ y\to 0}}\dfrac{y\mathrm{e}^{1/x^2}}{y^2\mathrm{e}^{2/x^2}+1}=\lim\limits_{\substack{x\to 0 \\ y\to 0}}\dfrac{0}{1}=0$,

若(x,y)沿 $y=\mathrm{e}^{-1/x^2}$ 轴趋于$(0,0)$,则 $\lim\limits_{\substack{x\to 0 \\ y\to 0}}\dfrac{y\mathrm{e}^{1/x^2}}{y^2\mathrm{e}^{2/x^2}+1}=\lim\limits_{\substack{x\to 0 \\ y=\mathrm{e}^{-1/x^2}}}\dfrac{1}{1+1}=\dfrac{1}{2}$,

故$\lim\limits_{\substack{x\to 0 \\ y\to 0}}f(x,y)$不存在,从而函数 $f(x,y)$在$(0,0)$处是不连续.

习题 6.2

1. 当 $x^2+y^2\neq 0$ 时,应用求导公式

$$f_x(x,y)=\frac{(x^2+y^2)\cdot y-xy\cdot 2x}{(x^2+y^2)^2}=\frac{y^3-x^2y}{(x^2+y^2)^2},$$

$$f_y(x,y)=\frac{(x^2+y^2)\cdot x-xy\cdot 2y}{(x^2+y^2)^2}=\frac{x^3-xy^2}{(x^2+y^2)^2}.$$

当 $x^2+y^2=0$(即在$(0,0)$点)时,应用偏导数定义.

$$f_x(x,y)=\lim\limits_{\Delta x\to 0}\frac{f(0+\Delta x,0)-f(0,0)}{\Delta x}=0,$$

$$f_y(x,y)=\lim\limits_{\Delta y\to 0}\frac{f(0+\Delta y,0)-f(0,0)}{\Delta y}=0.$$

2. (1) $\dfrac{\partial z}{\partial x}=2xy$, $\dfrac{\partial z}{\partial y}=x^2$;

(2) $\dfrac{\partial z}{\partial x}=\dfrac{y^2}{(x^2+y^2)^{\frac{3}{2}}}$, $\dfrac{\partial z}{\partial y}=\dfrac{-xy}{(x^2+y^2)^{\frac{3}{2}}}$;

(3) $\dfrac{\partial z}{\partial x}=\dfrac{2x}{x^2+y^2}$, $\dfrac{\partial z}{\partial y}=\dfrac{2y}{x^2+y^2}$;

(4) $\dfrac{\partial z}{\partial x}=y\mathrm{e}^{xy}$, $\dfrac{\partial z}{\partial y}=x\mathrm{e}^{xy}$;

(5) $\dfrac{\partial z}{\partial x}=5x^4-24x^3y^2$, $\dfrac{\partial z}{\partial y}=6y^5-12x^4y$;

(6) $\dfrac{\partial z}{\partial x}=\dfrac{1}{y}\cos\dfrac{x}{y}\cos\dfrac{y}{x}+\dfrac{y}{x^2}\sin\dfrac{x}{y}\sin\dfrac{y}{x}$,

$\dfrac{\partial z}{\partial y}=-\dfrac{1}{y^2}\cos\dfrac{x}{y}\cos\dfrac{y}{x}-\dfrac{1}{x}\sin\dfrac{x}{y}\sin\dfrac{y}{x}$;

(7) $\dfrac{\partial z}{\partial x}=\dfrac{1}{2x\sqrt{\ln(xy)}}$, $\dfrac{\partial z}{\partial y}=\dfrac{1}{2y\sqrt{\ln(xy)}}$;

(8) $\dfrac{\partial z}{\partial x}=y^2\,(1+xy)^{y-1}$, $\dfrac{\partial z}{\partial y}=(1+xy)^y\left[\ln(1+xy)+\dfrac{xy}{1+xy}\right]$.

3. $f_x(3,4)=\dfrac{2}{5}$, $f_y(3,4)=\dfrac{1}{5}$.

4. (1) $\dfrac{\partial^2 z}{\partial^2 x}=6xy-6y^3$, $\dfrac{\partial^2 z}{\partial^2 y}=-18x^2y$, $\dfrac{\partial^2 z}{\partial x\partial y}=3x^2-18xy^2$;

(2) $\dfrac{\partial^2 z}{\partial x^2}=2ye^y$, $\dfrac{\partial^2 z}{\partial xy}=2x(1+y)e^y$, $\dfrac{\partial^2 z}{\partial y^2}=x^2(2+y)e^y$;

(3) $\dfrac{\partial^2 z}{\partial x^2}=y^x\,(\ln y)^2$, $\dfrac{\partial^2 z}{\partial y^2}=x(x-1)y^{x-2}$, $\dfrac{\partial^2 z}{\partial x\partial y}=y^{x-1}(x\ln y+1)$;

(4) $\dfrac{\partial^2 z}{\partial x^2}=\dfrac{2xy}{(x^2+y^2)^2}$, $\dfrac{\partial^2 z}{\partial x\partial y}=\dfrac{y^2-x^2}{(x^2+y^2)^2}$, $\dfrac{\partial^2 z}{\partial y^2}=\dfrac{-2xy}{(x^2+y^2)^2}$.

5. 证：因为

$$\dfrac{\partial u}{\partial x}=\dfrac{1}{\sqrt{x^2+y^2}}\cdot\dfrac{x}{\sqrt{x^2+y^2}}=\dfrac{x}{x^2+y^2},\quad \dfrac{\partial u}{\partial y}=\dfrac{1}{\sqrt{x^2+y^2}}\cdot\dfrac{y}{\sqrt{x^2+y^2}}=\dfrac{y}{x^2+y^2},$$

所以

$$\dfrac{\partial^2 u}{\partial x^2}=\dfrac{x^2+y^2-2x^2}{(x^2+y^2)^2}=\dfrac{y^2-x^2}{(x^2+y^2)^2},\quad \dfrac{\partial^2 u}{\partial y^2}=\dfrac{x^2+y^2-2y^2}{(x^2+y^2)^2}=\dfrac{x^2-y^2}{(x^2+y^2)^2},$$

则 $\dfrac{\partial^2 u}{\partial x^2}+\dfrac{\partial^2 u}{\partial y^2}=0$.

6. 对 x 积分，得到

$$f(x,y)=-x\sin y-\dfrac{1}{y}\ln(1-xy)+g(y)$$

再将 $f(0,y)=2\sin y+y^3$ 代入上式，得到

$$g(y)=2\sin y+y^3,$$

所以 $f(x,y)=(2-x)\sin y-\dfrac{1}{y}\ln(1-xy)+y^3$.

习题 6.3

1. (1) $dz=y^x\ln y\,dy+xy^{x-1}dy$;

(2) $dz=e^{xy}(1+xy)(ydx+xdy)$;

(3) $dz=\left(6xy+\dfrac{1}{y}\right)dx+\left(3x^2-\dfrac{x}{y^2}\right)dy$;

(4) $dz=\cos(x\cos y)\cos ydx-x\sin y\cos(x\cos y)dy$;

(5) $dz=\dfrac{x}{\sqrt{x^2+y^2}}dx+\dfrac{y}{\sqrt{x^2+y^2}}dy$;

(6) $dz=e^x\cos ydx-e^x\sin ydy$;

(7) $dz=-\dfrac{y}{x^2}e^{\frac{y}{x}}dx+\dfrac{1}{x}e^{\frac{y}{x}}dy$;

(8) $dz=y^2\,(xy)^{y-1}dx+(xy)^y[\ln(xy)+1]dy$.

2. (1) 因为 $df=(6xy-y^2)dx+(3x^2-2xy)dy$, 所以
$$df(1,2)=8dx-dy;$$

(2) 因为 $df=\dfrac{2x}{1+x^2+y^2}dx+\dfrac{2y}{1+x^2+y^2}dx$, 所以
$$df(2,4)=\dfrac{4}{21}dx+\dfrac{8}{21}dy;$$

(3) 因为 $df=\dfrac{\cos x}{y^2}dx-\dfrac{2\sin x}{y^2}dy$, 所以

$$\mathrm{d}f(0,1)=\mathrm{d}x, \quad \mathrm{d}f\left(\frac{\pi}{4},2\right)=\frac{\sqrt{2}}{8}\mathrm{d}x-\frac{\sqrt{2}}{8}\mathrm{d}y.$$

3. (1) $\dfrac{\mathrm{d}z}{\mathrm{d}x}=\dfrac{\partial z}{\partial y}\cdot\dfrac{\mathrm{d}y}{\mathrm{d}x}+\dfrac{\partial z}{\partial x}=\dfrac{x}{1+x^2y^2}\mathrm{e}^x+\dfrac{y}{1+x^2y^2}=\dfrac{\mathrm{e}^x(1+x)}{1+x^2\mathrm{e}^{2x}}$;

(2) $\dfrac{\mathrm{d}z}{\mathrm{d}t}=\dfrac{\partial z}{\partial x}\cdot\dfrac{\mathrm{d}x}{\mathrm{d}t}+\dfrac{\partial z}{\partial y}\cdot\dfrac{\mathrm{d}y}{\mathrm{d}t}=(2x+y)2t+(x+2y)=4t^3+3t^2+2t$;

(3) $\dfrac{\mathrm{d}z}{\mathrm{d}t}=\dfrac{\partial z}{\partial x}\cdot\dfrac{\mathrm{d}x}{\mathrm{d}t}+\dfrac{\partial z}{\partial y}\cdot\dfrac{\mathrm{d}y}{\mathrm{d}t}=-\dfrac{y}{x^2}\cdot\mathrm{e}^t+\dfrac{1}{x}\cdot(-2\mathrm{e}^{2t})=-(\mathrm{e}^{-t}+\mathrm{e}^t)$;

(4) $\dfrac{\mathrm{d}z}{\mathrm{d}t}=\dfrac{\partial z}{\partial x}\cdot\dfrac{\mathrm{d}x}{\mathrm{d}t}+\dfrac{\partial z}{\partial y}\cdot\dfrac{\mathrm{d}y}{\mathrm{d}t}=\mathrm{e}^{x-2y}\cdot\cos t+\mathrm{e}^{x-2y}(-2)\cdot3t^2=\mathrm{e}^{\sin t-2t^3}(\cos t-6t^2)$;

(5) $\dfrac{\partial z}{\partial x}=\dfrac{\partial z}{\partial u}\cdot\dfrac{\partial u}{\partial x}+\dfrac{\partial z}{\partial v}\cdot\dfrac{\partial v}{\partial x}=2u\cdot1+2v\cdot1=2(x+y)+2(x-y)=4x$,

$\dfrac{\partial z}{\partial y}=\dfrac{\partial z}{\partial u}\cdot\dfrac{\partial u}{\partial y}+\dfrac{\partial z}{\partial v}\cdot\dfrac{\partial v}{\partial y}=2u\cdot1+2v\cdot(-1)=2(x+y)-2(x-y)=4y$;

(6) $\dfrac{\partial z}{\partial x}=vu^{v-1}\cdot\dfrac{x}{x^2+y^2}+u^v\ln u\cdot\dfrac{-y}{x^2+y^2}$,

$\dfrac{\partial z}{\partial y}=vu^{v-1}\cdot\dfrac{y}{x^2+y^2}+u^v\ln u\cdot\dfrac{x}{x^2+y^2}$.

(7) 令 $u=x^2+y^2, v=xy$, 则函数可看为 $z=u^v, u=x^2+y^2, v=xy$ 复合而成的函数, 从而

$$\dfrac{\partial z}{\partial x}=\dfrac{\partial z}{\partial u}\cdot\dfrac{\partial u}{\partial x}+\dfrac{\partial z}{\partial v}\cdot\dfrac{\partial v}{\partial x}=vu^{v-1}\cdot2x+u^v\ln u\cdot y$$
$$=(x^2+y^2)^{xy}\left(\dfrac{2x^2y}{x^2+y^2}+y\ln(x^2+y^2)\right),$$
$$\dfrac{\partial z}{\partial y}=\dfrac{\partial z}{\partial u}\cdot\dfrac{\partial u}{\partial y}+\dfrac{\partial z}{\partial v}\cdot\dfrac{\partial v}{\partial y}=vu^{v-1}\cdot2y+u^v\ln u\cdot x$$
$$=(x^2+y^2)^{xy}\left(\dfrac{2xy^2}{x^2+y^2}+x\ln(x^2+y^2)\right);$$

(8) 令 $s=x+y, t=xy$, 则 $z=f(s,t)$

$$\dfrac{\partial z}{\partial x}=f_s\dfrac{\partial s}{\partial x}+f_t\dfrac{\partial t}{\partial x}=f_s+yf_t, \qquad \dfrac{\partial z}{\partial y}=f_s\dfrac{\partial s}{\partial y}+f_t\dfrac{\partial t}{\partial y}=f_s+xf_t.$$

(9) 令 $s=\dfrac{x}{y}, t=\dfrac{y}{z}$, 则 $z=f(s,t)$

$$\dfrac{\partial u}{\partial x}=\dfrac{\partial f}{\partial s}\cdot\dfrac{\partial s}{\partial x}+\dfrac{\partial f}{\partial t}\cdot\dfrac{\partial t}{\partial x}=\dfrac{1}{y}f_s'+0=\dfrac{1}{y}f_s',$$
$$\dfrac{\partial u}{\partial y}=\dfrac{\partial f}{\partial s}\cdot\dfrac{\partial s}{\partial y}+\dfrac{\partial f}{\partial t}\cdot\dfrac{\partial t}{\partial y}=-\dfrac{x}{y^2}f_s'+\dfrac{1}{z}f_t',$$
$$\dfrac{\partial u}{\partial z}=\dfrac{\partial f}{\partial s}\cdot\dfrac{\partial s}{\partial z}+\dfrac{\partial f}{\partial t}\cdot\dfrac{\partial t}{\partial z}=0-\dfrac{y}{z^2}f_t'=-\dfrac{y}{z^2}f';$$

(10) 设 $u=x^2-y^2, v=\mathrm{e}^{xy}$, 则 $z=f(s,t)$

$$\dfrac{\partial z}{\partial x}=\dfrac{\partial f}{\partial u}\dfrac{\partial u}{\partial x}+\dfrac{\partial f}{\partial v}\dfrac{\partial v}{\partial x}=2x\dfrac{\partial f}{\partial u}+y\mathrm{e}^{xy}\dfrac{\partial f}{\partial v},$$
$$\dfrac{\partial z}{\partial y}=\dfrac{\partial f}{\partial u}\dfrac{\partial u}{\partial y}+\dfrac{\partial f}{\partial v}\dfrac{\partial v}{\partial y}=-2y\dfrac{\partial f}{\partial u}+x\mathrm{e}^{xy}\dfrac{\partial f}{\partial v}.$$

4. $\Delta z=[2(10+0.2)^2+3(8+0.3)^2]-[2\cdot10^2+3\cdot8^2]=22.75$,

$z_x(10,8)=4x|_{x=10}=40$, $z_y(10,8)=6y|_{y=8}=48$,

$\mathrm{d}z=40\times0.2+48\times0.3=22.4$.

5. $F_x(x,t)=f_x(x+2t)+3f_x(3x-2t)\Rightarrow F_x(0,0)=f_x(0)+3f_x(0)=4f_x(0)$,

$$F_t(x,t)=2f_t(x+2t)-2f_t(3x-2t)\Rightarrow F_x(0,0)=2f_x(0)-2f_x(0)=0.$$

6. 因为

$$f_x(0,0)=\lim_{\Delta x\to 0}\frac{f(0+\Delta x,0)-f(0,0)}{\Delta x}=0,$$

$$f_y(0,0)=\lim_{\Delta y\to 0}\frac{f(0,0+\Delta y)-f(0,0)}{\Delta y}=0,$$

所以 $f(x,y)$ 在 $(0,0)$ 处两个偏导数都存在.

又 $\lim\limits_{\substack{x\to 0\\y=kx}}\dfrac{xy}{x^2+y^2}=\dfrac{k}{1+k^2}$,

故在 $(0,0)$ 处的极限不存在,从而 $f(x,y)$ 在 $(0,0)$ 处不连续.

而 $\Delta f-[f_x(0,0)\Delta x+f_y(0,0)\Delta y]=\Delta f=\dfrac{\Delta x\Delta y}{(\Delta x)^2+(\Delta y)^2}$,

当 $\Delta x\to 0,\Delta y\to 0$ 时,上式极限不存在,因而不是 ρ 的高阶无穷小,故 $f(x,y)$ 在 $(0,0)$ 处不可微.

7. 令 $u=x^2-y^2$,则

$$\frac{\partial z}{\partial x}=\frac{-yf'_x(u)\cdot 2x}{f^2(u)}=\frac{-2xyf'_x(u)}{f^2(u)},$$

$$\frac{\partial z}{\partial y}=\frac{f(u)-yf'_x(u)\cdot(-2y)}{f^2(u)}=\frac{f(u)+2y^2f'_x(u)}{f^2(u)},$$

所以有

$$\frac{1}{x}\frac{\partial z}{\partial x}+\frac{1}{y}\frac{\partial z}{\partial y}=\frac{1}{x}\cdot\frac{-2xyf'_x(u)}{f^2(u)}+\frac{1}{y}\frac{f(u)+2y^2f'_x(u)}{f^2(u)}$$

$$=\frac{-2xy^2f'_x(u)+xf(u)+2xy^2f'_x(u)}{xyf^2(u)}$$

$$=\frac{1}{yf(u)}=\frac{1}{yf(x^2-y^2)}=\frac{y}{y^2f(x^2-y^2)}=\frac{z}{y^2}.$$

8. 因为 $\dfrac{\partial z}{\partial x}=-\dfrac{y^2}{3x^2}+\varphi'(xy)y$, $\dfrac{\partial z}{\partial y}=\dfrac{2}{3}\dfrac{y}{x}+\varphi'(xy)x$,

$$左边=x^2\left(-\frac{y^2}{3x^2}+\varphi'_x(xy)y\right)+y^2=\frac{2}{3}y^2+x^2y\varphi'_x(xy);$$

$$右边=xy\left(\frac{2}{3}\frac{y}{x}+\varphi'_x(xy)x\right)=\frac{2}{3}y^2+x^2y\varphi'_x(xy),$$

所以左边=右边,题目得证.

自测题 6

一、选择题:

1. B; 2. D; 3. D; 4. B; 5. C; 6. A; 7. C; 8. C.

二、填空题:

1. $\ln 2$; 2. $4,1$; 3. $2y\sin(x^2-y^2)$; 4. 0;

5. $6xy^5+2y,\dfrac{\partial^2 z}{\partial x\partial y}=15x^2y^4+2x$; 6. $\dfrac{4x\cos t+6y}{1+x^2+y^2}$;

7. $0,0,yx^{y-1}dx+x^y\ln xdy$; 8. $\dfrac{1}{2}xy^2+y\sin x+e^x$.

三、计算题:

1. (1)原式 $=\lim\limits_{\substack{x\to\infty\\y\to a}}\left(1+\dfrac{1}{x}\right)^{x\cdot\frac{x}{x+y}}=\lim\limits_{\substack{x\to\infty\\y\to a}}\left[\left(1+\dfrac{1}{x}\right)^x\right]^{\frac{x}{x+y}}$

$$\lim_{\substack{x\to\infty \\ y\to a}}\left(1+\frac{1}{x}\right)^x = e, \quad \lim_{\substack{x\to\infty \\ y\to a}}\frac{x}{x+y}=1, \quad \lim_{\substack{x\to\infty \\ y\to a}}\left(1+\frac{1}{x}\right)^{\frac{x^2}{x+y}}=e^1=e.$$

(2) $\displaystyle\lim_{\substack{x\to 0 \\ y\to 0}}\frac{xye^x}{4-\sqrt{16+xy}}=\lim_{\substack{x\to 0 \\ y\to 0}}\frac{xye^x(4+\sqrt{16+xy})}{-xy}=-8.$

2. 若(x,y)沿 x 轴趋于$(0,0)$,则

$$\lim_{\substack{x\to 0 \\ y=0}}\frac{x^2y^2}{x^2y^2+(x-y)^2}=\lim_{\substack{x\to 0 \\ y=0}}\frac{0}{2x^2}=0,$$

若(x,y)沿 $y=x$ 轴趋于$(0,0)$,则

$$\lim_{\substack{x\to 0 \\ y=0}}\frac{x^2y^2}{x^2y^2+(x-y)^2}=\lim_{\substack{x\to 0 \\ y=x}}\frac{x^4}{x^4}=1,$$

故函数极限不存在.

3. 由于$\frac{\partial^2 f}{\partial y^2}=2$,所以$\frac{\partial f}{\partial y}=2y+\varphi(x)$,又由于$f_y'(x,0)=x$,所以 $\varphi(x)=x$,因此

$\frac{\partial f}{\partial y}=2y+x$,从而$f(x,y)=y^2+xy+c(x)$,从 $f(x,0)=1$ 可得 $c(x)=1$,所以

$f(x,y)=y^2+xy+1.$

4. $f_x'(0,0)=\lim_{\Delta x\to 0}\frac{f(0+\Delta x,0)-f(0,0)}{\Delta x}=\lim_{\Delta x\to 0}\frac{0}{\Delta x}=0,$

$f_y'(0,0)=\lim_{\Delta y\to 0}\frac{f(0,0+\Delta y)-f(0,0)}{\Delta y}=\lim_{\Delta y\to 0}\frac{0}{\Delta y}=0.$

假设 $f(x,y)$在$(0,0)$处可微,则 $dz=f_x'(0,0)\Delta x+f_y'(0,0)\Delta y=0$,考虑

$$\lim_{\rho\to 0}\frac{\Delta z-dz}{\rho}=\lim_{\substack{\Delta x\to 0 \\ \Delta y\to 0}}\frac{\frac{\sqrt{|\Delta x\Delta y|}}{(\Delta x)^2+(\Delta y)^2}\sin[(\Delta x)^2+(\Delta y)^2]}{\sqrt{(\Delta x)^2+(\Delta y)^2}}$$

$$=\lim_{\substack{\Delta x\to 0 \\ \Delta y\to 0}}\frac{\sqrt{|\Delta x\Delta y|}}{\sqrt{(\Delta x)^2+(\Delta y)^2}}\cdot\frac{\sin[(\Delta x)^2+(\Delta y)^2]}{(\Delta x)^2+(\Delta y)^2}$$

$$=\lim_{\substack{\Delta x\to 0 \\ y=kx}}\frac{\sqrt{|k(\Delta x)^2|}}{\sqrt{(1+k^2)(\Delta x)^2}}=\sqrt{\frac{|k|}{1+k^2}}\neq 0,$$

所以,函数 $f(x,y)$在$(0,0)$处不可微.

5. (1) $f_x'(0,0)=\lim_{\Delta x\to 0}\frac{f(0+\Delta x,0)-f(0,0)}{\Delta x}=\lim_{\Delta x\to 0}\frac{(\Delta x)^2\sin\frac{1}{(\Delta x)^2}}{\Delta x}=0,$

$f_y'(0,0)=\lim_{\Delta y\to 0}\frac{f(0,0+\Delta y)-f(0,0)}{\Delta y}=\lim_{\Delta y\to 0}\frac{(\Delta y)^2\sin\frac{1}{(\Delta y)^2}}{\Delta y}=0,$

函数在点$(0,0)$处偏导数存在.

(2) 当 $(x,y)\neq(0,0)$时,

$$f_x'(x,y)=2x\sin\frac{1}{x^2+y^2}+(x^2+y^2)\cos\frac{1}{x^2+y^2}\cdot\frac{-2x}{(x^2+y^2)^2}$$

$$=2x\sin\frac{1}{x^2+y^2}-\frac{2x}{x^2+y^2}\cos\frac{1}{x^2+y^2}.$$

又 $\lim_{\substack{x\to 0 \\ y\to 0}}f_x'(x,y)=\lim_{\substack{x\to 0 \\ y\to 0}}\left(2x\sin\frac{1}{x^2+y^2}-\frac{2x}{x^2+y^2}\cos\frac{1}{x^2+y^2}\right),$

点(x,y)沿 x 轴趋于$(0,0)$时,上式$=\lim_{\substack{x\to 0 \\ y=0}}\left(2x\sin\frac{1}{x^2}-\frac{2}{x}\cos\frac{1}{x^2+y^2}\right)$不存在,

故偏导数 $f_x'(x,y)$在点$(0,0)$不连续.

由函数关于变量 x,y 的对称性可知

$$f'_y(x,y)=2y\sin\frac{1}{x^2+y^2}-\frac{2y}{x^2+y^2}\cos\frac{1}{x^2+y^2}.$$

同理可得

$$\lim_{\substack{x\to 0\\y\to 0}}f'_y(x,y)=\lim_{\substack{x=0\\y\to 0}}\left(2y\sin\frac{1}{x^2+y^2}-\frac{2}{y}\cos\frac{1}{x^2+y^2}\right)$$

不存在,故偏导数 $f'_y(x,y)$ 在点 $(0,0)$ 不连续.

(3) $\Delta z=f(0+\Delta x,0+\Delta y)-f(0,0)=[(\Delta x)^2+(\Delta y)^2]\sin\dfrac{1}{(\Delta x)^2+(\Delta y)^2}$

$$
\begin{aligned}
\lim_{\rho\to 0}\frac{\Delta z-\mathrm{d}z}{\rho}&=\lim_{\substack{\Delta x\to 0\\\Delta y\to 0}}\frac{[(\Delta x)^2+(\Delta y)^2]\sin\dfrac{1}{(\Delta x)^2+(\Delta y)^2}}{\sqrt{(\Delta x)^2+(\Delta y)^2}}\\
&=\lim_{\substack{\Delta x\to 0\\\Delta y\to 0}}\sqrt{(\Delta x)^2+(\Delta y)^2}\sin\frac{1}{(\Delta x)^2+(\Delta y)^2}\\
&\xlongequal{u=(\Delta x)^2+(\Delta y)^2}\lim_{u\to 0^+}\sqrt{u}\sin\frac{1}{u}=0,
\end{aligned}
$$

即 $\Delta z-\mathrm{d}z=o(\rho)$,故 $\mathrm{d}u=0$,函数在 $(0,0)$ 可微.

6. 设 $u=x^2+y^2$,$v=\dfrac{y}{x}$,则

$$\frac{\partial z}{\partial x}=\frac{\partial f}{\partial u}\frac{\partial u}{\partial x}+\frac{\partial f}{\partial v}\frac{\partial v}{\partial x}=2x\frac{\partial f}{\partial u}-\frac{y}{x^2}\frac{\partial f}{\partial v},$$

$$\frac{\partial z}{\partial y}=\frac{\partial f}{\partial u}\frac{\partial u}{\partial y}+\frac{\partial f}{\partial v}\frac{\partial v}{\partial y}=2y\frac{\partial f}{\partial u}+\frac{1}{x}\frac{\partial f}{\partial v}.$$

7. 由于 $\dfrac{\partial z}{\partial x}=\dfrac{\partial z}{\partial u}+\dfrac{\partial z}{\partial v}$,$\dfrac{\partial z}{\partial y}=-2\dfrac{\partial z}{\partial u}+a\dfrac{\partial z}{\partial v}$,

$$\frac{\partial^2 z}{\partial x^2}=\frac{\partial^2 z}{\partial u^2}+2\frac{\partial^2 z}{\partial u\partial v}+\frac{\partial^2 z}{\partial v^2},$$

$$\frac{\partial^2 z}{\partial y^2}=4\frac{\partial^2 z}{\partial u^2}-4a\frac{\partial^2 z}{\partial u\partial v}+a^2\frac{\partial^2 z}{\partial v^2},$$

$$\frac{\partial^2 z}{\partial x\partial y}=-2\frac{\partial^2 z}{\partial u^2}+(a-2)\frac{\partial^2 z}{\partial u\partial v}+a\frac{\partial^2 z}{\partial v^2}.$$

将上述结果代入原方程,并整理可得 $(10+5a)\dfrac{\partial^2 z}{\partial u\partial v}+(6+a-a^2)\dfrac{\partial^2 z}{\partial v^2}=0$,依题意 a 应满足 $\begin{cases}6+a-a^2=0,\\10+5a\neq 0,\end{cases}$ 所以 $a=3$.

8. 因为 $\dfrac{\partial z}{\partial x}=y+F(u)+xF'(u)\left(-\dfrac{y}{x^2}\right)=y+F(u)-\dfrac{y}{x}F'(u)$

$$\frac{\partial z}{\partial y}=x+xF'(u)\frac{1}{x}=x+F'(u).$$

所以

$$
\begin{aligned}
x\frac{\partial z}{\partial x}+y\frac{\partial z}{\partial y}&=x\left(y+F(u)-\frac{y}{x}F'(u)\right)+y(x+F'(u))\\
&=2xy+xF(u)=z+xy.
\end{aligned}
$$

9. $\dfrac{\mathrm{d}u}{\mathrm{d}x}=\dfrac{\partial u}{\partial x}\cdot 1+\dfrac{\partial u}{\partial y}\cdot\dfrac{\mathrm{d}y}{\mathrm{d}x}+\dfrac{\partial u}{\partial z}\cdot\dfrac{\mathrm{d}z}{\mathrm{d}x}$(其中 $\dfrac{\partial u}{\partial x}$ 为将中间变量 y,z 看为常量,对 x 的偏导数)

$$=\frac{a\mathrm{e}^{ax}(y-z)}{a^2+1}+\frac{\mathrm{e}^{ax}}{a^2+1}\cdot a\cos x+\frac{-\mathrm{e}^{ax}}{a^2+1}\cdot(-\sin x)$$

$$=\frac{e^{ax}}{a^2+1}(a^2+1)\sin x=e^{ax}\sin x.$$

10. 令 $u=xy, v=\dfrac{x}{y}$. 则

$$\frac{\partial z}{\partial y}=\frac{\partial f}{\partial u}\cdot\frac{\partial u}{\partial y}+\frac{\partial f}{\partial v}\cdot\frac{\partial v}{\partial y}+\frac{dg}{dv}\cdot\frac{\partial u}{\partial x}=xf_u(u,v)-\frac{x}{y^2}f_v(u,v)-\frac{x}{y^2}g'(v),$$

$$\frac{\partial^2 z}{\partial x\partial y}=f_u(u,v)-\frac{1}{y^2}f_v(u,v)-\frac{x}{y^2}g'(v)+x\left[f_{uu}(u,v)\frac{\partial u}{\partial x}+f_{uv}(u,v)\frac{\partial v}{\partial x}\right]$$

$$-\frac{x}{y^2}\left[f_{vu}(u,v)\frac{\partial u}{\partial x}+f_{vv}(u,v)\frac{\partial v}{\partial x}+g''(v)\frac{\partial v}{\partial x}\right]$$

$$=f_u\left(xy,\frac{x}{y}\right)-\frac{1}{y^2}f_v\left(xy,\frac{x}{y}\right)+xyf_{uu}\left(xy,\frac{x}{y}\right)$$

$$-\frac{x}{y^3}f_{uu}\left(xy,\frac{x}{y}\right)-\frac{1}{y^2}g'\left(\frac{x}{y}\right)-\frac{x}{y^3}g''\left(\frac{x}{y}\right).$$

第7章   二重积分

习题 7.1

1. D.

2. 设电荷电量为 Q, 则

$$Q=\iint\limits_{D}\mu(x,y)dxdy.$$

3. 将 D 分成 n^2 个小正方形,

$$\Delta D_{ij}=\left\{(x,y)\left|\frac{i-1}{n}\leqslant x\leqslant\frac{i}{n},\frac{j-1}{n}\leqslant y\leqslant\frac{j}{n}\right.\right\}\quad(i=1,2,3,\cdots,n).$$

取 $\xi_i=\dfrac{i}{n}, \eta_j=\dfrac{j}{n}$,

$$\iint\limits_{D}xydxdy=\lim_{n\to\infty}\sum_{i,j=1}^{n}\xi_i\eta_j\Delta\sigma_{ij}=\lim_{n\to\infty}\frac{1}{n^4}\sum_{i,j=1}^{n}ij=\lim_{n\to\infty}\frac{1}{n^4}\cdot\frac{1}{4}n^2(n+1)^2=\frac{1}{4}.$$

4. (1) 这里, 被积函数 $f(x,y)\equiv1$, 由二重积分的定义, 对任意分割和取点法,

因为 $\displaystyle\iint\limits_{D}1\cdot d\sigma=\lim_{\lambda\to0}\sum_{i=1}^{n}f(\xi_i,\eta_i)\Delta\sigma_i=\lim_{\lambda\to0}\sum_{i=1}^{n}1\cdot\Delta\sigma_i=\lim_{\lambda\to0}\sum_{i=1}^{n}\Delta\sigma_i=\lim_{\lambda\to0}\sigma=\sigma,$

所以 $\displaystyle\iint\limits_{D}d\sigma=\sigma$, 其中 λ 是各 $\Delta\sigma_i$ 中的最大直径.

(2) $\displaystyle\iint\limits_{D}kf(x,y)d\sigma=\lim_{\lambda\to0}\sum_{i=1}^{n}kf(\xi_i,\eta_i)\Delta\sigma_i=\lim_{\lambda\to0}k\sum_{i=1}^{n}f(\xi_i,\eta_i)\Delta\sigma_i$

$$=k\lim_{\lambda\to0}\sum_{i=1}^{n}f(\xi_i,\eta_i)\Delta\sigma_i=k\iint\limits_{D}f(x,y)d\sigma.$$

5. (反证法)假设 f 在有界闭区域 D 上可积, 但是 f 在 D 上无界.

对 D 的任意一个分割 T, 及 $M>0$, 则必存在分割 T 下某个小区域 δ_i, 使得 f 在 δ_i 上无界. 在其他区域上任意取定 $(\xi_j,\zeta_j)\in\delta_j$, 并记

$$G=\left|\sum_{\substack{j=1\\j\neq i}}^{n}f(\xi_j,\zeta_j)\Delta\delta_j\right|,$$

这时 G 是个定值,而由于 f 在 δ_i 上无界,故 $\exists(\xi_i,\zeta_i)\in\delta_i$,使得

$$|f(\xi_i,\zeta_i)|>\frac{M+G}{\Delta\delta_i}$$

$$\Rightarrow\left|\sum_{j=1}^n f(\xi_j,\zeta_j)\Delta\delta_j\right|=\left|f(\xi_i,\zeta_i)\Delta\delta_i+\sum_{\substack{j=1\\j\neq i}}^n f(\xi_j,\zeta_j)\Delta\delta_j\right|$$

$$\geqslant|f(\xi_i,\zeta_i)\Delta\delta_i|-\left|\sum_{\substack{j=1\\j\neq i}}^n f(\xi_j,\zeta_j)\Delta\delta_j\right|>\frac{M+G}{\Delta\delta_i}\cdot\Delta\delta-G=M.$$

由此可见,对于无论多么小的细度 $\|T\|$.按上述方法选取 $(\xi_j,\zeta_j)\in\delta_j$,$j=1,2,3,\cdots,n$ 时,总能使积分和的绝对值大于预先任意给定的正数,这与 f 在 D 上可积矛盾,所以,f 在 D 上有界.

6. 将 $[a,b]$,$[c,d]$ 分别作划分

$$a=x_0<x_1<x_2<\cdots<x_{n-1}<x_n=b$$

和

$$c=y_0<y_1<y_2<\cdots<y_{n-1}<y_n=d.$$

则 D 分成了 n^2 个小矩形 ΔD_{ij} $(i=1,2,3\cdots n,j=1,2,3,\cdots,n)$.
记 ω_i 是 $f(x)$ 在小区间 $[x_{i-1},x_i]$ 上的振幅,$\omega_{ij}(F)$ 是 F 在 ΔD_{ij} 上的振幅,则

$$\omega_{ij}(F)=\omega_i$$

于是

$$\sum_{i,j=1}^n\omega_{ij}(F)\Delta\sigma_{ij}=\sum_{i,j=1}^n\omega_i\Delta x_i\Delta y_j=(d-c)\sum_{i=1}^n\omega_i\Delta x_i.$$

由于 $f(x)$ 在 $[a,b]$ 上可积,可知 $\sum_{i=1}^n\omega_i\Delta x_i\rightarrow0(\lambda\rightarrow0)$,所以

$$\lim_{\lambda\rightarrow0}\sum_{i,j=1}^n\omega_{ij}(F)\Delta\sigma_{ij}=(d-c)\lim_{\lambda\rightarrow0}\sum_{i=1}^n\omega_i\Delta x_i=0,$$

即 $F(x,y)$ 在 D 上可积.

7. 不妨设 $g(x)\geqslant0$,M,m 分别是 $f(x)$ 在区域 D 上的上确界、下确界,由 $mg(x)\leqslant f(x)g(x)\leqslant Mg(x)$、性质 1 和性质 3,可得

$$m\iint_D g(x)\mathrm{d}x\mathrm{d}y\leqslant\iint_D f(x)g(x)\mathrm{d}x\mathrm{d}y\leqslant M\iint_D g(x)\mathrm{d}x\mathrm{d}y$$

当 $\iint_D g(x)\mathrm{d}x\mathrm{d}y=0$ 时,积分中值定理显然成立.

当 $\iint_D g(x)\mathrm{d}x\mathrm{d}y\neq0$,则 $m\leqslant\dfrac{\iint_D f(x)g(x)\mathrm{d}x\mathrm{d}y}{\iint_D g(x)\mathrm{d}x\mathrm{d}y}\leqslant M.$

所以存在 $\mu\in[m,M]$,使得 $\dfrac{\iint_D f(x)g(x)\mathrm{d}x\mathrm{d}y}{\iint_D g(x)\mathrm{d}x\mathrm{d}y}=\mu$,即

$$\iint_D f(x)g(x)\mathrm{d}x\mathrm{d}y=\mu\iint_D g(x)\mathrm{d}x\mathrm{d}y.$$

8. (1) 在 D 内,$0\leqslant x+y\leqslant1$,故 $(x+y)^2\geqslant(x+y)^3$,

$$\iint_D(x+y)^2\mathrm{d}\sigma\geqslant\iint_D(x+y)^3\mathrm{d}\sigma.$$

(2) 在 D 内,$1\leqslant x+y\leqslant2$,故 $0\leqslant\ln(x+y)\leqslant1$,从而 $\ln(x+y)\geqslant\ln^2(x+y)$,

$$\iint\limits_{D} \ln(x+y)\mathrm{d}\sigma \geqslant \iint\limits_{D} [\ln(x+y)]^2\mathrm{d}\sigma.$$

习题 7.2

1. (1) $\iint\limits_{D} f(x,y)\mathrm{d}x\mathrm{d}y = \int_a^b \mathrm{d}x \int_a^x f(x,y)\mathrm{d}y = \int_a^b \mathrm{d}y \int_y^b f(x,y)\mathrm{d}x;$

(2) $\iint\limits_{D} f(x,y)\mathrm{d}x\mathrm{d}y = \int_0^{\frac{\sqrt{2}}{2}} \mathrm{d}y \int_y^{\sqrt{1-y^2}} f(x,y)\mathrm{d}x$

$\qquad = \int_0^{\frac{\sqrt{2}}{2}} \mathrm{d}x \int_0^x f(x,y)\mathrm{d}y + \int_{\frac{\sqrt{2}}{2}}^1 \mathrm{d}x \int_0^{\sqrt{1-x^2}} f(x,y)\mathrm{d}y;$

(3) $\iint\limits_{D} f(x,y)\mathrm{d}x\mathrm{d}y = \int_0^4 \mathrm{d}x \int_{3-\sqrt{4-(x-2)^2}}^{3+\sqrt{4-(x-2)^2}} f(x,y)\mathrm{d}y = \int_1^5 \mathrm{d}y \int_{2-\sqrt{4-(y-3)^2}}^{2+\sqrt{4-(y-3)^2}} f(x,y)\mathrm{d}x;$

(4) $\iint\limits_{D} f(x,y)\mathrm{d}x\mathrm{d}y = \int_{-\sqrt{2}}^{\sqrt{2}} \mathrm{d}x \int_{x^2}^{4-x^2} f(x,y)\mathrm{d}y$

$\qquad = \int_0^2 \mathrm{d}y \int_{-\sqrt{y}}^{\sqrt{y}} f(x,y)\mathrm{d}x + \int_2^4 \mathrm{d}y \int_{-\sqrt{4-y}}^{\sqrt{4-y}} f(x,y)\mathrm{d}x.$

2. (1) $\int_0^1 \mathrm{d}y \int_y^{\sqrt{y}} f(x,y)\mathrm{d}x = \int_0^1 \mathrm{d}x \int_{x^2}^x f(x,y)\mathrm{d}y;$

(2) $\int_a^b \mathrm{d}x \int_a^x f(x,y)\mathrm{d}y = \int_a^b \mathrm{d}y \int_y^b f(x,y)\mathrm{d}x;$

(3) $\int_0^2 \mathrm{d}x \int_x^{2x} f(x,y)\mathrm{d}y = \int_0^2 \mathrm{d}y \int_{\frac{y}{2}}^y f(x,y)\mathrm{d}x + \int_2^4 \mathrm{d}y \int_{\frac{y}{2}}^2 f(x,y)\mathrm{d}x;$

(4) $\int_{-1}^1 \mathrm{d}x \int_0^{\sqrt{1-x^2}} f(x,y)\mathrm{d}y = \int_0^1 \mathrm{d}y \int_{-\sqrt{1-y^2}}^{\sqrt{1-y^2}} f(x,y)\mathrm{d}x;$

(5) $\int_1^e \mathrm{d}x \int_0^{\ln x} f(x,y)\mathrm{d}y = \int_0^1 \mathrm{d}y \int_{e^y}^e f(x,y)\mathrm{d}x;$

(6) $\int_{-1}^1 \mathrm{d}x \int_{-\sqrt{1-x^2}}^{1-x^2} f(x,y)\mathrm{d}y = \int_{-1}^0 \mathrm{d}y \int_{-\sqrt{1-y^2}}^{\sqrt{1-y^2}} f(x,y)\mathrm{d}x + \int_0^1 \mathrm{d}y \int_{-\sqrt{1-y}}^{\sqrt{1-y}} f(x,y)\mathrm{d}x;$

(7) $\int_0^{2a} \mathrm{d}x \int_{\sqrt{2ax-x^2}}^{\sqrt{2ax}} f(x,y)\mathrm{d}y$

$\qquad = \int_0^a \mathrm{d}y \int_{\frac{y^2}{2a}}^{a-\sqrt{a^2-y^2}} f(x,y)\mathrm{d}x + \int_a^{2a} \mathrm{d}y \int_{\frac{y^2}{2a}}^{2a} f(x,y)\mathrm{d}x + \int_0^a \mathrm{d}y \int_{a+\sqrt{a^2-y^2}}^{2a} f(x,y)\mathrm{d}x;$

(8) $\int_0^1 \mathrm{d}y \int_0^{2y} f(x,y)\mathrm{d}x + \int_1^3 \mathrm{d}y \int_0^{3y-1} f(x,y)\mathrm{d}x = \int_0^2 \mathrm{d}x \int_{\frac{x}{2}}^{3-x} f(x,y)\mathrm{d}y.$

3. (1) $\iint\limits_{D} xy\mathrm{d}x\mathrm{d}y = \int_0^1 \mathrm{d}y \int_y^{\sqrt{y}} xy\mathrm{d}x = \dfrac{1}{24};$

(2) $\iint\limits_{D} (x^2+y)\mathrm{d}x\mathrm{d}y = \int_0^1 \mathrm{d}y \int_{y^2}^{\sqrt{y}} (x^2+y)\mathrm{d}x = \dfrac{33}{140};$

(3) $\iint\limits_{D} xy^2\mathrm{d}x\mathrm{d}y = \int_{-p}^p y^2\mathrm{d}y \int_{\frac{y^2}{2p}}^{\frac{p}{2}} x\mathrm{d}x = \dfrac{1}{21}p^5;$

(4) $\iint\limits_{D} (x^2+y^2)\mathrm{d}x\mathrm{d}y = \int_0^1 \mathrm{d}x \int_{\sqrt{x}}^{2\sqrt{x}} (x^2+y^2)\mathrm{d}y = \dfrac{128}{105};$

(5) $\iint\limits_{D} x^2 y\mathrm{d}x\mathrm{d}y = \int_1^2 x^2\mathrm{d}x \int_{\sqrt{2x-x^2}}^x y\mathrm{d}y = \dfrac{49}{20};$

(6) $\iint\limits_{D}(x^2-y^2)\mathrm{d}x\mathrm{d}y=\int_0^{\pi}\mathrm{d}x\int_0^{\sin x}(x^2-y^2)\mathrm{d}y=\dfrac{40}{9}.$

4. $\iint\limits_{D}a\sin(x+y)\mathrm{d}x\mathrm{d}y=\int_0^{\frac{\pi}{2}}\mathrm{d}x\int_x^{2x}a\sin(x+y)\mathrm{d}y=\dfrac{1}{3}a,$ 则 $a=3.$

5. $\int_0^a\mathrm{d}x\int_0^x f(y)\mathrm{d}y=\int_0^a\mathrm{d}y\int_y^a f(y)\mathrm{d}x=\int_0^a(a-y)f(y)\mathrm{d}y=\int_0^a(a-x)f(x)\mathrm{d}x.$

6. 联立两个抛物线方程，解得 $x=\dfrac{q-p}{2},y=\pm\sqrt{pq}$，于是抛物线所围成的面积为

$$S=\int_{-\sqrt{pq}}^{\sqrt{pq}}\mathrm{d}y\int_{\frac{y^2}{2p}-\frac{p}{2}}^{\frac{q}{2}-\frac{y^2}{2q}}\mathrm{d}x=\int_0^{\sqrt{pq}}\left[(p+q)-\dfrac{p+q}{pq}y^2\right]\mathrm{d}y=\dfrac{2}{3}(p+q)\sqrt{pq}.$$

7. 因为

$$\iint\limits_{D}\cos y^2\mathrm{d}x\mathrm{d}y=\int_0^1\mathrm{d}x\int_0^1\cos y^2\mathrm{d}y=\int_0^1\cos y^2\mathrm{d}y=\int_0^1\cos x^2\mathrm{d}x$$

$$=\int_0^1\mathrm{d}y\int_0^1\cos x^2\mathrm{d}x=\iint\limits_{D}\cos x^2\mathrm{d}x\mathrm{d}y,$$

所以

$$\iint\limits_{D}(\sin x^2+\cos y^2)\mathrm{d}x\mathrm{d}y=\iint\limits_{D}(\sin x^2+\cos x^2)\mathrm{d}x\mathrm{d}y=\iint\limits_{D}\sqrt{2}\sin\left(x^2+\dfrac{\pi}{4}\right)\mathrm{d}x\mathrm{d}y$$

所以当 $0\leqslant x\leqslant 1$ 时，$\dfrac{\sqrt{2}}{2}\leqslant\sin\left(x^2+\dfrac{\pi}{4}\right)\leqslant 1$，由重积分的性质即得

$$1\leqslant\iint\limits_{D}(\sin x^2+\cos y^2)\mathrm{d}x\mathrm{d}y\leqslant\sqrt{2},\text{证毕}.$$

8. 因为 $\mathrm{e}^{x^2-y^2}\cos(x+y)$ 在 D 上连续，所以由二重积分的中值定理知，在 D 内至少存在一点 (ξ,η)，使得

$$\iint\limits_{D}\mathrm{e}^{x^2-y^2}\cos(x+y)\mathrm{d}x\mathrm{d}y=\mathrm{e}^{\xi^2-\eta^2}\cos(\xi+\eta)\cdot\pi r^2,$$

于是有

$$\lim_{r\to 0}\dfrac{1}{\pi r^2}\iint\limits_{D}\mathrm{e}^{x^2-y^2}\cos(x+y)\mathrm{d}x\mathrm{d}y=\lim_{r\to 0}\mathrm{e}^{\xi^2-\eta^2}\cos(\xi+\eta)=\lim_{\substack{\xi\to 0\\\eta\to 0}}\mathrm{e}^{\xi^2-\eta^2}\cos(\xi+\eta)=1.$$

习题 7.3

1. (1) $\iint\limits_{D}f(x,y)\mathrm{d}x\mathrm{d}y=\int_0^{\pi}\mathrm{d}\theta\int_a^b f(r\cos\theta,r\sin\theta)r\mathrm{d}r$

$$=\int_a^b\mathrm{d}r\int_0^{\pi}f(r\cos\theta,r\sin\theta)r\mathrm{d}\theta;$$

(2) $\iint\limits_{D}f(x,y)\mathrm{d}x\mathrm{d}y=\int_0^{\frac{\pi}{2}}\mathrm{d}\theta\int_0^{\sin\theta}f(r\cos\theta,r\sin\theta)r\mathrm{d}r$

$$=\int_a^1\mathrm{d}r\int_{\arcsin r}^{\frac{\pi}{2}}f(r\cos\theta,r\sin\theta)r\mathrm{d}\theta.$$

2. (1) $\iint\limits_{D}y\mathrm{d}x\mathrm{d}y=\int_0^{\frac{\pi}{2}}\sin\theta\mathrm{d}\theta\int_0^a r^2\mathrm{d}r=\dfrac{1}{3}a^3;$

(2) $\iint\limits_{D}(x+y)\mathrm{d}x\mathrm{d}y=\int_{-\frac{\pi}{4}}^{\frac{3\pi}{4}}(\cos\theta+\sin\theta)\mathrm{d}\theta\int_0^{\sin\theta+\cos\theta}r^2\mathrm{d}r=\dfrac{\pi}{2};$

(3) $\iint\limits_{D}(x^2+y^2)\mathrm{d}x\mathrm{d}y=\int_0^{\frac{\pi}{2}}\mathrm{d}\theta\int_0^{2a\cos\theta}r^3\mathrm{d}r=\dfrac{3}{4}\pi a^4;$

(4) $\displaystyle\iint\limits_{D}\ln(1+x^2+y^2)\mathrm{d}x\mathrm{d}y=\int_0^{\frac{\pi}{2}}\mathrm{d}\theta\int_0^2\ln(1+r^2)r\mathrm{d}r=\frac{\pi}{4}(5\ln5-4)$;

(5) $\displaystyle\iint\limits_{D}\mathrm{e}^{-(x^2+y^2)}\mathrm{d}x\mathrm{d}y=\int_0^{2\pi}\mathrm{d}\theta\int_0^R\mathrm{e}^{-r^2}\,\mathrm{d}r=\pi(1-\mathrm{e}^{-R^2})$;

(6) $\displaystyle\iint\limits_{D}\sin\sqrt{x^2+y^2}\,\mathrm{d}x\mathrm{d}y=\int_0^{2\pi}\mathrm{d}\theta\int_\pi^{2\pi}r\sin r\mathrm{d}r=-6\pi^2$.

3. 为去掉被积函数的绝对值,将积分区域分成如下两个部分:D_1: $2x\leqslant x^2+y^2\leqslant4$, D_2: $x^2+y^2\leqslant2x$,则

$$\begin{aligned}I&=\iint\limits_{D_1}(x^2+y^2-2x)\mathrm{d}x\mathrm{d}y+\iint\limits_{D_2}(2x-x^2-y^2)\mathrm{d}x\mathrm{d}y\\&=\iint\limits_{D_1+D_2}(x^2+y^2-2x)\mathrm{d}x\mathrm{d}y+2\iint\limits_{D_2}(2x-x^2-y^2)\mathrm{d}x\mathrm{d}y\\&=\int_0^{2\pi}\mathrm{d}\theta\int_0^2(r^2-2r\cos\theta)r\mathrm{d}r+2\int_{-\pi/2}^{\pi/2}\mathrm{d}\theta\int_0^{2\cos\theta}(2r\cos\theta-r^2)r\mathrm{d}r\\&=9\pi.\end{aligned}$$

4. 该曲线所围成的区域为 D: $-a\leqslant x\leqslant a$, $x-\sqrt{a^2-x^2}\leqslant y\leqslant x+\sqrt{a^2-x^2}$,故所求面积

$$S=\iint\limits_{D}\mathrm{d}\sigma=\int_{-a}^a\mathrm{d}x\int_{x-\sqrt{a^2-x^2}}^{x+\sqrt{a^2-x^2}}\mathrm{d}y=\int_{-a}^a2\sqrt{a^2-x^2}\,\mathrm{d}x=4\int_0^a\sqrt{a^2-x^2}\,\mathrm{d}x.$$

令 $x=a\sin t,0\leqslant t\leqslant\dfrac{\pi}{2}$,则 $\mathrm{d}x=a\cos t\mathrm{d}t$,

$$S=4\int_0^{\frac{\pi}{2}}a\cos t\cdot a\cos t\mathrm{d}t=2a^2\int_0^{\frac{\pi}{2}}(\cos2t+1)\mathrm{d}t=\pi a^2.$$

5. $\displaystyle I=\iint\limits_{D}\frac{1}{1+x^2+y^2}\mathrm{d}x\mathrm{d}y+\iint\limits_{D}\frac{xy}{1+x^2+y^2}\mathrm{d}x\mathrm{d}y$

$\displaystyle=2\iint\limits_{D_1}\frac{1}{1+x^2+y^2}\mathrm{d}x\mathrm{d}y+0$

$\displaystyle=2\int_0^{\frac{\pi}{2}}\mathrm{d}\theta\int_0^1\frac{r}{1+r^2}\mathrm{d}r=\frac{\pi}{2}\ln2.$

6. $\displaystyle\lim_{t\to0^+}\frac{1}{t^3}\iint\limits_{x^2+y^2\leqslant t^2}f(\sqrt{x^2+y^2})\mathrm{d}x\mathrm{d}y=\lim_{t\to0^+}\frac{1}{t^3}\int_0^{2\pi}\mathrm{d}\theta\int_0^tf(r)\cdot r\mathrm{d}r$

$\displaystyle=2\pi\lim_{t\to0^+}\frac{\int_0^tf(r)\cdot r\mathrm{d}r}{t^3}\left(\frac{0}{0}\text{型}\right)=2\pi\lim_{t\to0^+}\frac{tf(t)}{3t^2}$

$\displaystyle=\frac{2\pi}{3}\lim_{t\to0^+}\frac{f(t)}{t}\left(\frac{0}{0}\text{型}\right)=\frac{2\pi}{3}f'(0)=\frac{2\pi}{3}\lim_{t\to0^+}f'(t).$

自测题 7

一、选择题:

1. D; 2. B; 3. D; 4. C; 5. A; 6. C; 7. D; 8. A.

二、填空题:

1. $\displaystyle\int_{-1}^2\mathrm{d}y\int_{y^2}^{y+2}f(x,y)\mathrm{d}x$; 2. $\dfrac{8}{15}$; 3. $\dfrac{\pi}{2}$; 4. $\dfrac{1066}{315}$; 5. $\dfrac{1}{4}$;

6. $\displaystyle\int_0^{2\pi}(\cos\theta+\sin\theta)\mathrm{d}\theta\int_0^2r^2\mathrm{d}r$; 7. $\dfrac{\pi}{8}$; 8. $\displaystyle\int_0^{\frac{\sqrt{2}}{2}}\mathrm{d}x\int_y^{\sqrt{1-y^2}}f(x,y)\mathrm{d}y.$

三、解答题：

1. 设 $x=r\cos\theta, y=r\sin\theta$，则 $\mathrm{d}x\mathrm{d}y=r\mathrm{d}r\mathrm{d}\theta$，积分域 $D{:}0\leqslant\theta\leqslant\pi, 0\leqslant r\leqslant 2\sin\theta$，因此

$$I=\iint\limits_{D}\sqrt{x^2+y^2}\,\mathrm{d}x\mathrm{d}y=\int_0^\pi\mathrm{d}\theta\int_0^{2\sin\theta}r^2\mathrm{d}r=\frac{32}{9}.$$

2.
$$\int_0^1 tf(t)\mathrm{d}t=\int_0^1\mathrm{d}t\int_1^{t^2}t\mathrm{e}^{-x^2}\,\mathrm{d}x=-\int_0^1\mathrm{d}t\int_{t^2}^1 t\mathrm{e}^{-x^2}\,\mathrm{d}x$$

$$=-\iint\limits_{D}t\mathrm{e}^{-x^2}\,\mathrm{d}t\mathrm{d}x=-\int_0^1\mathrm{d}x\int_0^{\sqrt{x}}t\mathrm{e}^{-x^2}\,\mathrm{d}t$$

$$=-\frac{1}{2}\int_0^1 x\mathrm{e}^{-x^2}\,\mathrm{d}x=\frac{1}{4}(\mathrm{e}^{-1}-1).$$

3. 分区域是 $x^2+y^2\leqslant a^2$，显然关于 x 轴、y 轴、原点对称，所以

$$\iint\limits_{x^2+y^2\leqslant a^2}(-2\sin x+3y)\mathrm{d}\sigma=0,\ 又$$

$$\iint\limits_{x^2+y^2\leqslant a^2}x^2\mathrm{d}\sigma=\iint\limits_{x^2+y^2\leqslant a^2}y^2\mathrm{d}\sigma=\frac{1}{2}\iint\limits_{x^2+y^2\leqslant a^2}(x^2+y^2)\mathrm{d}\sigma=\frac{1}{2}\int_0^{2\pi}\mathrm{d}\theta\int_0^a r^3\mathrm{d}r=\frac{\pi}{4}a^4,$$

$$\iint\limits_{x^2+y^2\leqslant a^2}4\mathrm{d}\sigma=4\pi a^2,故所求=\frac{\pi}{4}a^4+4\pi a^2.$$

4. 将 D 分成 D_1 与 D_2 两部分，其中

$$D_1=\{(r,\theta)\,|\,0\leqslant\theta\leqslant\frac{\pi}{2}, 0\leqslant r\leqslant 1\}, D_2=\{(x,y)\,|\,0\leqslant x\leqslant 1, \sqrt{1-x^2}\leqslant y\leqslant 1\}$$

则

$$\iint\limits_{D}|x^2+y^2-1|\mathrm{d}\sigma=\iint\limits_{D_1}(1-x^2-y^2)\mathrm{d}\sigma+\iint\limits_{D_2}(x^2+y^2-1)\mathrm{d}\sigma$$

$$=\int_0^{\frac{\pi}{2}}\mathrm{d}\theta\int_0^1(1-r^2)r\mathrm{d}r+\int_0^1\mathrm{d}x\int_{\sqrt{1-x^2}}^1(x^2+y^2-1)\mathrm{d}y$$

$$=\frac{\pi}{8}-\frac{1}{3}+\frac{2}{3}I,$$

其中

$$I=\int_0^1(1-x^2)^{\frac{3}{2}}\,\mathrm{d}x\xlongequal{x=\sin t}\int_0^{\frac{\pi}{2}}\cos^4 t\mathrm{d}t=\int_0^{\frac{\pi}{2}}\left(\frac{1+\cos 2t}{2}\right)^2\mathrm{d}t$$

$$=\int_0^{\frac{\pi}{2}}\left(\frac{1}{4}+\frac{\cos 2t}{2}+\frac{1+\cos 4t}{8}\right)\mathrm{d}t=\frac{3\pi}{16},$$

故 $\iint\limits_{D}|x^2+y^2-1|\mathrm{d}\sigma=\frac{\pi}{8}-\frac{1}{3}+\frac{2}{3}\cdot\frac{3\pi}{16}=\frac{\pi}{4}-\frac{1}{3}.$

5. $I=\iint\limits_{D}\mathrm{e}^{-(x^2+y^2)}\mathrm{d}x\mathrm{d}y=\int_0^{2\pi}\mathrm{d}\theta\int_0^a\mathrm{e}^{-r^2}r\mathrm{d}r=2\pi\left(-\frac{1}{2}\mathrm{e}^{-r^2}\right)\Big|_0^a=\pi(1-\mathrm{e}^{-a^2}).$

令 $\pi(1-\mathrm{e}^{-a^2})=\frac{\pi}{2}$，解得 $a=\sqrt{\ln 2}.$

6. 因为 $\int_x^1 f(y)\mathrm{d}y$ 不能直接积出，所以应该改变积分次序，令

$$I=\int_0^1\mathrm{d}x\int_x^1 f(x)f(y)\mathrm{d}y,$$

则

$$原式=\int_0^1\mathrm{d}y\int_0^y f(x)f(y)\mathrm{d}x=\int_0^1 f(x)\mathrm{d}x\int_0^x f(y)\mathrm{d}y,$$

故

$$2I=\int_0^1 dx \int_x^1 f(x)f(y)dy+\int_0^1 f(x)dx \int_0^x f(y)dy=\int_0^1 f(x)dx \int_0^1 f(y)dy=A^2$$

所以 $I=\dfrac{A^2}{2}$.

7.（反证法）假设存在 $P(x_0,y_0)\in D$,使得 $f(x,y)\neq 0$,不妨设 $f(x_0,y_0)>0$. 根据连续函数的保号性,存在 $r>0$,即存在以点 $P(x_0,y_0)$ 为心,以 r 为半径的邻域 $U(P,r)$,使得任意 $(x,y)\in G=U(P,r)\bigcap D$,有

$$f(x,y)\geqslant \frac{f(x_0,y_0)}{2} \quad (>0).$$

从而

$$\iint_G f(x,y)dxdy \geqslant \frac{f(x_0,y_0)}{2}\iint_G dxdy=\frac{f(x_0,y_0)}{2}\bar{G}>0.$$

其中 $\bar{G}$ 是区域 G 的面积,这与已知条件矛盾. 于是,任意 $(x,y)\in D$,有 $f(x,y)=0$.

8. 因为 $f(x)$ 是 $[a,b]$ 上连续函数,所以 $f(x)f(y)$ 是 $D=[a,b]\times[a,b]$ 上连续函数,所以可积.

$$\left[\int_a^b f(x)dx\right]^2=\int_a^b f(x)dx \int_a^b f(y)dy=\iint_D f(x)f(y)d\sigma,$$

由于 $[f(x)-f(y)]^2\geqslant 0$, $f(x)f(y)\leqslant \frac{1}{2}[f^2(x)+f^2(y)]$,所以

$$\iint_D f(x)f(y)d\sigma \leqslant \iint_D \frac{1}{2}[f^2(x)+f^2(y)]d\sigma=\iint_D f^2(x)d\sigma=\int_a^b dy \int_a^b f^2(x)dx$$

$$=(b-a)\int_a^b f^2(x)dx,$$

所以,$\left[\int_a^b f(x)dx\right]^2\leqslant(b-a)\int_a^b f^2(x)dx.$

第8章　常微分方程

习题 8.1

1.（1）一阶；（2）二阶；（3）一阶；（4）四阶.

2.（1）是；（2）是.

3.（1）$y=3e^{x^2}-1$；（2）$y=3\sin x-4\cos x$.

4. $y=x^3$.

习题 8.2

1.（1）$y=\ln(e^x+C)$；（2）$y=\arcsin x+C$；（3）$y=1-\dfrac{1}{C(1+x)}$；

（4）$y=\tan(\arctan x+C)$；（5）$y^2=x^2+x+C$；（6）$\sin y\cdot \cos x=C$.

2.（1）$y=e^{x^2}$；（2）$y=4\cos x-3$.

习题 8.3

1.（1）$y=Ce^{2x}-e^x$；（2）$y=\left(\dfrac{x^2}{2}+x+C\right)(x+1)^2$；（3）$y=Ce^{x^2}-\dfrac{1}{4}e^{-x^2}$；

(4) $y=\dfrac{x}{3}+\dfrac{C}{x^2}$；　(5) $y=(-\cos x+C)x^2$　(6) $y=(x+C)\sec x$.

2. (1) $y=\dfrac{1}{2}(e^{-2x}+1)$；　(2) $y=\dfrac{1}{2}(e^x+\sin x-\cos x)$；

(3) $x=e^{3t}(e^t-1)$；　(4) $y=xe^{-\sin x}$.

自测题 8

一、(1) B；　(2) D；　(3) A；　(4) C；　(5) A；　(6) A；　(7) D；　(8) D.

二、(1) $y=Ce^x$；　(2) $y=\sin x-x+1$；　(3) $\dfrac{\ln y\,dy}{y}=\dfrac{\ln x\,dx}{x}$；

(4) $p(x)=-\dfrac{2}{1+x}$，$q(x)=(1+x)^3$；　(5) $(y+1)^2=x+C$；

(6) $y=Cxe^{-\frac{x^2}{2}}$；　(7) $y=\dfrac{C}{x}+3$；　(8) $\cos y=\dfrac{\sqrt{2}}{2}\cos x$.

三、1. (1) $y=Ce^{-\tan x}$；　(2) $1-y^2=C(1-x)^2$；　(3) $1-e^{-y}=Cx$；

(4) 提示:原方程变形为 $\dfrac{dx}{dy}=\left(\dfrac{x}{y}\right)^2+\dfrac{x}{y}$，令 $z=\dfrac{x}{y}$ 即可 $y=Ce^{-\frac{y}{x}}$.

2. (1) 通解 $\sqrt{1+x^2}-\sqrt{1-y^2}=C$　特解 $\sqrt{1+x^2}-\sqrt{1-y^2}=\sqrt{2}$；

(2) 通解 $\arctan\dfrac{y}{2}=C-2\ln\cos x$　特解 $\arctan\dfrac{y}{2}=\dfrac{\pi}{4}-2\ln\cos x$.

3. (1) $e^{-x}(x+C)$；　(2) $y=\dfrac{1}{\cos x}\left(\dfrac{1}{2}\sin^2 x+C\right)$；　(3) $y=\dfrac{1}{x}(\arctan x+C)$；

(4) 提示:原方程变形为 $\dfrac{dx}{dy}-\dfrac{1}{y}\cdot x=y^2$ 通解 $x=Cy+\dfrac{y^3}{2}$.

4. (1) $y=x^2\sin x$；

(2) 提示:原方程变形为 $\dfrac{dx}{dy}-x=e^y$，通解 $x=e^y(y+C)$，特解 $x=e^y(y+1)$.

第 9 章　无穷级数

习题 9.1

1. (1) $\dfrac{1}{2n-1}$；　(2) $(-1)^{n-1}\dfrac{1}{3n}$；　(3) $\dfrac{1}{4^n n!}$；　(4) $(-1)^n\dfrac{x^n}{n}$.

2. (1) 收敛；　(2) 收敛.

3. 略.

4. 提示:$0.\dot{5}\dot{4}=\dfrac{54}{100}+\dfrac{54}{100^2}+\cdots+\dfrac{54}{100^n}+\cdots$，是 $q=\dfrac{1}{100}$ 的等比级数，$0.\dot{5}\dot{4}=\dfrac{6}{11}$.

习题 9.2

1. (1) 收敛；　(2) 收敛；　(3) 发散；　(4) 收敛.

2. (1) 收敛；　(2) 收敛；　(3) 收敛；　(4) 发散.

习题 9.3

(1) 绝对收敛；　(2) 条件收敛；　(3) 绝对收敛；

(4) 绝对收敛； (5) 条件收敛； (6) 绝对收敛.

习题 9.4

1. (1) $[-1,1)$； (2) $R=0$； (3) $\left(-\dfrac{1}{2},\dfrac{1}{2}\right)$； (4) $(-1,1]$；

(5) $(-\infty,+\infty)$； (6) $\left[-\dfrac{1}{2},\dfrac{1}{2}\right]$.

3. (1) $a^x=1+x\ln a+\dfrac{x^2}{2!}\ln^2 a+\dfrac{x^3}{3!}\ln^3 a+\cdots+\dfrac{x^n}{n!}\ln^n a+\cdots$ $(-\infty<x<+\infty)$；

(2) $\cos x=1-\dfrac{x^2}{2!}+\dfrac{x^4}{4!}+\cdots+(-1)^n\dfrac{x^{2n}}{(2n)!}+\cdots$ $(-\infty<x<+\infty)$；

(3) $\dfrac{1}{1-x}=1+x+x^2+\cdots+x^n+\cdots$ $(-1<x<1)$；

(4) $\ln(1+x)=x-\dfrac{x^2}{2}+\dfrac{x^3}{3}+\cdots+(-1)^{n-1}\dfrac{x^n}{n}+\cdots$ $(-1<x\leqslant1)$.

自测题 9

一、选择题：
1. C； 2. C； 3. B； 4. A； 5. B； 6. D； 7. D； 8. C.
二、填空题：
1. 发散； 2. a； 3. $\dfrac{1}{2}$； 4. $p\leqslant0$；

5. $p>1,p\leqslant1$； 6. 有界； 7. $R=1$； 8. $(-\infty,+\infty)$.
三、解答题：

1. $\dfrac{1}{3}$.

2. (1) 发散； (2) 收敛. 提示：取 $v_n=\dfrac{1}{n^{\frac{3}{2}}}$

3. (1) 收敛； (2) 收敛.

4. (1) 绝对收敛； (2) 条件收敛.

5. (1) $\left[-\dfrac{1}{2},\dfrac{1}{2}\right]$； (2) $[-3,3)$

6. (1) $\dfrac{1}{1+x}=1-x+x^2-\cdots+(-1)^n x^n+\cdots$；

(2) $e^{2x}=1+2x+\dfrac{2^2}{2!}x^2+\dfrac{2^3}{3!}x^3+\cdots+\dfrac{2^n}{n!}n^n+\cdots$.

第 10 章　行列式与矩阵

习题 10.1

1. $x=1$, $y=2$, $z=-2$.

2. $\begin{bmatrix} \lambda & 4\lambda & 7\lambda \\ 2\lambda & 5\lambda & 3\lambda \\ -\lambda & -2\lambda & -3\lambda \end{bmatrix}$.

3. (1) $\begin{bmatrix} -16 & -32 \\ 8 & 16 \end{bmatrix}$; (2) $\begin{bmatrix} 0 & 0 \\ 0 & 0 \end{bmatrix}$.

4. (1) $\begin{bmatrix} 1 & 1 \\ 0 & 0 \end{bmatrix}$; (2) $\begin{bmatrix} 1 & 0 \\ 5\lambda & 1 \end{bmatrix}$; (3) $\begin{bmatrix} a^3 & 0 & 0 \\ 0 & b^3 & 0 \\ 0 & 0 & c^3 \end{bmatrix}$;

(4) $\begin{bmatrix} 10 & 4 & -1 \\ 2 & -2 & -1 \end{bmatrix}$.

5. $\boldsymbol{AB} = \begin{bmatrix} -5 & 6 & 7 \\ 10 & 2 & -6 \\ -2 & 17 & 10 \end{bmatrix}$.

习题 10.2

1. (1) $\boldsymbol{A}^{-1} = \begin{bmatrix} 5 & -2 \\ -2 & 1 \end{bmatrix}$; (2) $\boldsymbol{A}^{-1} = \dfrac{1}{14}\begin{bmatrix} 4 & 1 \\ -2 & 3 \end{bmatrix} = \begin{bmatrix} \dfrac{2}{7} & \dfrac{1}{14} \\ -\dfrac{1}{7} & \dfrac{3}{14} \end{bmatrix}$;

(3) 因为 $|\boldsymbol{A}| \neq 0$,所以 $\boldsymbol{A}$ 不可逆; (4) $\boldsymbol{A}^{-1} = \dfrac{1}{ad-bc}\begin{bmatrix} d & -b \\ -c & a \end{bmatrix}$.

2. $\boldsymbol{A}^{-1} = \begin{bmatrix} -\dfrac{5}{2} & 1 & -\dfrac{1}{2} \\ 5 & -1 & 1 \\ \dfrac{7}{2} & -1 & \dfrac{1}{2} \end{bmatrix}$.

3. $\boldsymbol{A}^{-1} = \dfrac{1}{3}\begin{bmatrix} 1 & 0 & 1 \\ -2 & 3 & -2 \\ -3 & 3 & 0 \end{bmatrix} = \begin{bmatrix} \dfrac{1}{3} & 0 & \dfrac{1}{3} \\ -\dfrac{2}{3} & 1 & -\dfrac{2}{3} \\ -1 & 1 & 0 \end{bmatrix}$.

4. (1) $\boldsymbol{X} = \dfrac{1}{2}\begin{bmatrix} 13 & -9 \\ -8 & 6 \end{bmatrix} = \begin{bmatrix} \dfrac{13}{2} & -\dfrac{9}{2} \\ -4 & 3 \end{bmatrix}$;

(2) $\boldsymbol{X} = \dfrac{1}{2}\begin{bmatrix} 7 & -3 \\ -26 & 12 \end{bmatrix} = \begin{bmatrix} \dfrac{7}{2} & -\dfrac{3}{2} \\ -13 & 6 \end{bmatrix}$;

(3) $\boldsymbol{X} = \dfrac{1}{3}\begin{bmatrix} 0 & 12 \\ 1 & -7 \end{bmatrix} = \begin{bmatrix} 0 & 4 \\ \dfrac{1}{3} & -\dfrac{7}{3} \end{bmatrix}$.

5. $\boldsymbol{X} = \begin{bmatrix} -7 \\ 14 \\ 9 \end{bmatrix}$.

6. $\boldsymbol{X} = \begin{bmatrix} -2 & 1 \\ 10 & -4 \\ -10 & 4 \end{bmatrix}$.

习题 10.3

1. $R(\boldsymbol{A}) = 2$.　　2. $R(\boldsymbol{A}) = 3$.　　3. $R(\boldsymbol{A}) = 2$.　　4. $R(\boldsymbol{A}) = 3$.

自测题 10

一、-4；　$(a-b)(b-c)(c-a)$；　$(a-b)^3$.

二、$\lambda=-1,\mu=0$.

三、$\lambda\neq 0$ 且 $\lambda\neq 2$ 且 $\lambda\neq 3$.

四、$2\boldsymbol{A}=\begin{bmatrix} 6 & 2 & 8 \\ -4 & 0 & 2 \\ 2 & 4 & 4 \end{bmatrix}$，$\boldsymbol{A}+\boldsymbol{B}=\begin{bmatrix} 4 & 1 & 6 \\ -5 & 1 & 2 \\ 3 & -2 & 3 \end{bmatrix}$，$(2\boldsymbol{A})^{\mathrm{T}}-(3\boldsymbol{B})^{\mathrm{T}}=\begin{bmatrix} 3 & 5 & -4 \\ 2 & -3 & 16 \\ 2 & -1 & 1 \end{bmatrix}$.

五、略.

六、$\boldsymbol{A}_1,\boldsymbol{A}_2$ 是,$\boldsymbol{A}_3,\boldsymbol{A}_4$ 不是.

七、$\mathrm{R}(\boldsymbol{A}_1)=3$, $\mathrm{R}(\boldsymbol{A}_2)=2$, $\mathrm{R}(\boldsymbol{A}_3)=2$.

八、$\boldsymbol{A}^2=\begin{bmatrix} 0 & 0 & 1 \\ 0 & 0 & 0 \\ 0 & 0 & 0 \end{bmatrix}$, $\boldsymbol{A}^3=\boldsymbol{O}_{3\times 3}$.

九、$\lambda\neq -1$ 且 $\lambda\neq -2$.

十、$\boldsymbol{A}^{-1}=\dfrac{1}{3}\boldsymbol{A}-\dfrac{2}{3}\boldsymbol{E}$.

十一、$\boldsymbol{A}_1^{-1}=\begin{bmatrix} 0 & 0 & \dfrac{1}{8} \\ 0 & \dfrac{1}{5} & 0 \\ \dfrac{1}{2} & 0 & 0 \end{bmatrix}$, $\boldsymbol{A}_2^{-1}=\begin{bmatrix} -5 & 3 & 1 \\ 3 & -3 & 1 \\ 1 & 1 & -1 \end{bmatrix}$.

十二、略.

第 11 章　线性方程组

习题 11.1

1. $(5,8,-1,5)$, $(5,3,1,0)$.

2. $(1,6,1)$.

3. $(2,3,4)$.

4. $x=2,y=-1$.

习题 11.2

1. 不能.

2. 线性无关.

3. 线性相关.

4. 线性相关.

5. $k=1$.

习题 11.3

1. $\boldsymbol{\eta}=k_1(-1,1,0,0,0)^{\mathrm{T}}+k_2(0,0,1,0,1)^{\mathrm{T}}$, k_1,k_2 为任意常数.

2. $\boldsymbol{\eta}=k\left(\frac{4}{3},-3,\frac{4}{3},1\right)^{\mathrm{T}}$, k 为任意常数.

3. $\boldsymbol{\eta}=k_1(1,1,0,0)^{\mathrm{T}}+k_2(1,0,2,1)^{\mathrm{T}}+\left(\frac{1}{2},0,\frac{1}{2},0\right)$, k_1,k_2 为任意常数.

4. $\boldsymbol{\eta}=k_1(-1,1,0,0,0)^{\mathrm{T}}+k_2(1,0,1,0,0)^{\mathrm{T}}+(3,0,0,-1,2)^{\mathrm{T}}$, k_1,k_2 为任意常数.

5. 当 $\lambda=8$ 时,方程组有解,通解为

$\boldsymbol{\eta}=k_1(-8,-13,1,0)^{\mathrm{T}}+k_2(5,9,0,1)^{\mathrm{T}}+(-1,-3,0,0)^{\mathrm{T}}$, k_1,k_2 为任意常数.

自测题 11

一、$(6,-4,-7,11)$, $(-3,5,19,-7)$.

二、$\left(-\frac{3}{2},\frac{5}{2},0,-1\right)$.

三、(1) 线性相关; (2) 线性无关; (3) 线性相关.

四、不一定.

五、$\boldsymbol{\beta}=11\boldsymbol{\alpha}_1+\boldsymbol{\alpha}_2-4\boldsymbol{\alpha}_3$(表示方法不唯一).

六、$a=0,b=2$,方程组有解. 通解为

$\boldsymbol{\eta}=k_1(1,-2,1,0,0)^{\mathrm{T}}+k_2(1,-2,0,1,0)^{\mathrm{T}}+k_3(5,-6,0,0,1)^{\mathrm{T}}+(-2,3,0,0,0)^{\mathrm{T}}$,

其中 k_1,k_2,k_3 为任意常数.

七、$\lambda=1$.

八、(1) $(-2,1,1,0,0)$, $(-1,-3,0,1,0)$, $(2,1,0,0,1)$; (2) 仅有零解.

九、(1) $\boldsymbol{\eta}=k_1(3,-4,1,0)+k_2(-4,5,0,1)$, k_1,k_2 为任意常数;

(2) $\boldsymbol{\eta}=k_1(-2,1,0,0)+k_2\left(\frac{1}{2},0,-\frac{1}{2},1\right)$, k_1,k_2 为任意常数.

十、(1) $\boldsymbol{\eta}=k(-2,3,8,1)+(3,-2,-5,0)$, k 为任意常数;

(2) $\boldsymbol{\eta}=k(1,-2,1)+(-2,3,0)$, k 为任意常数;

(3) $\boldsymbol{\eta}=k_1(1,2,1,0)+k_2(-1,1,0,1)+(1,0,0,0)$, k_1,k_2 为任意常数;

(4) $\boldsymbol{\eta}=k_1\left(-\frac{5}{3},-\frac{2}{3},1,0\right)+k_2(-2,-1,0,1)+\left(\frac{7}{3},\frac{4}{3},0,0\right)$,

k_1,k_2 为任意常数.

第 12 章　随机事件与概率

习题 12.1

1. (1) $\Omega=\{$(正正正),(正正反),(正反正),(正反反),(反正正),(反正反),(反反正),
(反反反)$\}$;

(2) $\Omega=\{0,1,2,3,\}$; (3) $\Omega=\{1,2,3,\cdots\}$; (4) $\Omega=[0,+\infty)$.

2. (1) $A\subset B$; (2) $A\subset B$; (3) $B\subset C\subset A$.

3. (1) $\overline{A}=\{$零件不合格$\}$; (2) $\overline{B}=\{3$ 件产品全是正品$\}$;

(3) $\overline{C}=\{$灯泡的寿命不大于 1000 小时$\}$.

4. (1) $A\overline{B}\overline{C}$; (2) $(A\bigcup B)\overline{C}=AB\overline{C}+A\overline{B}\overline{C}+\overline{A}B\overline{C}$;

(3) $\overline{ABC}$; (4) $\overline{A}\,\overline{B}\,\overline{C}+A\overline{B}\overline{C}+\overline{A}B\overline{C}+\overline{A}\,\overline{B}C$.

5. (1) $A_1\overline{A}_2\overline{A}_3$; (2) $A_1\overline{A}_2\overline{A}_3+\overline{A}_1A_2\overline{A}_3+\overline{A}_1\overline{A}_2A_3$;

(3) $\overline{A_1}\overline{A_2}\overline{A_3}$; (4) $\overline{A_1}+\overline{A_2}+\overline{A_3}=\overline{\overline{A_1}\overline{A_2}\overline{A_3}}$.

6. 不是. 7. (略). 8. (略).

习题 12.2

1. $\dfrac{3}{8}$. 2. $\dfrac{1}{6}$. 3. (1) $\dfrac{1}{120}$; (2) $\dfrac{27}{1000}$. 4. $\dfrac{1}{15}$. 5. $\dfrac{1}{7}$.

6. (1) $\dfrac{21}{190}$; (2) $\dfrac{68}{95}$. 7. 0.96. 8. 0.9.

9. $P(AB)<P(A)<P(A+B)<P(A)+P(B)$.

10. $P(A\overline{B})=0.3$, $P(A+B)=0.9$, $P(\overline{A}B)=0.1$.

习题 12.3

1. (1) $\dfrac{2}{3}$; (2) $\dfrac{3}{5}$. 2. $\dfrac{1}{6}$. 3. $\dfrac{1}{2}$. 4. 0.0077. 5. $\dfrac{1}{3}$.

6. 0.78. 7. 0.0154. 8. 乙.

习题 12.4

1. 0.4. 2. 0.98. 3. 0.58. 4. 0.314. 5. (1) 0.0729; (2) 0.041.

6. 0.104. 7. $\dfrac{1}{3}$. 8. 4 台.

自测题 12

一、1. A. 2. B. 3. A. 4. C. 5. A. 6. D.

　7. C. 8. C. 9. C. 10. B.

二、1. 0.6. 2. 0.4. 3. $\dfrac{1}{27}$. 4. 0.94. 5. 0.58. 6. $\dfrac{10}{13}$;

　7. 0.7. 8. $\dfrac{3}{4}$. 9. 0.6. 10. 0.12.

三、1. 0.562. 2. 0.5. 3. (1) 0.97; (2) 0.03. 4. 0.4.

四、(1) 0.9325; (2) 0.998.

第十三章　随机变量及其数字特征

习题 13.1

1. (1) $\{0,1,2,\cdots\}$; (2) $\{X=0\}$; (3) $\{X\geqslant 1\}$;

　(4) {单位时间内至少有 10 辆汽车通过}.

2. (1)不满足性质2; (2)满足.

3. $a=1$. 4. (1) $\dfrac{1}{2}$; (2) $\dfrac{3}{4}$; (3) $\dfrac{1}{4}$; (4) $\dfrac{3}{4}$.

5.

X	0	1	2
P	$\dfrac{22}{35}$	$\dfrac{12}{35}$	$\dfrac{1}{35}$

6. (1) 0.163; (2) 0.353.

7. (1) $\dfrac{32}{3e^4}$； (2) $1-e^{-4}$.   8. $\dfrac{2}{3e^2}$.

习题 13.2

1. $\dfrac{1}{2}$.   2. (2) $\dfrac{7}{8}$.   3. $\dfrac{2}{5}$.   4. $\dfrac{20}{27}$.   5. $1-\dfrac{1}{\sqrt{e}}$.

6. (1) 0.4772； (2) 0.0228； (3) 0.9544.

7. (1) 0.8413； (2) 0.3413； (3) 0.4532.

8. (1) 10； (2) $d>3.56$.

习题 13.3

1. $F(x)=\begin{cases} 0, & x\leqslant-1, \\ \dfrac{1}{6} & -1<x\leqslant0, \\ \dfrac{1}{2}, & 0<x\leqslant1, \\ 1, & x>1. \end{cases}$

2. $F(x)=\begin{cases} 0, & x<-\dfrac{\pi}{2}, \\ \dfrac{1}{2}\sin x+\dfrac{1}{2}, & -\dfrac{\pi}{2}\leqslant x\leqslant\dfrac{\pi}{2}, \\ 1, & x>\dfrac{\pi}{2}. \end{cases}$

3. $F(x)=\begin{cases} 0, & x<0, \\ \dfrac{1}{2}x^2, & 0\leqslant x<1, \\ -\dfrac{1}{2}x^2+2x-1, & 1\leqslant x<2, \\ 1, & x\geqslant2. \end{cases}$

4. (1) $A=\dfrac{1}{2}$，$B=\dfrac{1}{\pi}$； (2) $\dfrac{1}{3}$.

5. (1) $f(x)=\begin{cases} 2x, & 0\leqslant x\leqslant1, \\ 0, & 其他; \end{cases}$ (2) 0.4.

习题 13.4

1. $E(X)=1.75$，$D(X)=0.6875$.

2. (1) $E(X)=0$，$E(Y)=\dfrac{2}{3}$； (2) $D(X)=\dfrac{2}{3}$，$D(Y)=\dfrac{2}{9}$.

3. (1) $\dfrac{1}{2}$； (2) $\dfrac{1}{4}$.

4. (1) 2； (2) $\dfrac{4}{3}$.

5. (1) $E(X)=\dfrac{2}{3}$，$D(X)=\dfrac{1}{18}$； (2) $E(Y)=0$，$D(Y)=1$.

6. (1) $E(X)=1$，$D(X)=\dfrac{1}{6}$； (2) $\dfrac{2^{n+2}-2}{(n+1)(n+2)}$.

7. $E(5X-2)=-12$，$D(-2X+5)=20$.

8. $E(3X-Y+4)=5$, $D(X-Y)=3$.

自测题 13

一、1. A.　2. D.　3. C.　4. A.　5. B.　6. A.

7. B.　8. A.　9. B.　10. C

二、1. $\{0,1,2,3\}$.　2. $a=0.3$.　3. $\dfrac{31}{32}$.　4. 2.　5. 0.4.

6. 3.　7. $2\Phi(x)-1$.　8. 0.5.　9. 6.5.　10. 3.

三、1.

X	0	1	2
P	0.1	0.6	0.3

2. (1) $\lambda=1$;　(2) $\dfrac{1}{6e}$;　3. (1) 0.255;　(2) 0.6.

4. (1) 0.9918, 0.9918, 0.8331, 0.9772;　(2) 0.6868, 0.6868, 0.3783, 0.7734.

5. $f(x)=\begin{cases} \dfrac{1}{3}e^{x}, & x<0, \\[2mm] \dfrac{1}{3}, & 0\leqslant x<2, \\[2mm] 0, & x\geqslant 2. \end{cases}$

6. $E(X)=0.5$, $D(X)=1.25$.

7. $E(X)=\dfrac{3}{4}$, $D(X)=\dfrac{3}{80}$.

8. (1) $a=\dfrac{1}{6}$;　(2)

X	0	1	2
P	$\dfrac{1}{6}$	$\dfrac{2}{6}$	$\dfrac{3}{6}$

(3) $\dfrac{5}{9}$.

四、1. 0.7745.　2. (1) $p_1=e^{-1}$;　(2) $p_2=e^{-4}$.

附录 初等数学常用公式

一、乘法公式与二项式定理

(1) $(a+b)^2 = a^2 + 2ab + b^2$; $(a-b)^2 = a^2 - 2ab + b^2$;

(2) $(a+b)^3 = a^3 + 3a^2b + 3ab^2 + b^3$; $(a-b)^3 = a^3 - 3a^2b + 3ab^2 - b^3$;

(3) $(a+b)^n = C_n^0 a^n + C_n^1 a^{n-1}b + C_n^2 a^{n-2}b^2 + \cdots + C_n^k a^{n-k}b^k$
$\qquad + C_n^{n-1}ab^{n-1} + C_n^n b^n$;

(4) $(a+b+c)(a^2+b^2+c^2-ab-ac-bc) = a^3 + b^3 + c^3 - 3abc$;

(5) $(a+b-c)^2 = a^2 + b^2 + c^2 + 2ab - 2ac - 2bc$.

二、因式分解

(1) $a^2 - b^2 = (a+b)(a-b)$;

(2) $a^3 + b^3 = (a+b)(a^2-ab+b^2)$; $a^3 - b^3 = (a-b)(a^2+ab+b^2)$;

(3) $a^n - b^n = (a-b)(a^{n-1}+a^{n-2}b+\cdots+b^{n-1})$.

三、分式裂项

(1) $\dfrac{1}{x(x+1)} = \dfrac{1}{x} - \dfrac{1}{x+1}$; (2) $\dfrac{1}{(x+a)(x+b)} = \dfrac{1}{b-a}\left(\dfrac{1}{x+a} - \dfrac{1}{x+b}\right)$.

四、指数运算

(1) $a^{-n} = \dfrac{1}{a^n}$ $(a \neq 0)$; (2) $a^0 = 1$ $(a \neq 1)$;

(3) $a^{\frac{m}{n}} = \sqrt[n]{a^m}$ $(a \geqslant 0)$; (4) $a^m a^n = a^{m+n}$;

(5) $a^m \div a^n = a^{m-n}$; (6) $(a^m)^n = a^{mn}$;

(7) $\left(\dfrac{b}{a}\right)^n = \dfrac{b^n}{a^n}$ $(a \neq 0)$; (8) $(ab)^n = a^n b^n$.

五、对数运算

(1) $a^{\log_a N} = N$; (2) $\log_a M^n = n \cdot \log_a M$;

(3) $\log_a \sqrt[n]{M} = \dfrac{1}{n}\log_a M$; (4) $\log_a(MN) = \log_a M + \log_a N$;

(5) $\log_a\left(\dfrac{M}{N}\right) = \log_a M - \log_a N$; (6) $\log_{10} a = \lg a$, $\log_e a = \ln a$.

六、排列组合

(1) $P_n^m = n(n-1)\cdots[n-(m-1)] = \dfrac{n!}{(n-m)!}$ (规定 $0! = 1$);

(2) $C_n^m = \dfrac{P_n^m}{m!} = \dfrac{n!}{m!\,(n-m)!}$; (3) $C_n^m = C_n^{n-m}$;

(4) $C_n^m + C_n^{m-1} = C_{n+1}^m$;   (5) $C_n^0 + C_n^1 + C_n^2 + \cdots + C_n^n = 2^n$.

七、常用记号

(1) $\sum\limits_{i=1}^{n} a_i = a_1 + a_2 + \cdots + a_n$ (读作:西格马);

(2) $\prod\limits_{i=1}^{n} a_i = a_1 \cdot a_2 \cdot \cdots \cdot a_n$ (读作:派).

八、同角三角函数的关系与诱导公式

平方关系是: $\sin^2\alpha + \cos^2\alpha = 1$, $1 + \tan^2\alpha = \sec^2\alpha$, $1 + \cot^2\alpha = \csc^2\alpha$;

倒数关系是: $\sin\alpha \cdot \csc\alpha = 1$, $\cos\alpha \cdot \sec\alpha = 1$, $\tan\alpha \cdot \cot\alpha = 1$;

商式关系是: $\tan\alpha = \dfrac{\sin\alpha}{\cos\alpha}$, $\cot\alpha = \dfrac{\cos\alpha}{\sin\alpha}$.

九、其他三角函数公式

(1)积化和差公式:

$$\sin\alpha\cos\beta = \frac{1}{2}\big[\sin(\alpha+\beta) + \sin(\alpha-\beta)\big];$$

$$\cos\alpha\sin\beta = \frac{1}{2}\big[\sin(\alpha+\beta) - \sin(\alpha-\beta)\big];$$

$$\cos\alpha\cos\beta = \frac{1}{2}\big[\cos(\alpha+\beta) + \cos(\alpha-\beta)\big];$$

$$\sin\alpha\sin\beta = -\frac{1}{2}\big[\cos(\alpha+\beta) - \cos(\alpha-\beta)\big].$$

(2)和差化积公式:

$$\sin x + \sin y = 2\sin\frac{x+y}{2}\cos\frac{x-y}{2};$$

$$\sin x - \sin y = 2\cos\frac{x+y}{2}\sin\frac{x-y}{2};$$

$$\cos x + \cos y = 2\cos\frac{x+y}{2}\cos\frac{x-y}{2};$$

$$\cos x - \cos y = -2\sin\frac{x+y}{2}\sin\frac{x-y}{2}.$$

(3)倍角公式:

$$\cos 2\alpha = \cos^2\alpha - \sin^2\alpha; \qquad \sin 2\alpha = 2\sin\alpha\cos\alpha;$$

$$\tan 2\alpha = \frac{2\tan\alpha}{1-\tan^2\alpha}; \qquad \cos 2\alpha = 1 - 2\sin^2\alpha = 2\cos^2\alpha - 1.$$

(4)半角公式:

$$\sin^2\frac{\alpha}{2} = \frac{1-\cos\alpha}{2}; \qquad \cos^2\frac{\alpha}{2} = \frac{1+\cos\alpha}{2};$$

$$\sin^2\alpha = \frac{1-\cos 2\alpha}{2}; \qquad \cos^2\alpha = \frac{1+\cos 2\alpha}{2}.$$

(5)两角和与差的公式:

$$\cos(\alpha\pm\beta) = \cos\alpha\cos\beta \mp \sin\alpha\sin\beta;$$

$$\sin(\alpha\pm\beta)=\sin\alpha\cos\beta\pm\cos\alpha\sin\beta;$$

$$\tan(\alpha\pm\beta)=\frac{\tan\alpha\pm\tan\beta}{1\mp\tan\alpha\tan\beta}.$$

(6)"万能"公式：

$$\sin2\alpha=\frac{2\tan\alpha}{1+\tan^2\alpha};\quad \cos2\alpha=\frac{1-\tan^2\alpha}{1+\tan^2\alpha};\quad \tan2\alpha=\frac{2\tan\alpha}{1-\tan^2\alpha}.$$

十、反三角函数的特殊值

x	-1	$-\dfrac{\sqrt{3}}{2}$	$-\dfrac{\sqrt{2}}{2}$	$-\dfrac{1}{2}$	0	$\dfrac{1}{2}$	$\dfrac{\sqrt{2}}{2}$	$\dfrac{\sqrt{3}}{2}$	1
$\arcsin x$	$-\dfrac{\pi}{2}$	$-\dfrac{\pi}{3}$	$-\dfrac{\pi}{4}$	$-\dfrac{\pi}{6}$	0	$\dfrac{\pi}{6}$	$\dfrac{\pi}{4}$	$\dfrac{\pi}{3}$	$\dfrac{\pi}{2}$
$\arccos x$	π	$\dfrac{5\pi}{6}$	$\dfrac{3\pi}{4}$	$\dfrac{2\pi}{3}$	$\dfrac{\pi}{2}$	$\dfrac{\pi}{3}$	$\dfrac{\pi}{4}$	$\dfrac{\pi}{6}$	0

x	$-\sqrt{3}$	-1	$-\dfrac{\sqrt{3}}{3}$	0	$\dfrac{\sqrt{3}}{3}$	1	$\sqrt{3}$
$\arctan x$	$-\dfrac{\pi}{3}$	$-\dfrac{\pi}{4}$	$-\dfrac{\pi}{6}$	0	$\dfrac{\pi}{6}$	$\dfrac{\pi}{4}$	$\dfrac{\pi}{3}$
$\text{arccot } x$	$\dfrac{5\pi}{6}$	$\dfrac{3\pi}{4}$	$\dfrac{2\pi}{3}$	$\dfrac{\pi}{2}$	$\dfrac{\pi}{3}$	$\dfrac{\pi}{4}$	$\dfrac{\pi}{6}$

$$\arcsin x+\arccos x=\frac{\pi}{2}\ (-1\leqslant x\leqslant1),\quad \arctan x+\text{arccot } x=\frac{\pi}{2}\ (-\infty<x<+\infty)$$

十一、数列

名称	定义	通项公式	前 n 项的和公式	其他
数列	按照一定次序排成一列的数叫做数列，记为 $\{a_n\}$	如果一个数列 $\{a_n\}$ 的第 n 项 a_n 与 n 之间的关系可以用一个公式来表示，这个公式就叫这个数列的通项公式		
等差数列	$a_n-a_{n-1}=d$（d 为常数，$n\in\mathbb{N}$，$n\geqslant2$），d 叫做这个数列的公差	$a_{n+1}-a_n=d$	$S_n=\dfrac{n(a_1+a_n)}{2}$ $=na_1+\dfrac{n(n-1)}{2}d$	等差中项 $A=\dfrac{a+b}{2}$
等比数列	$\dfrac{a_n}{a_{n-1}}=q$（q 为常数，$n\in\mathbb{N}$，$n\geqslant2$），q 叫做这个数列的公比	$a_n=a_1q^{n-1}=a_kq^{n-k}$	$S_n=\dfrac{a_1(1-q^n)}{1-q}$ $=\dfrac{a_1-a_nq}{1-q}$	等比中项 $G=\pm\sqrt{ab}$
数列前 n 项和与通项的关系：		$a_n=\begin{cases}S_n-S_{n-1},&n\geqslant2\\S_1,&n=1\end{cases}$		
无穷等比递缩数列所有项的和：		$S=\dfrac{a_1}{1-q}\ (|q|<1)$		
差分求和法 $\left(\text{设 }a_n=\dfrac{1}{n(n+1)}\right)$		$S_n=a_1+a_2+\cdots+a_n=\dfrac{1}{1\cdot2}+\dfrac{1}{2\cdot3}+\dfrac{1}{3\cdot4}+\cdots$ $+\dfrac{1}{n\cdot(n+1)}=\left(1-\dfrac{1}{2}\right)+\left(\dfrac{1}{2}-\dfrac{1}{3}\right)+\left(\dfrac{1}{3}-\dfrac{1}{4}\right)+\cdots$ $+\left(\dfrac{1}{n}-\dfrac{1}{n+1}\right)=1-\dfrac{1}{n+1}$		

十二、希腊字母表

序号	大写	小写	英文注音	国际音标注音	中文读音	意义
1	A	α	alpha	aːlf	阿尔法	角度;系数
2	B	β	beta	bet	贝塔	磁通系数;角度;系数
3	Γ	γ	gamma	gaːm	伽马	电导系数(小写)
4	Δ	δ	delta	delt	德尔塔	变动;密度;屈光度
5	E	ε	epsilon	epˈsilon	伊普西龙	对数之基数
6	Z	ζ	zeta	zat	截塔	系数;方位角;阻抗;相对黏度;原子序数
7	H	η	eta	eit	艾塔	磁滞系数;效率(小写)
8	Θ	θ	thet	θit	西塔	温度;相位角
9	I	ι	iot	aiot	约塔	微小,一点儿
10	K	κ	kappa	kap	卡帕	介质常数
11	Λ	λ	lambda	lambd	兰布达	波长(小写);体积
12	M	μ	mu	mju	缪	磁导系数微(千分之一)放大因数(小写)
13	N	ν	nu	nju	纽	磁阻系数
14	Ξ	ξ	xi	ksi	克西	
15	O	o	omicron	omikˈron	奥密克戎	
16	Π	π	pi	pai	派	圆周率＝圆周÷直径＝3. 14159 26535 89793
17	P	ρ	rho	rou	肉	电阻系数(小写)
18	Σ	σ	sigma	ˋsigma	西格马	总和(大写),表面密度;跨导(小写)
19	T	τ	tau	tau	套	时间常数
20	Υ	υ	upsilon	jupˈsilon	宇普西龙	位移
21	Φ	φ	phi	fai	佛爱	磁通;角
22	X	χ	chi	phai	西	
23	Ψ	ψ	psi	psai	普西	角速;介质电通量(静电力线);角
24	Ω	ω	omega	oˈmiga	欧米伽	欧姆(大写);角速(小写);角

附表 1 标准正态分布表

$$\Phi(x) = \int_{-\infty}^{x} \frac{1}{\sqrt{2\pi}} e^{-\frac{t^2}{2}} \, dt = P(X \leqslant x)$$

$\Phi(x)X$ x	0.00	0.01	0.02	0.03	0.04	0.05	0.06	0.07	0.08	0.09
0.0	0.5000	0.5040	0.5080	0.5120	0.5160	0.5199	0.5239	0.5279	0.5319	0.5359
0.1	0.5398	0.5438	0.5478	0.5517	0.5557	0.5596	0.5636	0.5675	0.5714	0.5753
0.2	0.5793	0.5832	0.5871	0.5910	0.5948	0.5987	0.6026	0.6064	0.6103	0.6141
0.3	0.6179	0.6217	0.6255	0.6293	0.6331	0.6368	0.6406	0.6443	0.6480	0.6517
0.4	0.6554	0.6591	0.6628	0.6664	0.6700	0.6736	0.6772	0.6808	0.6844	0.6879
0.5	0.6915	0.6950	0.6985	0.7019	0.7054	0.7088	0.7123	0.7157	0.7190	0.7224
0.6	0.7257	0.7291	0.7324	0.7357	0.7389	0.7422	0.7454	0.7486	0.7517	0.7549
0.7	0.7580	0.7611	0.7642	0.7673	0.7703	0.7734	0.7764	0.7794	0.7823	0.7852
0.8	0.7881	0.7910	0.7939	0.7967	0.7995	0.8023	0.8051	0.8078	0.8106	0.8133
0.9	0.8159	0.8186	0.8212	0.8238	0.8264	0.8289	0.8315	0.8340	0.8365	0.8389
1.0	0.8413	0.8438	0.8461	0.8485	0.8508	0.8531	0.8554	0.8577	0.8599	0.8621
1.1	0.8643	0.8665	0.8686	0.8708	0.8729	0.8749	0.8770	0.8790	0.8810	0.8830
1.2	0.8849	0.8869	0.8888	0.8907	0.8925	0.8944	0.8962	0.8980	0.8997	0.9015
1.3	0.9032	0.9049	0.9066	0.9082	0.9099	0.9115	0.9131	0.9147	0.9162	0.9177
1.4	0.9192	0.9207	0.9222	0.9236	0.9251	0.9265	0.9278	0.9292	0.9306	0.9319
1.5	0.9332	0.9345	0.9357	0.9370	0.9382	0.9394	0.9406	0.9418	0.9430	0.9441
1.6	0.9452	0.9463	0.9474	0.9484	0.9495	0.9505	0.9515	0.9525	0.9535	0.9545
1.7	0.9554	0.9564	0.9573	0.9582	0.9591	0.9599	0.9608	0.9616	0.9625	0.9633
1.8	0.9641	0.9648	0.9656	0.9664	0.9671	0.9678	0.9686	0.9693	0.9700	0.9706
1.9	0.9713	0.9719	0.9726	0.9732	0.9738	0.9744	0.9750	0.9756	0.9762	0.9767
2.0	0.9772	0.9778	0.9783	0.9788	0.9793	0.9798	0.9803	0.9808	0.9812	0.9817
2.1	0.9821	0.9826	0.9830	0.9834	0.9838	0.9842	0.9846	0.9850	0.9854	0.9857
2.2	0.9861	0.9864	0.9868	0.9871	0.9874	0.9878	0.9881	0.9884	0.9887	0.9890
2.3	0.9893	0.9896	0.9898	0.9901	0.9904	0.9906	0.9909	0.9911	0.9913	0.9916
2.4	0.9918	0.9920	0.9922	0.9925	0.9927	0.9929	0.9931	0.9932	0.9934	0.9936
2.5	0.9938	0.9940	0.9941	0.9943	0.9945	0.9946	0.9948	0.9949	0.9951	0.9952
2.6	0.9953	0.9955	0.9956	0.9957	0.9959	0.9960	0.9961	0.9962	0.9963	0.9964
2.7	0.9965	0.9966	0.9967	0.9968	0.9969	0.9970	0.9971	0.9972	0.9973	0.9974
2.8	0.9974	0.9975	0.9976	0.9977	0.9977	0.9978	0.9979	0.9979	0.9980	0.9981
2.9	0.9981	0.9982	0.9982	0.9983	0.9984	0.9984	0.9985	0.9985	0.9986	0.9986
3.0	0.9987	0.9990	0.9993	0.9995	0.9997	0.9998	0.9998	0.9999	0.9999	1.0000

注: 本表最后一行自左至右依次是 $\Phi(3.0), \cdots, \Phi(3.9)$ 的值

附表 2　泊松分布表

$$P\{\xi=m\}=\frac{\lambda^m}{m!}e^{-\lambda}$$

m＼λ	0.1	0.2	0.3	0.4	0.5	0.6	0.7	0.8	0.9	1.0	1.5	2.0	2.5	3.0
0	0.9048	0.8187	0.7408	0.6703	0.6065	0.5488	0.4966	0.4493	0.4066	0.3679	0.2231	0.1353	0.0821	0.0498
1	0.0905	0.1637	0.2223	0.2681	0.3033	0.3293	0.3476	0.3595	0.3659	0.3679	0.3347	0.2707	0.2052	0.1494
2	0.0045	0.0164	0.0333	0.0536	0.0758	0.0988	0.1216	0.1438	0.1647	0.1839	0.2510	0.2707	0.2565	0.2240
3	0.0002	0.0011	0.0033	0.0072	0.0126	0.0198	0.0284	0.0383	0.0494	0.0613	0.1255	0.1805	0.2138	0.2240
4		0.0001	0.0003	0.0007	0.0016	0.0030	0.0050	0.0077	0.0111	0.0153	0.0471	0.0902	0.1336	0.1681
5				0.0001	0.0002	0.0003	0.0007	0.0012	0.0020	0.0031	0.0141	0.0361	0.0668	0.1008
6							0.0001	0.0002	0.0003	0.0005	0.0035	0.0120	0.0278	0.0504
7										0.0001	0.0008	0.0034	0.0099	0.0216
8											0.0002	0.0009	0.0031	0.0081
9												0.0002	0.0009	0.0027
10													0.0002	0.0008
11													0.0001	0.0002
12														0.0001

m＼λ	3.5	4.0	4.5	5	6	7	8	9	10	11	12	13	14	15
0	0.0302	0.0183	0.0111	0.0067	0.0025	0.0009	0.0003	0.0001						
1	0.1057	0.0733	0.0500	0.0337	0.0149	0.0064	0.0027	0.0011	0.0004	0.0002	0.0001			
2	0.1850	0.1465	0.1125	0.0842	0.0446	0.0223	0.0107	0.0050	0.0023	0.0010	0.0004	0.0002	0.0001	
3	0.2158	0.1954	0.1687	0.1404	0.0892	0.0521	0.0286	0.0150	0.0076	0.0037	0.0018	0.0008	0.0004	0.0002
4	0.1888	0.1954	0.1898	0.1755	0.1339	0.0912	0.0573	0.0337	0.0189	0.0102	0.0053	0.0027	0.0013	0.0006
5	0.1322	0.1563	0.1708	0.1755	0.1606	0.1277	0.0916	0.0607	0.0378	0.0224	0.0127	0.0071	0.0037	0.0019
6	0.0771	0.1042	0.1281	0.1462	0.1606	0.1490	0.1221	0.0911	0.0631	0.0411	0.0255	0.0151	0.0087	0.0048
7	0.0385	0.0595	0.0824	0.1044	0.1377	0.1490	0.1396	0.1171	0.0901	0.0646	0.0437	0.0281	0.0174	0.0104
8	0.0169	0.0298	0.0463	0.0653	0.1033	0.1304	0.1396	0.1318	0.1126	0.0888	0.0655	0.0457	0.0304	0.0195
9	0.0065	0.0132	0.0232	0.0363	0.0688	0.1014	0.1241	0.1318	0.1251	0.1085	0.0874	0.0660	0.0473	0.0324
10	0.0023	0.0053	0.0104	0.0181	0.0413	0.0710	0.0993	0.1186	0.1251	0.1194	0.1048	0.0859	0.0663	0.0486
11	0.0007	0.0019	0.0043	0.0082	0.0225	0.0452	0.0722	0.0970	0.1137	0.1194	0.1144	0.1015	0.0843	0.0663
12	0.0002	0.0006	0.0015	0.0034	0.0113	0.0264	0.0481	0.0728	0.0948	0.1094	0.1144	0.1099	0.0984	0.0828
13	0.0001	0.0002	0.0006	0.0013	0.0052	0.0142	0.0296	0.0504	0.0729	0.0926	0.1056	0.1099	0.1061	0.0956
14		0.0001	0.0002	0.0005	0.0023	0.0071	0.0169	0.0324	0.0521	0.0728	0.0905	0.1021	0.1061	0.1025
15			0.0001	0.0002	0.0009	0.0033	0.0090	0.0194	0.0347	0.0533	0.0724	0.0885	0.0989	0.1025
16				0.0001	0.0003	0.0015	0.0045	0.0109	0.0217	0.0367	0.0543	0.0719	0.0865	0.0960
17					0.0001	0.0006	0.0021	0.0058	0.0128	0.0237	0.0383	0.0551	0.0713	0.0847
18						0.0002	0.0010	0.0029	0.0071	0.0145	0.0255	0.0397	0.0554	0.0706
19						0.0001	0.0004	0.0014	0.0037	0.0084	0.0161	0.0272	0.0408	0.0557
20							0.0002	0.0006	0.0019	0.0046	0.0097	0.0177	0.0286	0.0418
21							0.0001	0.0003	0.0009	0.0024	0.0055	0.0109	0.0191	0.0299
22								0.0001	0.0004	0.0013	0.0030	0.0065	0.0122	0.0204
23									0.0002	0.0006	0.0016	0.0036	0.0074	0.0133
24									0.0001	0.0003	0.0008	0.0020	0.0043	0.0083
25										0.0001	0.0004	0.0011	0.0024	0.0050
26											0.0002	0.0005	0.0013	0.0029
27											0.0001	0.0002	0.0007	0.0017
28												0.0001	0.0003	0.0009
29													0.0002	0.0004
30													0.0001	0.0002
31														0.0001

λ=20						λ=30					
m	p	m	p	m	p	m	p	m	p	m	p
5	0.0001	20	0.0889	35	0.0007	10		25	0.0511	40	0.0139
6	0.0002	21	0.0846	36	0.0004	11		26	0.0590	41	0.0102
7	0.0006	22	0.0769	37	0.0002	12	0.0001	27	0.0655	42	0.0073
8	0.0013	23	0.0669	38	0.0001	13	0.0002	28	0.0702	43	0.0051
9	0.0029	24	0.0557	39	0.0001	14	0.0005	29	0.0727	44	0.0035
10	0.0058	25	0.0446			15	0.0010	30	0.0727	45	0.0023
11	0.0106	26	0.0343			16	0.0019	31	0.0703	46	0.0015
12	0.0176	27	0.0254			17	0.0034	32	0.0659	47	0.0010
13	0.0271	28	0.0183			18	0.0057	33	0.0599	48	0.0006
14	0.0382	29	0.0125			19	0.0089	34	0.0529	49	0.0004
15	0.0517	30	0.0083			20	0.0134	35	0.0453	50	0.0002
16	0.0646	31	0.0054			21	0.0192	36	0.0378	51	0.0001
17	0.0760	32	0.0034			22	0.0261	37	0.0306	52	0.0001
18	0.0844	33	0.0021			23	0.0341	38	0.0242		
19	0.0889	34	0.0012			24	0.0426	39	0.0186		

λ=40						λ=50					
m	p	m	p	m	p	m	p	m	p	m	p
15		35	0.0485	55	0.0043	25		45	0.0458	65	0.0063
16		36	0.0539	56	0.0031	26	0.0001	46	0.0498	66	0.0048
17		37	0.0583	57	0.0022	27	0.0001	47	0.0530	67	0.0036
18	0.0001	38	0.0614	58	0.0015	28	0.0002	48	0.0552	68	0.0026
19	0.0001	39	0.0629	59	0.0010	29	0.0004	49	0.0564	69	0.0019
20	0.0002	40	0.0629	60	0.0007	30	0.0007	50	0.0564	70	0.0014
21	0.0004	41	0.0614	61	0.0005	31	0.0011	51	0.0552	71	0.0010
22	0.0007	42	0.0585	62	0.0003	32	0.0017	52	0.0531	72	0.0007
23	0.0012	43	0.0544	63	0.0002	33	0.0026	53	0.0501	73	0.0005
24	0.0019	44	0.0495	64	0.0001	34	0.0038	54	0.0464	74	0.0003
25	0.0031	45	0.0440	65	0.0001	35	0.0054	55	0.0422	75	0.0002
26	0.0047	46	0.0382			36	0.0075	56	0.0377	76	0.0001
27	0.0070	47	0.0325			37	0.0102	57	0.0330	77	0.0001
28	0.0100	48	0.0271			38	0.0134	58	0.0285	78	0.0001
29	0.0139	49	0.0221			39	0.0172	59	0.0241		
30	0.0185	50	0.0177			40	0.0215	60	0.0201		
31	0.0238	51	0.0139			41	0.0262	61	0.0165		
32	0.0298	52	0.0107			42	0.0312	62	0.0133		
33	0.0361	53	0.0081			43	0.0363	63	0.0106		
34	0.0425	54	0.0060			44	0.0412	64	0.0082